Sección de Obras de Ciencia y Tecnología

Desastres agrícolas en México

TOMO II

Comité de Selección

Dr. Antonio Alonso
Dr. Francisco Bolívar Zapata
Dr. Javier Bracho
Dr. Juan Luis Cifuentes
Dra. Rosalinda Contreras
Dr. Jorge Flores Valdés
Dr. Juan Ramón de la Fuente
Dr. Leopoldo García-Colín Scherer
Dr. Adolfo Guzmán Arenas
Dr. Gonzalo Halffter
Dr. Jaime Martuscelli
Dra. Isaura Meza
Dr. José Luis Morán
Dr. Héctor Nava Jaimes
Dr. Manuel Peimbert
Dr. Ruy Pérez Tamayo
Dr. Julio Rubio Oca
Dr. José Sarukhán
Dr. Guillermo Soberón
Dr. Elías Trabulse

Coordinadora

María del Carmen Farías R.

ANTONIO ESCOBAR OHMSTEDE

Desastres agrícolas en México

Catálogo histórico

TOMO II

Siglo XIX *(1822–1900)*

Para Dr. Calhoun, esperando que le sea útil, y con mi mayor aprecio.

Antonio.

CENTRO DE INVESTIGACIONES Y ESTUDIOS SUPERIORES EN ANTROPOLOGÍA SOCIAL
FONDO DE CULTURA ECONÓMICA
MÉXICO

Primera edición, 2004

Escobar Ohmstede, Antonio
Desastres agrícolas en México. Catálogo histórico II. Siglo XIX (1822–1900) / Antonio Escobar Ohmstede. — México : FCE, CIESAS, 2004
280 p. il. ; 28 × 21 cm — (Colec. Sección de Obras de Ciencia y Tecnología)

ISBN 968-16-7188-0

1. Agricultura — México — 1822-1900 2. Desastres naturales — México — efectos meteorológicos 3. Desastres naturales — México — Historia 4. Desastres naturales — México — aspectos sociales I. Ser II. t

LC GB5011.3.H57 Dewey 551.609 E575d

Agradecemos sus comentarios y sugerencias al correo electrónico
laciencia@fce.com.mx

Conozca nuestro catálogo en
http://www.fondodeculturaeconomica.com

ISBN 968-16-7188-0

Impreso en México • *Printed in Mexico*

Índice general

Índice de ilustraciones

Presentación general

EL ESTUDIO de los desastres desde una perspectiva histórica constituye un tema relativamente nuevo en México. En algunas instituciones, como el Centro de Investigaciones y Estudios Superiores en Antropología Social (CIESAS), este interés se desarrolló a partir de los sismos de 1985. Sin duda existen circunstancias que tienen una trascendencia particular en el desarrollo profesional e institucional, y en este caso así sucedió. Iniciamos los trabajos rastreando la historia sísmica mexicana y elaboramos catálogos que cubrieran periodos largos, tratando de documentar dicha historia lo más ampliamente posible.[1] La enorme riqueza tanto en calidad como en cantidad de la información obtenida abrió nuevos caminos que invitaron a estudiar los temblores como fenómenos sociales.[2]

De lo anterior se derivó el interés por incursionar en un campo más general, al que ahora denominamos "estudios históricos sobre desastres". En él hemos incluido los relacionados tanto con temblores como con otros fenómenos naturales o amenazas cuya presencia, vinculada a sociedades vulnerables, da lugar y ha dado lugar históricamente a procesos que hemos caracterizado como desastres.

Comenzó entonces un recorrido por nuevas veredas alrededor de un tema que, si bien se ubica dentro del campo que en términos genéricos corresponde al estudio histórico de los desastres, incursiona por la senda de aquellos cuyos efectos fueron resentidos de manera particular en el sector agrícola, de ahí que los denominemos "desastres agrícolas". La historiografía mexicana había abierto ya pistas importantes alrededor del estudio

[1] El catálogo más acabado fue publicado en 1996: *cfr.* Virginia García Acosta y Gerardo Suárez Reynoso, *Los sismos en la historia de México*, vol. 1, FCE-CIESAS-UNAM, México, y se basó en dos publicaciones previas: Teresa Rojas Rabiela, Juan Manuel Pérez Zevallos y Virginia García Acosta, coords., *Y volvió a temblar... Cronología de los sismos en México (de 1 pedernal a 1821)*, CIESAS, México, 1987, y Virginia García Acosta, Rocío Hernández, Irene Márquez *et al.*, "Cronología de los sismos en la cuenca del Valle de México", en: *Estudios sobre sismicidad en el Valle de México*, DDF-PNUD, México, 1988, pp. 409-498.

[2] Este proyecto generó muchos resultados, derivados de los catálogos sobre sismos. Un listado de ello se encuentra en el anexo que aparece en Virginia García Acosta, *Los sismos en la historia de México,* vol. II, "El análisis social", FCE-CIESAS-UNAM, México (en prensa).

de las crisis agrícolas y las sequías, así como, aunque con menor énfasis, en torno a la historia de la alimentación y de los precios de productos básicos en momentos de escasez y carestía.[3] Estos antecedentes resultaron determinantes para adentrarnos en ciertos tipos de desastres que, aun cuando se encuentran asociados con amenazas de origen natural, parecían ofrecer elementos complementarios aunque diferentes para llevar a cabo el análisis de los desastres ocurridos en la historia de México.

Al igual que en la experiencia previa relacionada con el estudio de los sismos, era necesario comenzar con una recopilación amplia de información que permitiera conformar un catálogo sobre desastres agrícolas en la historia de México. Uno de nuestros intereses centrales estaba dirigido al estudio particular de las sequías y sus efectos en sociedades de base agrícola; no obstante, consideramos que para dar cuenta realmente de un campo más vasto, como el de los desastres agrícolas, debíamos incluir material sobre procesos derivados no sólo de la escasez de agua sino también sobre aquellos en los que la abundancia o el exceso de dicho recurso, así como la presencia de amenazas como ciclones, huracanes, heladas, nevadas, granizadas e incluso plagas, afectaron de diversas maneras la producción agrícola y con frecuencia también la ganadera. Es así como observamos la ocurrencia de desastres agrícolas cuyos orígenes, si bien se relacionaban de manera directa con alguna amenaza de índole natural, estaban estrechamente vinculados a las condiciones sociales, económicas y, en ocasiones, políticas y culturales de la región estudiada, es decir, con la vulnerabilidad del contexto en que se presentaban. Estas mismas condiciones, aunadas a la magnitud, la frecuencia, la duración, el alcance y las características de la amenaza natural en cuestión, provocaban determinados efectos y respuestas, siempre diferenciales, de parte de los diversos sectores sociales afectados en cada periodo y área geográfica estudiados. Más tarde incorporamos la información relativa a epidemias que, si bien no caben de manera estricta dentro de los denominados desastres agrícolas, se presentaban con bastante frecuencia antes, pero sobre todo después de ocurridos estos últimos. De esta manera las epidemias registradas corresponden exclusivamente a aquellas que se encontraron de una u otra forma relacionadas con desastres agrícolas; sus denominaciones aparecen tanto en náhuatl como en español, según apareció en el documento consultado.

El marco temporal cubre cuatro siglos y medio de nuestra historia. Originalmente sólo se había considerado incluir el periodo colonial y el siglo XIX; sin embargo, la localización de material interesante, novedoso y, en algunos casos, diferente, para los años previos a la invasión española, nos obligó a ampliarlo, aunque hemos de reconocer que la información correspondiente a la época prehispánica es la menos abundante.

Los volúmenes que ahora ofrecemos bajo el título de *Desastres agrícolas en México* cubren así desde el año 958 hasta 1900 y constituyen el primer resultado conjunto de esta iniciativa que, habiéndose iniciado en 1992, tenía como finalidad primera obtener, ordenar y sistematizar en un catálo-

[3] Para mayor información al respecto, consúltense los estudios introductorios de cada uno de los dos tomos de la presente obra.

go cronológico la información sobre desastres agrícolas proveniente básicamente de fuentes primarias. Dada la amplitud del periodo seleccionado y la abundancia de la información obtenida, el catálogo está dividido en dos tomos. El primero abarca desde la época prehispánica hasta fines de la colonial (958-1822),[4] y dada la riqueza de los resultados se ha dividido en siete partes. El segundo tomo, incluido en un solo apartado, cubre el resto del siglo XIX, dando inicio el mismo año en que concluye el primero (1822-1900).[5]

El material disponible para cada tomo provino de fuentes con distintas características y ofrece particularidades y variantes que era necesario identificar.[6] Por lo anterior, cada tomo de *Desastres agrícolas en México* cuenta tanto con su propio estudio introductorio al inicio de cada uno de ellos como con índices y bibliografía independientes al final de cada tomo.

Una investigación de esta envergadura ha requerido la colaboración y el apoyo de diversas instituciones y de muchas personas. Originalmente empezamos el proyecto Antonio Escobar Ohmstede y quien esto escribe, dividiéndonos el trabajo con base en nuestra experiencia en términos temporales: siglo XIX y época colonial, respectivamente. Considerando que se requerían especialistas en el periodo colonial temprano, se incorporó Juan Manuel Pérez Zevallos para coordinar esa parte del estudio. Más tarde, y dado el conocimiento que había logrado en el campo, aceptó colaborar América Molina del Villar para reforzar el trabajo en su conjunto. Sin duda, esta coordinación colectiva no siempre fue fácil, pero sólo así se logró que el resultado final haya rebasado con mucho los modestos intereses originales.

La labor desarrollada por el equipo de becarios fue medular. Trabajaron con nosotros en los diversos archivos, hemerotecas y bibliotecas seleccionados, y juntos aprendimos a identificar y a diferenciar el tipo de datos que convenía obtener, ordenar y sistematizar para conformar un catálogo sobre desastres agrícolas. Algunos de ellos elaboraron ponencias o ensayos e incluso sus propias tesis profesionales. A los que participaron sólo algunos meses y a los que lo hicieron a lo largo de varios años, a los que obtuvieron datos e hicieron fichas, a los que elaboraron y corrigieron índices y bibliografías, a todos estos colaboradores les debemos un especial agradecimiento: Claudia Ballesteros, Isabel Campos, Beatriz Dávalos, Elvia Diego, Susana Espinosa, Patricia Fájer, Norma García Arévila, Alma García Hernández, Rocío González, Rocío Hernández, Paula Graf, Ana María Gutiérrez, Viviana Kuri, Patricia Lagos, María del Carmen León, Davison Mazabel, Miguel Pastrana, María de la Luz Pérez Meléndez, Sebastián Pla y Celia Salazar.

Contamos también con importantes respaldos institucionales. Por un lado, del CIESAS, particularmente de dos de sus directores generales: Teresa Rojas Rabiela, que lo fuera durante la mayor parte del desarrollo

[4] Los coordinadores de esta parte fueron Virginia García Acosta, Juan Manuel Pérez Zevallos y América Molina del Villar.

[5] Coordinado por Antonio Escobar Ohmstede.

[6] Todo el material original que aparece en ambos tomos se encuentra vertido en fichas y obra en poder del CIESAS.

del estudio y cuyo apoyo fue siempre decidido, y Rafael Loyola Díaz, a lo largo de su actual gestión y de su insistencia en que el estudio de los desastres debe tener una atención particular dentro de la agenda nacional. Por otro, del CONACYT, que, seguramente al reconocer que el estudio histórico de los desastres agrícolas constituía un tema de particular interés en un país conformado por una enorme diversidad de regiones susceptibles de ser afectadas de manera diferencial por amenazas muy diversas, ofreció el financiamiento necesario para contar con un nutrido grupo de becarios y llevar a cabo el trabajo de archivo, hemerográfico y bibliográfico en diversos estados de la república.

Los presentes tomos conforman así un largo recorrido que ha dado como resultado un catálogo cronológico amplio de los desastres agrícolas ocurridos a lo largo de cuatro siglos y medio de nuestra historia. Constituye un cuerpo documental que puede ser de utilidad no sólo para los científicos sociales interesados en la dimensión histórica de los desastres, para lo cual el catálogo constituirá una base fundamental, sino también para especialistas en otros campos, tales como climatólogos, meteorólogos y ecólogos, ingenieros hidráulicos o agrónomos, e incluso para las autoridades centrales o locales involucradas en la toma de decisiones en temas relacionados con los asuntos aquí considerados. La preparación final para la publicación estuvo sujeta a innumerables correcciones y revisiones, razón por la cual se da a conocer al público interesado varios años después de haber culminado la investigación. Es así como esta obra conjunta es el resultado de un prolongado trabajo en equipo, que esperamos sea el germen para recorrer nuevas veredas en busca de futuras y ricas investigaciones que permitan ampliar el estudio histórico de los desastres.

VIRGINIA GARCÍA ACOSTA

Semblanza del autor

Antonio Escobar Ohmstede

Antonio Escobar Ohmstede se doctoró en historia por El Colegio de México en 1994. Es profesor-investigador en el Centro de Investigaciones y Estudios Superiores en Antropología Social (CIESAS) desde 1986 y miembro del Sistema Nacional de Investigadores. También es becario de la John Simon Guggenheim Memorial Foundation, miembro de la Asociación de Historiadores Latinoamericanos y de la Asociación de Historia Económica y vicepresidente de El Colegio de Etnólogos y Antropólogos Sociales.

Entre los proyectos en que ha participado destacan Desastres Agrícolas en México, Siglos XV-XIX, y Las Huastecas. Sociedad, Cultura y Recursos Naturales. Pasado y Presente. Sus estudios se han centrado en los fenómenos naturales adversos a las sociedades urbanas y rurales en el siglo XIX y en la vida de las poblaciones indígenas en las Huastecas durante los siglos XVIII a XX. Además, ha investigado el papel de los grupos de poder regional en la construcción del Estado-nación en los siglos XIX y XX.

Antonio Escobar Ohmstede ha impartido cursos de licenciatura y posgrado en la Escuela Nacional de Antropología e Historia, la Universidad Iberoamericana, el CIESAS, la Universidad Veracruzana, la Facultad Latinoamericana de Ciencias Sociales-Ecuador, la Universidad de Rovira i Virgili (Cataluña, España), El Colegio de San Luis, El Colegio de Michoacán y la Universidad Autónoma Metropolitana-Iztapalapa.

Encargado de editar el *Boletín del Archivo General Agrario* de 1997 a 2001 y el *Boletín del Colegio de Etnólogos y Antropólogos Sociales* desde 1998, también ha escrito artículos propios en revistas, libros y memorias de eventos. Ha coordinado la edición de los libros *Indio, nación y comunidad en el México del siglo XIX* (1993); *Estructuras y formas agrarias en México, del pasado al presente* (2001); *Guía del Archivo Histórico de Terrenos Nacionales* (1999); *Las Huastecas en el siglo XIX* (2002), y, de su exclusiva autoría, *De la costa a la sierra. Las Huastecas, 1750-1900* y *Ciento cincuenta años de historia de la Huasteca,* que aparecieron en 1998.

Actualmente dirige el proyecto del Archivo Histórico del Agua.

Estudio introductorio: una breve visión sobre los desastres agrícolas en el siglo XIX

En los países secos
el agricultor no puede irrigar,
juega la cosecha al "águila o sol".
LOUIS LEJEUNE, *Tierras mexicanas*, 1912

PODRÍAMOS CARACTERIZAR a 1998 y 1999 como años de marcados contrastes climáticos, al menos en lo referente al siglo XX, para no hablar de lo que está enfrentando el país en el presente siglo. Durante la mayor parte del primer semestre de 1998, México y casi todos los países del mundo padecieron los efectos del fenómeno denominado El Niño,[1] para después sufrir lluvias torrenciales, que en muchos casos arrasaron ciudades y países. A fines de 1998 y principios de 1999, apareció otro fenómeno climatológico, ahora conocido como La Niña. Los efectos de estos cambios climáticos no son nuevos. En la historia contemporánea, el país había sufrido precipitaciones pluviales escasas desde 1995, situación muy semejante a la acaecida en 1909, al grado que el 17 de abril de 1996 el presidente de la república informaba, en una reunión que se desarrolló en Reynosa, Tamaulipas, que los precios de los granos habían alcanzado "niveles históricos" y que muchos productores estaban ocultando semillas debido a la sequía que azotó a varios estados del país. El discurso del presidente notificaba a los productores la ayuda económica que les prestaría el gobierno federal por medio del Programa Emergente de Sequía; además, se le podía considerar como una fuerte advertencia a los especuladores.[2]

El programa fue creado en 1995 como apoyo a los agricultores y ganaderos de los estados del norte de México, quienes habían visto disminuir su producción debido a la escasez de lluvias. Pero no sólo los medianos y los grandes productores sufrieron una merma en la producción y en sus ingresos; otros sectores sociales, más desprotegidos que los ganaderos norteños, enfrentaron la carestía de agua y alimentos. Por ejemplo, desde 1994,

[1] En un interesante trabajo, Ignacio Galindo muestra que uno de los cambios climáticos más importantes, por sus repercusiones mundiales, es El Niño, y cómo éste precede a la mayoría de las sequías en México durante el siglo XIX: "La oscilación del sur, El Niño: el caso de México", en Enrique Florescano y Susan Swan, *Breve historia de la sequía en México*, Universidad Veracruzana, Xalapa, 1995, pp. 135-163.

[2] *La Jornada,* 18 de abril de 1996. Un plan muy semejante se desarrollaba desde 1970, cuando se implantó el Plan de Medidas contra Sequías, cuya meta fue proveer de trabajo a los desempleados en las áreas de desastre.

en la sierra Tarahumara, Chihuahua, decenas de indígenas murieron o tuvieron que buscar comida en las ciudades, repitiendo de esta manera las grandes movilizaciones que se dieron en el siglo XVIII en momentos en que comenzaban a faltar los alimentos. A dos años de la escasez del preciado líquido, 21 municipios de la zona serrana de Chihuahua sufrieron una reducción constante del abasto de agua.[3]

México no es el único país que ha encarado fuertes fenómenos naturales adversos. Durante los últimos años, los efectos de las sequías e inundaciones se han dado con gran intensidad en varias partes del mundo. Recordemos la que afectó al África oriental entre 1973 y 1974, que provocó la muerte de casi 100 000 personas y de cientos de miles de animales, o los resultados del huracán Mitch en 1998, cuando Nicaragua, Honduras y Guatemala sufrieron la devastación de sus capitales y pueblos, donde hubo cientos de muertos, miles de damnificados y una fuerte crisis económica, efectos que aún se pueden apreciar en la semidestruida Tegucigalpa.

Lo anterior no es nuevo para los habitantes del agro, especialmente del campo mexicano, y lo es menos si consideramos que desde los orígenes del hombre éste se enfrentó constantemente con fenómenos naturales adversos, como sequías, granizadas, heladas, huracanes, ciclones y otros, así como a sus efectos (inundaciones, escasez de alimentos, epidemias, migraciones, guerras, etcétera). La escasez de agua o su abundancia ha afectado en grado diverso y de manera diferente las actividades humanas, pero sobre todo las que tienen como base la agricultura, lo que no evita considerar también a las sociedades seminómadas, las que tienen que cambiar sus rutas itinerantes y hábitos alimenticios, como en el Amazonas y en el Sahara occidental.

El catálogo que aquí presentamos corresponde al siglo XIX, el cual consideramos desde la Independencia de México hasta 1900; los años precedentes a 1821 se encuentran en el catálogo que se enfoca en el periodo prehispánico y colonial; esto es, realizamos un cohorte cronológico bastante arbitrario, ya que si por un lado tomamos en cuenta el aspecto político (la Independencia), por el otro terminamos con la centuria, mas no cuando termina el porfiriato (1910).[4] Para un mejor entendimiento y com-

[3] La Confederación Nacional de Propietarios Rurales manifestó que "la sequía que se registra por quinto año consecutivo en el norte del país ha provocado la muerte de 67 000 cabezas de ganado, la venta de 100 000 reses a bajo precio y el desalojo de 37 000 más". Asimismo, la Unión Nacional de Productores de Maíz estimó que la importación de granos básicos ascendería en 1996 a 12 millones de toneladas, con una erogación de 3 000 millones de dólares. *La Jornada,* 20 de abril de 1996. Mientras, en Durango, el Instituto Nacional Indigenista manifestaba que a los indígenas del sur del estado estaban a punto de agotárseles los granos de autoconsumo porque no habían podido sembrar a causa de "la sequía que afecta la región". *La Jornada,* 27 de abril de 1996.

[4] De hecho este catálogo continuó algunos de los pasos seguidos por Enrique Florescano, quien en sus diversos estudios insistió en la necesidad de abundar en los efectos de las sequías en la historia de México. Para ejemplificar cómo se puede abordar el estudio de las sequías, véase Enrique Florescano, coord., *Análisis histórico de las sequías en México,* Secretaría de Agricultura y Recursos Hidráulicos, México, 1980; Enrique Florescano, "Las sequías en México: historia, características y efectos", en *Comercio Exterior,* vol. 30 (7), 1980, pp. 747-757; "Una historia olvidada: la sequía en México", en *Nexos,* núm. 32, 1980, pp. 8-16, y *Fuentes para la historia de la crisis agrícola de 1785-1786,* 2 vols., Archivo General de la Nación, México, 1981. Asimismo, su más reciente trabajo, donde retoma gran parte de la información del texto *Análisis histórico:* Florescano y Swan, *Breve historia.*

prensión del texto que el lector tiene en sus manos, presentaremos un balance de las fuentes que se consultaron, tanto de aquellas en las que se encontró material como de las que no hacían ninguna referencia al tema, pero se revisaron, así como una breve evaluación de los trabajos historiográficos que han abordado este tema.

Quisiéramos agradecer a Virginia García Acosta, América Molina del Villar y Juan Manuel Pérez Zevallos, colegas del proyecto colectivo que elaboraron el catálogo correspondiente al periodo prehispánico y colonial, sus comentarios y sugerencias, tanto para esta introducción como para el catálogo en general. Asimismo, la colaboración y ayuda, en muchos casos invaluable, del personal de los archivos consultados, en especial de Angélica García y Guadalupe Sánchez, quienes, además de ser amigas entrañables, realizaron el trabajo de captura, elaboración y corrección de los índices y documentos que forman parte de este catálogo.

Balance de fuentes

El estudio histórico de los fenómenos naturales adversos y sus efectos es un tema relativamente reciente en la historiografía mexicana y latinoamericana. Si bien se han realizado algunos trabajos esporádicos sobre esta temática a partir de los años cincuenta del siglo XX, no ha existido una corriente teórico-metodológica que promueva este tipo de investigaciones dentro de la historiografía. Podríamos considerar que el grueso de la investigación y del análisis se ha centrado en el periodo colonial, debido principalmente a la riqueza y diversidad de las fuentes y al impacto que tuvieron las obras de Enrique Florescano. En el caso del siglo XIX, algunos estudiosos han seguido la sugerencia de Florescano, quien, continuando las propuestas de Luis Chávez Orozco, categorizó los efectos de los fenómenos naturales en las sociedades urbanas y rurales del periodo colonial tardío como "crisis agrícola".[5] En este sentido, el trabajo de Moisés González Navarro nos muestra que el concepto de "crisis" explica la dislocación que tuvieron las sociedades del norte mexicano durante una precipitación pluvial escasa que aconteció entre los años 1849 y 1852.[6] Si bien el libro de González Navarro fue uno de los pocos que analizaron los efectos de las sequías en el siglo pasado, la cobertura documental y regional que realizó el autor le permitió llegar a conclusiones interesantes sobre la adaptación de las sociedades norteñas a este tipo de fenómenos, la cual se perdió al irse incrementando la población. Mucho más concretos son los trabajos de Pedro Bracamonte sobre Yucatán y el de Gerardo Sánchez sobre Michoacán. Ambos autores utilizaron el concepto de "crisis agrícola" para hablar de los

[5] Véase el excelente ensayo de Rodolfo Pastor, donde realiza un análisis de los efectos de las sequías de 1785-1786 y las actitudes de los actores sociales para enfrentarlas, en Florescano, comp., *Fuentes para la historia,* pp. 29-63. Asimismo, el trabajo de Carlos Sempat Assadourian, "El movimiento de la producción agraria en Tlaxcala", en Margarita Menegus y Alejandro Tortolero, coords., *Agricultura mexicana: crecimiento e innovaciones,* Instituto Mora-El Colegio de Michoacán-El Colegio de México-UNAM, México, 1999, pp. 33-65.

[6] *Cinco crisis mexicanas,* El Colegio de México, Jornadas, núm. 99, México, 1983.

efectos que tuvieron las sequías aunadas a plagas, tanto a mediados del siglo XIX (en el caso yucateco) como a fines del mismo siglo (Michoacán). El enfoque de Bracamonte y Sánchez los llevó a considerar las graves dislocaciones que sufrieron las sociedades debido a fenómenos naturales adversos, principalmente reflejadas en actividades económicas, como la ganadería.[7] Un estudio muy específico, que no aborda la escasez de agua sino su abundancia, fue elaborado por Patricia Lagos y Antonio Escobar Ohmstede, quienes, a partir de información hemerográfica y de documentos de archivo, plasman los efectos de las inundaciones de la ciudad de San Luis Potosí a fines del siglo XIX, observando, como en los casos anteriores, la falta de prevención y de medidas para disminuir los efectos, en muchos casos demoledores, de fenómenos que incrementaban sus devastaciones debido a la mano del hombre.[8]

También se han elaborado trabajos con una visión más general de los fenómenos naturales en el México independiente. Así, tenemos el de Guillermo Padilla,[9] donde presenta una revisión somera de las principales sequías del siglo pasado, cronología plasmada en cuadros, que es retomada íntegramente por Florescano y Swan sin enriquecer o cuestionar la información que se presentó casi dos décadas antes. Otros estudios con perspectivas generales son los de Antonio Escobar Ohmstede, quien esbozó, en un primer trabajo, un panorama de las sequías en la primera mitad del siglo XIX, sustentándose básicamente en hemerografía.[10] En un estudio posterior, observó las sequías en la segunda mitad del siglo XIX, así como algunos de sus efectos. Pero igual que el resto de los autores, y a pesar de elaborar una diferencia entre "secas" y sequías, no logró abundar en las repercusiones que tuvieron este tipo de fenómenos en las sociedades urbanas y rurales, sino solamente ubicar los problemas inmediatos y en algunos casos las posibles soluciones.[11] Otro análisis general es el de María de la Luz Pérez Meléndez, quien realizó una investigación sobre una sequía que se consideró extendida en todo el país a fines del siglo XIX (1891-1893), demostrando hasta qué punto las "crisis" pueden tener entre sus orígenes la especulación y no un fenómeno natural.[12] Un texto interesante es el de Luis Cerda, que pretende demostrar cómo la "crisis económica" de la últi-

[7] Para el caso yucateco, véase *Amos y sirvientes. Las haciendas de Yucatán, 1789-1860*, Universidad Autónoma de Yucatán, Mérida, 1993. Para Michoacán, "Crisis agrícolas y abastecimiento de granos en Michoacán (1880-1910)", en Gail Mummert, coord., *Almacenamiento de productos agropecuarios en México*, El Colegio de Michoacán-Almacenes Nacionales de Depósito, México, 1987, pp. 134-152, y "Las crisis agrícolas y la carestía de maíz, 1886-1910", en Enrique Florescano, coord., *Historia general de Michoacán*, vol. III, Instituto Michoacano de Cultura, Michoacán, 1989, pp. 251-265.

[8] "La inundación de San Luis Potosí en 1887: una respuesta organizada", en Virginia García Acosta, coord., *Historia y desastres en América Latina*, vol. I, La RED-CIESAS, Colombia, 1996, pp. 325-372.

[9] "Las sequías en la época moderna (1822-1910)", en Florescano, coord., *Análisis histórico*, pp. 39-45.

[10] "Desastres naturales del siglo XIX: avances de una investigación", en Virginia García Acosta, coord., *Estudios históricos sobre desastres naturales en México*, CIESAS, México, 1992, pp. 53-62. Asimismo, el trabajo de Virginia García Acosta, Antonio Escobar Ohmstede y Juan Manuel Pérez Zevallos, "Historical Droughts in Mexico Studied", en *Drought Network News*, vol. 5 (2), 1993, pp. 16-18.

[11] "Las 'sequías' y sus impactos en las sociedades del México decimonónico, 1856-1900", en Virginia García Acosta, coord., *Historia y desastres en América Latina*, La RED-CIESAS-ITDG, Perú, 1997, pp. 219-257.

[12] *La crisis agrícola de 1891-1893*, tesis de licenciatura en etnohistoria, ENAH, México, 1995.

ma década del porfiriato tuvo una variable endógena, al presentarse una serie de movimientos sociales que dieron al traste con la llamada "pax porfiriana". Entre las causas de las manifestaciones violentas, el autor considera tres variantes: la caída del precio de la plata, la crisis financiera internacional y años de malas cosechas, factores que llevaron a la disminución de la capacidad de compra y a la reducción en la oferta de alimentos.[13] El trabajo de Cerda se complementa con una visión más social de los datos estadísticos sobre precios y producción que realiza Luis Cossío para el periodo de la república restaurada y el porfiriato; esto no quiere decir que el autor no muestre los efectos sociales y económicos de las sequías en los habitantes, la ganadería y el comercio exterior.[14]

Como podemos apreciar, la producción historiográfica referente al siglo XIX es todavía reducida en esta temática tan importante, aunque no evita el considerar los logros que se están realizando. Aun así, creo que para que los investigadores dedicados a desentrañar los múltiples problemas del siglo XIX tengan interés en este tipo de estudios deberán relacionarlos con otras temáticas, como tenencia de la tierra, producción, conflictos de tierra y agua, movimientos de población, movimientos armados, etcétera. Tomemos el ejemplo de los trabajos de Rocío Rodríguez y de Antonio Olvera: el primero se centra en los municipios de Montemorelos y General Terán, Nuevo León, mientras que el segundo se enfoca en la zona de Linares, Nuevo León. Ambos artículos muestran los conflictos que se suscitaron entre pueblos, haciendas y ayuntamientos o entre pueblos y haciendas por el control y manejo del vital líquido. El análisis sobre fenómenos naturales se da cuando se presentan "secas" en 1862, 1863, 1877 y 1896, agudizando los conflictos ya existentes entre los diversos actores sociales.[15]

En el nivel latinoamericano, los dos volúmenes coordinados por Virginia García Acosta, titulados *Historia y desastres en América Latina*, abren interesantes vetas comparativas sobre fenómenos naturales adversos y países, incluyendo temblores y sismos y sus efectos e implicaciones sociales, políticas y económicas; pero referente al siglo XIX la producción es nuevamente escasa. De los 10 trabajos del primer volumen, solamente uno se centra en el siglo antepasado mexicano y otro lo toma como parte de un estudio de larga duración, cuando se analizan las implicaciones sociales de los terremotos en San Salvador. Situación semejante acontece con el segundo tomo, donde de 10 trabajos uno es sobre un terremoto en el Perú, así como el *tsunami* que ocasionó, y otro sobre sequías en la segunda mitad del siglo en México.

[13] "¿Causas económicas de la Revolución mexicana?", en *Revista Mexicana de Sociología*, año LIII (1), México, 1991, pp. 307-347.

[14] "La agricultura", en Daniel Cossío Villegas, coord., *Historia moderna de México. El porfiriato. La vida económica*, vol. VII, t. I, Hermes, México-Buenos Aires, 1974, pp. 1-50.

[15] Véase Rocío Rodríguez, "Legislación sobre agua y conflictos intermunicipales en el siglo XIX", en Mario Cerruti, coord., *Agua, tierra y capital en el noroeste de México. La región citrícola de Nuevo León (1850-1940)*, FFL-Universidad Autónoma de Nuevo León, Monterrey, 1991, pp. 99-132; Antonio Olvera, "Haciendas, riego y conflicto social en la región citrícola de Nuevo León", en *Historia y Grafía*, núm. 5, 1995, pp. 31-55.

Lo anterior no evita que se hayan realizado estudios específicos. En este tenor se encuentra el de Stuart Schwartz, quien presenta una evaluación de las implicaciones sociales y políticas de un huracán en Puerto Rico.[16] La tendencia básica de la historiografía ha sido tomar en cuenta los fenómenos naturales en América Latina dentro de las temáticas que abordan los estudios. A manera de ejemplo, mencionaremos el trabajo de Enrique Tandeter, que si bien está centrado en los primeros años del siglo XIX, muestra cómo la crisis de 1800-1805 en el Alto Perú fue amortiguada por los pueblos indios, gracias a sus costumbres de subsistencia y reproducción, que incluían no sólo formas tradicionales de acceso a los recursos sino también al abasto a los mercados urbanos y a la participación en los mercados de trabajo rural y urbano.[17] El segundo caso es el de Alejandro Diez Hurtado, que analiza las comunidades indias del Bajo Piura en el Perú del siglo XIX. Diez considera que la región de la costa piurana fue afectada constantemente por largos periodos de sequía (1792-1802, 1805-1813, 1833-1836, 1838-1843, 1858-1861, 1867-1870, 1872-1876, 1891-1893) interrumpidos por años muy abundantes de lluvia, por lo que los pueblos se vieron obligados a convivir en un medio donde el agua era excesivamente abundante o escasa. A pesar de esta variable climatológica, la agricultura se adaptó a algunos productos de subsistencia y sólo posteriormente, mediante innovaciones tecnológicas y sistemas de riego, el valle se pudo especializar en el cultivo del algodón.[18]

Lo importante de los estudios, con sus lagunas y aportaciones, es que todos utilizan fuentes provenientes de archivos locales o nacionales, así como un buen número de publicaciones periódicas (periódicos y boletines), además de que en algunos casos se observan procesos de mayor duración histórica. La diversidad de material, así como de secciones y artículos, nos permite dar cuenta de la dificultad que puede tener el estudioso en el tema al tratar de localizar años o periodos específicos, en los cuales, en muchos casos, la información se encuentra dispersa por innumerables acervos documentales, aun cuando se pretenda analizar una región o un fenómeno específicos.

Habría que subrayar que el estudio de los fenómenos naturales ha sido realizado básicamente por las llamadas ciencias exactas, cuyo interés es explicar las causas e intentar prevenir sequías, sismos, erupciones, granizadas, ciclones, *tsunamis,* huracanes y las formas en que estos fenómenos naturales potencialmente peligrosos alteran la cotidianidad del ser huma-

[16] "The Hurricane of San Ciriaco: Disaster, Politics and Society in Puerto Rico, 1899-1901", en *Hispanic American Historical Review,* vol. 72 (3), 1992, pp. 303-334.

[17] "La crisis de 1800-1805 en el Alto Perú", en Heraclio Bonilla, comp., *Los Andes en la encrucijada. Indios, comunidades y Estado en el siglo XIX*, Ediciones Libri Mundi-Enrique Grosse-Luemern-FLACSO, sede Ecuador, Quito, 1991, pp. 17-61.

[18] "Las comunidades indígenas en el Bajo Piura, Catacaos y Sechura en el siglo XIX", en Bonilla, comp., *Los Andes*, pp. 169-198. Heraclio Bonilla menciona cómo en la zona de Ayacucho, Perú, el presupuesto departamental no sólo sufría gastos cada vez más crecientes sino que los ingresos eran cada vez menores debido a las dificultades económicas de las familias campesinas, dificultades que se originaban en desastres naturales que provocaban la pérdida de sementeras y generaban sequías que culminaban en hambrunas, entre 1846 y 1849. "Estado y tributo campesino. La experiencia de Ayacucho", en Bonilla, comp., *Los Andes*, pp. 335-366.

no y su entorno. Las ciencias sociales se han adentrado poco a poco en estas temáticas, donde sin embargo lo importante no es el fenómeno en sí sino sus efectos sociales, económicos y políticos y cómo las sociedades elaboran una serie de estrategias, paliativas o no, para disminuir los impactos negativos de los fenómenos.[19] Para los fines de este catálogo, consideraremos que la interacción entre un fenómeno natural y el aspecto social da como resultado un "desastre natural"; esto es, para que exista un desastre natural se debe percibir el impacto negativo que tiene un fenómeno en una sociedad.[20] Hay que considerar que en regiones o áreas deshabitadas los fenómenos naturales no constituyen o resultan en desastres naturales. Hasta ahora hemos hablado de sequías y desastres naturales casi como sinónimos; sin embargo, hay que tomar en cuenta que dentro del mismo concepto de sequías se presentan diferencias.

Existen diversas definiciones de fenómeno natural, pero en este trabajo entenderemos como *canícula* aquel receso parcial de las precipitaciones, justo a la mitad de la estación lluviosa.[21] Una *sequía,* por su parte, se define como una disminución de la precipitación pluvial o de los escurrimientos que afecta las actividades humanas y constituye un fenómeno temporal causado por *fluctuaciones climáticas.*[22] En este sentido, en un trabajo se ha definido el fenómeno hidrológico "como un extenso lapso de tiempo durante el cual las precipitaciones que generalmente ocurren en una determinada región, son nulas o escasas".[23] De manera más categórica, Flo-

[19] Véase como muestra de lo que está realizando la psicología, Mireya Zapata y Betty Sanders, "Psicología del desastre y participación colectiva", en Graciela Mota Botello, coord., *Cuestiones de psicología en México*, UNAM-Centro Regional de Investigación Multidisciplinaria, México, 1990, pp. 125-128. En el caso de la historia, se han emprendido estudios sobre sismos y sus efectos. Para el periodo colonial puede verse a Virginia García Acosta, *Los sismos en la historia de México. Análisis histórico-social: épocas prehispánica y colonial,* tesis de doctorado, UNAM, México, 1995. En el caso del siglo XIX, América Molina del Villar, *Junio de 1858. Temblor, Iglesia y Estado. Hacia una historia social de las catástrofes en la ciudad de México*, tesis de licenciatura, ENAH, México, 1990; así como "Cronología de los sismos en el noroeste de México, siglos XVIII y XIX", en *XV Simposio de Historia y Antropología de Sonora. Memorias*, vol. I, Universidad Autónoma de Sonora, Hermosillo, 1991, pp. 253-262. Para un estudio general sobre fuentes relacionadas con sequías, inundaciones, plagas y epidemias en la Colonia y el siglo XIX, véase Virginia García Acosta, América Molina, Antonio Escobar Ohmstede y Juan Manuel Pérez Zevallos, *Análisis histórico de desastres*, CIESAS-Sistema Estatal de Protección Civil de Veracruz, México, 1996.

[20] Para definir el impacto negativo de un fenómeno natural en la sociedad se habla de los diferentes grados de vulnerabilidad en un sistema social determinado, donde los factores políticos, económicos, sociales y ambientales se combinan de tal manera que minan la capacidad de una sociedad o estrato de la sociedad para enfrentar y superar nuevas tensiones. Véanse, entre otros, los trabajos de Gustavo Wilches-Chaux, "La vulnerabilidad global", en Andrew Maskrey, comp., *Los desastres no son naturales,* La RED, Colombia, 1993, pp. 9-50; Andrew Maskrey, "Vulnerabilidad y mitigación", en Maskrey, comp., *Los desastres no son naturales*, pp. 111-134 y la obra colectiva de Gerardo Lovón Zavala *et al.*, *Desastres naturales y sociedad en América Latina,* Grupo Editorial Latinoamericano, Buenos Aires, 1985.

[21] La sequía intraestival se presenta cuando existe un receso parcial de las precipitaciones a la mitad de la estación lluviosa.

[22] Sobre la historia del clima, causas climatológicas y consecuencias humanas, así como una crítica a los climatólogos, quienes cada vez se interesan menos por la existencia de fenómenos cíclicos y más por las fluctuaciones, véase Emmanuel Le Roy Ladurie, *Historia del clima desde el año mil,* FCE, México, 1991, p. 20.

[23] Virginia García Acosta, "Las sequías históricas en México", en *Desastres y Sociedad,* revista semestral de la Red de Estudios Sociales en Prevención de Desastres en América Latina, año 1 (1), 1993, p. 87.

rescano y Swan consideran que sería más adecuado entender la sequía no sólo como escasez de agua sino como su carencia casi total y, por así decir, contingente, que durante un lapso afecta las condiciones de desarrollo de plantas y animales.[24] La *seca* es aquel periodo en que la precipitación pluvial es escasa (febrero-mayo, julio-octubre), que ocurre entre temporadas de lluvias (mayo-junio, noviembre-enero), el cual se puede extender un tiempo razonable (uno o dos meses) después de que las sociedades rurales consideran que debe llover. Si este periodo se extiende más allá y se da una *nula* caída de lluvias, entonces consideramos que la seca se convierte en sequía.[25]

Las inundaciones son resultado de los ciclones tropicales. Podemos distinguir dos tipos: *a)* desbordamiento de ríos causado por la excesiva escorrentía como consecuencia de fuertes precipitaciones pluviales; *b)* inundaciones costeras causadas por olas ciclónicas exacerbadas por la escorrentía de las cuencas superiores. Los *tsunamis* son un tipo especial de inundación costera.

Los efectos de las inundaciones los podríamos considerar más devastadores que las sequías, canículas o secas, ya que las escorrentías excesivas ocasionan pérdida de casas, siembras, animales, seres humanos e infraestructura, mientras que una escasez de lluvias afecta el desarrollo de animales, plantas y humanos. Es así como el impacto negativo de una inundación puede dar lugar a consecuencias disruptivas más graves en una sociedad local. Situación contrastante con las sequías e inundaciones pueden ser las plagas que, si bien ocasionan fuertes daños a las siembras, también pueden ser utilizadas como fuentes alimenticias para los pobladores.[26]

Es de vital importancia que en cualquier estudio que pretenda observar los efectos sociales, económicos y políticos de los fenómenos hidrológicos se realice una regionalización, ya que de esta manera observaremos con claridad cómo se manifiestan los fenómenos naturales en el México decimonónico. La regionalización también se puede plasmar sobre mapas que permitan ubicar llanos, sierras, planicies, clima y cotas de nivel; con esto sabremos hasta qué punto una región es recurrente o esporádicamente seca, inundable o propensa a recibir constantes visitas de langostas por encontrarse en una zona vulnerable a la procreación y el desarrollo de la plaga.

Algunos autores han considerado que las sequías se pueden analizar de diversas maneras, "dependiendo de la definición utilizada". Por ejemplo, Wilhite y Glantz dan cuatro definiciones de sequía: *1) sequía en la agricultura,* determinada por las condiciones naturales de la vegetación, los cultivos y el ganado; *2) sequía hidrológica,* escasez de agua superficial de la tierra; *3) sequía meteorológica,* disminución de la precipitación pluvial; *4) sequía socio-económica,* los efectos de la conjunción de las tres anteriores. Véase Donald A. Wilhite y Michael H. Glantz, "Understanding the Drought Phenomenon: The Role of the Definitions", en *Water International,* vol. 10 (3), 1985, pp. 111-120.

[24] *Breve historia,* p. 13.

[25] Escobar, "Las 'sequías'", p. 224.

[26] Véanse como ejemplo los temas tratados por Marvin Harris, *Bueno para comer. Enigmas de alimentación y cultura,* CONACULTA-Alianza Editorial, México, 1991.

Archivos

Del gran número de archivos que hay en nuestro país, realizamos una selección de aquellos que nos permitieran cubrir amplias regiones, esto es, que no se circunscribieran sólo al actual territorio político-administrativo, con el fin de contar con un espectro suficientemente amplio de regiones que en la actualidad pertenecen a estados que no tienen archivos estatales. Un número importante de datos provino de los ramos de Ayuntamiento, Archivo Histórico de Hacienda y Gobernación, los cuales se ubican en el Archivo General de la Nación, localizado en la ciudad de México.[27] En la capital de la república también se revisaron el Archivo Histórico de la Ciudad de México (Actas de cabildo, Inundaciones), el Archivo Histórico del Instituto Nacional de Antropología e Historia (Sección de Microfilms) y la colección Porfirio Díaz (fondos Manuel González y Porfirio Díaz), que se encuentra en el Archivo Histórico de la Universidad Iberoamericana.

Los archivos estatales que brindaron información documental útil fueron: el Archivo General del Estado de Coahuila (Siglo XIX y Ayuntamientos) así como los archivos municipales de Múzquiz y Saltillo (Actas de cabildo, Presidencia municipal); el Archivo Histórico del Estado de México (Nueva España y Gobierno) y el Archivo Histórico Municipal de Toluca; el Archivo General y el Archivo Histórico del Congreso del Estado de Guanajuato; el Archivo General (Alcaldes, Estadística de los municipios) y del Congreso, ambos del estado de Nuevo León; el Archivo General Municipal de Guadalajara (Actas de cabildo, Correspondencia e Impresos) y el Archivo Histórico de Jalisco (Fomento, Gobernación y Hacienda); el Archivo Paucic, el cual se encuentra en Chilpancingo, Guerrero; el Archivo Histórico de Oaxaca (Criminal, Gobernación y Tesorería); el Archivo Histórico del Poder Ejecutivo de Michoacán (Beneficencia, Gobernación y Salud pública) y el Archivo Histórico del Obispado de Michoacán (Cabildo, Diocesano);[28] el Archivo Histórico Diocesano de San Cristóbal de las Casas; el Archivo Histórico del Estado de San Luis Potosí (Actas de cabildo, Secretaría General de Gobierno), y el Archivo Histórico de Zacatecas (Ayuntamiento de Sauceda, Ayuntamiento de Zacatecas, Jefatura política, Junta Departamental de Aguascalientes y Poder Legislativo).

Otros acervos documentales fueron: la Biblioteca Nacional de México, la Biblioteca Pública del Estado de Oaxaca (Asuntos oaxaqueños),[29] la Biblioteca Pública del Estado de Jalisco y la Biblioteca del Poder Ejecutivo del Estado de México (Colección expedientes).

[27] A la par de estos ramos se revisaron Contribuciones directas, Juntas de fomento y Tribunales mercantiles, Justicia e Imperio, Junta protectora de las clases menesterosas, Fomento, Obras hidráulicas, Agricultura y Bosques.

[28] Carlos Juárez Nieto, *Índices documentales del Archivo Histórico de la Casa de Morelos (INAH-Michoacán)*, Instituto Michoacano de la Cultura, Morelia, 1998.

[29] En este fondo se encontró un manuscrito elaborado a fines del siglo XIX por Manuel Martínez Gracida, titulado *Cuadro sinóptico, geográfico y estadístico del estado libre y soberano de Oaxaca. Escrito por Manuel Martínez Gracida,* el cual recoge un gran número de fenómenos naturales que afectaron la vida de los oaxaqueños durante el siglo XIX y de donde muchos estudiosos de Oaxaca han tomado datos.

Como podemos apreciar a través de los fondos documentales trabajados, los cuales se encuentran entre paréntesis, la búsqueda se centró en los ramos donde se podía reflejar la vida política, social y económica de las entidades políticas. Así, en los fondos denominados como Gobernación o Gobierno, encontramos cartas e informes de las autoridades encargadas de los ayuntamientos y jefaturas de gobierno, dirigidas a gobernadores, congresos locales o al presidente de la república, donde daban noticia de "catástrofes", epidemias y especulación; pedían o compraban granos; otorgaban o solicitaban exenciones de impuestos, cartas-peticiones para hipotecar los propios de los ayuntamientos o remitían copias de bandos que prohibían la extracción de semillas escasas por algún fenómeno natural (exceso o escasez de lluvias, heladas, nevadas, plagas), o bien, resultado de alguno (seca, inundaciones, especulación, carestía, etcétera). Asimismo, se pueden localizar padrones fiscales y de población, movimientos de tropas, levas, permisos para herrar ganado, nombramientos militares, informes de cárceles y presos, instrucción pública y mejoras materiales, entre otras cosas.

El concentrarse en la consulta del fondo de Gobernación no quiere decir que otros fondos no hayan sido importantes, como pueden ser las Actas de cabildo, en las que se mencionan incluso los más mínimos detalles que podían afectar la cotidianidad de la localidad o se autorizaba la mediación de algún ser divino para que la sociedad local volviera a la "normalidad". Por ejemplo, en 1828, el ayuntamiento de la ciudad de México decidió "que venga Nuestra Señora de los Remedios por la escasez de agua",[30] disposición que ya había sido utilizada durante el periodo colonial y que por lo tanto implica una continuidad de algunas medidas "psicológicas" para recurrir a la intermediación divina.

Otro ramo importante es el denominado, según el estado federativo, como Tesorería, Hacienda, Fomento o Alcabalas, ya que en él, si bien se registraban impuestos, contribuciones, catastros, ingresos y egresos y cobro de tarifas arancelarias, es decir, todo lo que se relacionaba con cuestiones económicas, cualquier variante que sufriera el aspecto fiscal podría considerarse causada por el incremento o la creación de nuevos impuestos, alcabalas, movimiento político, rebelión campesina, especulación, fenómeno natural o cualquiera de sus efectos. En muchos casos, algunos integrantes de la sociedad afectada por seca, inundación, ciclón, plaga o helada solicitaban que se les eximiera de determinado impuesto, argumentando en muchos casos la "pobreza" en que habían caído debido a los "destrozos" del fenómeno natural adverso y sus implicaciones.

Los datos estadísticos sobre producción ganadera y agrícola son escasos y poco confiables, aunque existen para algunos estados y regiones, por ejemplo Coahuila y Nuevo León, lo que no evita considerar las innumerables "noticias estadísticas" que publicó el *Boletín de la Sociedad Mexicana de Geografía y Estadística,* enviadas por los diversos corresponsales que tenía la sociedad, y que básicamente fueron publicadas durante la segunda

[30] Archivo Histórico de la Ciudad de México (en adelante AHCM), Actas de cabildo, 29 de mayo de 1828.

mitad del siglo XIX.[31] Esto no descarta que se hayan consultado otras noticias estadísticas elaboradas y publicadas por prohombres de la región o del estado, sobre todo durante la primera mitad del siglo XIX.

Los datos provenientes de los ayuntamientos y autoridades políticas que eran solicitados por los funcionarios centrales para elaborar estadísticas y censos nacionales no llegaban a su destino o sencillamente no se elaboraban, sea porque la población se negaba a ser empadronada por temor a nuevas contribuciones, por la leva o porque su propiedad fuera tasada con más o nuevos impuestos. Hay que considerar que las mismas autoridades se veían en entredicho, ya que eran juez y parte. En muchos casos ni las notas estadísticas encontradas en los archivos mencionaban alteración alguna en la cotidianidad. Situación semejante sucedía cuando una institución científica solicitaba datos sobre las regiones para elaborar nuevos mapas o registros poblacionales.[32]

Un aspecto importante que hay que mencionar es que básicamente todas las fuentes de archivo las podemos considerar como "oficiales", es decir, surgen de las plumas de los representantes del gobierno y de la Iglesia, por lo que la visión sobre el fenómeno y sus efectos puede ser parcial o exagerada, con el fin de conmover los corazones de quienes se pedía ayuda o presentar la efectividad de las acciones tomadas por la autoridad en turno y así lograr mayor reconocimiento del funcionario en cuestión. Un aspecto que no ha sido profundamente estudiado es el papel que tuvo la *corrupción* originada por la falta de semillas, ya que en muchos casos los funcionarios locales o estatales podían estar coludidos con comerciantes para monopolizar o manejar la escasez alimentaria para su provecho personal. Frente a este hecho, los datos derivados de este tipo de fuentes hay que confrontarlos con otro tipo de documentación, como pueden ser los diarios de viajeros, las memorias de gobierno, los periódicos, los boletines científicos, etcétera, lo que permitirá tener un mejor acercamiento a los efectos sentidos por la sociedad civil.

Hemerografía

Una fuente a la que constantemente se recurrió fueron los periódicos, medio de comunicación social que comenzó en la Nueva España a fines del siglo XVIII,[33] además de las publicaciones de sociedades científicas. La hemerografía (periódicos, revistas y boletines) es un instrumento de consulta que nos permite cubrir años o información inexistente en los archivos o completar los informes de los ministros nacionales y gobernadores estatales, quienes frecuentemente dejaban de mencionar la presencia de algún fenómeno natural por considerar que era recurrente o de bajo impacto en sus regiones; por ejemplo, las secas, heladas y nevadas, siempre y cuando no fueran extemporáneas.

[31] Esto no implica que se hayan elaborado "noticias estadísticas" durante la primera mitad del siglo XIX. Para el caso de San Luis Potosí conocemos las de 1825, 1835, 1836, 1842 y 1849.

[32] En el caso de epidemias, las autoridades eclesiásticas y civiles registraban e informaban de los muertos a los altos funcionarios, presentando noticias mensuales de los fallecidos por parroquia.

[33] Véase, como ejemplo, José Antonio Alzate, *Obras, I.- Periódicos* (edición facsimilar), UNAM, México, 1980.

Las fuentes hemerográficas pueden contener errores de datos, fecha en que se pudo presentar el fenómeno o información escasa sobre sus efectos y las medidas para disminuir el impacto, pero constituyen una fuente confiable por su periodicidad y difusión, en el sentido de que le podían dar mayor continuidad y divulgación a las consecuencias de algún fenómeno, tanto a nivel regional como nacional. Los periódicos publicados en la ciudad de México en muchos casos reproducían noticias de los diarios estatales y regionales, o con base en sus corresponsales informaban de hechos que en ocasiones no les parecían importantes, por lo que su sola revisión permite cubrir un espectro bastante amplio.[34]

Los boletines publicados por sociedades científicas y comerciales a lo largo del siglo XIX pueden tener una información sumamente diversa y en ocasiones contradictoria. Desde que México inició su vida independiente los gobernadores y funcionarios que se sucedieron en las administraciones asumieron la tradición colonial de responsabilizar al Estado del desarrollo de los estudios geográficos y estadísticos. De esta manera se pensaba actuar con acierto en áreas de interés "público" como: establecimiento de contribuciones, colonización, apertura de puertos y vías de comunicación terrestre para incrementar el comercio y agilizar el correo, defensa del territorio y la forma más idónea de gobierno.

Las primeras publicaciones científicas del siglo XIX vieron la luz a partir de la década de los treinta, concentrándose en datos sobre geografía (mapas), población y aquellos que pudieran ayudar a la logística militar, dentro de los cuales los fenómenos naturales y su estudio fueron poco significativos.[35] Durante la segunda mitad del siglo XIX la difusión de la ciencia permitió que el conocimiento sobre los fenómenos naturales y sus potenciales efectos desestructuradores se acrecentara,[36] siempre con la idea de evitar pro-

[34] Para un mayor conocimiento sobre la periodicidad, corriente política y estructura de los principales periódicos del siglo XIX, véase Antonio Escobar Ohmstede y Teresa Rojas Rabiela, coords., *La presencia del indígena en la prensa capitalina del siglo XIX. Catálogo de noticias*, 4 vols., Biblioteca Gonzalo Aguirre Beltrán, CIESAS-INI, México, 1992-1993 (principalmente los tres primeros volúmenes). Para completar la información sobre otros periódicos no publicados en ese catálogo, véase Teresa Rojas Rabiela, coord., *El indio en la prensa nacional mexicana del siglo XIX. Catálogo de noticias*, t. I, CIESAS, México, 1987, pp. vi-x. Asimismo, María del Carmen Castañeda *et al., El periodismo en México. 450 años de historia*, UNAM, México, 1980.

[35] Existen dos buenos trabajos que muestran que el avance científico durante gran parte del siglo XIX estuvo enfocado en la estadística, la geografía, las descripciones etnográficas, la agricultura (semillas) y la astronomía. Véase María Lozano, "El Instituto Nacional de Geografía y Estadística y su sucesora la Comisión de Estadística Militar", en *Los orígenes de la ciencia nacional,* Cuadernos de Quipu, 1992, pp. 187-233, y Juan J. Saldaña, "La ciencia y el Leviatán", en *Actas de la Sociedad Mexicana de Historia de la Ciencia y Tecnología*, vol. I, México, 1989, pp. 37-52.

[36] Entre las publicaciones que resaltan están: *El Cultivador* (1876-1877), el *Boletín de la Sociedad Agrícola Mexicana* (1875-1914), *El Agricultor Mexicano* (1896-1942), la *Gaceta Agrícola y Veterinaria de la Sociedad "Ignacio Alvarado"* (1878-1881) y la *Revista Agrícola* (1885-1909). Las polémicas entre las publicaciones también se daban. Por ejemplo, existían fuertes diferencias entre *El Economista Mexicano* y la *Semana Mercantil;* ambos medios de información eran de fines del siglo XIX. El primero era un boletín independiente muy inclinado a la defensa de los intereses de los consumidores y, en ciertas ocasiones, también de los productores. La *Semana Mercantil* expresaba los puntos de vista de las grandes casas mayoristas que controlaban la plaza comercial de la capital. Véase Horacio Crespo, "El azúcar en el mercado de la ciudad de México, 1885-1910", en Horacio Crespo, coord., *Morelos, cinco siglos de historia regional,* CEHAM-Universidad Autónoma del Estado de Morelos, México, 1984, pp. 165-222.

blemas mayores para la población y el orden establecido, ya que la falta de alimentos podía ocasionar migración, disminución en el cobro de impuestos, levantamientos, tumultos o motines, los que en algún momento ocasionarían movimientos armados de mayor envergadura.[37]

Debido al tipo de información que se obtuvo de los acervos, principalmente de la hemerografía, observamos un desbalance de datos entre la primera y la segunda mitad del siglo antepasado. En este sentido resaltamos que la segunda mitad del siglo XIX es un periodo en el que la información sobre fenómenos naturales potencialmente peligrosos para la población es más rica que la referente a la primera mitad, debido principalmente a la rigurosidad de los fenómenos ocurridos y a la difusión de los efectos y medidas que tomaron tanto las autoridades políticas y eclesiásticas como la población.[38] Es importante considerar que, a partir de la década de los ochenta, en las diversas publicaciones se comenzaron a proponer medidas para que los "agricultores" pudieran disminuir los efectos de sequías, inundaciones, heladas o plagas tanto en los cultivos como en la ganadería. A fines del siglo XIX, la preocupación por intentar prevenir lo que los hombres de la época denominaron como "crisis agrícolas" se observa en la publicación y difusión de constantes "consejos" que evitarían la ruina de los agricultores y ganaderos mexicanos. Por ejemplo, en 1897, la *Revista Agrícola* proponía que para evitar la repetición de la "crisis agrícola" de 1893 era necesario cultivar sorgo, que serviría para la alimentación de los humanos y del ganado. Asimismo, consideraba que guardar el maíz en los silos era un "recurso para tener nutridos a nuestros animales y salvarlos de las crisis atmosféricas".[39] La *Revista Agrícola* posiblemente tomó las ideas de algunos folletos que publicaba el Colegio Nacional de Agricultura, que pretendía difundir nuevas ideas en torno a los sistemas de cultivo e innovaciones tecnológicas.[40] Luis Cossío considera que los males de las sequías para el ganado se aminoraron ante las providencias que se tomaron poco a poco a lo largo de los años por medio de obras de irrigación, abrevaderos, pastos y forrajes cultivados, prácticas de control de ganado, así como realizando ventas antes de la seca, y por cierta relocalización del mismo, abandonando las zonas más ingratas e introduciendo e intensificando la explotación de aquellas que representaban las condiciones relativas más favorables.[41] Propuestas como éstas fueron cada vez más abundantes

[37] Para la segunda mitad no se encontró ningún movimiento armado de envergadura que se haya nutrido por actores sociales que hubieran sufrido algún fenómeno natural adverso. Véase Escobar, "Las 'sequías'", pp. 237-238.

[38] Sobre las sequías en la primera mitad del siglo XIX mexicano, véase Padilla, "Las sequías", en Florescano, coord., *Análisis histórico*, pp. 39-45. En un trabajo reciente, se menciona que la información de 1822 a 1874 se caracteriza por ser pobre y discontinua, mientras que para el periodo de 1875 a 1910 las fuentes son más ricas y continuas. Florescano y Swan, *Breve historia*, p. 57.

[39] *Revista Agrícola*, t. XII, 1 de mayo de 1897, pp. 329-330.

[40] Florescano y Swan, *Breve historia*, p. 38. Sobre el desarrollo de la tecnología agrícola en las últimas décadas del siglo XIX, véase Gisela von Wobeser, "La agricultura en el porfiriato", en Teresa Rojas, coord., *La agricultura en tierras mexicanas desde sus orígenes hasta nuestros días*, CONACULTA-Grijalbo, México, 1990, pp. 272-275.

[41] "La ganadería", en Cossío, coord., *Historia moderna*, pp. 150-151. Sobre los efectos en la ganadería por una sequía, véase Florescano y Swan, *Breve historia*, pp. 41-45.

hacia las últimas décadas del siglo XIX, siendo casi inexistentes para la primera mitad.

Consultar archivos pertenecientes a los gobiernos de los estados, así como los de la ciudad de México, es vital para completar y complementar la información proveniente de las fuentes hemerográficas y armar paulatinamente el rompecabezas sobre los posibles efectos de los fenómenos naturales, así como saber si la escasez de semillas y su rápido encarecimiento se debió a sequía, inundación, helada, plaga, granizada o huracán o era sólo el reflejo de un acaparamiento de las simientes por parte de los comerciantes. Habría que considerar que la carestía no refleja directamente una carencia de alimentos originada por la presencia de un fenómeno natural; puede existir la posibilidad de que se dé un desplazamiento de los cultivos con que se alimentaba la población (maíz, frijol, trigo) por otros que pueden ser altamente comercializables y más rentables para los agricultores (algodón, añil, henequén, café, tabaco o caña de azúcar). Otra posibilidad puede ser el encarecimiento del transporte, ya sea el animal o el de tracción.

Cómo utilizar el catálogo

Con la finalidad de que el lector pueda consultar de una mejor manera el presente catálogo, nos permitimos mencionar la estructura del mismo. La información se encuentra dividida por décadas y de manera cronológica. Primero aparecen las fichas con año, día y mes; posteriormente las que tienen año y mes, y finalmente las que sólo tienen como referencia el año. Cada década cuenta con una numeración independiente, que se refleja en los dos índices que acompañan este volumen, uno toponímico y otro temático. En el caso del primero se tomó en cuenta la división política actual, intentando, dentro de lo posible, ubicar los lugares mencionados en un espacio político definido. El temático abarca los fenómenos que engloban el trabajo: sequía, seca, escasez de lluvias, lluvias abundantes, huracán, ciclón, nevada, helada, granizada, inundación, epizootia, plaga, escasez de semillas y carestía.

En muchos casos, debido a la extensión del documento, se realizó un resumen del mismo; donde la información lo ameritaba, ésta se copiaba textualmente, señalándolo con comillas. Al final de cada ficha se encuentran las fuentes que corresponden a los datos, enlistadas al final de esta investigación.

La ficha cuenta con la siguiente estructura: fecha, número del registro, lugares que se vieron afectados por el fenómeno natural adverso, tema (fenómeno o efecto que registró la fuente), información documental y referencia hemerográfica, de archivo, libro de la época o texto contemporáneo.

ANTONIO ESCOBAR OHMSTEDE

Cuadro I

Sequía, seca y escasez de lluvias en México, 1822-1900

Estados	*Años*
Aguascalientes	1857, 1868, 1889, 1891
Baja California	1886
Campeche	1850, 1882, 1888, 1889, 1891
Chiapas	1868, 1887, 1889, 1895, 1899
Chihuahua	1851, 1882, 1883, 1884, 1886, 1888, 1889, 1890, 1891, 1892, 1896, 1898, 1899
Coahuila	1823, 1826, 1831, 1847, 1849, 1850, 1851, 1853, 1862, 1863, 1868, 1877, 1882, 1883, 1884, 1887, 1892, 1894, 1896, 1898, 1899
Colima	1874, 1882, 1883, 1894
Distrito Federal	1828, 1830, 1835, 1836, 1862, 1863, 1868, 1877, 1878, 1882, 1893
Durango	1849-1851, 1853, 1884, 1890, 1891, 1894, 1899
Estado de México	1843, 1867-1868, 1875, 1885, 1886, 1887, 1890, 1892
Guanajuato	1830, 1840, 1841, 1849, 1857, 1858, 1863, 1864, 1866, 1873, 1877, 1880, 1883, 1885, 1886, 1891, 1892, 1895, 1897, 1898
Guerrero	1841, 1864, 1868, 1882, 1886, 1889, 1890, 1894, 1895, 1896
Hidalgo	1843, 1873, 1875, 1876, 1884, 1885, 1889, 1890, 1895, 1896, 1900
Jalisco	1842, 1849, 1850, 1851, 1859, 1863-1864, 1890, 1895
Michoacán	1863-1864, 1877, 1882, 1883, 1890, 1891, 1892, 1896, 1897, 1898
Morelos	1849, 1884, 1885
Nayarit	1877
Nuevo León	1831, 1838, 1846, 1850, 1851, 1858, 1860, 1863, 1868, 1872, 1874, 1882, 1883, 1885, 1886, 1887, 1888, 1890, 1891, 1892, 1896, 1897, 1899
Oaxaca	1836, 1837-1838, 1863, 1868, 1882, 1884, 1885, 1890, 1896, 1899, 1900
Puebla	1854, 1883, 1885, 1890, 1899
Querétaro	1848, 1851, 1852, 1853, 1854, 1879, 1881, 1882, 1885, 1887, 1888, 1889, 1890, 1891, 1892
San Luis Potosí	1822, 1828, 1831, 1851, 1867, 1869, 1870, 1875, 1877, 1882, 1887, 1888, 1889, 1891, 1892, 1894, 1895, 1896, 1898, 1899
Sinaloa	1857, 1877, 1880, 1882, 1883, 1885, 1886, 1890, 1891, 1893
Sonora	1878, 1880, 1881, 1883, 1886, 1887, 1890, 1891, 1892, 1895
Tabasco	1854, 1858, 1891, 1896
Tamaulipas	1879, 1880, 1881, 1882, 1884, 1886, 1889, 1891, 1892, 1893, 1895, 1896, 1898, 1899
Tlaxcala	1883, 1896
Yucatán	1822, 1823, 1834, 1837, 1842, 1850, 1881, 1882, 1884, 1887, 1888, 1890, 1896
Veracruz	1842, 1843, 1849, 1854, 1860, 1868, 1877, 1878, 1879, 1880, 1882, 1883, 1884, 1885, 1886, 1887, 1890, 1892, 1896, 1897, 1898, 1899
Zacatecas	1826-1828, 1850-1851, 1852, 1875, 1881, 1883, 1885, 1889, 1891, 1892

Cuadro II

Lluvias abundantes, ciclones y huracanes en México, 1822-1900

Estados	*Años*
Aguascalientes	1868, 1881, 1885
Baja California	1850, 1856, 1868, 1875, 1889, 1890, 1897
Campeche	1883, 1887, 1889
Chiapas	1827, 1864, 1899
Chihuahua	1868, 1878, 1891, 1900
Coahuila	1844, 1853, 1869, 1878, 1882, 1887, 1888, 1890, 1897, 1900
Colima	1880, 1881
Distrito Federal	1826, 1827, 1828, 1854, 1862, 1866, 1877, 1888, 1893
Durango	1869, 1887, 1888
Estado de México	1828, 1831, 1878, 1883, 1887, 1888, 1889, 1891, 1899
Guanajuato	1865, 1883, 1885, 1887, 1888, 1890
Guerrero	1840, 1848, 1866, 1870, 1872, 1880, 1885, 1891, 1893
Hidalgo	1828, 1870, 1887, 1888, 1889, 1891, 1896, 1898
Jalisco	1832, 1866, 1878, 1881, 1882, 1883, 1885, 1886, 1890, 1892, 1896, 1897, 1898, 1899
Michoacán	1850, 1865, 1867, 1883, 1887, 1888, 1889, 1890, 1891, 1892, 1893
Morelos	1888, 1897
Nayarit	1868, 1880, 1885, 1887, 1893, 1896, 1897
Nuevo León	1849, 1851, 1869, 1873, 1881, 1882, 1883, 1886, 1887, 1892, 1895
Oaxaca	1831, 1861, 1862, 1867, 1873, 1880, 1886, 1887, 1888, 1889, 1891, 1892, 1893, 1894, 1898, 1899
Puebla	1826, 1866, 1878, 1887, 1888, 1892, 1899
Querétaro	1851, 1878, 1880, 1885, 1887, 1888
San Luis Potosí	1881, 1887, 1888, 1897
Sinaloa	1868, 1882, 1883, 1887, 1889, 1896, 1897, 1900
Sonora	1857, 1868, 1888, 1890, 1894, 1897
Tabasco	1844, 1879, 1886, 1896
Tamaulipas	1867, 1869, 1873, 1874, 1875, 1881, 1886, 1887, 1888, 1889, 1894, 1897, 1900
Tlaxcala	1887
Yucatán	1826, 1880, 1883, 1887, 1888, 1889, 1891, 1900
Veracruz	1827, 1844, 1854, 1857, 1868, 1873, 1874, 1876, 1877, 1878, 1879, 1881, 1882, 1883, 1887, 1888, 1889, 1890, 1892, 1893, 1895, 1896, 1898, 1899, 1900
Zacatecas	1832, 1884, 1891, 1894

Cuadro III

Nevadas, heladas y granizadas en México, 1822-1900

Estados	*Años*
Aguascalientes	1866, 1873, 1886, 1887, 1891
Baja California	1875
Campeche	1888
Chihuahua	1873, 1875, 1882, 1883, 1885, 1887, 1888, 1889, 1890, 1891, 1895, 1900
Coahuila	1830, 1851, 1860, 1862, 1868
Colima	1882
Distrito Federal	1823, 1826, 1827, 1828, 1830, 1831, 1832, 1835, 1836, 1857, 1869, 1882, 1883, 1887, 1888, 1889, 1891, 1892, 1894, 1895, 1899, 1900
Durango	1851, 1862, 1890, 1898
Estado de México	1828, 1831, 1852, 1857, 1866, 1868, 1874, 1875, 1880, 1881, 1882, 1883, 1884, 1885, 1886, 1887, 1888, 1889, 1890, 1891, 1892, 1895, 1900
Guanajuato	1822, 1863, 1881,1885, 1886, 1887, 1891, 1892, 1893
Guerrero	1887, 1889, 1892
Hidalgo	1828, 1830, 1831, 1852, 1857, 1866, 1876, 1880, 1881, 1883, 1885, 1886, 1888, 1889, 1890, 1891, 1895, 1899
Jalisco	1850, 1858, 1870, 1875, 1877, 1879, 1881, 1882, 1884, 1885, 1889, 1894
Michoacán	1863, 1874, 1881, 1885, 1886, 1887, 1888, 1890, 1892, 1893, 1895, 1896
Morelos	1883, 1886, 1891
Nayarit	1880, 1895
Nuevo León	1831, 1850, 1852, 1859, 1860, 1872, 1873, 1878, 1879, 1880, 1881, 1882, 1883, 1884, 1885, 1886, 1888, 1895, 1897
Oaxaca	1843, 1850, 1851, 1853, 1866, 1867, 1874, 1878, 1881, 1882, 1883, 1884, 1885, 1886, 1887, 1892, 1893, 1898, 1899
Puebla	1853, 1857, 1858, 1864, 1866, 1874, 1875, 1876, 1881, 1882, 1883, 1885, 1886, 1887, 1888, 1889, 1890, 1891, 1892, 1899
Querétaro	1866, 1880, 1881, 1882, 1886, 1887, 1890, 1891, 1892
San Luis Potosí	1869, 1880, 1881, 1885, 1886, 1887, 1890, 1893, 1895, 1896, 1897, 1899
Sinaloa	1857, 1881, 1882, 1883, 1887, 1889, 1893
Sonora	1880, 1890, 1895, 1896, 1897, 1898, 1899
Tamaulipas	1851, 1868, 1881, 1883, 1892, 1895, 1896, 1897
Tlaxcala	1874, 1892
Yucatán	1881, 1886
Veracruz	1864, 1869, 1870, 1878, 1880, 1881, 1882, 1883, 1886, 1891, 1898
Zacatecas	1878, 1881, 1888, 1896

Cuadro IV

Epizootias y plagas en México, 1822-1900

Estados	*Años*
Campeche	1869, 1882, 1883, 1884, 1885, 1889, 1896, 1897, 1899
Chiapas	1853, 1854, 1855, 1867, 1873, 1880, 1881, 1882, 1883, 1884, 1885, 1888, 1889, 1895
Chihuahua	1881, 1894
Coahuila	1867, 1868, 1870, 1874, 1881, 1887, 1895, 1896, 1897, 1898
Colima	1883, 1885, 1887
Distrito Federal	1829, 1832, 1878, 1879, 1886, 1889, 1894, 1899
Durango	1867, 1869, 1885
Estado de México	1883, 1887, 1900
Guanajuato	1886, 1887, 1888, 1891, 1892, 1895
Guerrero	1855, 1869, 1873, 1883, 1884, 1885, 1886, 1888, 1891, 1893, 1896
Hidalgo	1856, 1865, 1866, 1885, 1886, 1896
Jalisco	1857, 1880, 1885, 1886, 1887, 1888, 1889, 1895, 1897, 1898
Michoacán	1868, 1873, 1883, 1884, 1886, 1887, 1888, 1890, 1892, 1896
Morelos	1884
Nayarit	1887, 1893
Nuevo León	1851, 1895
Oaxaca	1853, 1854, 1855, 1873, 1880, 1882, 1883, 1884, 1885, 1887, 1889, 1899
Puebla	1866, 1878, 1883, 1888, 1893, 1895
Querétaro	1873, 1884, 1885
San Luis Potosí	1867, 1885, 1887
Sinaloa	1881, 1882, 1883, 1884, 1885, 1887, 1890, 1894, 1899
Sonora	1868, 1870, 1887, 1889, 1890, 1894, 1897
Tabasco	1855, 1856, 1857, 1880, 1881, 1882, 1884, 1889
Tamaulipas	1884, 1890
Yucatán	1831, 1875, 1882, 1883, 1884, 1885, 1886, 1887, 1889, 1891, 1896, 1899
Veracruz	1831, 1852, 1853, 1854, 1855, 1857, 1867, 1868, 1873, 1876, 1879, 1880, 1881, 1882, 1883, 1884, 1885, 1889, 1892, 1894, 1899
Zacatecas	1826, 1868, 1885, 1889

Bibliografía del estudio introductorio

ALZATE Y RAMÍREZ, JOSÉ ANTONIO

1980 *Obras, I.- Periódicos,* UNAM, México.

ASSADOURIAN, CARLOS SEMPAT

1999 "El movimiento de la producción agraria en Tlaxcala", en Menegus y Tortolero, coords., *Agricultura mexicana,* pp. 33-65.

BONILLA, HERACLIO

1991 "Estado y tributo campesino. La experiencia de Ayacucho", en Bonilla, comp., *Los Andes,* pp. 335-366.

BONILLA, HERACLIO, COMP.

1991 *Los Andes en la encrucijada. Indios, comunidades y Estado en el siglo XIX,* Ediciones Libri Mundi-Enrique Grosse-Luemern-FLACSO, sede Ecuador, Quito.

BRACAMONTE Y SOSA, PEDRO

1993 *Amos y sirvientes. Las haciendas de Yucatán, 1789-1860,* Universidad Autónoma de Yucatán, Mérida.

CERDA, LUIS

1991 "¿Causas económicas de la Revolución mexicana?", en *Revista Mexicana de Sociología,* año LIII, núm. 1, México, pp. 307-347.

CERRUTI, MARIO, COORD.

1991 *Agua, tierra y capital en el noroeste de México. La región citrícola de Nuevo León (1850-1940),* Facultad de Filosofía y Letras-Universidad Autónoma de Nuevo León, Monterrey.

COSSÍO, LUIS

1974 "La agricultura", en Cossío Villegas, coord., *Historia moderna*, vol. VII, t. I, pp. 1-50.

COSSÍO VILLEGAS, DANIEL, COORD.

1974 *Historia moderna de México. El porfiriato. La vida económica,* vol. VII, t. I, Hermes, México-Buenos Aires.

CRESPO, HORACIO

1984 "El azúcar en el mercado de la ciudad de México, 1885-1910", en Crespo, coord., *Morelos,* pp. 165-222.

CRESPO, HORACIO, COORD.
1984 *Morelos, cinco siglos de historia regional*, CEHAM/Universidad Autónoma del Estado de Morelos, México.

DIEZ HURTADO, ALEJANDRO
1991 "Las comunidades indígenas en el Bajo Piura, Catacaos y Sechura en el siglo XIX", en Bonilla, comp., *Los Andes,* pp. 169-198.

ESCOBAR OHMSTEDE, ANTONIO
1992 "Desastres naturales del siglo XIX: avances de una investigación", en García Acosta, coord., *Estudios históricos,* pp. 53-62.
1997 "Las 'sequías' y sus impactos en las sociedades del México decimonónico, 1856-1900", en García Acosta, coord., *Historia y desastres,* vol. II, pp. 219-257.

ESCOBAR OHMSTEDE, ANTONIO Y TERESA ROJAS RABIELA, COORDS.
1992-1993 *La presencia del indígena en la prensa capitalina del siglo XIX. Catálogo de noticias,* 4 vols., Biblioteca Gonzalo Aguirre Beltrán, CIESAS-INI, México.

FLORESCANO, ENRIQUE
1980 "Las sequías en México: historia, características y efectos", en *Comercio Exterior,* vol. 30 (7), pp. 747-757.
1980 "Una historia olvidada: la sequía en México", en *Nexos,* núm. 32, pp. 8-16.

FLORESCANO, ENRIQUE, COMP.
1981 *Fuentes para la historia de la crisis agrícola de 1785-1786,* 2 vols., Archivo General de la Nación, México.

FLORESCANO, ENRIQUE, COORD.
1980 *Análisis histórico de las sequías en México*, Secretaría de Agricultura y Recursos Hidráulicos, México.
1989 *Historia general de Michoacán,* vol. III, Instituto Michoacano de Cultura, Michoacán.

FLORESCANO, ENRIQUE Y SUSAN SWAN
1995 *Breve historia de la sequía en México*, Universidad Veracruzana, Xalapa.

GALINDO, IGNACIO
1995 "La oscilación del sur, El Niño: el caso de México", en Florescano y Swan, *Breve historia,* pp. 135-163.

GARCÍA ACOSTA, VIRGINIA
1993 "Las sequías históricas en México", en *Desastres y Sociedad,* revista semestral de la Red de Estudios Sociales en Prevención de Desastres en América Latina, año 1, núm. 1, pp. 83-97.
1995 *Los sismos en la historia de México. Análisis histórico-social: épocas prehispánica y colonial,* tesis de doctorado, UNAM, México.

GARCÍA ACOSTA, VIRGINIA, ANTONIO ESCOBAR OHMSTEDE Y JUAN MANUEL PÉREZ ZEVALLOS
1993 "Historical Droughts in Mexico Studied", en *Drought Network News,* vol. 5 (2), pp. 16-18.

GARCÍA ACOSTA VIRGINIA, AMÉRICA MOLINA, ANTONIO ESCOBAR OHMSTEDE Y JUAN MANUEL PÉREZ ZEVALLOS
1996 *Análisis histórico de desastres,* CIESAS-Sistema Estatal de Protección Civil de Veracruz, México.

GARCÍA ACOSTA, VIRGINIA, COORD.
1992 *Estudios históricos sobre desastres naturales en México*, CIESAS, México.
1996 *Historia y desastres en América Latina*, vol. I., La RED-CIESAS, Colombia.
1997 *Historia y desastres en América Latina*, vol. II., La RED-CIESAS-ITDG, Perú.

GONZÁLEZ NAVARRO, MOISÉS
1983 *Cinco crisis mexicanas*, El Colegio de México, Jornadas núm. 99, México.

HARRIS, MARVIN
1991 *Bueno para comer. Enigmas de alimentación y cultura,* CONACULTA-Alianza Editorial, México.

JUÁREZ NIETO, CARLOS
1998 *Índices documentales del Archivo Histórico Casa de Morelos (INAH-Michoacán)*, IMC, Morelia.

LAGOS PREISSER, PATRICIA Y ANTONIO ESCOBAR OHMSTEDE
1996 "La inundación de San Luis Potosí en 1887: una respuesta organizada", en García Acosta, coord., *Historia y desastres,* vol. I, pp. 325-372.

LE ROY LADURIE, EMMANUEL
1991 *Historia del clima desde el año mil*, FCE, México.

LEJEUNE, LOUIS
1995 *Tierras mexicanas*, prólogo de Héctor Cuauhtémoc Hernández, CONACULTA, México.

LOVÓN ZAVALA, GERARDO *ET AL.*
1985 *Desastres naturales y sociedad en América Latina*, Grupo Editorial Latinoamericano, Buenos Aires.

LOZANO, MARÍA
1992 "El Instituto Nacional de Geografía y Estadística y su sucesora la Comisión de Estadística Militar", en *Los orígenes de la ciencia nacional,* Cuadernos de Quipu, pp. 187-233.

MARTÍNEZ GRACIDA, MANUEL
1898 *Cuadro sinóptico, geográfico y estadístico del estado libre y soberano de Oaxaca. Escrito por Manuel Martínez Gracida*, s.p.i., Oaxaca.

MASKREY, ANDREW
1993 "Vulnerabilidad y mitigación", en Maskrey, comp., *Los desastres no son naturales,* pp. 111-134.

MASKREY, ANDREW, COMP.
1993 *Los desastres no son naturales*, La RED, Colombia.

MENEGUS, MARGARITA Y ALEJANDRO TORTOLERO, COORDS.
1999 *Agricultura mexicana: crecimiento e innovaciones*, Instituto Mora-El Colegio de Michoacán-El Colegio de México-UNAM, México.

MOLINA DEL VILLAR, AMÉRICA
1990 *Junio de 1858. Temblor, Iglesia y Estado. Hacia una historia social de las catástrofes en la ciudad de México*, tesis de licenciatura, ENAH, México.

MOLINA DEL VILLAR, AMÉRICA
1991 "Cronología de los sismos en el noroeste de México, siglos XVIII y XIX", en *XV Simposio de Historia y Antropología de Sonora. Memorias*, vol. I, Universidad Autónoma de Sonora, Hermosillo, pp. 253-262.

MOTA BOTELLO, GRACIELA, COORD.
1990 *Cuestiones de psicología en México,* UNAM, Centro Regional de Investigación Multidiciplinaria, México.

MUMMERT, GAIL, COORD.
1987 *Almacenamiento de productos agropecuarios en México,* El Colegio de Michoacán-Almacenes Nacionales de Depósito, México.

OLVERA, ANTONIO
1995 "Haciendas, riego y conflicto social en la región citrícola de Nuevo León", en *Historia y Grafía*, núm. 5, pp. 31-55.

PADILLA, GUILLERMO
1980 "Las sequías en la época moderna (1822-1910)", en Florescano, coord., *Análisis histórico*, pp. 39-45.

PASTOR, RODOLFO
1981 "Introducción", en Florescano, comp., *Fuentes para la historia,* pp. 29-63.

PÉREZ MELÉNDEZ, MARÍA DE LA LUZ
1995 *La crisis agrícola de 1891-1893*, tesis de licenciatura en etnohistoria, ENAH, México.

RODRÍGUEZ, ROCÍO
1991 "Legislación sobre agua y conflictos intermunicipales en el siglo XIX", en Cerruti, coord., *Agua, tierra,* pp. 99-132.

ROJAS RABIELA, TERESA, COORD.
1987 *El indio en la prensa nacional mexicana del siglo XIX. Catálogo de noticias,* t. I., CIESAS, México.
1990 *La agricultura en tierras mexicanas desde sus orígenes hasta nuestros días*, CONACULTA-Grijalbo, México.

RUIZ CASTAÑEDA, MARÍA DEL CARMEN *ET AL.*
1980 *El periodismo en México, 450 años de historia*, UNAM, México.

SALDAÑA, JUAN J.
1989 "La ciencia y el Leviatán", en *Actas de la Sociedad Mexicana de Historia de la Ciencia y Tecnología*, vol. I, México, pp. 37-52.

SÁNCHEZ, GERARDO
1987 "Crisis agrícolas y abastecimiento de granos en Michoacán (1880-1910)", en Mummert, coord., *Almacenamiento,* pp. 134-152.
1989 "Las crisis agrícolas y la carestía de maíz, 1886-1910", en Florescano, coord., *Historia general*, vol. III, pp. 245-265.

SCHWARTZ, STUART
1992 "The Hurricane of San Ciriaco: Disaster, Politics and Society in Puerto Rico, 1899-1901", en *Hispanic American Historical Review*, vol. 72 (3), pp. 303-334.

TANDETER, ENRIQUE
1991 "La crisis de 1800-1805 en el Alto Perú", en Bonilla, comp., *Los Andes,* pp. 17-61.

WILCHES-CHAUX, GUSTAVO
1993 "La vulnerabilidad global", en Maskrey, comp., *Los desastres no son naturales*, pp. 9-50.

WILHITE, DONALD A. Y MICHAEL H. GLANTZ
1985 "Understanding the Drought Phenomenon: The Role of the Definitions", en *Water International*, vol. 10 (3), pp. 111-120.

WOBESER, GISELA VON
1990 "La agricultura en el porfiriato", en Rojas, coord., *La agricultura*, pp. 272-275.

ZAPATA, MIREYA Y BETTY SANDERS
1990 "Psicología del desastre y participación colectiva", en Mota Botello, coord., *Cuestiones de psicología*, pp. 125-128.

Rancho de Cocotzingo inundado por las aguas del río Grande Metztitlán, Hidalgo, 1926
Fuente: Archivo Histórico del Agua

Abreviaturas

a.	acuerdo
c.	caja
cpta.	carpeta
d.	documento
e.	expediente
f.	folio/foja
ff.	folios/fojas
fól.	fólder
l.	libro
leg.	legajo
n.	número
paq.	paquete
r.	rollo
s.c.	sin catalogar/sin catalogación/sin clasificar/sin clasificación
s.d.	sin fecha/sin data
s.e.	sin número de expediente
s.f.	sin folio/sin foja
s.p.i.	sin pie de imprenta
s.s.	sin sección
sec.	sección
t.	tomo
v.	volumen

Siglo XIX
(1822-1900)

1822-1830

1822, julio
1
Yucatán
"Posible sequía. Bando del gobierno permitiendo la libre importación de harina a los puertos de Yucatán."
Padilla, 1980:105
El jefe político de México, Luis Quintanar, dio a conocer el bando del 19 de junio de 1822, en que por un término de dos años se permitía la entrada de harina extranjera en los puertos de la provincia de Mérida.
AHEM, Nueva España, v. 47, e. 6

1822
2
San Luis Potosí: Valle del Maíz
Escasez de lluvias.
Informe de la aduana nacional sobre la falta de pago de los adeudos porque en "los años pasados han sido tan estériles las cosechas, que muchos no han alzado aún lo poco que sembraron".
AHESLP, Secretaría General de Gobierno, 1822, l. 11, e. 1

1822
3
Guanajuato: San Luis de la Paz
Nevada.
"A causa de una nevada, se han perdido los magueyes y por consiguiente también los pulques, mezcales y hasta el ganado."
AGNM, Gobernación, c. 29, e. 5, f. 1

1822-1823
4
Yucatán
Escasez de lluvias.
"Escasez de lluvias. Bandas de mendigos recorrían las poblaciones presas del hambre. Cuadrillas armadas asaltan las haciendas y los pueblos buscando comida."
Padilla, 1980:105

1823, 20 de marzo
5
Distrito Federal
Helada.
"Cuatro noches ha que heló y maltrató las milpas tiernas y los trigos."
AMINAH, Bustamante, r. 1, 23 de marzo

1823, agosto
6
Distrito Federal: hacienda de Aragón, hacienda de la Patera, La Magdalena, Peralvillo, Vallejo
Inundación.
"Salimos por la calzada de tierra que va por la Villa de Guadalupe advirtiendo inundados los potreros de la parte del poniente de dicha calzada desde la garita de Peralvillo hasta donde alcanzaba la vista."
AHCM, Inundaciones, v. 2273, e. 63, ff. 209-232

1823
7
Coahuila
Sequía.
"Coahuila padeció serias sequías en 1823."
Harris, 1990:233

1823
8
San Luis Potosí: río Tamazunchale, San Juan Bautista Coxcatlán, San Nicolás, Santa Isabel del Armadillo, Villa de Valles
Escasez de granos.
El ayuntamiento de San Juan Bautista Coxcatlán informó de "la penuria de hambre que se padece y calamidad de las semillas" en ese pueblo compuesto totalmente por "un vecindario de indios" y pidió que de las contribuciones pagadas se les hiciera un préstamo "para hacer un acopio de semillas en las próximas cosechas".
AHESLP, Secretaría General de Gobierno, 1823, l. 2, s.e., 1 f.
Debido a la escasez de maíz "que ha habido de dos años a esta parte", los habitantes de San Nicolás pidieron que de los fondos de comunidad se les prestara alguna cantidad para adquirir maíz.
AHESLP, Secretaría General de Gobierno, 1823, l. 3, e. 4, 2 ff.

1826, 15 de marzo
9
Distrito Federal
Nevada.
"Esta tarde a las cuatro ha habido una gran tormenta ha llovido recio; y en las alturas inmediatas aparece gran cantidad de nieve, cosa poco común en México".
AMINAH, Bustamante, r. 3, 15 de marzo

1826, 9 de mayo
10
Zacatecas
Epizootia.
"El ciudadano presidente [del ayuntamiento de la ciudad de Zacatecas] dijo que tenía noticia de haber mucha enfermedad en los carneros, cuyas carnes dañadas se estaban vendiendo en Zacatecas." Se acordó recoger las licencias a ciertos vendedores de carne.
AHZ, Ayuntamiento de Zacatecas, Actas de cabildo

1826, 24 de mayo
11
Distrito Federal: Ixtacalco, Santa Anita
Granizada.
"Una de estas granizadas entró la tarde del 24 de mayo de 1826 y fue a reventar de Santa Anita al sur, malogrando el trabajo de meses en las chinampas."
Lira, 1983:80
Se arruinaron 806 chinampas por la granizada del 24 de mayo. El ayuntamiento y 176 indígenas solicitan ayuda del fondo de parcialidades.
AGNM, Ayuntamientos, v. 10, e. 30

1826, 23 de julio
12
Distrito Federal
Viento.
"Norte avanzante en la tarde y bastante sospechoso a los labradores."
AMINAH, Bustamante, r. 3, 23 de julio

1826, julio
13
Yucatán

Lluvias abundantes. Escasez de granos.
"Se comunica que en el estado de Yucatán se hallan las más terribles calamidades por las continuas lluvias que hay, habiendo incluso problemas de escasez de alimentos y semillas."
AGEC, Siglo XIX, c. 4, fol. 3, e. 9, 2 ff.

1826, 23-26 de agosto
14
Distrito Federal
Helada.
Heladas los días 23, 24 y 26 "por un norte".
AMINAH, Bustamante, r. 3, 23 de agosto

1826, 26 de octubre
15
Distrito Federal; Puebla: barrio San Pablo, río Tehuacán
Lluvias abundantes. Inundación.
"A los tres cuartos para las siete se presentó [una] gran tormenta por el oriente [...] una lluvia gruesa con tempestad y vientos tan terribles que en un momento inundó las calles. Duró más de una hora y toda la ciudad fue inundada penetró por muchos almacenes y causó muchas pérdidas."
AMINAH, Bustamante, r. 3, 26 de octubre
Por el "aguacero grande pasado, las pérdidas al comercio han sido cuantiosas"; en San Pablo se cayó una casa, "el río Tehuacán se desbordó y arrasó con varias casas; [el agua] entró hasta la iglesia y subió al altar mayor".
AMINAH, Bustamante, r. 3, 16, 28 de octubre

1826
16
Coahuila; San Luis Potosí
Sequía.
En Coahuila "un cliente de San Luis decidió comprar 4 000 ovejas a 14 reales con el fin de especular, pues la mayor parte del norte de México estaba sufriendo sequía y esperaba revender inmediatamente los animales en la ciudad de México".
Harris, 1990:270

1826-1828
17
Zacatecas
Sequía.
"Nuestra agricultura ha tenido una época desgraciada en los años anteriores, por la pérdida de las cosechas y mortandad del ganado a consecuencia de la falta de lluvia; esta calamidad se ha sentido especialmente en los estados que se extienden desde Querétaro al norte y oeste, siendo sus efectos más que en ningún otro destructivos en el de Zacatecas, donde el precio que vinieron a tomar las semillas vino a ser exorbitante, con notable perjuicio de la industria mineral y aun con riesgo de la población."
Memorias, 1987:323; AGNM, Gobernación, c. 3, n. 122, p. 27

1826
18
Coahuila
Sequía.
"Coahuila padeció serias sequías en 1823, 1826-1828."
Harris, 1990:233

1827, 19 de junio
19
Distrito Federal
Helada.
"Mucho frío, ha helado y norte frío."
AMINAH, Bustamante, r. 4, 19 de junio

1827, 16 de julio
20
Distrito Federal
Lluvias abundantes.
"Por la mañana gran lluvia, más a mediodía sereno. Los ríos han salido de madre en el camino a Oaxaca para México."
AMINAH, Bustamante, r. 4, 16 de julio

1827, septiembre
21
Chiapas: río de Chiapa, Tonalá
Lluvias abundantes.
"El extraordinario temporal del mes de septiembre causó en el estado daños muy considerables, principalmente en las vegas del gran río de Chiapa y en el partido de Tonalá."
Memoria, Chis., 1828:7

1827
22
Coahuila: Anhelos, hacienda de Patos, La Joya, Monclova
Escasez de lluvias.
"Se abrió una noria en el camino de Monclova, entre Anhelo y la Joya, haciendo varias excavaciones no encontrándose agua por falta de lluvias."
AGEC, Siglo XIX, c. 5, e. 14, f. 3

1827
23
Veracruz
Lluvias abundantes.
"La impetuosidad, abundancia y continuación de las aguas en el año de 27 perdieron las cosechas de maíz en nuestras tierras bajas próximas a las costas de Sotavento, encareciéndose hasta un precio desconocido, y precisado al honorable Congreso a dictar medidas para hacerlo venir de países extranjeros, y así ocurrir a la escasez, a la hambre y necesidad."
Blázquez, comp., 1986, I:14

1827
24
Yucatán
Escasez de granos.
Se permite la introducción de maíz extranjero en el estado de Yucatán en los años que escasee.
AHEM, Gobierno, v. 2, e. 22, 14 ff.
El secretario de Hacienda de Coahuila participa haber recibido el decreto que permite la introducción de maíces extranjeros en el estado de Yucatán.
AGEC, Siglo XIX, c. 3, fól. 2, e. 15, f. 1

1828, mayo-junio
25
Distrito Federal
Escasez de lluvias. Escasez de granos.
"Se vio un oficio del Sr. gobernador del Distrito en que se

dice que la piedad de los habitantes del que se ha acostumbrado a pedir agua en tiempo de calor excesivo a Na. Señora de los Remedios haciéndola descender de su santuario a esta capital."

AHCM, Actas de cabildo, 1828, 29 de mayo

El señor Quijano, regidor del ayuntamiento de la ciudad de México, hizo la siguiente proposición: "Habiéndose acordado el que venga Nuestra Señora de los Remedios por la escasez de agua, es indispensable que acuerde V.E. se le restituya la cofradía".

AHCM, Actas de cabildo, 1828, 29 de mayo

"El Sr. gobernador manifestó que la estación tan rigurosa que estamos experimentando ha obrado ya en las sementeras y ganados, ocasionando la pérdida de aquéllas y una mortandad excesiva de éstos a lo que es consiguiente la escasez de carnes y semillas; la carestía de estos artículos de primera necesidad, y el hambre de los miserables; por lo que excita el celo del ayuntamiento para que tome en consideración un asunto como éste tan recomendable y grave."

AHCM, Actas de cabildo, 1828, 19 de junio

1828, 28 de junio

26

Distrito Federal: hacienda del Xacal de Benio

Lluvias abundantes. Escasez de granos.

Por la lluvias se inundaron las calles, "aunque el mal está hecho generalmente en la mortandad de ganados". En la hacienda del Xacal de Benio murió ganado por falta de pastos, "la escasez de carne en México, es hoy extraordinaria, tanto que en un día se han cerrado 47 carnicerías".

AMINAH, Bustamante, r. 4, 28 de junio

1828, julio

27

Zacatecas

Escasez de granos.

El ayuntamiento de la ciudad de Zacatecas hizo una serie de proposiciones para evitar que la escasez de semillas se acentúe debido a la falta de lluvias; entre algunas de éstas, se solicitó a los hacendados un auxilio, así como que se haga un novenario a María Santísima de Patrocinio para "implorar el socorro de las aguas".

AHZ, Ayuntamiento de Zacatecas, Actas de cabildo, 21 de julio de 1828

1828, 12 de septiembre

28

Hidalgo: Apam; Estado de México: Toluca

Helada. Lluvias abundantes.

"Excesiva lluvia en la tarde y noche a las dos de la mañana de hoy que cayó un fuerte aguacero; si hubiéramos recibido este beneficio el sábado y viernes pasado no se hubiesen helado las milpas de Apam y Toluca." A causa de esto el maíz y el frijol subieron de precio.

AMINAH, Bustamante, r. 15, 12 de septiembre

1828, 28 de septiembre

29

Distrito Federal

Helada.

"Helada."

AMINAH, Bustamante, r. 4, 28 de septiembre

1828

30

San Luis Potosí

Escasez de lluvias.

"Las enormes pérdidas que resintieron en los desastrosos tiempos pasados, como de los que sufren por la falta de pastos, escasez de lluvias y otras mil causas. El estado marcado con el número seis, dará una idea de la excesiva mortandad de cabezas de ganado habida el año próximo anterior en los cuatro departamentos, por no haber acudido a tiempo las aguas." El estado a que se hace referencia indica que murieron 199 538 cabezas de distintos tipos de ganado, con un valor aproximado de medio millón de pesos.

Memoria, SLP, 1829:9

1828

31

Zacatecas

Seca. Escasez de granos.

Escasez de maíz, trigo, frijol y chile, "la verdadera causa de esta calamidad fue la absoluta falta de fleteros para transportar las semillas, originada de la rigurosa seca que se experimentó, de la consiguiente falta de pastos y agua en los caminos, y de la extraordinaria mortandad de toda clase de animales".

Memoria, Zac., 1829:55-56

La renta de diezmos "ha sufrido las consecuencias inevitables de la horrorosa mortandad que sufrieron los ganados en el año de 1828".

Memoria, Zac., 1831:120; 1833:169

"La seca espantosa que se sufrió en el año de 1828, causó la pérdida de muchos gruesos capitales, y de infinitos pequeños, de manera que un gran número de agricultores quedaron arruinados en términos de haber abandonado el giro de que subsistían."

Memoria, Zac., 1831:103-105

1828

32

Coahuila

Escasez de granos.

Se solicitó al gobierno autorización para sacar de las rentas del estado la cantidad de 400 pesos para la compra de maíces.

AMS, Actas de cabildo, l. 9, e. 120

1828

33

Baja California

Inundación.

"El año de 1828 hubo un temporal, y aguaceros tan grandes, que formando arroyos por el frente de la misión se llevó treinta y tantas casas, con los intereses que sus habitantes tenían, con lo que quedó reducida la población a un estado miserable."

Castillo, 1859:338

1829, octubre

34

Oaxaca: Tehuantepec

Inundación.

Carta del 11 de octubre del presidente municipal de Tehuantepec, en que informa que la inundación que ha sufrido la

población ha ocasionado "escasez de víveres por haberse ensegado las milperías; procuramos y procuraremos que los vivientes no perezcan de hambre".
AGEPEO, c. 14, s.c.

1829
35
Distrito Federal
Plaga.
Desapareció "la tysania africana que ya se hacía insoportable".
AMINAH, Bustamante, r. 6, 31 de diciembre

1830, 26 de febrero
36
Distrito Federal
Granizada.
"Un recio aguacero a las dos y media de la tarde que inundó varias calles de México y una fuerte granizada."
AMINAH, Bustamante, r. 7, 26 de febrero

1830, julio
37
Guanajuato: Guanajuato
Escasez de lluvias.
"Solemne procesión y novenario de la Santísima Virgen de Guanajuato por la falta de lluvias; al ir la santa imagen en la procesión, se desató un inesperado y fuerte aguacero, siendo preciso depositarla en el templo de la Compañía, donde se repitió otro novenario solemnísimo, en acción de gracias; el año continuó bueno y las cosechas fueron abundantes."
Marmolejo, 1973, III:202

1830, 8 de agosto
38
Hidalgo: Apam
Helada.
"Se dice que anoche heló en los llanos de Apam."
AMINAH, Bustamante, r. 7, 8 de agosto

1830, agosto
39
Distrito Federal
Escasez de lluvias.
"Escasez de lluvias. La escasez de agua en la capital afectó la molienda casera de los cereales."
Padilla, 1980:105
"Sequía en la ciudad de México."
Espinosa, 1987:130

1830, 28-31 de octubre
40
Distrito Federal
Helada.
Las heladas han "perjudicado alguna cebada que se tapó tarde".
AMINAH, Bustamante, r. 7, 31 de octubre

1830
41
Coahuila: hacienda Hermanas
Helada
"En 1830 a pesar de la helada que secó la mayor parte de la caña, [la hacienda] Hermanas produjo una ganancia cercana a 2 000 pesos."
Harris, 1990:280

1831-1840

1831, enero
1
Nuevo León
Helada. Escasez de granos.
"Las recias heladas que sobrevinieron en todo el estado en el mes anterior [enero] no dejaron de causar en algunas partes pérdidas considerables a los cosecheros de piloncillo; no obstante, este género no ha decaído de su precio y estimación."
Memoria, NL, 1831:6
"La anticipación de los hielos en este año pasado [1831] destruyó gran parte de las sementeras, y a la escasez consiguiente de semillas se han seguido el aumento en sus precios con todo, el público no sufrirá necesidad alguna."
Memoria, NL, 1832:8

1831, 6 de mayo
2
Nuevo León: Monterrey
Sequía.
El gobernador del estado, Joaquín García, en unión con un grupo de feligreses, lleva a cabo una procesión por las calles de la ciudad para pedir que cesara la sequía.
Retta Díaz, 1989:62

1831, mayo-julio
3
Distrito Federal
Escasez de lluvias.
"Las siembras se están perdiendo en los campos pues no cae una gota de agua; hoy ha subido el maíz un peso en cada carga."
AMINAH, Bustamante, r. 8, 14 de junio
"La escasez de lluvias afectó los potreros de los alrededores de la ciudad, encareciendo la carne."
Padilla, 1980:105
"Sequía en la ciudad y valle de México."
Espinosa, 1987:130

1831, 30 de junio-15 de julio
4
Veracruz: Alvarado, Amatlán, Cosamaloapan, Salta Barranca, río de los Tuxtlas, Tlacotalpan
Inundación.
Las lluvias de temporal comenzaron el 28 de junio. En Alvarado, la inundación principió "el 29 o 30 de junio"; los dueños de ganado cuyos potreros se hallaban en los terrenos más bajos padecieron mayores pérdidas, como fue el caso de Tlacotalpan y Amatlán; las pérdidas fueron de más de 80 cabezas de ganado vacuno y cerca de 40 equinos. En Salta Barranca, la inundación comenzó el 30 junio y para el 15 de julio alcanzó dos y media varas de alto, ocasionando la pérdida de 50 cabezas de ganado y 40 fanegas de labores. En Tlacotalpan, la inundación dio principio el 7 de julio, ocasionando las siguientes pérdidas: ganado vacuno, 36 160 pesos; ganado caballar, 2 500 pesos; gastos extraordinarios, 2 440 pesos; en cañales y otras siembras, 2 800 pesos; total, 43 900 pesos. En los pueblos del cantón de Cosamaloapan y en el río de los Tuxtlas, los caminos quedaron intransitables y las pérdidas en siembras se acentuaron entre los labradores.
Blázquez, comp., 1986, I:341-346

1831, junio
5
Hidalgo: Tulancingo
Helada.
"Una helada acabó con la siembra de maíz."
AMINAH, Bustamante, r. 8, 16 de junio

1831, junio-julio
6
Veracruz
Plaga.
"En las milpas de maíz cayó un sinnúmero de gusanos que se las comían particularmente aquellas que se hallaban en estado tierno, de suerte que algunos labradores han tenido que resembrar sus terrenos."
Blázquez, comp., 1986, I:345

1831, 9 de agosto
7
Estado de México: Chapingo, Texcoco
Lluvias abundantes.
"Cayó una tormenta de agua en Texcoco, inundó los campos y dañó algunas sementeras en la hacienda de Chapingo y otras."
AMINAH, Bustamante, r. 8, 12 de agosto

1831, 20 de agosto
8
Hidalgo: Mezquital, Apam; Estado de México: Texcoco, Ixtlahuaca
Helada.
La helada causó "grandes estragos en Ixtlahuaca y desde Texcoco para los llanos de Apam y Mezquital. El maíz está a razón de 3.50 pesos carga, cuando el día anterior estaba a tres".
AMINAH, Bustamante, r. 8, 20 de agosto

1831, agosto
9
Distrito Federal
Helada. Carestía.
"La helada no pasó de escarcha, y sin embargo ha subido el maíz dos pesos en carga."
AMINAH, Bustamante, r. 18, 28 de agosto

1831, 11-15 de septiembre
10
Oaxaca: Cahuaca, Comaltepec, Chuapan, Elotepec, Jamiltepec, Juquila, río Dulce, San Sebastián, Santiago Textitlán, Temascalapan, Tenestre, Teposcolula, Zoloaga, Zoochila
Huracán.
En el departamento de Jamiltepec, los pueblos "padecieron las mayores desgracias a causa de un violento huracán y temporal de aguas tan abundantes, que desmoronaron a muchos cerros, destruyeron porción de casas y aumentaron los arroyos y ríos porque saliendo de madre arrasaron con ricas sementeras de grana, algodón y simientes; y llenaron de piedras, arenas y fangos la mayor parte de sus terrenos. Hasta ahora ha podido saberse que 115 personas fueron víctimas y otras muchas contrajeron enfermedades; varias familias quedaron sin casas que habitar y pueblos enteros reducidos a la miseria

y hambre. El huracán ocasionó también algunos perjuicios en los pueblos del sur del departamento de Teposcolula de la parroquia de Elotepec y en Cahuaca, San Sebastián, Río Dulce y Santiago Textitlán, [...] en el departamento de Zoochila las aguas destruyeron una porción de las sementeras y frutales que sostenían a muchas familias, descompusieron los mejores terrenos, formaron de ellos inútiles barrancas y se llevaron los puentes de madera de Tenestre, Juquila, Zoloaga, Temascalapan y Comaltepec, cuya falta ha perjudicado al comercio de los pueblos mixes".
Memoria, Oax., 1832:12-15

1831, 12, 19 de octubre
11
Distrito Federal
Helada.
El 12 y el 19 de octubre heló.
AMINAH, Bustamante, r. 7, 12, 19 de octubre

1831
12
Coahuila; Texas
Escasez de lluvias. Escasez de granos.
"No obstante la escasez de aguas pluviales que hubo en el año pasado [1831] son de alguna consideración las semillas que se han cosechado y están cosechando en los pueblos del estado; mas como no se creen suficientes [...] ya ha tomado el gobierno las providencias necesarias para proporcionar el abasto al menor precio posible."
Memoria, Coah., 1832:5

1831
13
Coahuila: Saltillo
Escasez de granos.
Se acordó la compra de 3 000 fanegas de maíz y solicitar al gobernador que girara orden a la tesorería para la entrega del dinero necesario para dicha compra.
AMS, Actas de cabildo, l. 10, a. 518, f. 61

1831
14
San Luis Potosí: San Luis Potosí, Santa María
Escasez de lluvias.
"El comercio está en un pie algo decaído, porque la falta de aguas en este año ha motivado que haya subido el precio de 13 reales proporcionalmente el frijol."
DOSLP, 1831, 22 de julio

1831
15
Yucatán
Plaga.
"Habiéndose descubierto en varios puntos la langosta, el gobierno dictó cuantas medidas juzgó convenientes para destruir este insecto devorador [...] con lo que se logró cortar su progreso, sin haber erogado gasto alguno de la hacienda pública."
Memoria, Yuc., 1831:4

1831
16
República Mexicana
Helada. Escasez de granos.
"La irregularidad de la estación de lluvias, y las tempranas heladas del año anterior [1831] causaron que las cosechas de maíz fuesen en lo general escasas."
DOSLP, 1832, 24 de marzo

1832, 12 de abril
17
Distrito Federal
Helada.
"Heló hoy."
AMINAH, Bustamante, r. 8, 12 abril

1832, 14 de mayo
18
Distrito Federal
Nevada. Plaga.
"Lluvia en la noche, nieves en las alturas que preparan chauixtle en los trigales."
AMINAH, Bustamante, r. 8, 14 de mayo

1832, 2 de septiembre
19
Distrito Federal
Helada.
"Anoche heló en las alturas y lugares bajos."
AMINAH, Bustamante, r. 11, 2 de septiembre

1832, 12 de septiembre
20
Distrito Federal
Helada.
"Hoy heló."
AMINAH, Bustamante, r. 8, 12 de abril

1832
21
Zacatecas
Lluvias abundantes.
El temporal "de 1832 ha sido abundante, aun con respecto a las semillas de temporal, a pesar de una fuerte calma que las perdió en algunas pocas partes, y disminuyó en otras el estado próspero que tenían los sembrados".
Memoria, Zac., 1833:169

1832
22
Coahuila: Saltillo
Escasez de granos.
Se acordó comprar todo el maíz que se pudiera para evitar su escasez, la reventa y cerrar el pósito.
AMS, Actas de cabildo, l. 10, a. 830, f. 139v

1833, 10 junio
23
Chihuahua: Jesús María
Inundación.

La tarde de ese día hubo "una muy furiosa creciente, la tercera y mayor que había sufrido; ella inundó y destruyó no pocos intereses de varias clases, haciendo algunas víctimas con las ruinas de casas de último orden, fracasos todos sensibilísimos por los atrasos que recibe el ramo [de minería]".
Memoria, Chih., 1833:21

1833, enero
24
Sonora: Belén, Potan, Ranum, Sanic, Vicam
Inundación.
"En el año de 1833, por el mes de enero, en una grande lluvia que hubo, varió su ruta el río Yaqui, partiendo entre Ranum y Potan, en el paraje llamado Sanic, donde abrió una caja, dejando en seco su ruta antigua con gran asombro de aquellos pueblos, los cuales estuvieron en el eminente peligro de perecer, sobre todo los que guardaban la posición más baja desde Vicam a Belén. De tal suerte que si la enormidad de aguas que traía el río no rompe por el Sariri, sin duda que toda la gente se habría ahogado, aunque perecieron algunos, y muchas reses, ganado menor y caballada."
Velasco, 1860:295

1833
25
Nuevo León: Monterrey
Inundación.
"Hubo una creciente [...] y aunque si bien es cierto que no fueron mayores las desgracias por ella originadas, en virtud de que la población aún no se extendía al sur, el acontecimiento se tuvo por uno de aquellos que difícilmente se borran de la memoria de un pueblo."
Sánchez y Zaragoza, 1989:5

1833
26
Jalisco: Guadalajara, presa de San Ramón
Lluvias abundantes.
"A expensas del ayuntamiento se introdujo en el mismo año [1833] el agua de la presa de San Ramón, hasta la espalda del edificio del hospicio; mas habiéndose hecho la obra con poca solidez quedó destruida en las primeras lluvias."
López, 1843:24

1834, agosto
27
Coahuila: Saltillo
Escasez de granos.
El presidente municipal comunicó que podía facilitar al ayuntamiento 500 o 1 000 pesos para la compra de maíz, con la condición de que el dinero se le devolviera en un mes.
AMS, Actas de cabildo, l. 12, a. 49, f. 19v

1834
28
San Luis Potosí: Matehuala, Villa del Cedral
Escasez de granos.
Debido a la escasez y encarecimiento del maíz en la Villa del Cedral, los habitantes pidieron y obtuvieron que de la renta de diezmos se les hiciera un préstamo para la adquisición de dicha semilla.
AHESLP, Secretaría General de Gobierno, 1834, l. 11, s.e., 5 ff.

1834
29
Yucatán
Sequía.
"Sequía en Yucatán."
Espinosa, 1987:131

1834
30
Yucatán
Escasez de granos.
"Las cosechas de trigo y maíz fueron generalmente escasas, y las semillas particularmente las del primer fruto, subieron a un precio que no habían alcanzado en muchos años. Pero donde más se sintieron los funestos efectos de la falta de alimentos, fue en el estado de Yucatán."
Memorias, 1987:549

1834
31
Oaxaca; República Mexicana
Sequía.
"Hambre espantosa, sequía espantosa en varias regiones del país, no hay datos de Oaxaca."
Romero, 1990:34

1835, 1-2 de junio
32
Distrito Federal
Helada. Escasez de lluvias.
Además de que no llueve: "Heló esta mañana y se ha perdido el maíz 'mujeño' de las inmediaciones de México y el maíz sube de precio".
AMINAH, Bustamante, r. 12, 1, 2 de junio

1835, junio
33
Coahuila: Saltillo
Escasez de granos.
Se acordó que el procurador quedara facultado para comprar maíz y evitar que el pósito quedara vacío.
AMS, Actas de cabildo, l. 12, a. 460, f. 157v

1835
34
Yucatán
Escasez de granos.
"El pueblo yucateco conoce la proximidad de una hambre desoladora que le amenaza por la pérdida de las cosechas del maíz [...] el gobernador decretó la introducción de maíz extranjero libre de derechos." El maíz ha aumentado en 200 por ciento su precio. "Las cosechas de este grano se han perdido y no se esperan productos de la tierra sino hasta noviembre venidero." En las tiendas ocurren tumultos.
AGNM, Gobernación, s.s., c. 214, e. 12; Padilla, 1980:105

1836, febrero-junio
35
Distrito Federal: hacienda del Mirador; Veracruz: Huatusco
Escasez de lluvias.

"Escasez de lluvias. Año malo para la agricultura. Se intenta una procesión para traer a la Virgen de los Remedios."
Padilla, 1980:105

1836, 2 de mayo
36
Distrito Federal
Helada.
Hubo helada: "es éste el fin a la agricultura".
AMINAH, Bustamante, r. 13, 2-4 de mayo

1836, 29-30 de mayo
37
Distrito Federal
Helada.
El "excesivo calor, [y] las heladas que hubo en los días 29 y 30 del pasado están perjudicando a las siembras".
AMINAH, Bustamante, r. 13, 3 de junio

1836, septiembre
38
Colima: Coguimatlán, río Grande
Inundación.
El jefe político de Colima comunicó haber concedido a los indígenas de Coguimatlán trasladarse a otros terrenos de su pertenencia por los males que habían sufrido con la abundancia de las lluvias y las "avenidas del río Grande".
AGNM, Gobernación, c. 5, s.c., s.f.

1836
39
Jalisco: Mascota
Inundación.
"Una lluvia que hubo el año de 1836 que duró por tres o cuatro días con sus noches y que hizo subir el agua a gran altura."
AHJ, Fomento, F-18-865, Mas/1270, f. 1

1836
40
Oaxaca
Sequía.
"Sequía. Sube el precio del maíz."
Romero, 1990:34
"La sequía vino acompañada de epidemia de viruela, y de poco servía que en el convento de Santo Domingo los frailes repartieran alimento, mientras que otros sectores de la sociedad especulaban con el poco maíz y frijol que existía, esperando revenderlo al doble o al triple."
Romero, 1990:37

1837, 23 de abril
41
Distrito Federal
Helada. Escasez de granos.
La helada "ha sido tan fuerte cual pudiera en fines de diciembre; el trigo se ha 'varado' y destruido completamente la siembra de maíz 'maneño'".
AMINAH, Bustamante, r. 14, 23 de abril

1837, julio
42
Aguascalientes: hacienda Cieneguilla, rancho La Laborcilla
Escasez de granos.
El ayuntamiento de la ciudad de Aguascalientes informó a la junta departamental de las medidas para surtir de maíz a la población debido "a la suma escasez que hay para su consumo". Se informó de vecinos que tendrán de 100 a 200 fanegas de maíz, y que en el diezmo había como 5 000 fanegas.
AHZ, Junta departamental de Aguascalientes, c. 1.

1837
43
Yucatán: rancho Santa Rosa
Escasez de lluvias.
"Sucedió que en el año próximo pasado inmediato [1837] fuese uno de los más extraordinarios por la falta de aguas, y todo el país circunvecino se encontraba destituido de este elemento tan necesario. Pues en ese año, según nos dijo el Sr. Trejo, más de 1 000 caballos y mulas acudían diariamente a la aguada, aun del rancho de Santa Rosa, distante de allí seis leguas, cargadas de barriles para conducir el agua en todas direcciones. Familias enteras fueron a establecerse a las orillas de la aguada; se abrieron tendejones para la venta de víveres, y hasta el carnicero tenía allí sus mesas de venta."
Stephens, 1988, II:174

1837
44
Jalisco: La Barca, río Grande
Inundación.
Ese año "se desbordó el río Grande, extendiéndose poco menos de una legua".
López, 1843:72

1837-1838
45
Oaxaca
Sequía. Escasez de granos.
"En 1837 y 1838 hubo una rigurosa sequía por cuya causa se perdieron las cosechas, y como consecuencia de ello una gran escasez de víveres soportaron los oaxaqueños en casi todo el territorio."
Taracena, 1941:156

1838
46
Nuevo León: Monterrey
Seca. Escasez de granos.
Debido a "la fuerte seca que se ha experimentado en el presente año, el ayuntamiento de esta capital prevé que para el que entra [1839] habrá escasez de maíz". Se le autoriza al ayuntamiento que del fondo de propios utilice lo necesario para la compra de maíz.
ACENL, 1838, e. 105, ff. 1-5v

1839, abril-junio
47
Guerrero: Chilapa, Tixtla
Escasez de granos. Carestía.

El prefecto de Chilapa manifestó que en todo el partido de Tixtla empezó a sentirse una carestía de maíz. La junta departamental acordó que el gobernador ordenara tomar de los fondos públicos de ese partido la cantidad necesaria para solucionar la falta de maíz.
BCEM, Colección expedientes, 1839, t. 98, e. 187
El gobernador del Estado de México solicitó al presidente de la junta departamental que se auxiliara con recursos al subprefecto de Tixtla para acopiar maíz. La junta acordó que el gobernador informara al gobierno general del asunto y le pidiera a éste el dinero necesario.
BCEM, Colección expedientes, 1839, t. 98, e. 160

1839
48
Oaxaca
Escasez de granos. Hambre.
"En el año de 1839, los habitantes de la capital sufren terribles estragos por el hambre, causando la muerte de muchos infelices y llenando de consternación a todos los vecinos de la misma."
Martínez Gracida, 1883, I:8

1840, agosto
49
Guanajuato: Guanajuato
Escasez de lluvias.
"Procesión de Ntra. Señora de Guanajuato [10 de agosto], después de un solemne novenario por la falta de lluvias, cuyo mal se remedió en el acto."
Marmolejo, 1973, III:264

1840, 3 de noviembre
50
Guerrero: Acapulco, Coyuca de Benítez
Huracán.
En esa fecha un huracán provocó que los pueblos de la prefectura de Acapulco perdieran sus cosechas.
BCEM, Colección expedientes, 1841, t. 109, e. 118
"En el huracán del 3 de noviembre de 1840, hizo tantos estragos que sólo dejó en pie dos pequeñas casas, habiéndose salido de su madre los dos ríos, arrasaron las huertas, pereciendo todo el ganado que encontraron a su paso."
Liquidano, 1859:420

1840
51
Aguascalientes
Escasez de granos.
Informe del ayuntamiento a la junta departamental, en que debido a las "escasas cosechas que ha habido en el año" se teme que no haya el necesario maíz para el consumo de la población. Solicita el ayuntamiento poder hipotecar las fincas de la municipalidad.
AHJ, Junta departamental de Aguascalientes, c. 2

1841-1850

MEMORIA

QUE SOBRE EL ESTADO QUE GUARDA

EN NUEVO LEON

LA ADMINISTRACION PUBLICA

en sus diversos ramos,

PRESENTA

al H. Congreso

el Gobierno del Estado

EN 24 DE MARZO DE 1849.

IMPRENTA DEL GOBIERNO A CARGO DE F. MOLINA.

1841, marzo-octubre
1
Guerrero: Acapulco
Escasez de granos.
Debido a la pérdida de las cosechas provocada por el huracán del 3 de noviembre de 1840, hubo gran escasez de maíz en algunos pueblos de la prefectura de Acapulco. Se pidió ayuda al gobierno y se esperaba que la situación se solucionara con las cosechas de la siguiente temporada. Además, se agregaba que esto "presagia otra hambre para el año venidero, que no hay duda será de más consecuencia por coger a los pueblos extenuados de la que han sufrido".
BCEM, Colección expedientes, 1841, t. 109, e. 118

1841, abril-agosto
2
Guerrero: Acapulco
Seca.
"La estación de aguas en esta costa puede decirse, con poca excepción, que ha sido una abrasadora seca hasta estos últimos días, lo que como es natural ha motivado la pérdida total de muchas milpas y la mala cosecha que otras presentan." Comunicación del prefecto de Acapulco al gobierno del departamento de México, fechada el 30 de agosto de 1841.
BCEM, Colección expedientes, 1841, t. 109, e. 118

1841, julio
3
Guanajuato: Guanajuato
Escasez de lluvias.
"Comienza un solemnísimo novenario a Ntra. Señora de Guanajuato [17 de julio] por las lluvias y el inmediato día 25 sale en procesión la soberana imagen, siendo de admirar que en el acto de volver a su templo comenzara a llover, siendo abundante el año cuando amenazaba una gran esterilidad."
Marmolejo, 1973, III:265

1842, junio-agosto
4
Jalisco: Guadalajara
Escasez de lluvias.
"Escasez de lluvias. La escasez de agua en el verano hace que el gobierno del estado acuerde la elaboración de un proyecto de acueducto."
Padilla, 1980:105

1842, septiembre
5
Jalisco: hacienda San José de los Moras, isla de Maltaraña, Jamay, La Barca, río Grande; Michoacán: ciénega de Cumuato, Cumuato, río de Zamora
Inundación.
Desde principios de septiembre comenzó la inundación. En La Barca las pérdidas se estimaron de 6 000 a 8 000 fanegas de maíz; en la hacienda de San José de los Moras, de 30 000 a 40 000 fanegas, quedando inutilizados los terrenos por dos años, siempre y cuando las lluvias no fuesen abundantes. En la ciénega de Cumuato, se arruinaron los agostaderos donde pastaban de 25 000 a 30 000 cabezas de ganado, sin que hubiera otro en los puntos inmediatos. En la isla de Maltaraña, la pérdida se estimó de 4 000 a 5 000 fanegas de maíz, 8 000 a 10 000 zurcos de caña y de 8 000 a 10 000 pesos por haberse arruinado los inmuebles, quedando la isla bajo las aguas. En Jamay, la pérdida del maíz se valuó en 2 000 fanegas y se dañaron las siembras de melón y sandía.
López, 1843:72

1842, 2 de octubre
6
Jalisco: barrio de la Cruz del Cuarto, El Melchor, Sayula
Inundación.
En la noche, "una fuerte lluvia y avenida del río destruyeron muchas casas y fue casi arrasado el barrio de la Cruz del Cuarto, murieron muchos animales y acabáronse los sembradíos; el centro fue invadido por las aguas que lo dejaron lleno de lodo, palos y animales muertos. La inundación se debió a una tromba que cayó por el rumbo de El Melchor".
Munguía, 1976:65

1842
7
Veracruz
Sequía.
"Sequía en Veracruz."
Espinosa, 1987:133

1842
8
Yucatán
Escasez de lluvias. Carestía.
"El peligro de la proximidad de las lluvias estaba ya pasando, y previéndose la pérdida de la inmediata cosecha, el maíz había subido desde dos reales hasta un peso la carga. De los Estados Unidos se proveían los habitantes de la costa; pero no se hubiera podido soportar el gasto de conducción a los pueblos del interior; el precio venía siendo en estos puntos de cuatro pesos la carga, lo que ponía este artículo tan indispensable fuera del alcance de los indios. Siguióse de allí el hambre y los pobres indios sucumbían hambrientos. En los momentos de nuestro arribo, los criados de la hacienda [Chichén], siempre improvidentes de suyo, habían consumido ya sus pequeños depósitos, y perdida la esperanza de sacar algo de sus milpas, con permiso del amo marchaban a otras regiones en donde la escasez no fuera tan severa."
Stephens, 1988, II:232-233

1842
9
Jalisco: Guadalajara
Escasez de lluvias.
"La suma escasez de agua experimentada en este verano ha llamado la atención del gobierno, que ha dictado varias providencias con el fin de que se le presente un proyecto capaz de evitarla en lo sucesivo [aprovechando] la multitud de manantiales que en todas direcciones la circundan."
López, 1843:24

1843
10
Veracruz
Sequía.

"Posible sequía. La cosecha de algodón se perdió y sólo se darán 18 000 quintales, en comparación con 60 000 de años buenos. [Año] 1841: 36 000 quintales. [Año] 1842: 30 000 quintales."
Padilla, 1980:105

1843
11
Oaxaca: Cuicatlan, El Valle, Miahuatlán, Mixteca, sierra de Ixtlan, sierra de Juquila, Tecotitlan, Villa Alta, Zimatlan
Nevada.
"En 1843 cayó en el estado una fuerte nevada que causó grandes males en los sembrados y con especialidad en los cañaverales de varias fincas [...] El frío duró 12 días."
Martínez Gracida, 1898, l. 7

1843
12
Distrito Federal
Inundación.
"Sobre haber librado órdenes para que los reos de presidio y obras públicas bajo la dirección municipal de aguas y arquitectos de ciudad acudan a contener la inundación que se prepara en esta capital."
AGNM, Gobernación, leg. 33, e. 38, 2 ff.

1843
13
Hidalgo; Estado de México; Veracruz: Tuxtla
Sequía.
Sequía en Veracruz, Hidalgo y Estado de México. En Tuxtla, se perdió la cosecha de algodón y fue mala la calidad del recogido.
Padilla, 1980:106; Espinosa, 1987:142

1844, octubre
14
Tabasco: Huimanguillo; Veracruz: Jalapa, Papantla
Huracán.
"El huracán y la lluvia derribaron caseríos y destruyeron sementeras [...] en Huimanguillo originó el mismo huracán otros perjuicios, singularmente en la iglesia de aquella cabecera, [...] pérdida que se estima en cosa de 16 000 pesos. En Jalapa originó la abundancia de las aguas y generalmente ha causado pérdidas en las sementeras de todas clases." En "Papantla arrancó el huracán las sementeras, en términos, que según se ha mencionado, concluyó completamente las siembras de maíz, caña y demás producciones útiles de la naturaleza, incluso el precioso fruto de la vainilla; así que muy pronto principiaremos a experimentar la carestía [carta del 16 de octubre del subprefecto de Papantla]".
AGNM, Gobernación, s.s., c. 281, e. 2; Fages, 1854:189

1844
15
Coahuila: Saltillo
Lluvias abundantes.
Debido al exceso de lluvias, hubo pérdidas en los cultivos de maíz, trigo y frijol, así como de ganado mayor y menor; también algunas fincas quedaron inutilizadas. Se pidió la exención de impuestos.
AMS, Presidencia municipal, c. 89, e. 32, 92 ff.

1845, junio-septiembre
16
Guerrero: Acapulco
Escasez de granos.
Con motivo de la escasez de maíz que se sufrió en Acapulco, el prefecto solicitó que se pidiera al gobierno general permiso para importar dicha semilla de Manzanillo. La autorización se dio hasta septiembre del año en curso.
BCEM, Colección expedientes, 1845, t. 146, e. 419; AGNM, Gobernación, s.s., c. 303, e. 13

1846, marzo
17
Nuevo León: Apodaca
Seca.
Los caballos "no se encuentran en buen estado por la seca".
AGENL, Alcaldes, "Apodaca", c. 2

1846, septiembre
18
Guanajuato: Acámbaro, río Lerma
Inundación.
En esa fecha, una avenida del río Lerma "dejó esparcido el terror y la desolación por haber quedado destruida más de la mitad de la población".
MR, 1849, 26 de mayo

1846
19
Tabasco: Huimanguillo, río Grijalva
Inundación.
"Desgracias sufridas en el cantón de Huimanguillo por la inundación que causaron las aguas del Grijalva"; el gobierno ordenó que "se les dispense del pago de las cantidades que puedan adeudar por la contribución llamada de capitación".
Blázquez, comp., 1986, I:500

1846-1854
20
Querétaro: Cadereyta
Sequía.
Sequía en Cadereyta, Querétaro. La escasez de lluvia afectó esta región de 1846 a 1854, años durante los que no se pudo levantar una cosecha regular.
Padilla, 1980:106; Espinosa, 1987:139

1847
21
Coahuila
Sequía.
"Coahuila padeció serias sequías en 1823, 1826-1828, 1847."
Harris, 1990:233

1848, julio
22
Distrito Federal: Atzcapotzalco, río Tlalnepantla
Inundación.

"Atzcapotzalco y otros pueblos de las cercanías de esta capital se hallan inundados, por haberse reventado el río de Tlalnepantla."
S, 1848, 29 de julio

1848, 16-18 de septiembre
23
Veracruz: Jalapa, Veracruz
Viento.
En Veracruz, un norte deterioró un lado del muelle y, en Jalapa, destruyó casas, arrancó árboles y derribó "muchos faroles".
S, 1848, 26 de septiembre; MR, 1848, 26 de septiembre

1848, septiembre
24
Distrito Federal: Belén, hacienda de Portales, México, río Churubusco, Tacubaya
Inundación.
Se desbordó el río de Churubusco inundando la hacienda de los Portales; también se desbordaron las presas de los molinos de Belén, causando inundaciones en Tacubaya.
MR, 1848, 26 de septiembre
"La ciudad está actualmente casi intransitable por el lodo sacado de las atarjeas, que aumentado con el agua de las frecuentes lluvias, llena de fango las calles. Pero todavía esto es nada en comparación de los daños ocasionados por las enfermedades malignas que se están desarrollando a consecuencia de los miasmas pestilenciales que exhala la atmósfera."
S, 1848, 11 de septiembre
"Se autoriza a la comisión de ríos y acequias para que pueda poner por ahora y mientras dura la inundación de los pueblos y barrios de esta municipalidad, a consecuencia de las abundantes lluvias, el número de operarios precisos para remediar los males más urgentes que causan las aguas salidas de los ríos."
AHCM, Actas de cabildo, 1848, 26 de septiembre

1848, 4 de noviembre
25
Guerrero: hacienda del Coacoyal, Petatlán
Huracán.
Pueblo y hacienda sufrieron "un huracán tan furioso, que quedaron destruidas casi todas las casas y labores".
S, 1849, 16, 22 de enero
En esa fecha, "se experimentó en el pueblo de Petatlán y sus barrios, un fuerte huracán y creciente del río, que derribó casi todos los edificios y destruyó las labores del campo, dejando a los vecinos en la situación consiguiente a tan sensible suceso".
Memoria, Méx., 1849:15; MR, 1849, 20 de mayo

1848-1851
26
Coahuila: Parras
Seca. Carestía.
El municipio se enfrenta a una carestía de semillas debido a la "fuerte seca" de más de tres años, por lo que se solicita tomar dinero para la compra de semillas. La adquisición fue autorizada por el gobierno del estado en octubre de 1850.
AGEC, Siglo XIX, c. 3, fól. 3, e. 8

1848-1854
27
Querétaro: arroyo de Bernal, arroyo de Tolimán, arroyo Redondo, arroyo Tetillas, Cadereyta, hacienda de San Agustín, hacienda del Ciervo, presa de la hacienda de Santa María de Buena Esperanza, presa de la hacienda de Santillán
Sequía.
"Por los temporales erráticos y la sequía de más de siete años, la mayoría de los pobladores de Cadereyta emigraban para el estado de Guanajuato u otros lugares de la entidad que ofrecían mejores oportunidades de trabajo [...] por esta razón se encarecían las semillas y era, así, causa de especulación. De tal manera que los vecinos de Cadereyta o emigraban o se dedicaban al pequeño comercio y a la cada vez más extendida arriería."
García, 1992:314

1849, enero-marzo
28
Yucatán
Escasez de granos.
El gobierno de aquella península se encontraba muy apurado por la escasez de granos y porque no tenía fondos para comprarlos en el extranjero. El maíz estaba bastante caro, por lo que se consideraba derogar las restricciones para permitir la libre importación de dicha semilla.
U, 1849, 3 de marzo

1849, 27-28 de mayo
29
Veracruz: río de Jamapa, Veracruz
Seca.
"Amanecieron enteramente secas las fuentes de aquella ciudad, y precisamente han escaseado las lluvias cuando ha aumentado terriblemente el calor."
S, 1849, 2 de junio

1849, junio
30
Guanajuato: Guanajuato
Seca.
En la ciudad de Guanajuato "es grande la escasez de agua potable que hay".
S, 1849, 26 de junio

1849
31
Nuevo León: camino de Santa Rosa
Lluvias abundantes.
"El camino de Santa Rosa [...] ha sufrido deterioros y derrumbes por las aguas que bajan precipitadamente de la Sierra Madre que atraviesa este camino."
Memoria, NL, 1849:8

1849
32
Jalisco: Sayula
Sequía.
"El año de 1849 fue aciago para Sayula por la sequía."
Munguía, 1976:65

1849
33
Morelos: Cuernavaca
Escasez de lluvias.
Durante 1849, las cosechas fueron malas en Cuernavaca "a consecuencia de la escasez de aguas en los meses precisos, de manera que varios pueblos no han recogido ni las semillas necesarias para el presente año [1850], y las haciendas concluirán sus moliendas antes de la temporada ordinaria por la escasez del fruto y poco cuerpo de la caña. Alguna hacienda ha concluido ya su molienda; y la escasez de la azúcar ha comenzado a notarse en el partido de Cuernavaca".
Memoria, Cuernavaca, 1850:33

1849-1850
34
Zacatecas: Zacatecas
Escasez de granos.
"Dos años estériles bastaron para concluir con las existencias de semillas que había en el estado"; el maíz subió su valor y en la ciudad se padeció hambre, mendicidad y falta de trabajo.
S, 1851, 11 de junio

1849-1851
35
Durango
Escasez de granos. Escasez de lluvias.
"La hambre aumenta de día en día por la falta de cosecha en tres años consecutivos."
S, 1852, 31 de enero
"De cuatro años a esta parte [1851], se ha notado un completo transtorno en los periodos de agua, calor, frío, y en el pasado casi no se sintió el invierno. En el actual han faltado totalmente las aguas [...] La escasez de las lluvias ha causado en este año [1851] la pérdida total de las cosechas, amagando para el venidero la destrucción de los animales, si también nos faltan las aguas-nieves. Todas las fuentes se han esquilmado, y aun los ríos han disminuido su caudal."
Ramírez, 1857:9 y 71

1849-1851
36
Coahuila
Escasez de lluvias.
"Es tan notorio como evidente que el alto precio que guardan el maíz y otros cereales que se expenden [...] proviene de la escasez de lluvias que ha habido en los dos últimos años."
S, 1852, 26 de febrero

1850, enero-marzo
37
Guanajuato
Escasez de granos.
El 8 de abril de 1850 se expidió un decreto para mantener en equilibrio el precio del maíz; en él se estableció que se vendería el del diezmo a una cantidad menor al vendido por los hacendados, "en cuanto se advirtiera una alteración importante del precio".
González, 1983:11

1850, marzo
38
Tabasco: Huimanguillo, río Grijalva
Inundación.
Por la inundación sufrida y los perjuicios que resultaron, los habitantes de Huimanguillo pensaron en trasladar la cabecera del cantón a otros terrenos, a fin de evitar los peligros que corrían sus siembras, ganados y aun sus mismas vidas.
S, 1850, 12 de marzo

1850, 29 de abril
39
San Luis
Granizada.
"La magnitud del granizo era considerable [...] se teme con fundamento que haya causado estragos en las siembras."
S, 1850, 8 de mayo

1850, abril
40
Jalisco: Sayula
Helada. Sequía.
La situación provocada por la sequía de 1849 empeoró cuando en abril de 1850 "cayeron tres fuertes e inusitadas heladas que vinieron a consumir los pocos pastos que habían quedado".
Munguía, 1976:65

1850, mayo
41
República Mexicana
Escasez de lluvias. Heladas.
"La junta del gobierno del colegio de corredores [...] ha manifestado que ha subido el precio de los alimentos de primera necesidad. Aunque atribuye este mal a la escasez de lluvias, a las heladas, falta de introducciones, [...] y no a una odiosa especulación de los comerciantes."
S, 1850, 12 de mayo

1850, julio
42
Veracruz
Escasez de granos.
"La extraordinaria escasez que había en Veracruz de comestibles de primera necesidad, obligó al ayuntamiento [...] a importarlos del extranjero."
S, 1850, 21 de julio

1850, julio
43
Nuevo León: Monterrey
Escasez de granos.
"Este efecto [harina] escasea sobremanera [...] y el pan que se vende al público es pésimo por la fetidez de la harina."
S, 1850, 26 de julio

1850, 21 de agosto
44
Michoacán: Tangancícuaro
Lluvias abundantes.
Una fuerte tempestad ocasionó grandes desgracias. Las la-

bores del maíz sufrieron perjuicios considerables y varios edificios fueron derribados. Se calcula la pérdida en más de 400 pesos.
S, 1850, 7 de septiembre

1850, septiembre
45
Campeche; Yucatán
Escasez de granos.
"En los cantones avanzados del sur y del oriente reinaba una terrible escasez de granos. En el mismo mercado de Campeche se había notado una escasez extraordinaria de maíz."
S, 1850, 18 de septiembre

1850, septiembre
46
San Luis Potosí
Escasez de granos.
"Por notarse una gran escasez de maíz para el consumo de los habitantes del estado", se pidió un reconocimiento de las existencias de esa semilla.
S, 1850, 27 de septiembre

1850, septiembre
47
Zacatecas: Sauceda
Escasez de granos.
El gobierno estatal autorizó que la junta municipal de Sauceda estableciera un depósito de maíz por medio de una "compañía de vecinos" para evitar la escasez de maíz que se está sufriendo.
AHZ, Jefatura política, Gobierno del estado, c. 10

1850, septiembre
48
Aguascalientes
Escasez de granos.
"Se instaló en esta población una junta de varios vecinos, con objeto de proporcionar al pueblo el maíz, al menor precio posible durante la escasez de esta semilla."
S, 1850, 18 de octubre

1850, septiembre
49
Nuevo León: Monterrey
Sequía.
A causa de la sequía los frutos escasearon y subieron de precio, el ayuntamiento solicitó hacer acopio de maíz.
AGENL, Alcaldes, "Monterrey", c. 18

1850, 4 de octubre
50
Baja California: Loreto
Huracán.
El 4 de octubre informó el padre José Acosta que se presentó un temporal que duró cinco horas, derrumbando abundantes huertos de olivos.
AGNM, Gobernación, s.s., c. 376, e. 2

1850, 15 de octubre
51
Tamaulipas: Tampico
Escasez de granos.
"Sólo había en aquel puerto [...] 64 tercios de harina, única existencia con que se contaba para satisfacer las necesidades de aquella población."
S, 1850, 2 de noviembre

1850, octubre
52
Jalisco
Escasez de granos.
"A causa de la escasez del maíz y otras semillas, se teme que en algunos pueblos la plaga del hambre reemplace la del cólera que apenas acaba de terminar."
S, 1850, 22 de octubre
El 28 de este mes se decreta la creación de un "Banco de Beneficencia de Jalisco", cuyo "fondo dotal se reunirá de las cantidades que voluntariamente presten los capitalistas [y] se invertirá en la compra de granos y semillas de primera necesidad".
AGMG, Impresos, 1850, e. 47, f. 1

1850, octubre
53
Chihuahua
Escasez de granos.
"El gobierno se dirigió a la diputación permanente en solicitud de auxilio para las clases menesterosas, durante la escasez de maíz."
S, 1850, 26 de octubre

1850, octubre-noviembre
54
Coahuila: Saltillo
Escasez de granos. Carestía.
Por "la suma escasez y carestía en que se halla el maíz en esta población, así como en casi todos los pueblos del estado", el gobernador convocó a una junta a fin de "arbitrar algunos recursos para evitar este mal".
P, 1850, 2 de noviembre
"Para precaver a la clase menesterosa de la miseria y del hambre que la amenaza, por la suma escasez y carestía del maíz y otros artículos de primera necesidad, el gobernador solicitó [...] un préstamo de 20 000 pesos de varios capitalistas, ofreciéndoles el uno por ciento de premio."
S, 1850, 14 de noviembre

1850, noviembre
55
Sierra Gorda
Escasez de granos.
"Es cada vez mayor la escasez de maíz, y el poco que se presenta en el mercado, es abarcado al punto por codiciosos especuladores que trafican con la miseria de sus semejantes".
S, 1850, 15 de noviembre (Véase la ficha 1 de 1851.)

1850, noviembre
56
Jalisco: Guadalajara
Escasez de lluvias.
"Se teme que haya en esta capital escasez de agua potable, por haberse desbordado desde julio dos presas de que se surtían

las fuentes públicas, sin que después se haya conseguido llenar aquéllas por la falta que hubo de lluvias."
S, 1850, 23 de noviembre

1850, noviembre-diciembre
57
Durango
Escasez de granos.
"Aquí siguen subiendo extraordinariamente todos los artículos de primera necesidad: la escasez de semillas es tal, que el gobierno ha calculado que apenas alcanzará para el primer tercio del año entrante."
S, 1850, 5 de noviembre
En Durango los precios cambiaron de la siguiente forma: el maíz en enero-julio costaba 17 reales fanega y en agosto-diciembre costaba 72 reales fanega; el frijol en enero-junio costaba 32 reales fanega y en noviembre-diciembre, 96 reales fanega.
González, 1983:11-12

1850, diciembre
58
Distrito Federal; República Mexicana
Escasez de granos.
"Se ha facultado a los ayuntamientos de los estados, menos de la capital, para hipotecar, si fuere necesario, sus bienes de propios y omitir algunos gastos, aun de los ya presupuestados, con el objeto de hacer acopio de maíz para evitar su precio excesivo durante la escasez."
S, 1850, 2 de diciembre

1850
59
Aguascalientes
Escasez de granos.
"El estado de Aguascalientes autorizó a los ayuntamientos, excepto al de su capital, a hipotecar sus bienes de propios y a omitir algunos gastos, aun de los ya presupuestados, con el objeto de acopiar maíz para evitar su excesivo precio."
González, 1983:10

1850
60
Durango
Escasez de lluvias.
"Escasez prolongada de lluvias. Pérdida de las cosechas."
Padilla, 1980:106

1850
61
Durango; Querétaro
Sequía.
"Sequía en Durango y Querétaro."
Espinosa, 1987:138

1850
62
Nuevo León
Sequía.
"La rigurosa sequía que se experimentó en 1850, después de no haber sido fecundo el año de 1849, menoscabó considerablemente la cosecha de los granos; en seguida se adelantaron los hielos con un rigor poco común, y destruyeron los frutos que aún no estaban sazonados, perdiéndose la mayor parte de los cañaverales y faltando así los productos del piloncillo que tanto figuran en la riqueza de Nuevo León."
Memoria, NL, 1851:8
"Al mediar el siglo XIX una sequía afectó particularmente al norte del país. Nuevo León intentó solucionarla importando maíz, frijol, harina y manteca de Estados Unidos."
González, 1983:10

1850
63
Nuevo León
Escasez de granos. Helada. Sequía.
"De estas dos desgracias inevitables [sequía y heladas] procede la carestía a que han subido las semillas y demás artículos de primera necesidad de que subsiste el pueblo."
Memoria, NL, 1851:8

1850
64
Oaxaca: San Juan Coyula
Granizada.
"Los fenómenos físicos de que se tiene memoria, es una fuerte granizada acaecida en el año de 1850, la cual causó grandes perjuicios en las sementeras y animales."
Martínez Gracida, 1883, I:67

1850
65
Nuevo León: Cadereita Jiménez
Helada.
"Las fuertes heladas aniquilaron las cepas en la mayor parte de los cañaverales, a que se agrega que las mismas heladas que fueron muy tempranas no permitieron por aquella vez la siembra de semillas cañaverales."
ACENL, 1851, exp. 169, f. 5

1850
66
Zacatecas: Sombrerete
Escasez de lluvias.
"La suma escasez de las aguas que se ha experimentado en el mayor número de los partidos del estado [de Zacatecas] ha hecho subir considerablemente el precio del maíz [por tal razón], la población de Fresnillo se sublevó el 25 [de septiembre], y a las 12 del mismo día habían asaltado dos casas para sacar unas cuantas fanegas de maíz." Hubo muertos y heridos.
AGNM, Gobernación, s.s., c. 383, e. 21
Los pueblos del partido de Sombrerete sufrieron por la falta de lluvias de más de dos años y la falta de cosechas en los anteriores. No había caballos, porque en años tan estériles, murieron los que el estado tenía para el servicio por falta de pastura. Los artículos de primera necesidad subieron de precio.
Memoria, Zac., 1851:316; S, 1851, 24 de marzo

1850
67
Yucatán

Escasez de granos.

Carta del 2 de abril del gobernador Miguel Barbachano al ministro de Relaciones Interiores y Exteriores, en que le informa que "la escasez de maíces cada día va aumentando y la falta de este grano que se presenta muy cerca porque las cosechas fueron pocas por motivo de la guerra que aflige al país". Se decretó el 17 de diciembre la introducción de maíz extranjero.

AGNM, Gobernación, s.s., c. 376, e. 13

1850-1851
68
Coahuila: Saltillo; Zacatecas; Nuevo León

Escasez de lluvias.

Debido a la escasez de lluvia que sufrieron los pueblos de los estados de Nuevo León y Zacatecas desde 1850, sus respectivos gobernadores solicitaron a Coahuila una reducción en los aranceles, para que puedan comprar maíz en dicho estado.

AGEC, Siglo XIX, c. 2, fól. 7, e. 2

1851-1860

1851, enero

1

Guanajuato: Sierra Gorda; Michoacán

Escasez de granos.

Carta del 2 de marzo de 1851 de José López Uraga, inspector de las colonias militares de Sierra Gorda, al obispo de Michoacán D. Clemente Munguía, en que le recuerda la comunicación del 5 de enero, que decía: "Habiéndose dado conocimiento el gobierno supremo de lo acordado por el venerable cabildo de la mitra sobre facilitar la mitad de las existencias de los maíces de sus diezmos para ser vendidos con una rebaja de precio a los infelices habitantes de la sierra que tanto carecen de esta semilla de primera necesidad, ocurrí al supremo gobierno pidiéndole instrucciones para los términos en que debía hacerse el recibo de dichas existencias, y proceder a su venta y reparto" sugiriendo el gobierno que se ponga de acuerdo con la mitra con el fin de "cuanto antes disfruten los infelices menesterosos de los bienes que la caridad cristiana de esa sagrada mitra les ha proporcionado en circunstancias en que más que nunca les será de mucha utilidad, por la escasez que en la sierra se experimenta de la indicada semilla"; por lo que López solicita que la mitra le conteste cuanto antes.

AHCMor, Diocesano, Gobierno correspondencia, Obispo, c. 71

La solicitud de maíz la había hecho el inspector desde el 30 de diciembre de 1850, donde informaba de la crítica situación por la que atravesaban los habitantes de la sierra, quienes tenían que recorrer grandes distancias para conseguir alimento, dejando de esta manera casi deshabitados los pueblos.

AHCMor, Diocesano, Gobierno correspondencia, Obispo, c. 71 (Véase la ficha 55 de 1850.)

1851, enero-agosto

2

Nuevo León: Abasolo, Agualeguas, Cadereita Jiménez, Cerralvo, El Carmen, Linares, Marín, Sabinas Hidalgo, San Pedro de Iturbide, valle de San Felipe de Jesús de China, Vallecillo

Seca. Sequía. Escasez de granos.

"A consecuencia de la rigurosa seca que venía del año anterior [1850] y existió la mayor parte del que fina [1851]": en Cadereita Jiménez disminuyó la recaudación fiscal; la agricultura "se ha visto muy abatida" y la ganadería sufrió pérdidas por casi la mitad de la existencia. En San Pedro de Iturbide, "la agricultura, casi ha desaparecido". En Abasolo, "emigraron algunas familias para otros pueblos del estado [y] otras se encuentran casi en la suma indigencia, habiendo contribuido en parte las fuertes heladas del año pasado [1850]; la ganadería ha desaparecido casi enteramente". En Marín, "el ayuntamiento previno la escasez de víveres de primera necesidad que amenazaba al pueblo" y las lluvias empezaron a medio año. En Vallecillo, "los bienes del campo se encuentran perdidos en su mayor parte". En Cerralvo, la agricultura y la ganadería crecieron poco, pues "se ha tenido que luchar por más de tres años con una sequía asombrosa que hizo emigrar a un número considerable de familias". En Agualeguas, la población emigró "para otras partes buscando la subsistencia", pues la sequía ocasionó que no hubiera "cosechas de ninguna clase" y que los productos de primera necesidad aumentaran de precio; la ganadería también experimentó una gran disminución de cabezas. En Sabinas Hidalgo, la sequía hizo pensar que el abasto de carnes sería insuficiente, por lo que el ayuntamiento decretó la venta libre de este producto. En el valle de San Felipe de Jesús de China, la agricultura y la ganadería "se han arruinado en su mayor parte". En Linares, la agricultura "sufrió un terrible golpe por la seca continuada de dos años y crueles heladas del último". En El Carmen, "aunque hubo algunas lluvias nada se sembró en el campo por lo tardío de ellas".

ACENL, 1851, e. 169, 180 ff.

"En medio de las angustiosas circunstancias de nuestra sociedad, provenidas de las calamidades que sobre ella han gravitado, como el hambre que produjo la prolongada sequía, que esterilizó los campos y las sementeras." El precio del maíz y el frijol subió. Se permitió la libre importación de comestibles el 22 de marzo.

S, 1851, 3 de junio, 8 de julio, 8 de noviembre

1851, enero

3

Sonora

Escasez de granos.

"Se está sufriendo otra plaga y ésta es la de la carestía de maíz que atormenta a las clases pobres."

S, 1851, 27 de enero

1851, febrero

4

Tamaulipas: Matamoros

Escasez.

"Hace algunos días que no hay carne en la plaza para el consumo de la población."

S, 1851, 21 de febrero

1851, 1 marzo

5

Coahuila: Parras

Helada.

"Una fuerte helada que cayó el primero de marzo, ha arruinado la mitad al menos de los nuevos plantíos de viñas."

S, 1851, 19 de abril

1851, marzo

6

Jalisco; Zacatecas: Zacatecas

Escasez de lluvias. Carestía.

"Esta corporación [ayuntamiento de la ciudad] está muy al tanto de la miseria que aflige a esta ciudad a causa de la falta de lluvias, de la escasez y carestía de maíces, y el mal estado que en general guardan todas las negociaciones de minas, de cuyo importante giro depende la animación y subsistencia de todas las demás." El ayuntamiento propone se forme una "junta de caridad pública", debido al decreto de prohibición de extracción de semillas de Jalisco.

AHZ, Jefatura política, Correspondencia general, c. 4

1851, marzo-abril

7

San Luis Potosí: villa de San Francisco

Escasez de granos.

"En diversos puntos del estado es ya muy notable la escasez de semillas y el excesivo precio de éste y otros efectos de primera necesidad."

S, 1851, 22 de marzo, 1 de abril

1851, 24 de abril
8
Oaxaca: Nochixtlán
Granizada.
"El 24 de abril, entre las cuatro y cinco de la tarde, cayó una fuerte granizada en Nochixtlán, que duró media hora y causó la muerte de muchas cabezas de ganado lanar y cabrío, aves de corral y silvestres, y la destrucción de infinidad de magueyes y órganos, también perecieron algunas cabezas de ganado caballar y vacuno."
Martínez Gracida, 1898

1851, mayo
9
Zacatecas
Escasez de granos.
Continúa la escasez de semillas. Se lamenta el gobierno de los males que sufren los pueblos por la falta de maíz.
S, 1851, 26 de mayo, 2 de junio

1851, junio
10
Zacatecas: hacienda de Casablanca
Escasez de lluvias. Escasez de granos.
En la noticia que se manda de la hacienda de Casablanca al ayuntamiento de Sauceda, se comenta que "hace cuatro años que no se cosecha un grano de maíz por no haber llovido en todo ese tiempo, no haber tomado agua la presa, de suerte que las cosechas y siembras de esta hacienda son muy precarias".
AHZ, Ayuntamiento de Sauceda, Presidencia, c. 1

1851, julio
11
San Luis Potosí
Escasez de lluvias.
"Han recaído las plagas que más afligen a la humanidad [entre ellas] años secos y estériles." Hay escasez de alimentos de primera necesidad y subieron de precio.
S, 1851, 18 de julio

1851, julio
12
Querétaro: Peñamiller, San Miguel de Tolimán, San Pablo
Lluvias abundantes.
Desgracias ocurridas en Peñamiller, San Pablo y San Miguel de Tolimán por la abundancia de aguas.
AHESLP, Actas de cabildo, 1851, l. 2

1851, 17 de septiembre
13
Nuevo León: villa de Llanos y Valdés
Inundación.
Por las abundantes lluvias, "el río de este pueblo se salió de sus márgenes y corrió por las calles, llevándose algunas casas, jacales y sembrados que estaban en la parte más baja"; también arrancó la arboleda que tenía el ojo de agua.
ACENL, 1851, e. 169, ff. 1v-2; 1852, e. 9, f. 2v; 1852, e. 131, ff. 1-2v

1851, septiembre
14
Guanajuato: León
Carestía.
"Se comunica el 20 de septiembre que el pueblo de León quiere levantarse por la carestía de maíz."
Lira, 1914:119

1851, septiembre
15
Coahuila: villa de Candela
Inundación.
"Una fuerte y continuada lluvia, y una creciente que inundó a la población derribaron parte considerable de sus fábricas, destruyeron muchos sembrados, causaron la pérdida de cuantiosos intereses y la ruina de la mayor parte de aquel vecindario."
Memoria, Coah., 1852:16-17

1851, septiembre
16
Nuevo León: valle de San Felipe de Jesús de China
Lluvias abundantes.
"Las abundantes lluvias del mes de septiembre, que naturalmente produjeron algunas crecientes, causaron el mal de descomponer el principal paso del río, haciendo grandes barrancos en una de las subidas."
ACENL, 1851, e. 169, ff. 2v-3

1851, 14 de octubre
17
Durango: hacienda de Sestín
Granizada.
"En la hacienda de Sestín cayó [...] una granizada tan fuerte que destruyó los sembrados."
S, 1851, 1 de diciembre

1851, octubre
18
Aguascalientes
Escasez de granos.
"La escasez de ellas [semillas] en Aguascalientes es cada día mayor. La junta de beneficencia acabó las existencias que tenía, y no hay introducciones nuevas de esos artículos."
S, 1851, 11 de octubre

1851, octubre
19
Hidalgo: Huejutla, Tlacolula, Vega de Meztitlán
Inundación.
"En Huejutla [...] un aguacero copiosísimo que duró 36 horas ocasionó [...] la total inundación de la inmensa Vega de Meztitlán, en donde quedaron destruidas la mayor parte de las trojes de maíz y demás semillas que allí existían y las casas de los infelices que habitaban a las orillas del río, y muertos los animales que allí pastaban. [...] los caminos quedaron intransitables [...] y los ríos no pudieron vadearse, de manera que quedaron enteramente cortadas las relaciones con México y Tampico; las sementeras de maíz, de chile, de frijol y demás semillas sembradas en la sierra fue-

ron destruidas casi en su totalidad; y la mayor parte de las casas de Tlacolula fueron arrebatadas por las aguas."
Memoria, Méx., 1852:14

1851, noviembre
20
Chihuahua
Escasez de granos.
Se tomaron medidas para disminuir en lo posible la escasez y carestía de las semillas.
S, 1851, 23 de noviembre

1851
21
Chihuahua
Escasez de lluvias.
"En el estado de Chihuahua y generalmente en todo el interior han sido escasas las lluvias."
S, 1851, 21 de noviembre

1851
22
Zacatecas: Cieneguillas
Escasez de lluvias.
Informe del presidente municipal de Cieneguillas al jefe político (noviembre) para dar noticia de que la población ha disminuido debido a la "escasez de lluvias en los años anteriores y actual, y mortandad de animales en tiempos de seca [...] Las siembras por esa misma causa son demasiado cortas, y lo son igualmente por la escasez de temporal, por la frecuencia de robo de animales, y porque la gente del campo se ha dedicado siempre a la crianza de ganados y al trabajo de las minas".
AHZ, Jefatura política, Correspondencia general, c. 4

1851
23
Nuevo León: Cerralvo, Doctor Arroyo, Montemorelos, Monterrey
Escasez de granos.
En Monterrey, durante "los primeros meses del presente año se ha sufrido una gran miseria por la esterilidad de los años anteriores". En Doctor Arroyo, la producción agrícola fue escasa "a consecuencia de la esterilidad del año, de donde resulta que se ve poca existencia de semillas". En Montemorelos, aumentó la población, pues "a consecuencia de la escasez de víveres que hubo hasta mediados del corriente año, muchas familias se avecindaron en esta ciudad, buscando el alivio de tan riguroso estado". En Cerralvo, el ayuntamiento acordó "solicitar quien pusiera un pósito de maíz por no tener los fondos en numerario suficiente para ello".
ACENL, 1851, e. 169, 180 ff.

1851
24
Nuevo León: Los Aldamas
Plaga.
"La plaga de gusano taló como una tercera parte de las sementeras."
ACENL, 1851, e. 169, ff. 2-2v

1851
25
Tamaulipas: Tampico
Helada. Escasez de granos.
"Habiéndose perdido una buena parte de la cosecha a consecuencia de las heladas que se han sufrido en algunos puntos del estado, el hambre o por lo menos la escasez, se hará sentir muy pronto por aquellos lugares."
S, 1851, 10 de enero

1851
26
Coahuila
Sequía.
"No hay duda alguna que la sequía de 1851 arrasó con los rebaños de los Sánchez Navarro. Unas 21 000 ovejas y 4 000 cabras murieron."
Harris, 1990:234
"Los últimos años han sido de tal manera estériles que con fundamento hacían temer grandes necesidades."
Memoria, Coah., 1852:15-16

1851
27
Coahuila
Escasez de granos.
"Desgraciadamente el estado sufrió en el año que acaba de terminar [1851] la que era consiguiente a la escasez de artículos de primera necesidad, que hizo aumentar excesivamente el precio de éstos en tal grado, que la clase menesterosa no podía proveerse de ellos para su subsistencia sino a costa de muy grandes sacrificios."
Memoria, Coah., 1852:15-16
"Por la escasez de la cosecha de maíz el año anterior sin duda alguna ésta subirá de precio."
AMS, Presidencia municipal, c. 95, e. 40, 30 ff.

1851
28
Querétaro
Sequía.
"Sequía en Querétaro. Escasez por la pérdida de las cosechas y granos."
Espinosa, 1987:138

1851
29
Jalisco
Escasez de granos.
En febrero, se prohibió por decreto la extracción de maíz en el estado; los infractores serían multados y "los tenedores de maíz no podrán darlo a más precio del que fije el gobierno".
AGMG, Impresos, 1851, e. 57, f. 1
En abril, bando para "que todos los dueños y expendedores de maíz y frijol fijen en las puertas de sus respectivos expendios una tabla, expresando en ella los precios de dichas semillas, para conocimiento del público y a fin de que no sean engañados los consumidores".
AGMG, Impresos, 1851, e. 18, f. 1
Durante 1851, "el cólera morbus y la escasez de semillas,

fueron esas plagas terribles que nos afligieron, y las que a toda costa procuró combatir el gobierno, aliviando a las clases menesterosas que carecieron de todo recurso a sus padecimientos".
Memoria, Jal., 1852:22

1852, marzo
30
Hidalgo: Apam
Granizada.
"La semana anterior ha caído una fuerte granizada en los llanos de Apam, que destruyó varias sementeras."
S, 1852, 16 de marzo

1852, 22 de mayo
31
Guerrero: Mochitlán, río Salado
Inundación.
A causa de las lluvias, Mochitlán quedó destruida, las trojes de maíz se perdieron.
S, 1852, 8 de junio
"En 1852 Mochitlán sufrió otro desbordamiento del río Salado, produciéndose enormes desgracias."
Memoria, Gro., 1890:23

1852, junio
32
Veracruz: Tlaliscoyan
Viento. Plaga.
"Los fuertes vientos del norte y la plaga del gusano han hecho que sea escasa la cosecha de algodón."
S, 1852, 11 de junio

1852, junio
33
Nuevo León: Monterrey
Granizada.
Por una granizada se vieron afectados los campos y el ganado. El granizo "fue del tamaño de una naranja".
S, 1852, 14 de junio

1852, 12 de julio
34
Morelos: Yautepec
Inundación.
"A causa de una avenida, el río que atraviesa Yautepec derribó el puente principal, destruyó varios puestos situados en la plaza e inundó algunas tiendas y varias casas de la misma, llegando sus aguas hasta la altura de vara y media, ocasionando de esta manera pérdidas de mucha consideración, siendo de lamentarse la que sufrieron multitud de familias que tenían sus ganados a las márgenes del expresado río, los cuales fueron arrebatados por las corrientes del mismo."
Memoria, Méx., 1852:13

1852, julio
35
Querétaro
Inundación.
"Una avenida del río de Querétaro se llevó algunos jacales de los suburbios y algunos puercos y otros animales, dejando en la miseria a varias familias."
S, 1852, 10 de julio

1852, julio
36
Zacatecas: Ciénegas
Escasez de lluvias.
Carta del 16 de julio al jefe político de Zacatecas, en que se le informa la imposibilidad de contar con caballos y monturas para atacar a los "indios bárbaros" debido a las epidemias y "esterilidad de los años anteriores y presente", lo que ha ocasionado que los habitantes "han emigrado a Zacatecas y otras ciudades".
AHZ, Jefatura política, Correspondencia general, c. 4

1852, julio
37
Michoacán: Huacana
Carestía.
Respuesta del cabildo eclesiástico de la mitra de Michoacán al presidente del ayuntamiento de la Huacana, en que se le dice: "lamentándose de los sufrimientos que tiene aquella población por la carestía de maíces, [comunicación] que se la ha pasado al Sr. Hacedor para que con vista de las razones que en dicha comunicación se manifiestan, dicte las providencias convenientes a fin de remediar en lo posible semejantes males".
AHCMor, Diocesano, Gobierno, Correspondencia, Obispo, c. 72

1852, julio
38
Tabasco
Escasez de granos.
A consecuencia de la última inundación, se permitió la libre introducción de maíces.
S, 1852, 18 de agosto

1852, octubre
39
Estado de México: Amecameca
Helada.
Atribuyen el fenómeno de una helada al matrimonio entre primos ocurrido en esa población; debido al pánico de los labradores por las funestas consecuencias, se promueven peregrinaciones a la ciudad de México.
MR, 1851, 13 de octubre

1852
40
Querétaro
Sequía.
"Sequía en Querétaro."
Espinosa, 1987:138

1852
41
Zacatecas
Escasez de lluvias.
"y los que también han causado los bandidos, que en estos últimos años han aumentado considerablemente, cuyo mal

ha tenido su origen en su mayor parte, de la parálisis que han sufrido todos los giros de industria en los años tan calamitosos por la falta de lluvias y por las epidemias consiguientes."
Memoria, Zac., 1852:322
Se ha suspendido la organización de la guardia "con el pretexto del nombramiento de los oficiales, y en otras, por la consideración de no perjudicar a sus vecinos, que después de tres años estériles, estaban ocupados en las siembras, que es el único recurso de que subsisten".
Memoria, Zac., 1852:353
"La suma escasez de las aguas que se ha experimentado en el mayor número de los partidos del estado de mi mando, ha hecho subir considerablemente el precio del maíz, cuyo artículo de primera necesidad, lo tienen uno u otro hacendado o comerciante, y en cantidades casi insignificantes." Debido a esta alza de precios ha habido movimientos populares como el ocurrido en Fresnillo el 25 de septiembre de 1850, en el que "habían asaltado dos casas por sacar unas cuantas fanegas de maíz".
AGNM, Gobernación, 1852, s.s., c. 383, e. 21, 4 ff.

1852
42
Zacatecas: Ahualulco, Fresnillo, Jerez, Pinos, Villanueva
Escasez de granos.
"La escasez de semilla de primera necesidad que se sufrió en los dos años pasados, [originó] algunos movimientos en Fresnillo, Villanueva, Jerez, Pinos y Ahualulco."
Memoria, Zac., 1852:322

1853, marzo
43
Distrito Federal
Carestía.
"La ciudad de México sufre de carestía y mala calidad de carnes sobre todo de carnero, está vendiéndose a 14 onzas por real."
S, 1853, 10 de marzo

1853, 8 de abril
44
Coahuila: Baján, hacienda de Castaño, El Tecolote, Monclova, Tanque de San Felipe
Seca.
Parte oficial del 8 de abril que informa que "apenas comienza a inferir alguna confianza el camión que de ésta [Monclova] sale para aquella ciudad [Saltillo] debido tal vez a la terrible seca que no había proporcionado a los bárbaros comodidad para sus correrías".
P, 1853, 23 de abril

1853, 14 de abril
45
Coahuila: Parras
Lluvias abundantes.
A causa de las lluvias se calculó la pérdida de 6 000 canastos de uva.
P, 1853, 23 de abril

1853, abril
46
Puebla: Atlixco, valle de San Martín
Helada.
"Las siembras de trigo en el valle de San Martín, en Atlixco, y en otros puntos se han perdido completamente a causa de las últimas heladas."
MR, 1853, 12 de abril

1853, abril
47
Sinaloa
Escasez de granos.
Se declaró libre de derecho general y municipal al maíz que dentro o fuera del estado se introdujo a las poblaciones por un periodo de ocho meses. Se facultó al gobierno para atender la escasez de semilla.
S, 1853, 25 de abril

1853, 5-15 de junio
48
Chiapas: Soconusco, Tonalá; Oaxaca: Tapana
Plaga.
El 5 de junio apareció la primera mancha en Tonalá causando grandes estragos a las milpas de jiquiles. Todo el Soconusco está lleno de langostas. El 15 de junio apareció en Tapana, primer pueblo de Oaxaca. En Chiapas el alimento que ha preferido es el jiquilite.
S, 1853, 5 de julio

1853, 21 de junio
49
Jalisco: barrio de San Pedro, Colotlán, hacienda de Víboras, Huejúcar, María de los Ángeles
Inundación.
"La abundancia de lluvias y el haberse roto la presa de la hacienda de Víboras, han causado el día 21 de junio una horrible inundación en Huejúcar. El barrio de San Pedro y una de las calles principales quedaron completamente arrasadas. Las cuales fueron destruidas, las sementeras arruinadas, y estos males han alcanzado hasta María de los Ángeles y Colotlán."
S, 1853, 12 de julio

1853, 24 de agosto
50
Distrito Federal: Mixcoac
Inundación.
Sobre el lomerío de Mixcoac cayó una manga de agua que aumentó el caudal del río, quedando arrasadas las sementeras y varias casas destruidas.
S, 1853, 31 de agosto; Noble y Lebrija, 1956:123

1853, 28 de agosto
51
Hidalgo: Atotonilco el Grande, Metztitlán, Pachuca, Real del Monte
Inundación.
"En Atotonilco el Grande [...] los arroyos y ríos se desbordaron causando daños de mucha consideración, el mal se extendió hasta Pachuca, donde algunas casas se vinieron abajo y varias minas se inundaron. Cerca de Real del Monte se rompieron los puentes [...] Metztitlán ha sufrido más perjuicios, pues todas las labores y cosechas han desaparecido con el temporal."
S, 1853, 10 de septiembre

1853, 28 de agosto
52
Veracruz: San Carlos
Inundación.
"En el pueblo de San Carlos y algunas rancherías inmediatas, tuvo lugar un fuerte aguacero [...] hubo un intervalo de un fuerte huracán [...] el río subió 10 varas sobre su antiguo nivel [...] y luego dos varas y media sobre el nivel del pueblo [...] sufriéndose muchas y grandes pérdidas en sementeras y ganado."
S, 1853, 18 de septiembre

1853, 29 de agosto
53
Puebla: Acatlán
Inundación.
"Al mediodía dejóse oír un ruido muy espantoso, formado por la avenida, que hizo que el río se desbordase sobre la inmensa cañada en que está situada Acatlán, quedando completamente destruidos los plantíos de caña de azúcar, que forma la riqueza principal de los vecinos; la pérdida está calculada en más de un millón de pesos."
S, 1853, 24 de septiembre

1853, 31 de agosto
54
Distrito Federal: río Consulado; Estado de México: río de los Reyes o San Pablo, río Tlalnepantla
Inundación.
"El río Tlalnepantla, el de los Reyes o San Pablo y el del Consulado se han desbordado; las haciendas y ranchos inmediatos están anegados, y los pastos y las sementeras perdidas."
S, 1853, 4 de septiembre

1853, 16 de agosto
55
Jalisco: cerro del Terrero, Tizapán el Alto
Inundación.
"Tres días de lluvia continua y una manga de agua que descolgó en el cerro del Terrero han inundado completamente el pueblo de Tizapán el Alto [...] destruyendo las sementeras y causando una pérdida que de pronto se estima en más de 10 000 pesos."
S, 1853, 13 de septiembre

1853, septiembre
56
Veracruz: Jicaltepec
Inundación.
"En Jicaltepec una terrible inundación y un huracán, destruyen las casas y las siembras de la colonia francesa."
S, 1853, 23 de septiembre

1853, septiembre
57
Durango
Escasez de lluvias.
"La falta de lluvias en el mes de septiembre ha causado la pérdida de la mitad de las cosechas. El maíz estaba a peso la fanega y ha subido a 12 reales."
S, 1853, 18 de octubre

1853, octubre
58
Veracruz: costa Chica
Plaga.
"Esta plaga [la langosta] ha aparecido en toda la costa Chica donde las siembras están ya completamente destruidas."
S, 1853, 4 de octubre

1853, octubre
59
Tamaulipas: Tampico
Escasez de granos.
"En Tampico el periódico oficial ha manifestado ya sus temores sobre la falta de harinas y carestía del maíz."
S, 1853, 18 de octubre

1853, octubre
60
Distrito Federal
Carestía.
"Es notable ya el alza que están teniendo en el mercado [...] los precios de los granos, semillas, carne, pan y en general todos los comestibles de primera necesidad."
S, 1853, 23 de octubre

1853, noviembre
61
Estado de México
Carestía.
"En Toluca el precio del maíz ha subido en todo el valle y en aquella capital es mucho menor la entrada de víveres."
S, 1853, 4 de noviembre

1853
62
Durango; Zacatecas
Escasez de granos.
Durango ha perdido sus cosechas por lo que el maíz tuvo una alza en su precio. La población de Durango y Zacatecas merece toda clase de consideraciones, pues ha sufrido durante muchos años las incursiones de los bárbaros.
DOFED, 1853, 27 de noviembre

1853
63
Oaxaca
Plaga. Escasez de granos.
"Plaga de langosta. Se pierde la cosecha en varios distritos. Sube el precio del maíz. Hambre."
Romero, 1990:35

1853
64
Querétaro
Sequía.
"Sequía en Querétaro."
Espinosa, 1987:139.

1854, 4 de mayo
65
Veracruz: Córdoba, haciendas de Buenavista
Huracán.

"Sopló en Córdoba un violento huracán, acompañado de aguaceros y granizos. Quedaron enteramente destruidas las galeras de asolear azúcar en las haciendas de Buenavista, y padecieron mucho los sembrados."

S, 1854, 10 de julio

1854, 19 de mayo

66

Distrito Federal

Huracán.

"Entre tres y cuatro de la tarde sopló un viento fuerte del suroeste que arreciando por grados, llegó a ser en pocos instantes un huracán, que ocasionó el derrumbe del arco triunfal."

Noble y Lebrija, 1956:123

1854, 25 de mayo

67

Oaxaca

Plaga.

"La langosta invade los bosques del estado."

Taracena, 1941:34

1854, mayo-junio

68

Oaxaca: Ejutla, Miahuatlán, Ocotlán, Tehuantepec, valle de Tlacolula, Zimatlán

Plaga.

"En mayo de 1854, innumerables bandas de insectos destructores que de la América Central se dirigían a nuestro territorio devorando todo a su paso y amenazando con los horrores del hambre a los pobladores infelices de las localidades invadidas, arrancaron en Tehuantepec un grito de alarma que difundió el terror por diversos lugares de la República. [A fines de mayo el gobernador de Oaxaca avisaba al Ministerio de Fomento] que estaba ya invadida la parte del valle que llamaban de Tlacolula, algunas leguas del estado había recorrido la langosta hasta este tiempo; los pueblos de mijes que estaban ubicados en la pendiente occidental de la parte de la cordillera de los Andes, que se extiende entre Tehuantepec y Oaxaca (la capital) estaban sufriendo estragos. El 1 de junio se presentó en la tarde la langosta, ocupando casi una legua al sur y norte de los suburbios de la capital y empleando tres horas en su llegada."

Ortega, 1858:148-149

1854, junio

69

Puebla: Tesiutlán

Seca. Escasez de granos.

"Escriben de Tesiutlán [...] que en todo aquel rumbo ha habido una seca de más de tres meses [...] A resulta de las secas es extraordinaria la escasez y carestía de granos."

S, 1854, 5 de julio

1854, junio-agosto

70

Chiapas: Comitán, Copainalá, Masatepec, Osumacinta, Pijijialpa, Quechula, Suchiapan, Tapachula, Tecpatán, Tonalá, Tuxtla Chico

Plaga.

"Considerando que casi todo el territorio del departamento está sufriendo la horrible y destructora plaga de la langosta; que la voracidad insaciable de este animal sigue destruyendo cuanto encuentra; que el hambre con todos su efectos amenaza a todos los pueblos de Chiapas", se prohibió la salida de grano de maíz, frijol, trigo o harina, arroz, garbanzo y toda protección vegetal.

S, 1854, 8 y 11 de julio

En el partido de Tonalá los pueblos de Pijijialpa y Masatepec realizaron tres veces sus siembras sin que pudieran escapar de la plaga.

S, 1854, 26 de julio, 16 y 30 de agosto

1854, julio

71

Veracruz: Acayuna, Cosamaloapan, Córdoba, Chiltepec, Guerrero, Los Sordos, Tuxtla

Plaga. Escasez de granos.

"Hemos anunciado oportunamente la aparición de esta plaga [langosta] en el partido de Cosamaloapan, [...] a la vez fueron invadidos los puntos de Chiltepec, Guerrero y Los Sordos [...] que aniquila cuantos árboles y pasturas encuentra a su tránsito." Hubo escasez de legumbres, verduras y carne y murió ganado en la costa.

S, 1854, 3 de julio, 23 de agosto

1854, julio

72

Veracruz: costa de Barlovento, Jalacingo, Jalapa

Sequía. Escasez de granos.

"Se hace sentir una desastrosa sequía en muchos puntos de nuestro departamento. Pocos días hace dimos cuenta [...] de los sufrimientos que comenzaban ya a experimentarse en la costa de Barlovento por la escasez de granos; hoy [...] tenemos que agregar la de que igual sequía se ha extendido a los distritos interiores como el de Jalacingo y el de Jalapa."

S, 1854, 3 de julio

1854, julio

73

Tabasco

Sequía. Escasez de granos.

"A consecuencia de la sequía, Tabasco también sufre escasez de granos."

S, 1854, 8 de julio

1854, julio

74

Veracruz: Paso del Macho, Temascal

Escasez de lluvia.

"La escasez de agua y de pastos está causando una considerable mortandad de vacas, caballos y mulas."

S, 1854, 9 de julio

1854, 8 de octubre

75

Michoacán: hacienda de Pácuaro

Inundación.

"En la hacienda de Pácuaro se derrumbó repentinamente un cerro próximo a ella. Las masas obstruyeron el paso a un río inmediato que se represó por más de 24 horas, derramándose

enseguida por los campos vecinos. Se calcularon en 30 000 pesos las pérdidas de la hacienda."
Galván, 1951:21

1854, 11-12 de octubre
76
Michoacán: Jiquilpan
Inundación.
El río que pasa a orillas de Jiquilpan tuvo una avenida tan considerable que destruyó grandes sementeras y muchas casas de la población.
S, 1854, 6 de noviembre; Galván, 1951:21; Noble y Lebrija, 1956:123

1854, octubre
77
Chiapas: Tapachula, Tonalá
Plaga. Escasez de granos.
"Los estragos causados por la langosta han hecho que Tapachula sufra una absoluta escasez de granos." El gobernador de Chiapas accedió a que se importaran granos del extranjero.
S, 1854, 10 de octubre
"Nos escriben de Tonalá que en aquel lugar aún permanece la langosta, que ha destruido muchas milpas y sobre todo a lo que ha hecho más daño es a la planta de añil."
S, 1854, 2 de noviembre

1854, octubre
78
Veracruz: El Potrero, Jusco, Mata de San Juan, Misantla
Plaga.
"En las rancherías del Jusco, El Potrero y Mata de San Juan, ha aparecido un insecto que ha consumido todos los pastos, esto ha originado la muerte de un número considerable de reses."
S, 1854, 12 de octubre

1854, noviembre
79
Oaxaca: Zaachila
Plaga.
"La segunda parvada que apareció ocasionó daños en las cabeceras de Jalpam, Coyotepec y sus pueblos en Zaachila la planta del frijol fue la más afectada."
S, 1854, 3 de noviembre

1854
80
Oaxaca: Jamiltepec, Juchitán, Tehuantepec
Plaga. Escasez de granos. Sequía.
"Ha vuelto a aparecer la langosta en el departamento de Oaxaca, causando grandes estragos, pues no sólo ha destruido las sementeras, sino hasta las hojas y las cortezas de los árboles. La misma plaga sufre el territorio de Tehuantepec. Como consecuencia precisa de esta situación y de la sequía que se ha sufrido este año ha subido en Oaxaca el precio de los granos y de los efectos de primera necesidad." En Jamiltepec hubo escasez de maíz.
S, 1854, 10 de julio; Romero, 1990:35
"Se presentó una manga de langosta en Juchitán, territorio de Tehuantepec, con una extensión de 24 leguas de oriente a poniente, y de siete de sur a norte."
AGEPEO, Gobernación, l. 49, e. 274

1855, 12 de julio
81
Hidalgo: Metztitlán
Inundación.
El pueblo de Metztitlán fue inundado casi completamente por el exceso de las lluvias. Éstas comenzaron en aquel lugar, el 7 del mes anterior y duraron 43 días consecutivos. Las siembras se perdieron y los depósitos de las cosechas anteriores no se pudieron salvar, graduándose la pérdida de ésta en más de 12 000 cargas de maíz y en proporción las demás semillas.
S, 1855, 10 de julio; Galván, 1951:26; Noble y Lebrija, 1956:123

1855, julio
82
Guanajuato: Celaya; Querétaro: Querétaro
Inundación.
"La capital de Querétaro se haya convertida en una verdadera isla, que rodean por dondequiera pantanos, lagunas e inmensas corrientes de agua. Celaya está completamente anegada. La comunicación entre unos y otros puntos está casi del todo cortada [...] los daños que ha resentido la agricultura son incalculables."
S, 1855, 22 de julio

1855, julio
83
Tabasco: distrito de la sierra
Plaga.
"Ha aparecido esta plaga en el distrito de la sierra en Tabasco, causando bastante daño."
S, 1855, 13 de julio

1855, julio
84
Guerrero
Plaga.
"Esta plaga ha desaparecido de muchos pueblos de Guerrero donde ha causado mucho daño a las sementeras."
S, 1855, 23 de julio

1855, julio-agosto
85
Tabasco: Chastalapa
Plaga. Escasez de granos.
Medidas para evitar la escasez de subsistencias en el departamento de Tabasco por los daños que causó la langosta. En agosto la plaga seguía causando daños en el distrito de Chastalapa.
S, 1855, 30 de julio, 5 de agosto

1855, agosto
86
San Luis Potosí: Tancanhuitz
Inundación.
"Las crecientes de los ríos y las lluvias han causado muchos desastres destruyendo casi todas las milpas"; también murió ganado.
S, 1855, 9 de agosto

1855, agosto
87
Veracruz: Amatlán, Catemaco, Cocuite, Cosamaloapan, Cha-

caltianguis, Hueyapan, río Papaloapan, San Andrés, Santiago Tuxtla, Tlacotalpan, Tlaliscoyan

Plaga.

"En Tlaliscoyan, el Cocuite y todas las cercanías, ha causado incalculables daños a los sembrados, [...] en donde las labores son en menor escala casi han concluido con ellas en pocos días, levantando luego el vuelo hacia Tlacotalpan, Amatlán, Cosamaloapan, Chacaltianguis y demás pueblos situados a las orillas del Papaloapan, que como la mayor parte de los cosecheros, está resintiendo las consecuencias desastrosas." En San Andrés, Santiago Tuxtla, Catemaco y Hueyapan ya habían terminado con ella.

S, 1855, 16 de agosto

1855, octubre

88

Hidalgo: Atotonilco el Grande, Vega de Meztitlán

Inundación.

"Escriben de Atotonilco el Grande que las lluvias continúan con abundancia, que los caminos están intransitables. La Vega de Meztitlán sigue inundada y las avenidas de los ríos han causado muchas desgracias y comienza a haber casos de fiebre amarilla."

S, 1855, 15 de octubre

1855, octubre

89

Oaxaca

Plaga.

"Se informa que la langosta continúa en el departamento y se teme por los enjambres que vinieron del norte."

S, 1855, 23 de octubre

1855, diciembre

90

Chiapas: Soconusco

Plaga.

"En gran abundancia ha aparecido en Soconusco, destruyendo las segundas siembras que se hacen en septiembre. La langosta viene de los pueblos limítrofes de Guatemala."

S, 1855, 5 de diciembre

1855

91

Oaxaca: San Miguel Peras

Plaga.

"Por la comunicación de V.S. de ayer se ha supuesto este gobierno que en los cerros de San Miguel Peras ha pasado una parvada de langosta procedente del norte de aquel rumbo."

AGEPEO, Gobernación, l. 50, e. 279

1856, mayo

92

Hidalgo: Chapatongo

Plaga.

El cura del lugar "al presentarse un número considerable de langosta, con el fin de que la conjurara, les prohibió el que la mataran".

MR, 1856, 23 de mayo

1856, julio

93

Veracruz

Escasez de granos.

"Por el vapor de Texas se recibió en Veracruz el maíz que se había encargado a Nueva Orleáns, para suplir la escasez de la cosecha, y por orden del ayuntamiento se vende a 10 reales la cuartilla."

S, 1856, 30 de julio

1856, 17 de agosto

94

Baja California: La Paz

Huracán.

"Horribles y funestos estragos sobre La Paz a consecuencia del huracán que comenzó a experimentarse desde el día 17, acompañado de lluvia fuerte y constante viento; derribó los árboles corpulentos."

Noble y Lebrija, 1956:123

1856, septiembre

95

República Mexicana

Escasez de lluvias.

"Cartas de diversos puntos del interior anuncian que muchas cosechas se han perdido a causa de la falta de lluvias."

S, 1856, 14 de septiembre

1856

96

Tabasco

Plaga. Inundación.

"La situación que hoy guardan los pueblos es verdaderamente lamentable. Desde que reapareció en ellos la desoladora plaga de la langosta, a principios de año [1856], han sido vanos todos los esfuerzos para exterminarla por los habitantes que han visto con dolor desaparecer una tras de otra todas sus sementeras [...] las inundaciones [...] han arrebatado en varios partidos lo que se había escapado del insecto destructor." Se pidió que se prolongara la introducción de víveres extranjeros por seis meses más.

DA, 1857, 29 de enero

1857, marzo

97

Tabasco: Puscatán

Plaga.

"En su tránsito arrasó las milpas y frijoles, dejando los terrenos como si hubieran sido quemados; también destruyó los platanares."

DA, 1857, 9 de abril

1857, marzo-julio

98

Sinaloa

Escasez de lluvias. Helada. Sequía.

"Las lluvias han sido muy escasas; el pasto ha sufrido por esa sequía, y fuertes heladas acabaron de arruinarlo, resultando una mortalidad enorme en el ganado mayor. Desde principios de marzo comenzó esa mortalidad, calculándose desde esa fecha en 500 animales todos los días."

DA, 1857, 17 de julio

1857, 3 de mayo
99
Distrito Federal: Iztapalapa, Ixtacalco, Santa Anita
Granizada.
"En menos de una hora los habitantes de esos pueblos vieron destruidas sus sementeras, las que en unos lugares no quedaron ni rastros de ellas. Lo que más padeció fueron los plantíos de chilito."
DA, 1857, 8 de mayo

1857, 17 de mayo
100
Puebla: San Martín Texmelucan
Granizada.
"Cayó una fuerte granizada en San Martín Texmelucan y sus alrededores, que ha concluido enteramente con la cosecha de trigo, los chilares y demás semillas que estaban para cosecharse."
DA, 1857, 22 de mayo

1857, 21 de junio
101
Estado de México: Toluca
Helada.
"Cayó una helada muy fuerte; en donde verdaderamente hizo estragos lamentables, fue en las haciendas inmediatas a Toluca, en las cuales se han perdido del todo las siembras del maíz."
DA, 1857, 25 de junio

1857, junio
102
Distrito Federal: Santa Anita; Hidalgo: Mezquital; Estado de México: Chalco, Mexicalcingo, Tlalnepantla
Helada.
"En el Mezquital y en varias haciendas de ese rumbo, han caído recias heladas que han destruido las cosechas. Hasta Tlalnepantla se han helado las milpas. Otro tanto ha sucedido con las chinampas de Chalco, Mexicalcingo, Santa Anita, etc."
DA, 1857, 24 de junio

1857, julio
103
Guanajuato: Guanajuato
Escasez de lluvias.
"Función y procesión solemnísima de Ntra. Sra. de Guanajuato por la falta de lluvias, cuyo mal se remedia en el acto, habiendo comenzado a llover desde antes de que la santa imagen acabara de recorrer la estación."
Marmolejo, 1973, IV:79

1857, julio
104
Veracruz: Jalapa, Misantla, San Juan Miahuatlan, Tlacotalpan
Plaga.
"Las [siembras] de maíz han sido muy perjudicadas por la langosta en Jalapa. Lo mismo ha sucedido en San Juan Miahuatlan y en Tlacotalpan."
DA, 1857, 27 de julio

1857, julio
105
Veracruz: Misantla
Huracán.
"En Misantla un norte ha destruido la siembra del maíz llamado tonamil."
DA, 1857, 27 de julio

1857, agosto
106
Jalisco
Plaga.
"La langosta tiene ocupada, según los últimos datos recogidos, una gran parte de nuestras campiñas; y aunque hasta ahora no ha sobrecogido enteramente el terror por los males causados, son de temerse los que en adelante origine esta plaga."
Memoria, Jal., 1857:13

1857, agosto
107
Aguascalientes
Escasez de lluvias.
"A consecuencia del retardo de las aguas han muerto muchas cabezas de ganado."
DA, 1857, 15 de agosto

1857, 1 de octubre
108
Sonora: Álamos
Huracán.
"En Álamos hubo un fuerte huracán y una copiosa lluvia, los árboles más robustos fueron arrancados."
Noble y Lebrija, 1956:123

1857, 26 de octubre
109
Baja California: La Paz, San José
Viento.
"El viento llamado cordonazo de San Francisco, causó desgracias en Baja California; 37 casas y algunos vecinos perecieron en San José. En La Paz se cayó el obispado; y muchas casas; 11 buques se estrellaron con la playa."
Noble y Lebrija, 1956:123

1857
110
Tabasco: Pichucalco
Plaga.
Carta del padre Carlos Escoffie al ministro Felipe Navarro comentando su "expedición de cobro" en Pichucalco; no cobró por la plaga de langosta.
AHDSC, Pichucalco, IV, ASP núm. 1032

1857
111
Puebla: San Martín
Helada. Granizada.
"Heladas extemporáneas, granizos y al fin una variedad en el tiempo que ya no permite cálculo en las siembras." Se

estimaron como pérdidas las dos terceras partes de las cosechas.
DA, 1857, 4 de enero

1858, 30 de mayo
112
Jalisco: Sayula
Granizada.
Ese día, "cayó un fuerte granizal que mató a dos mujeres en la orilla de la población".
Munguía, 1976:84

1858, junio
113
República Mexicana
Escasez de lluvias.
"Las cartas que de todas partes se han recibido, traen la triste noticia de que lo mismo que en México, las lluvias se han retardado y por ello corren las siembras peligro de perderse."
DA, 1857, 16 de junio

1858, agosto
114
Guanajuato: Acámbaro, Apaseo
Lluvias abundantes.
En Acámbaro y Apaseo "se ha perdido gran parte de las siembras de chiles a causa de la mucha abundancia de aguas que hubo en el mes de junio, y posteriormente se ha dicho que en algunos puntos donde se había salvado, les está entrando el barreno, por la seca que en la actualidad se experimenta".
DA, 1858, 7 de agosto

1858, agosto
115
Estado de México: Toluca; Puebla: San Juan de los Llanos
Helada.
Las heladas "han causado grandes pérdidas a la agricultura recientemente por San Juan de los Llanos y Toluca".
DA, 1858, 10 de agosto

1858, octubre
116
Tabasco: Nacajuca
Seca.
"Se lamenta la pérdida de la mayor parte de las milpas; el rigor del sol y una seca tan extraordinaria [...] ha venido a esterilizar la tierra y a que se malogre el fruto de primera necesidad. Muchas siembras de maíz se han perdido."
DA, 1858, 9 de octubre

1858
117
Nuevo León: Montemorelos
Sequía.
"La sequía, que desarrolló muchísimo en 1858, quiso destruir la poca cría de ganado vacuno y caballar que tienen los criadores de esta municipalidad."
ACENL, 1861, e. 10, ff. 5-5v

1859, 20 de julio
118
Jalisco: hacienda de Santa Julia, Zapopan
Lluvias abundantes.
Cayó una tromba de agua que causó muchos estragos al poniente de Zapopan, especialmente en la hacienda de Santa Julia, destruyó los sembrados y murieron muchos animales.
DA, 1859, 4 de agosto; Noble y Lebrija, 1956:124

1859
119
Nuevo León: Montemorelos
Helada.
"Las cosechas no fueron como las de los años anteriores, pero esto es el resultado de los hielos tan tempranos que vinieron en 1859, cuyas heladas hicieron sufrir sus efectos en la caña de azúcar más que en otras plantas."
ACENL, 1861, e. 10, ff. 4v-5

1859, diciembre-1860, enero
120
Nuevo León-Coahuila: Ciénega
Escasez de granos.
Carta de la alcaldía de Ciénega al secretario de gobierno, en que se informa que los "cosecheros" se niegan a entregar fanegas de maíz al pósito, aunque exista una escasez en este lugar, ya que tienen comprometidas sus cosechas en otros lugares.
AGEC, Siglo XIX, c. 1, fól. 2, e. 7

1860, mayo
121
Coahuila: Abasolo
Granizada.
Cayó una granizada que arrasó las siembras de maíz.
AGEC, Siglo XIX, c. 2, fól. 10, e. 7

1860, julio
122
Querétaro
Escasez de granos.
Por efecto de la mala estación hubo escasez de maíz en Querétaro, razón por la cual se expidió un decreto para prohibir la extracción de esa semilla fuera del departamento.
DA, 1860, 25 de julio

1860, 31 de julio-1 de agosto
123
Veracruz: Cosamaloapan, hacienda del Huracán
Lluvias abundantes.
"El temporal de agua y viento causó muchos estragos [...] las milpas se perdieron completamente."
DA, 1860, 17 de agosto

1860, 25 de agosto
124
Distrito Federal
Escasez de granos.
"Bando del gobierno del distrito imponiendo tarifa a los víveres por su carestía y escasez. Otro poniendo tarifa al pan."
Efemérides de los sucesos notables, s.d.:48; Noble y Lebrija, 1956:124

1860
125
Nuevo León: Rosales
Helada. Escasez de granos.
Se informa que la vid se ha perdido por las heladas. A la par se ha presentado una canícula que ha ocasionado una escasa cosecha de maíz y frijol.
AGENL, Estadística de los municipios, c. 1

1860
126
Nuevo León: Montemorelos
Sequía.
"Como el cultivo de la caña de azúcar es la principal fuente de riqueza en esta municipalidad, los labradores hicieron nuevos plantíos. Gran parte tuvo en la pérdida de cosechas la fuerte sequía que se experimentó no sólo en esta municipalidad sino en toda la República."
ACENL, 1861, e. 10, f. 5

1861-1870

1861, 20-29 de junio

1

Veracruz: Córdoba, Orizaba, río de la Antigua

Inundación.

Llovió durante 60 horas "causando males incalculables: ha destruido el puente de Córdoba y asolado muchas siembras".

S, 1861, 1 de julio

El crecimiento de los ríos en Veracruz ocasionó grandes estragos, derrumbamientos de puentes, inundaciones de las poblaciones, deterioro y demolición de casas, etc. El río de la Antigua corrió sobre el puente nacional. Todo esto produjo los trastornos consiguientes al correo y al comercio.

Galván, 1951:108; Noble y Lebrija, 1956:124

1861, julio

2

Oaxaca: Santa Gertrudis, Teotitlán, Teposcolula, Villa Alta

Lluvias abundantes.

"En Teotitlán la abundancia de lluvias ha hecho mucho mal a las sementeras." En Teposcolula hubo "una inundación".

S, 1861, 1, 8 de septiembre

"Lluvia de 22 días en el distrito de Villa Alta, llevándose las crecientes sementeras con milpas, platanares y árboles frutales."

Martínez Gracida, 1898

1861, 19 de septiembre

3

Sinaloa: playa del Astillero

Viento

El viento "arrancó y se llevó multitud de cercos y casi todas las casitas comprendidas en la playa del Astillero [...] En la bahía se perdieron el pailebot nacional *General Vega* y el bergantín goleta americano *Rollin Wave*".

S, 1861, 20 de diciembre

1861, 26-28 de octubre

4

Veracruz: Nautla, Palmillas, Perote, Pital, río Jicaltepec, río Papaloapan

Inundación.

"La nueva inundación [...] ha destruido una gran parte de la resiembra hecha a causa de los estragos ocasionados hace poco tiempo por la inundación anterior."

S, 1861, 12 de noviembre

En Pital y Jicaltepec el agua subió siete pies, "lo más sensible es la completa ruina de las sementeras de artículos de primera necesidad; [...] en Jicaltepec valen ya los artículos de mayor necesidad, el óctuple de su valor". En Perote la pérdida en el ganado menor se calculó en 4 000 pesos.

S, 1861, 15, 18 de noviembre, 18 de diciembre

1861, noviembre

5

Tabasco: Huimanguillo, Nacajuca, San Juan Bautista, Tacotalpa

Inundación.

Huimanguillo y Nacajuca "han sufrido una inundación, que ha causado mucho daño a las sementeras y a los ganados". En San Juan Bautista las sementeras quedaron arruinadas y los plantíos de cacao fueron dañados.

S, 1861, 25 de diciembre, 16 de diciembre

1862, marzo

6

Coahuila: Sacramento

Seca. Helada.

Los productos agrícolas fueron escasos debido a la fuerte seca. "No se cosechó una sola fanega de maíz." Se presentaron hielos tempranos.

AGENL, Estadística de los municipios, c. 1

1862, abril-octubre

7

Coahuila: Saltillo; Nuevo León: Valladares

Seca. Helada. Escasez de granos.

La seca y el adelanto de los hielos causaron estragos en los pueblos dedicados a la agricultura; las sementeras de maíz disminuyeron, se evitó la extracción de semillas y se crearon pósitos en donde no había; especulación y alza de precios.

AMS, Presidencia municipal, c. 105, e. 40, 9 ff.

"A consecuencia de la espantosa seca que se ha experimentado y la falta de agua para la agricultura", emigraron 158 habitantes.

AGENL, Estadística de los municipios, c. 1

"Por haber sido escasa la cosecha, se ha prohibido la extracción para fuera del estado, de maíz, trigo y frijol." Se solicitaron préstamos "a las personas acomodadas" del estado para comprar semillas.

S, 1862, 23 de noviembre, 3 de diciembre

"Los temores de una fuerte hambre suben de punto. El almud de maíz vale ya siete reales, y el frijol 10 lo mismo el garbanzo."

S, 1862, 28 de noviembre

En noviembre el secretario de gobierno del estado comenta la seca que se ha sentido en todo el año, así como el adelantamiento de los hielos, lo que ha afectado a dos terceras partes de los pueblos del estado. Sugiere solicitar las medidas filantrópicas para comprar maíz fuera del territorio a precios cómodos para que "las clases menesterosas no sufran hambre".

AMS, Presidencia municipal, c. 105, e. 40

En ese mismo mes el gobernador ordenó que el maíz no subiera su precio más de tres reales el almud. La orden fue dada el 9 de noviembre de 1862.

AMS, Presidencia municipal, c. 105, e. 40, ff. 2-3

1862, junio

8

Oaxaca: Villa Alta

Escasez de granos.

"En algunos distritos de Villa Alta, la carencia de víveres ha hecho emigrar a los habitantes."

S, 1862, 22 de junio

1862, 18 de julio

9

Durango: Cerro Gordo

Granizada.

El granizo "destruyó milpas, descompuso los jagüeyes y mató parte del ganado".

S, 1862, 6 de agosto

1862, 26 de agosto

10

Distrito Federal: río Consulado, río Churubusco, río Morales

Lluvias abundantes.
Los ríos Morales, Churubusco y Consulado se desbordaron, "causando en el campo algunos desastres".
S, 1862, 28 de agosto

1862, noviembre
11
Oaxaca: San Antonio Elosochitlan, San José Tenango, San Lucas Zoquiapa, Teotitlán, Tuxtepec
Huracán.
"Un fuerte huracán y lluvias abundantes han causado la inundación de Tuxtepec."
S, 1861, 25 de noviembre
"Algunos nortes y la abundancia de lluvias, han hecho que se pierdan algunas milpas en los pueblos de San Lucas Zoquiapan, San Antonio Elosochitlan y San José Tenango."
S, 1862, 22 de noviembre

1863, febrero
12
Nuevo León: Abasolo
Escasez de granos.
Guadalupe Cavazos solicitó de 15 a 20 fanegas de maíz para auxiliar a las gentes del pueblo.
AGENL, Correspondencia de Santiago Vidaurri, 5/1701

1863, abril
13
Nuevo León: Ciénegas, Monterrey
Sequía.
"La sequía se ha sentido tanto que están completamente secos los aguajes."
AGENL, Correspondencia de Santiago Vidaurri, 5/1470; 7/2067

1863, agosto
14
Guanajuato: Guanajuato
Escasez de lluvias.
"La venerada imagen de Ntra. Señora de Guanajuato había permanecido en el bautisterio desde que comenzó la decoración de la iglesia parroquial, y en esta fecha es conducida en un carruaje cerrado al templo de la Compañía, o sea a la parroquia provisional para hacerle allí un novenario. Es el objeto de éste pedir a la gran Señora el beneficio de las lluvias, pues desde mediados de julio que se abrió la presa de la Olla no ha vuelto a llover absolutamente nada."
Marmolejo, 1973, IV:140
"Han caído algunos aguaceros, aun en el centro de la ciudad; pero no han llegado a la presa, cosa que causa la mayor alarma, y por esta razón comienza hoy otro novenario solemnísimo a la Santísima Virgen y el día 26 sale la sagrada efigie en lucidísima procesión."
Marmolejo, 1973, IV:141

1863, 4 de septiembre
15
Estado de México
Escasez de granos.
Debido a que "la clase menesterosa está sufriendo los rigores de la necesidad, por causa de la extracción de maíz", se emitió un decreto que dispone el levantamiento de la prohibición para la extracción del maíz decretada con anterioridad.
AHEM, Hacienda pública, 1863, v. 37, e. 6, 1 f., y Gobierno, v. 129, e. 32, 133 ff.

1863, 20 de septiembre
16
Guanajuato: San Luis
Seca. Helada.
"Se sabe que además de las pérdidas causadas a la agricultura por la larga seca, han caído heladas que acabaron con las sementeras de riego."
PV, 1863, 28 de septiembre

1863, septiembre
17
Guanajuato: Guanajuato
Escasez de lluvias.
"En Guanajuato continuaba la falta de lluvias, al extremo de haber quedado seca la presa de donde se surtía el público."
PV, 1863, 28 de septiembre

1863, octubre-diciembre
18
Guanajuato: Guanajuato
Escasez de lluvias. Carestía.
"Comienzan a fines de este año a hacerse sentir los efectos de la absoluta falta de lluvias; la carestía de los efectos de primera necesidad aumenta en progresión alarmantísima, amagando para el año venidero de 1864 con los horrores del hambre, semejantes a los de 1714 y 1786. A esto se agrega el haberse quedado vacías las presas de la Olla y de San Renovato, por lo cual, a fines del mes de noviembre se cierran las cajas de agua y las mercedes particulares."
Marmolejo, 1973, IV:144-145
"Son muy escasas las lluvias y finalizando el año comienzan a notarse sus efectos con el aumento de precio a los artículos de primera necesidad."
Lira, 1914:137

1863, octubre
19
Michoacán: Morelia
Helada. Carestía.
"Aparte de las heladas [...] el embargo y usurpación para forrajes militares [...] ocasionaron la escasez de carne, harina y maíz."
PV, 1863, 31 de octubre

1863
20
Coahuila: río Grande, villa de Gigedo
Sequía.
"Coahuila padeció serias sequías en 1823, 1826-1828, 1847 y 1863."
S, 1863, 18 de abril; Harris, 1990:233
Los ramos de agricultura y ganadería están "arruinados casi en su totalidad a consecuencia de la guerra, la sequía y el tráfico de carretas".
AGENL, Estadística de los municipios, c. 1

1863
21
Oaxaca: distrito de Juárez, Tehuantepec
Escasez de lluvias.
"Las siembras de temporal [en el istmo de Tehuantepec] se hayan en regular estado, pero la cosecha no será muy abundante por la falta oportuna de agua."
V, 1863, 9 de julio
"Se hicieron las siembras de maíz y frijol [en el distrito de Juárez]; pero la cosecha no será abundante por la escasez de lluvias."
V, 1863, 9 de agosto

1863
22
Distrito Federal
Seca. Carestía.
"La seca del año pasado nos hizo predecir un año de hambre y lo hemos tenido."
PV, 1864, 30 de septiembre

1863-1864
23
Guanajuato; Jalisco: Guadalajara; Michoacán: Morelia
Seca.
"Ya desde el año pasado hicimos notar cómo la prolongada seca acarreaba la pérdida de cosechas, y ésta la carestía."
PV, 1864, 23 de julio

1864, 18 de enero
24
Puebla: San Andrés Chalchicomula; Veracruz: Orizaba
Helada.
En San Andrés Chalchicomula y Orizaba "con las heladas [una de ellas el 18 de enero] se han perdido en muchas partes las cosechas de maíz".
PV, 1864, 20 de enero, 1 de febrero

1864, enero
25
Puebla: Atlixco, San Martín Texmelucan
Helada.
"Han caído recias heladas que ocasionaron daños considerables a la agricultura."
PV, 1864, 28 de enero

1864, enero
26
Estado de México: hacienda de San Nicolás
Inundación.
"Las siembras de caña se han perdido enteramente en la hacienda de San Nicolás y otras muchas."
PV, 1864, 1 de febrero

1864, febrero
27
República Mexicana
Escasez de lluvias.
"En el interior se abstuvieron de sembrar los hacendados porque las presas estaban secas a consecuencia de la falta de lluvias, y no podían tener riego las siembras."
PV, 1864, 26 de febrero

1864, abril
28
San Luis Potosí
Escasez de granos.
"La prefectura superior política ha pedido informes del departamento sobre la existencia de maíz y el modo de evitar que por su falta sufran los pueblos, en mayor escala, la escasez y la carestía que ya se experimenta."
PV, 1864, 25 de abril

1864, abril
29
República Mexicana
Seca.
"Otro año de seca amenaza, [...] y los agricultores piden a Dios lluvias abundantes [...] los llanos elevados de México están resecos."
PV, 1864, 28 de abril

1864, 16 de mayo
30
Veracruz: Cumbres de Acultzingo
Inundación.
"Se formó una [manga de agua] en las Cumbres de Acultzingo, [...] arrasando algunas sementeras y varias cabezas de ganado."
PV, 1864, 26 de mayo

1864, mayo
31
Nuevo León: Monterrey
Carestía.
"La miseria era espantosa en aquella ciudad. El maíz estaba a 30 pesos carga, y ni aun así se conseguía. Los demás artículos de primera necesidad guardaban precios análogos."
PV, 1864, 23 de mayo

1864, julio
32
Chihuahua
Escasez de granos.
"Notoria la escasez de semillas y pasturas."
PV, 1864, 18 de julio

1864, julio
33
Aguascalientes; Jalisco: Guadalajara; Michoacán: Morelia; Zacatecas
Escasez de granos.
"Escasez de maíz y otras semillas, azúcar, etc., ocasionada por, entre otras causas, los disidentes, pues, poniendo en libertad algunas poblaciones donde hay acopios, éstos afluirían a la capital y bajarían el precio de muchos efectos de primera necesidad."
DOJAL, 1864, 9 de julio
La carestía de víveres "se ha hecho sentir tanto en Guadalajara como aquí, en Morelia".
PV, 1864, 23 de julio
Escasez.
"En Aguascalientes se ha abierto una casa de caridad, [...] en Zacatecas la autoridad tuvo que proveer a la escasez de granos

[...] se habían comprado 2 000 fanegas de maíz y no podían ser transportadas por la escasez de acémilas."
PV, 1864, 29 de julio

1864, julio-agosto
34
Guanajuato
Carestía.
La carestía de los víveres llevó a la "clase indigente" al extremo más "espantoso"; para remediar esta situación se nombró una junta en donde por medio de comisiones se hará una colecta.
PV, 1864, 23, 29 de julio, 18 de agosto

1864, agosto
35
Guanajuato
Seca. Escasez de lluvias. Carestía.
"A consecuencia de la prolongada seca vino la carestía de víveres y el alto precio de las pasturas ocasionará que paren sus labores las haciendas de beneficio de metales en su mayor parte. La agricultura y el comercio están reducidos a la nulidad."
PV, 1864, 18 de agosto
"Año del hambre.- La escasez de lluvias del año anterior y parte de éste, hizo que las semillas alcanzaran un alto precio, llegando a valer a 12 pesos la fanega de maíz, y a pesar de las providencias que principalmente tomó el clero, como fueron de establecer comedores públicos y vender a menor precio las existencias del diezmo, se vieron algunos casos de muerte por falta de alimento."
Lira, 1914:141

1864, 29-31 de agosto
36
Distrito Federal
Inundación.
"Cayeron unos fuertes aguaceros, particularmente el último día, lo que ocasionó la inundación de varias calles y casas de la ciudad [...] y la reventazón de los ríos y acequias inmediatas."
Galván, 1951:158
"Como en la época del imperio de Maximiliano las inundaciones se repitieran, principalmente en agosto de 1865 por el desbordamiento de los ríos sobre la capital, para evitar estos males ocasionados por las aguas, se dividieron los terrenos de los alrededores en porciones."
Trens, 1957:17-18

1864, septiembre
37
Distrito Federal: Ajusco, río Consulado; Estado de México: río Tlalnepantla
Inundación.
Una manga de agua cayó sobre el Ajusco; se desbordó el río Consulado y el de Tlalnepantla inundó los potreros.
PV, 1864, 30 de septiembre

1864, octubre
38
Distrito Federal: Monte Alto, San Juanico, Tacuba; Hidalgo: hacienda de Guadalupe, Metztitlán
Inundación.
"Desde la hacienda de Guadalupe hasta Meztitlán, se han perdido las siembras, pues algunos ranchos han sido destruidos [...] la clase operaria tiene que trabajar dentro del agua para salvar algún maíz [...] en la hacienda de Guadalupe [vieron] arrastrar árboles frutales, sauces, nogales, y llevarse labores de terrenos. En el valle de México [...] en Monte Alto una manga de agua anegó los rumbos de Tacuba y San Juanico."
PV, 1864, 17 de octubre
"Cumple la comisión de Obras Públicas con el deber de poner en el conocimiento del excelentísimo ayuntamiento lo ocurrido en estos últimos días en los desbordes de los ríos, que más o menos han contribuido a las anegaciones de los pueblos y terrenos comprendidos entre el norte y el suroeste de la capital. La estación de aguas, que en sus principios parecía presentarse más escasa que en los años anteriores, empezó con copiosas y seguidas lluvias fue excesiva a fines de septiembre y principios de octubre", causando que los principales ríos que atraviesan la capital y sus alrededores se desbordaran.
AHCM, Actas de cabildo, 1864, 28 de octubre

1864, noviembre
39
Michoacán: Churandiro
Escasez de granos.
"Los vecinos de Churandiro hacen presente a este gobierno diocesano en una solicitud del 15 del corriente lo siguiente: Para poner un dique a los desórdenes que con escándalo observamos en lo relativo a la Iglesia, es por lo que ocurrimos a la digna autoridad de V.S.M. cuando todos los vecinos de Churandiro pronunciamos que el subcolector abusando de la confianza que en él se ha depositado, especula con los diezmos en perjuicio de la Iglesia y de la población por aumentar sus bienes personales; pues haciendo remisiones de los frutos y semillas a puntos donde escasean y tienen mayor precio fuera del departamento; él sólo abona los precios ínfimos que arbitrariamente califica de corrientes en aquel mercado, subrogándose mayores ventajas y beneficios, y privando a los vecinos pobres de las expresadas semillas a precios moderados en las épocas de mayores necesidades." La carta la dirige el señor Arriaga al hacedor de la santa iglesia metropolitana de Michoacán.
AHCMor, Cabildo, Administración pecuniaria, Contaduría, Correspondencia, c. 1540

1864, 1 de diciembre
40
Distrito Federal: canal de Apatlaco, canal de Axoloacan, canal de la Magdalena, canal de San Dieguito, canal de San Juanico, canal de San Lázaro, canal del Tezontle, compuerta de Santo Tomás, Ixtacalco, Mexicalcingo, río Churubusco, río de la Piedad, río de San Juan de Ríos, San Juanico, Santa Anita, Xochimilco; Estado de México: Chalco
Lluvias abundantes. Inundación.
Artículo sobre los efectos de las lluvias en el valle de México, entre los cuales se contó la pérdida de los sembradíos de los indígenas por las inundaciones.
DOFED, 1864, 1 de diciembre

1864
41
Guerrero; Morelos; República Mexicana

Seca. Escasez de granos.
"Nuestro colega de La Estaffete no cree que haya hambre en el país a consecuencia de las secas y la guerra; pero sí que escaseen considerablemente los cereales de más consumo y no haya con qué sustentar los ganados, perjudicándose así los trabajos de la agricultura y la minería." Para remediar el mal se propone la libre importación de cereales extranjeros y abolir los derechos de alcabalas.
V, 1864, 25 de febrero

1864
42
Chiapas: San Cristóbal de las Casas
Huracán.
"Tempestad huracanada en San Cristóbal de las Casas."
Espinosa, 1987:141

1864
43
Guerrero
Inundación.
Las "tempestades equinocciales" produjeron una pérdida de 300 000 pesos y "algunas vidas".
S, 1867, 22 de octubre

1865, enero
44
Querétaro: villa de Amealco
Viento.
"Sopló un fuerte viento y las arcinas de cebada y rastrojo que se encontraban en los campos fueron desraizadas."
PV, 1865, 23 de enero

1865, enero
45
Durango
Carestía.
"Los hacendados acordaron la adopción de medidas para evitar una alza excesiva en el precio del maíz."
PV, 1865, 9 de febrero

1865, 26 de junio
46
Aguascalientes; Guanajuato: loma del Cohetero, Silao; Querétaro: río Huimilpan, río Laja
Inundación. Lluvias abundantes.
A consecuencia de una manga de agua que descargó en la loma llamada el Cohetero, se anegó parte de Silao. En Aguascalientes llovió por siete horas, dejando los caminos en mal estado. En Querétaro se desbordaron los ríos Laja y Huimilpan, muriendo caballos, burros y mulas; las pérdidas en las sementeras fueron de bastante consideración.
PV, 1865, 18 de julio; 5 de octubre

1865, julio
47
Guanajuato: Celaya, río Grande, Salamanca, Salvatierra, valle de Santiago
Lluvias abundantes.
En Salamanca, 44 días de lluvia diaria ocasionaron grandes pérdidas en las haciendas, pues no se pudo hacer la siega del trigo ni realizar las siembras de maíz; el río Grande se salió de su cauce e inundó los barrios cercanos. En Salvatierra y el valle de Santiago se arruinaron las siembras de chile, melón y sandía y las milpas nacidas en parte se perdieron totalmente. En Celaya las cosechas de trigo, cebada, garbanzo, arvejón y otras no se realizaron.
PV, 1865, 10 de julio; 10 de agosto; 30 de septiembre; 6, 21 de octubre

1865, julio-octubre
48
Michoacán: Morelia
Lluvias abundantes.
"A causa de lo excesivo de las lluvias se han perdido algunas siembras de trigo y se teme que suceda lo mismo con las de maíz." Para octubre, seguía lloviendo en exceso y "las cosechas se pierden por pudrirse el grano, cuando hace dos años se perdieron por secarse".
PV, 1865, 19 de julio, 9 de octubre

1865, 1-31 de agosto
49
Distrito Federal: hacienda de Portales, río Churubusco
Inundación.
"Violentos aguaceros caen sobre México [...] el río Churubusco se ha salido de cauce, y ha inundado completamente la hacienda de Portales. Las pérdidas sufridas en ésta son considerables, pues las sementeras han quedado cubiertas con el agua."
PV, 1865, 30 de agosto
"Cayeron unos fuertes aguaceros, particularmente el último día, lo que ocasionó la inundación de varias calles y casas de la ciudad [...] y la reventazón de los ríos y acequias inmediatas."
Galván, 1951:158

1865, 5 de septiembre
50
Distrito Federal: Guadalupe Hidalgo, rancho de Santa Cruz, San Lázaro, Santa Marta; Puebla
Inundación.
A las seis y media de la tarde se presentó por el rumbo de los volcanes uno de los más importantes meteoros, llamados mangas de agua. "El camino de México a Puebla está cortado desde el rancho de Santa Cruz, poco más allá de la garita de San Lázaro, hasta más allá de Santa Marta. Todo este tramo que ha desaparecido bajo el agua, lo recorren los pasajeros en canoa." Por el rumbo norte, el agua llegó a subir cerca de un metro en Guadalupe Hidalgo.
PV, 1865, 8 de septiembre; Galván, 1951:158

1865, 7 de septiembre
51
Querétaro: hacienda de Carrillo, hacienda de San Juanico, hacienda de Jurica, Peñamiller, Tolimán
Inundación.
Descargaron dos mangas de agua cerca de Tolimán y Peñamiller, se perdieron las siembras por espacio de más de "ocho leguas". Las haciendas de Carrillo, San Juanico, Jurica y otras se anegaron.
PV, 1865, 18, 20, 23 de septiembre

1865, 13 de septiembre

52

Guanajuato: Celaya, Dolores, hacienda de la Erre, rancho de la Laja, río del Rincón, Salamanca, valle de Santiagosto

Inundación.

"El río subió dos varas y media [...] varias personas se han ahogado, muchas casas de adobe se han caído, y los campos de las orillas de los río están completamente devastados."

PV, 1865, 30 de septiembre

"Han cesado las lluvias. Las sementeras han sufrido también mucho [...] todas las que había en las orillas de los ríos fueron destruidas, tanto por el río del Rincón, como el que pasa por Dolores y la hacienda de la Erre, haciendo más estragos en el rancho de la Laja."

PV, 1865, 16 de octubre

"Ascienden a 785 las casas arruinadas por completo o en parte, de resultas de la reciente inundación. La clase menesterosa es la que más padeció, no obstante haber sido generosamente auxiliada por los vecinos del valle de Santiago, entre cuyos donativos se cuentan 500 fanegas de maíz."

PV, 1865, 21 de octubre

1865, 29 de septiembre

53

Colima: Armería, Coahuayana, Chiquihuihan, río de los Martínez

Inundación.

Inundación en Colima, el río de los Martínez se desbordó causando grandes estragos. En Coahuayana "desaparecieron ranchos y pueblos enteros"; en Chiquihuihan los campos de plátanos, maíz y otros quedaron destruidos. En Armería el agua arrasó con "aldehuelas", ranchos y sementeras. Las pérdidas en animales fueron "inmensas, pues todos desaparecieron, especialmente las mulas". La prefectura de Guadalajara pidió a sus habitantes ayudar al pueblo de Colima. Las pérdidas se calcularon en 36 051 pesos.

PV, 1865, 21, 23, 31 de octubre, 14 de diciembre; Noble y Lebrija, 1956:124

1865, 30 de septiembre

54

Jalisco: Mascota

Inundación.

Debido a la constante lluvia que desde la noche anterior "descargó sobre esta [Mascota] y las demás poblaciones inmediatas [...] el río se desbordó inundando las calles inmediatas de las orillas de las poblaciones"; más de 30 casas se derrumbaron y se perdió la quinta parte de las labores; también hubo algunas "desgracias personales que lamentar".

AHJ, Fomento, F-18-865, Mas/1270, ff. 1-2

1865, 30 de septiembre

55

Hidalgo: Metztitlán, Tulancingo

Inundación.

Se desbordó el río que corría a orillas de Tulancingo, inundó la parte baja y destruyó algunas sementeras y casi todas las hortalizas. En Metztitlán se perdieron los sembrados de maíz. Se calculó en 10 años su recuperación.

PV, 1865, 9, 10, 11 de octubre

1865, octubre

56

Distrito Federal: valle de México

Inundación. Epizootia.

"Las inundaciones en algunas localidades del valle de México han causado ya muerte a varios animales, y es de temerse que esta mortandad degenere en una epizootia que a su vez produzca alguna epidemia en México."

PV, 1865, 23 de octubre

El Consejo General de Beneficencia comunicó al alcalde municipal de Toluca que con motivo de las inundaciones sufridas en la capital del imperio los vecinos de la ciudad contribuyeron con donativos voluntarios.

AHMT, c. 3, e. 12, ff. 1-98

1865

57

San Luis Potosí: San Luis Potosí

Inundación.

Circular del prefecto municipal de San Luis Potosí para recordar que ha solicitado la colaboración de los municipios a fin de reunir "donativos para atender a las necesidades de las familias que han sido víctimas de la inundación".

AHESLP, Ayuntamiento municipal, 1865, l. 10, e. 12, 1 f.

1865

58

Estado de México: lago San Cristóbal, lago Zumpango

Inundación.

"Varios pueblos situados a las orillas de los lagos de San Cristóbal y de Zumpango, han sufrido pérdidas considerables con motivo de la reciente inundación, al grado de que muchos habitantes han tenido que emigrar a poblaciones inmediatas." Se consideró oportuno "concederles excepción del pago de contribuciones directas".

AGNM, Gobernación, c. 516, e. 15, f. 1

1865

59

Chiapas: San Cristóbal de las Casas

Inundación.

"Inundación en la ciudad de San Cristóbal."

Espinosa, 1987:142

1866, febrero

60

Hidalgo: Tula

Epizootia.

"Epizootia en el ganado lanar en el departamento de Tula [...] se prohíbe vender carne de este ganado."

PV, 1866, 12 de febrero

1866, marzo

61

Oaxaca: Teposcolula, San Vicente Nuñu

Granizada.

"El 9 de marzo a las cinco de la tarde cayó una fuerte granizada que causó destrozos a las sementeras de trigo pelón, así como gran mortandad de ganado menor y aves de corral."

Martínez Gracida, 1898

1866, mayo-julio
62
Jalisco: Guadalajara
Escasez de granos.
A principios de junio se solicitó al ayuntamiento de Guadalajara que formara una junta a fin de reunir fondos y comprar maíz para el abastecimiento de la ciudad. Se discutió el asunto y a fines de julio se "acordó por mayoría de votos, que supuesta la creencia de que el maíz debía bajar de precio por existir en esta ciudad depósitos considerables por las introducciones frecuentes y por haber abundancia de harinas, no se debía de tomar ninguna providencia por la certeza de que esto daría resultado contrario a los deseos del gobierno, confirmando con la declaración de la junta que la carestía de maíz no existe".
AGMG, Correspondencia, c. 1210, paq. 128, e. 91, 1 f.
"Con motivo de la carestía del maíz que ya se hace sentir con perjuicio de la población se lanzó un decreto en donde se prohíbe que se extraiga maíz de las poblaciones, y el maíz quedó libre por espacio de tres meses."
PV, 1866, 16 de julio

1866, junio
63
Puebla: río Atoyac, San Martín Texmelucan, valle de Nativitas
Granizada. Inundación.
"Gran parte de [la cosecha] se ha perdido en el valle de San Martín Texmelucan por la terrible granizada de días pasados, y otro tanto pasa en el valle de Nativitas por el desborde del Atoyac."
PV, 1866, 26 de junio

1866, julio
64
Distrito Federal; Jalisco; Puebla
Lluvias abundantes.
"Las cosechas han sido escasas [...] siendo la causa de este quebranto el exceso de lluvias, que impidió sembrar en unas partes y destruyó las siembras en otras."
PV, 1866, 27 de julio

1866, julio
65
Guanajuato
Sequía.
"Nos amenaza una sequía de las más funestas consecuencias [...] con tal motivo ha comenzado ayer en la iglesia matriz el solemne novenario de Nuestra Señora de Guanajuato, que en tales casos se acostumbra."
PV, 1866, 16 de julio

1866, 26-27 de agosto
66
Hidalgo: Apam
Helada.
"A consecuencia de las heladas el maíz subió a seis pesos dos reales carga con tendencias a la alza. Las sementeras sufrieron a consecuencia del enfriamiento del tiempo y escasez de lluvias."
PV, 1866, 1, 7 de septiembre

1866, septiembre
67
Puebla
Plaga.
"Ha aparecido una prodigiosa multitud de insectos y están devorando ricas sementeras."
PV, 1866, 1 de septiembre

1866, octubre
68
Aguascalientes; Querétaro: San Juan del Río
Helada.
"Se dice que el hielo ha destruido las sementeras de maíz, frijol y pimiento en las haciendas inmediatas, subiendo excesivamente por tal causa el precio de los expresados artículos."
PV, 1866, 17 de octubre

1866, octubre
69
Hidalgo: Tulancingo; Estado de México: Toluca
Helada.
A consecuencia de una helada en Toluca y Tulancingo subió el precio del maíz.
PV, 1866, 17 de octubre

1866, octubre
70
Querétaro
Helada.
"Con motivo de unas cuantas escarchas, que han hecho temer la pérdida de las sementeras, los tenedores de maíz han puesto a dicho efecto un precio fabuloso, y están vendiendo grano viejo y podrido."
PV, 1866, 17 de octubre

1866, octubre-noviembre
71
Distrito Federal
Carestía.
"Los artículos de subsistencia han llegado a un precio tan subido, que el año del hambre que preveían los agricultores lo estamos pasando [...] a 12 pesos ha subido el maíz."
PV, 1866, 12 de octubre
"Cada vez es más alto el precio de este artículo [maíz] en México, y la clase pobre comienza a sentir los deplorables efectos de la carestía."
PV, 1866, 9 de noviembre

1867, abril
72
Oaxaca: Teitipac
Granizada.
"El 15 de abril cayó una fuerte granizada en los montes de San Juan Teitipac, distrito de Tlacolula que duró 15 minutos y comprendió un radio de una legua. Mató unas 800 cabezas de ganado menor, causando grandes destrozos en los árboles y plantas, y matando toros, burros y caballos que pastaban en las selvas."
Martínez Gracida, 1898

1867, abril-agosto
73
San Luis Potosí: El Venado, Moctezuma, Santa María del Río
Escasez de lluvias. Plaga.
"Como todas las siembras están sujetas al temporal y éste ha sido escaso, no se han hecho siembras ningunas de maíz y frijol."
DOSLP, 1867, 17 de abril
"Hasta ahora ha continuado la escasez de lluvias, causa por que no se han hecho sembrados, puesto que la agricultura está sujeta al temporal y siembra de maíz y frijol. Con la agua de manantiales en El Venado y Moctezuma se riegan los árboles frutales y se siembra cebada y poco trigo, no esperando mucha cosecha de ambas semillas, por haberse plagado."
DOSLP, 1867, 1 de junio
"La escasez de lluvias ocasionará la pérdida de las cosechas de temporal."
S, 1867, 9, 25 de agosto

1867, junio
74
Chiapas
Plaga.
Porfirio Díaz recomendó al gobierno del estado de Chiapas extinguir con la mayor brevedad la langosta.
S, 1867, 25 de agosto

1867, julio
75
San Luis Potosí: Catorce, Cedral, Matehuala
Escasez de lluvias.
"La agricultura en Cedral, Matehuala y Catorce no presenta muy buen aspecto la cosecha, porque las lluvias fueron muy escasas."
S, 1867, 21 de octubre

1867, julio
76
Guanajuato: Guanajuato
Inundación.
"Después de varios años de no sufrir en Guanajuato el terrible azote de las inundaciones, hoy tiene que lamentar una bastante desastrosa [...] Hubo, además, la circunstancia notable de que esta vez la presa de la Olla no se derramó, ni aun se llenó, sino que toda la avenida provino del río del monte de San Nicolás."
Marmolejo, 1973, IV:204-205

1867, julio-octubre
77
Durango: Cuencamé, Guanaceví, Indé, Nombre de Dios, Tamazula
Escasez de lluvias.
En Indé y Nombre de Dios: "Por la escasez de agua no se habían hecho las siembras de maíz". En Cuencamé, "guardan mal estado las labores de temporal y medio riego por la falta completa de las lluvias". En Guanaceví se perdió la cosecha de frijol.
S, 1867, 18, 27 de agosto, 24 de septiembre, 3 de diciembre

1867, agosto-1868, febrero
78
Veracruz: San Andrés Tuxtla, hacienda de San Nicolás, hacienda de Nopalapan, hacienda el Huracán, hacienda Matadeagia, Amatlán, potrero de Suchil, potrero de la Candelaria, potrero San Pablo
Epizootia.
En agosto de 1867, apareció en San Andrés Tuxtla una enfermedad en el ganado caballar, mular y vacuno. Hasta enero de 1868 las pérdidas se calcularon en más de 200 000 pesos.
S, 1868, 23 de enero, 2, 7, 20 de febrero
"En San Andrés Tuxtla [la epizootia] ha ocasionado perjuicios; en la hacienda del Huracán tuvo carácter destructor entre los caballos y mulas." En la hacienda de Nopalapan y los potreros de Suchil, la Candelaria y San Pablo se estimaron las pérdidas en más de 40 000 pesos.
S, 1868, 2, 7, 20 de febrero

1867, 4 de septiembre
79
Michoacán: Acámbaro
Lluvias abundantes.
Por las lluvias, "la agua subió en las calles a más de un metro de altura".
S, 1867, 14 de septiembre

1867, 25 de septiembre
80
Oaxaca: Tuxtepec
Inundación.
"Inundación en Tuxtepec, el río arrasó varias casas."
Noble y Lebrija, 1956:125

1867, 25-26 de septiembre
81
Guerrero: Tlacozautitlán
Inundación.
Las lluvias y el viento "han destruido las sementeras, tanto en el interior de la sierra como en las poblaciones situadas en las márgenes del caudaloso Mescala. Éste inundó el pueblo de Tecozautitlán".
S, 1867, 22 de octubre

1867, septiembre
82
Michoacán: Maravatío
Inundación.
En Maravatío, durante "el año de 67 la inundación causó la ruina de muchas familias y de un gran número de casas" por lo que en abril de 1868 se aprobó "el proyecto de cambio de cauce del arroyo llamado del Arenal [y] Maravatío está ya libre de ser presa de las aguas, y puede pensar sin temor en la reparación de sus fincas destruidas y en el embellecimiento de su población".
Memoria, Mich., 1869:43

1867, septiembre
83
Hidalgo: Jacala
Inundación.
Por 144 horas de lluvia sin interrupción, las sementeras fue-

ron afectadas y "poca será la cosecha, y en algunos lugares se perderá del todo por la inundación".
S, 1867, 22 de octubre

1867, septiembre
84
Coahuila: Saltillo
Plaga.
Por la langosta se perdieron las siembras de algodón.
S, 1867, 7 de octubre

1867, septiembre
85
Durango: Nazas
Plaga.
Por las lluvias, "se han plagado los plantíos de algodón".
S, 1867, 8 de octubre
La langosta en Nazas "destruyó enteramente las sementeras de algodón. Las siembras de maíz y chilares no pasan de medianas".
S, 1867, 24 de octubre

1867, 7-8 de octubre
86
Tamaulipas: Bagdad, Matamoros
Huracán.
Por "un horrible huracán que casi ha hecho desaparecer a las ciudades de Matamoros, Browsville y Bagdad [se dispuso] que salieran de Veracruz dos buques llevando víveres a Matamoros". Se solicitó al gobernador de Nuevo León 100 fanegas de maíz y al de Coahuila 500 cargas de harina; también se permitió a los comerciantes de Matamoros llevar sus efectos a Monterrey para almacenarlos allí. En "Bagdad suponen que desapareció completamente [la población], Matamoros está casi en ruinas". Browsville "ha sufrido más que Matamoros. Familias enteras se dice que han desaparecido bajo las ruinas [...] allí hubo para colmo de la desgracia el horrible agregado del robo y el desorden de la soldadesca".
S, 1867, 9, 22, 24, 26, 27, 28, 29 de octubre, 4, 6, 7, 8, 11, 12, 14, 18 de noviembre, 6 de diciembre
Ante la imposibilidad de "adquirir con prontitud todos los informes y pormenores sobre las desgracias y pérdidas ocurridas en esta ciudad la noche del 7 y la mañana del 8", *El Observador*, periódico de Matamoros, invitó a sus lectores a enviar "todas las noticias, informes y pormenores" sobre el huracán.
DOSLP, 1867, 19 de octubre
Se informó al gobernador del Estado de México que la junta encargada de colectar los donativos "para auxilio de las familias de Matamoros arruinadas por el huracán" reunió sólo 60 pesos, ya que ninguno de los hacendados quiso cooperar.
AHEM, Hacienda pública, 1868, v. 28, e. 28
Furioso huracán que casi destruyó a Matamoros; Brownsville y Bagdad sufrieron también mucho. Las propiedades fueron aniquiladas y de muertos se supo de cosa de 26; ocho vapores fueron destrozados.
Galván, 1951:173; Noble y Lebrija, 1956:125

1867, noviembre
87
Oaxaca: Villa Alta
Lluvias abundantes.
"La mayor parte de la cosecha se ha perdido a consecuencia de las excesivas lluvias que ha proporcionado la podredumbre de las semillas."
V, 1867, 23 de noviembre

1867, diciembre-1868, mayo
88
Veracruz: Tlacotalpan
Escasez de granos.
Se solicitó "importar víveres extranjeros para atender a las necesidades de aquellos pueblos, a virtud de la pérdida de sus cosechas, libre de derechos, excepto el municipal". Para mayo la solicitud no había sido contestada y "la miseria mientras tanto, va creciendo, el hambre ya se hace sentir, y nada se hace en bien de estos mismos pueblos".
S, 1868, 1 de marzo, 16 de abril, 7 de mayo

1867-1868
89
Estado de México: Chalco, hacienda de la Asunción
Sequía.
"Un inventario de la hacienda de la Asunción realizado en 1868 indica que la cuarta parte del maíz de la hacienda estaba siendo cultivada por aparceros. Estos arrendatarios habían plantado anteriormente casi la mitad de los cultivos de la hacienda pero como se les habían asignado las tierras menos fértiles y no irrigadas, habían sufrido graves pérdidas con la sequía."
Tutino, 1990:123

1868, enero
90
Tabasco
Escasez de granos.
De Nueva York se importó un cargamento de maíz, harina y manteca. "Esperamos más importaciones de maíz, a consecuencia de la escasez que sufre [Tabasco], y de la poca esperanza que hay en la cosecha."
S, 1868, 7 de febrero

1868, febrero
91
Veracruz: Papantla, Tuxtlas
Viento. Escasez de granos.
En Papantla, "el estado de la agricultura no es muy bueno, y se cree que habrá alguna escasez de maíz, por los desastres que en las milpas ocasionaron los fuertes vientos". En los Tuxtlas, las siembras de algodón, tabaco y maíz fueron muy perjudicadas por los fuertes nortes.
S, 1868, 1, 25 de febrero

1868, febrero
92
Veracruz: Acayucan, Cocuite, Tlaliscoyan
Plaga.
"Ha aparecido un gusano que casi ha destruido las siembras de algodón causando muchísimo daño a los agricultores."
S, 1868, 20 de febrero

1868, febrero
93
Aguascalientes: Rincón de Romos

Escasez de granos.
"En todo aquel rumbo las cosechas de maíz han sido muy escasas, [...] habiendo haciendas y ranchos en que han sido mucho menores los rendimientos."
S, 1868, 27 de febrero

1868, febrero
94
Tabasco: hacienda La Candelaria, hacienda San Lorenzo, hacienda San José, hacienda San Juan, Tacotalpa, Teapa
Escasez de granos.
"A pesar de las importaciones que ha habido de maíz, sigue la escasez."
S, 1868, 28 de febrero
"En ese año funesto para Tabasco, sufrieron considerables pérdidas las haciendas de San Lorenzo, San Juan, San José y la Candelaria de los partidos de Teapa y Tacotalpa."
C, 1874, 1 de febrero

1868, febrero
95
Coahuila: Monclova
Plaga.
En Monclova descubrieron un "insecto de concha, armado de una fuerte lanceta y que llaman el picudo, se introduce en el corazón de la semilla del algodón, y permanece en ella invisible hasta que sembrado el grano y salida la planta, aparece dicho insecto al pie del arbusto y seca el copulo, del que resulta la pérdida de cosechas".
S, 1868, 18 de febrero

1868, marzo
96
Michoacán: Zinapécuaro
Epizootia.
En Michoacán apareció la epizootia atacando, principalmente, al ganado vacuno.
S, 1868, 2 de marzo

1868, marzo
97
Veracruz: Papantla
Escasez de granos. Seca.
Después de las lluvias, que duraron hasta noviembre del año anterior, "sobrevino la seca y se retardó la siembra de maíz, que se hizo en pequeñas cantidades".
S, 1868, 5 de marzo
En Papantla, el maíz, que estaba a peso la fanega, llegó a mediados de febrero a 18 y 20 reales y en marzo subió a tres pesos y medio la carga. El frijol, que estaba a tres reales el almud, subió a un peso y a 10 reales. El tabaco, la vainilla y el pimiento o chilchote se dieron con abundancia; sin embargo, la vainilla aumentó en febrero "de 12 a 30 pesos millar" y en marzo se vendió a 35 pesos el millar. El algodón, en febrero bajó "de 20 a 12 reales la arroba", pero la pérdida de una gran parte de las cosechas ocasionó que subiera de precio en marzo.
S, 1868, 5, 8, 20 de marzo

1868, 22 de mayo
98
Coahuila: Saltillo
Granizada. Viento.
Una granizada originó "en las labores y las huertas gran perjuicio, sin que falten pastores que se quejan de haberles matado el granizo algún ganado". Ese mismo día en la tarde un viento, que por su fuerza y efectos "causó a los dueños de huertas mayor daño que el granizo, pues los corpulentos olmos, álamos, nogales y árboles frutales más gigantes y de muchos años los arrancó de raíz o los trozó".
S, 1868, 3 de junio

1868, mayo
99
Zacatecas: Nieves
Epizootia.
"En el partido de Nieves ha aparecido una epizootia en el ganado caballar, y se teme que sea la misma que ha causado tantos estragos en la costa de Sotavento."
S, 1868, 26 de mayo

1868, mayo-julio
100
Coahuila: Saltillo
Escasez de lluvias.
"Escasez de lluvias. Se paralizan las labores."
Padilla, 1980:106
En el mes de junio el gobierno pidió a los ciudadanos tenedores de maíz que lo expendieran a un precio módico, para que la clase menesterosa no sufriera escasez de maíz innecesariamente.
AMS, Presidencia municipal, c. 111, e. 21, 3 ff.

1868, mayo-julio
101
Oaxaca
Sequía. Carestía.
"Sequía general en todo el estado. Cosechas afectadas."
Padilla, 1980:106
"Las últimas cartas de varios puntos del estado refieren que se sufre una gran carestía de maíz."
S, 1868, 5 de octubre

1868, junio
102
San Luis Potosí: Tamazunchale
Escasez de granos.
"El maíz escasea y guarda el precio de seis a siete y medio pesos fanega."
DOSLP, 1868, 21 de agosto

1868, junio
103
Tamaulipas: Matamoros
Granizada.
"Las pérdidas causadas por una granizada se calcularon en medio millón de pesos."
S, 1868, 23 de junio

1868, junio
104
Veracruz: Córdoba
Escasez de granos.

"Comienza a sentirse escasez de maíz [...] y se hacen ya ventas a 14 pesos carga cuando antes el precio no pasaba de cinco."
S, 1868, 5 de julio

1868, junio
105
Nuevo León: Doctor Arroyo
Sequía. Carestía.
Debido a la sequía "que se hace sentir en los pueblos del estado", se dictaron órdenes para establecer pósitos.
AGENL, Agricultura y ganadería, c. 1
Por la sequía el gobierno estatal instó "a los ayuntamientos a que dicten medidas a propósito para evitar [la carestía de maíz], y les ha propuesto el establecimiento de pósitos para que el maíz pueda conservarse a bajo precio".
S, 1868, 24 de junio

1868, julio
106
Aguascalientes: Rincón de Romos
Lluvias abundantes.
"Desde principios del presente mes ha llovido en tanta abundancia, que muy poco, o casi nada han podido sembrar en razón de que la tierra se ha empantanado completamente."
S, 1868, 21 de julio

1868, julio
107
Guerrero
Carestía.
"Se sufre carestía de los efectos de primera necesidad en varios distritos del estado."
S, 1868, 22 de julio

1868, julio-agosto
108
Chiapas
Sequía. Escasez de granos.
"Las lluvias han sido en el presente año muy irregulares, la cosecha de cereales será muy escasa, y los granos de primera necesidad se pondrán a precios subidos. La cosecha de añiles se espera mala por la misma escasez de lluvia." A mediados de agosto se normalizaron las lluvias, durante septiembre en "los pueblos de tierra templada y fría seguía la escasez de granos".
S, 1868, 17 de julio, 26 de septiembre
"Sequía severa. Pérdida de las cosechas; muerte de ganado, los granos se encarecen, la miseria aflige a las clases pobres."
Padilla, 1980:106

1868, 2 de septiembre
109
Chihuahua
Lluvias abundantes.
"El río Conchos salió de madre y arrasó las grandes labores de ambas márgenes."
S, 1868, 5 de octubre

1868, septiembre
110
Coahuila: hacienda Ángeles, hacienda Caita, hacienda Gama, hacienda Lomas, hacienda San Carlos, hacienda San Fernando, hacienda San Juan, hacienda Santa Rosa, hacienda Raimundo, Matamoros de la Laguna, río Guanaval, río Nazas, Viesca; Durango: Mapimí, Nazas, San Juan del Río
Inundación.
"Las crecientes del río Nazas han sido muy considerables y han inundado la mayor parte de las haciendas de labor de los partidos de Nazas y Mapimí."
S, 1868, 23 de septiembre
"Hemos sufrido una inundación semidiluviana: Muchos de los ranchos llamados de La Laguna, han desaparecido casi del todo, perdiéndose las cosechas e intereses, muriendo ahogadas algunas personas." En Durango el perjuicio causado fue mayor en "unas 70 leguas en cuya extensión han quedado destruidas algunas villas y haciendas".
S, 1868, 10 de octubre
"Las cosechas de algodón en Nazas y San Juan del Río [Durango] apenas llegarán este año a una quinta parte [...] las pérdidas serán para los agricultores de 20 000 quintales con pepita [...] los daños sufridos en Nazas se calculan en 177 000 pesos muchos agricultores han quedado reducidos a la miseria y no podrán sembrar algodón el año entrante. En la parte de Coahuila inundada por el Nazas, también se han perdido las siembras de algodón."
S, 1868, 12, 23 de noviembre, 3 de diciembre
Inundación en los municipios de Viesca y Matamoros causada por los ríos Nazas y Guanaval; a los habitantes del municipio de Saltillo se les pidió su ayuda voluntaria.
AMS, Presidencia municipal, c. 11, e. 63, 10 ff.
"El mes de septiembre del año anterior [1868] esos ríos que son los que dan vida y fecundizan las feraces tierras de ambas municipalidades no pudiendo contener las crecidísimas avenidas salieron de sus cauces e inundaron todas aquellas comarcas, inutilizando las sementeras, destruyendo haciendas y ranchos, perdiendo muchos de sus habitantes la mayor parte de sus intereses en tan grande calamidad."
Memoria, Coah., 1869a:17-18; S, 1869, 22 de marzo
Se recibió ayuda de la villa de Valladares, 10 pesos y siete y medio reales en maíz, en efectivo ocho pesos y medio real.
AMS, Presidencia municipal, c. 112, e. 35, 1 f., 1869

1868, septiembre-octubre
111
Chiapas: San Cristóbal, San Ramón, Tuxtla; Oaxaca: Tehuantepec
Inundación.
"En algunos pueblos del estado las lluvias causaron grandes inundaciones. El barrio de San Ramón en San Cristóbal, se inundó todo y sufrió considerables pérdidas; también se inundaron los suburbios de Tuxtla y los caminos se pusieron intransitables, por los pueblos del distrito de Tehuantepec las crecientes fueron grandes."
S, 1868, 22 de noviembre
"Inundación en la ciudad de San Cristóbal."
Espinosa, 1987:142

1868, 8 de octubre
112
Estado de México: Ixtlahuaca, Mineral del Oro, rancho de la Presa, San Nicolás, Santa Rosa
Granizada.

A causa del granizo las sementeras quedaron destruidas, en algunas partes alcanzó una vara de altura.
S, 1868, 24 de octubre

1868, 6-12 de octubre
113
Tabasco: Comalcalco, Huimanguillo, Paraíso, San Juan Bautista, río Seco, Teapa
Inundación.
En San Juan Bautista llovió desde el 6 de octubre y el 12 "las aguas invadiendo nuestros aposentos, aislándonos de nuestros edificios y penetrando rápidas por doquiera, hubieron de causarnos cierta sorpresa y sobresalto indescriptibles". La profundidad del agua en el barrio de Santa Cruz "mide una, dos y tres varas, pues sus edificios suelen verse cubiertos hasta la altura de sus cerraduras o hasta la parte superior de sus entradas [...] en el campo las sementeras desaparecen, los edificios se destruyen, y una gran parte del ganado vacuno y caballar, tiene que ser víctima de la creciente. En Teapa las sementeras, plantíos de cacao y café fueron destruidos. En Huimanguillo los maíces se perdieron y aumentaron su precio".
S, 1868, 9 de noviembre
La creciente del río Seco ha hecho desaparecer los pueblos de Comalcalco y Paraíso. Por las inundaciones, "todos los ganados han perecido, todas las siembras se han perdido y la miseria es general". Las pérdidas para los comerciantes, ganaderos y agricultores fueron considerables, se permitió la importación de trigo, harina y maíz.
S, 1868, 8, 11, 18, 23, 25, 29 de noviembre, 1, 10 de diciembre

1868, 16-18 de octubre
114
Baja California: La Paz, Loreto, Mulegé; Sonora: Álamos, Bayoreca, Camoa, Moras, Navojoa, Nuy, Quirriego, Saguaripa, Vacanova, Tesia; Sinaloa
Huracán.
"El huracán hizo pedazos el pueblo de Mulegé [...] el arroyo hizo que se desbordara la presa, y ambas moles de agua inundaron los huertos, y desembocando en el estero la corriente llevó[se] los buques fondeados. En Loreto los vecinos se refugiaron en la iglesia." En Álamos "llovió 73 horas", la ciudad quedó destruida, "parece que enmedio de tanta lluvia algunas mangas de agua cayeron en las cercanías, haciendo crecer de tal modo el arroyo que pasa por la población que repentinamente el 18 se vio completamente inundada la parte baja arrastrando la corriente cuanto encontró a su paso, casas, árboles, efectos, etc. La consternación fue terrible, muchas personas quedaron sepultadas bajo los escombros [en Álamos], sólo en fincas ha perdido más de medio millón de pesos; los muebles, efectos de comercio, bestias, granos, etc. aumentan muy considerablemente; y si se toma en cuenta la destrucción de fincas de campo, la de los pueblos visitados por el temporal, y la de las siembras de los ríos, se verá que el destrozo es verdaderamente terrible". La legislatura dispensó a Álamos del pago de contribuciones por seis meses. En Saguaripa y Vacanova quedaron destruidas varias casas, una iglesia, las siembras de caña, maíz y frijol, las pérdidas se estiman en más de 50 000 pesos.
S, 1868, 21, 28, 30 de noviembre, 3, 13, 25, 27 de diciembre
"Huracán que dejó destruidos muchos edificios y otros maltratados. La goleta *Náyade* dio la quilla al sol y el *Breve-Lido* fue echado a tierra; [...] la población de Loreto ha sido destruida, al igual que el puerto de Mulegé."
DOSLP, 1868, 28 de noviembre

1868, octubre
115
Guerrero: Ometepec
Huracán.
"Un fuerte huracán ha hecho daño a siembras de maíz."
S, 1868, 21 de octubre

1868, octubre
116
Nayarit: San Blas
Huracán.
El temporal "ha destruido aquel puerto [...] la mayor parte de las casas están sin techo, la gente se ha refugiado en pocos corredores que han quedado buenos. El ayuntamiento, la casa del Sr. Barrón y otras personas están suministrando víveres y ropa a las familias pobres que han quedado sin hogar".
S, 1868, 21 de octubre

1868, octubre-noviembre
117
Chiapas: Copainalá, río de Plátanos, Pichucalco, Simojovel
Inundación.
"Las inundaciones han destruido parte del camino de Pichucalco. En Simojovel han quedado completamente arruinadas dos haciendas cerca del río llamado de Plátanos, se derrumbó un cerro causando la muerte de varias personas. En Copainalá las corrientes arrastraron las siembras de caña de maíz."
S, 1868, 10 de diciembre

1868, noviembre
118
Veracruz: Cosamaloapan, Papantla, río Papaloapan, río San Juan, río Tezechoacan
Lluvias abundantes. Epizootia.
En Papantla las lluvias "hicieron crecer los arroyos y riachuelos, causando daños a las fincas y a las siembras". En Cosamaloapan, las siembras de maíz y algodón quedaron destruidas. El San Juan creció y causó daños en la agricultura y en el ganado caballar y vacuno que se ha ahogado en los potreros. "El agua se ha encargado de acabar hasta con lo que respetó la epizootia."
S, 1868, 13, 22, 27 de noviembre

1868, noviembre
119
Zacatecas: hacienda Rancho Grande, hacienda Trujillo
Inundación.
"A consecuencia de las fuertes lluvias, el río que pasa por las haciendas de Rancho Grande y Trujillo, creció hasta desbordarse llevándose sus aguas las siembras de riego de la primera de dichas, y el molino, 20 casas, la huerta y la mayor parte de las siembras de la segunda."
S, 1868, 27 de noviembre

1868
120
Sonora

Epizootia.
"En 1868 se hicieron notar por primera vez en este estado los terribles efectos de la epizootia, aunque sin haber producido mortandad considerable."
Memoria, Son., 1870:20

1868
121
Aguascalientes: Rincón de Romos
Escasez de lluvias.
"Escasez de lluvias y calor excesivo. Siembras afectadas, peligro de enfermedades en la población. La pobreza es general."
Padilla, 1980:106

1868
122
Guerrero
Sequía.
"Sequía general en todo el estado. Los precios del maíz y el zacate se encarecen."
Padilla, 1980:106

1868
123
Nuevo León
Escasez de granos.
"Para evitar el encarecimiento del maíz, el gobierno crea depósitos y vende maíz a bajo precio."
Padilla, 1980:106

1868
124
Distrito Federal
Sequía.
"Sequía severa. El arzobispo de México manda a todas las iglesias del valle hacer rogativas por tres días, en vista de la persistente sequía."
Padilla, 1980:106

1868
125
Veracruz
Escasez de lluvias.
"Escasez de lluvias y calor excesivo. Peligro de epidemias."
Padilla, 1980:106

1868
126
República Mexicana
Sequía.
"Sequía en todo el país."
Romero, 1990:35

1869, enero o febrero
127
Nayarit: Chilapa, Santiago, Tuxpan
Inundación.
"Desde Chilapa hasta Tuxpan, por donde pasa el río de San Pedro; cosa de ocho leguas, era un mar en el que sacaban apenas en algunas partes sus copas los árboles, [el agua] barrió casi por completo los ranchos, sembrados y muebles, pereciendo ahogados multitud de infelices y según parece familias enteras."
S, 1869, 13 de febrero

1869, 18-19 de febrero
128
Durango: Analco, fábrica El Tunal, hacienda de Ayala, hacienda San Lorenzo del Aire, Tierra Blanca
Inundación.
Por las lluvias fueron afectadas "todas las fincas de esta ciudad que sin excepción se agotaron, y destruyéndose completamente algunas de las fabricadas con adobe". En los barrios de Analco y Tierra Blanca la acequia se llevó algunos animales. En la ferrería, la creciente "destruyó toda la fábrica y la mayor parte de las casas de la cuadrilla, llevándose todos los materiales y herramientas y la mayor parte de la presa". En la hacienda de Ayala destruyó la toma de agua. La pérdida en la fábrica se calculó en aproximadamente 40 000 pesos más la paralización de labores.
S, 1869, 8 de febrero

1869, febrero
129
San Luis Potosí: Jilitla, Tampomolón
Escasez de granos.
"Por la pérdida que sufrieron las siembras el año anterior", en Jilitla y Tampomolón, los víveres "se encuentran escasos y a precios subidos los de primera necesidad".
DOSLP, 1869, 7, 10 de abril

1869, marzo
130
Durango: Mezquital, Oro, Santiago, Tepehuanos
Lluvias abundantes.
Las lluvias "han causado graves daños a los agricultores, ganaderos y fabricantes. En las inundaciones han perecido muchas cabezas de ganado mayor y menor, han sido destruidas siembras de maíz y de frijol, las aguas han acabado con algunas presas y han derribado el agua del acueducto del Salto". En el Mezquital, "las avenidas del río y los arroyos acabaron con todos los plantíos de caña". En Tepehuanos, "las corrientes se llevaron un plantío de álamos".
S, 1869, 16 de marzo

1869, marzo
131
Veracruz: Córdoba
Granizada.
Al norte de Córdoba el granizo destruyó "la mayor parte de las siembras de tabaco".
S, 1869, 14 de marzo

1869, 17 de mayo
132
Veracruz
Viento.
"Casi todas las milpas [...] fueron taladas por el viento."
S, 1869, 27 de mayo

1869, 25 de mayo
133
Jalisco: cerro del Gavilán, Techaluta
Inundación.
En la tarde, una tormenta causó que se reventara la presa, inundando y destruyendo la cuarta parte de la población y dejando intransitable el camino. Las pérdidas se estimaron en 2 000 pesos.
AHJ, Fomento, F-18-869, Tech/1272, ff. 1-2

1869, 28 de mayo
134
Distrito Federal: Coyoacán, San Ángel
Granizada.
El granizo causó daño a las siembras, huertas y jardines.
S, 1869, 29 de mayo

1869, 9 de junio
135
Jalisco: Techaluta
Inundación.
Segunda inundación en la madrugada. La mitad de la población quedó destruida, así como lo que quedaba del camino y muchas personas mueren sepultadas en sus propias casas. Pérdidas por 4 000 pesos.
AHJ, Fomento, F-18-869, Tech/1272, ff. 4-5

1869, 10 de junio
136
Coahuila: villa de Salinas
Inundación.
Un chubasco "inundó la población y echó abajo el techo de una casa".
S, 1869, 25 de junio

1869, 17 de junio
137
Estado de México: Otumba
Inundación.
"Un aguacero en la cañada de Otumba destruyó el terraplén del ferrocarril de Apizaco. Los vagones y la locomotora se fueron al precipicio."
Sanders, 1970:48

1869, 22 de junio
138
Jalisco: Zapotlanejo
Inundación.
Por la tarde, "se soltó una fuerte tormenta que duró tres horas, siendo tan copiosa que las calles de la población se convirtieron en arroyos". El arroyo que cruzaba de oriente a norte "se salió de madre e inundó las huertas y casas que en terreno alto y por las márgenes de éste se hallan situadas". Destruyó la línea telegráfica y hubo algunas desgracias personales.
AHJ, Fomento, F-18-869, Zap/1272, ff. 1-2

1869, junio
139
Veracruz: San Jerónimo, Tlacotalpan, Zepelican
Granizada.
El granizo destruyó algunos platanares y derribó varias casas.
S, 1869, 25 de junio

1869, junio
140
Distrito Federal: barrio de San Miguel, potreros de la hacienda de la Condesa
Inundación.
Los potreros del frente de la hacienda de la Condesa se inundaron y "las aguas que se derraman sin orden alguno, ocasionan pantanos insalubres y cuyas emanaciones pestilentes están ya produciendo calenturas perniciosas en los habitantes del barrio de San Miguel".
S, 1869, 20 de junio

1869, 5 de julio
141
Jalisco: arroyo del Salitre, barrio de San Felipe, Lagos, Palmarejo, Temascapulín, Tepatitlán
Inundación.
Por la noche, en Lagos, una tormenta ocasionó que "dos arroyos que atraviesan el barrio de San Felipe [...] trajeron las avenidas tan fuertes, que la agua [...] tumbó seis casas de unos pobres".
AHJ, Fomento, F-18-869, Lagos, s.c., f. 1
En Temascapulín, más de 10 días de lluvias ininterrumpidas causaron que la tarde de ese día se desbordara el río, inundando "todos los ejidos y siembras que había en los planes"; por la noche, el agua inundó la población hasta el centro, derrumbando la cárcel y muchas casas y destruyendo los terrenos de labor y las huertas. En comunicaciones subsecuentes, el comisario municipal informó que las lluvias continuaron con mucha fuerza hasta el día 15, con las consecuentes "avenidas de agua que entran en la población", la cual casi quedó en ruinas. El gobierno dispuso que al jefe político del tercer cantón se le diera la suma de 300 pesos "que recibirá en abonos de 50 mensuales".
AHJ, Fomento, F-18-869, Temascapulín, s.c., ff. 1-9; S, 1869, 1 de agosto

1869, 16 de julio
142
Colima: río Chiquito
Inundación.
El arroyo "Río Chiquito" salió de su "bóveda" y causó pérdidas en las fincas, tapias y tiendas.
S, 1869, 9 de agosto
"La abundancia de aguas en Colima ha hecho grandes estragos en la población. En algunas casas subió la agua a la altura de dos varas y media."
DOSLP, 1869, 17 de agosto
"Hubo una inundación en Colima subiendo el agua en algunas casas a la altura de dos varas."
Galván, 1951:184

1869, 16 de julio
143
Tamaulipas: Matamoros
Inundación.
El río Bravo "continúa subiendo [...] toda la parte baja de la

orilla del río está inundada, y cuanto en ella se había sembrado se ha perdido".
S, 1869, 2, 24 de agosto

1869, 23 de julio
144
Jalisco: hacienda de Santa Ana Tizapán, laguna de Cuyutlán, Tlajomulco
Inundación.
En la tarde, una tempestad provocó que los arroyos se desbordaran "llevándose varios animales y cayendo también algunas paredes de las fincas de la población".
AHJ, Fomento, F-18-869, Tlajomulco, s.c., f. 1
En la hacienda de Tizapán, "las aguas destruyeron las sementeras y derribaron varias casas".
S, 1869, 1 de agosto

1869, 25 de julio
145
Jalisco: Atotonilco
Inundación.
En la noche, una tempestad ocasionó que el río se saliera de su cauce e inundara casas y sembradíos, arrastrando árboles frutales y un puente y provocando algunas muertes. Las pérdidas "sufridas por las personas perjudicadas ascienden poco más o menos a 350 pesos, siendo los más de las que son llamadas pobres".
AHJ, Fomento, F-18-869, Atotonilco, s.c., ff. 1-2

1869, julio
146
Nuevo León: Magdalena, Monterrey, río Grande, San Cristóbal
Lluvias abundantes.
"En Monterrey, el río Grande ha crecido a un grado de que no hay memoria. El pueblo de San Cristóbal ha sido víctima de la inundación. Por el rumbo de la Magdalena se perderán las cosechas por el exceso de lluvias."
DOSLP, 1869, 17 de agosto

1869, julio
147
San Luis Potosí: Catorce, Matehuala
Granizada.
"Por la abundancia de lluvias se promete una regular cosecha, en el municipio de Matehuala hubo dos granizadas que acabaron con la mayor parte de la cosecha de la fruta, pues hubo granizos que no cabían dentro de un vaso de medio cuartillo."
DOSLP, 1869, 3 de septiembre

1869, julio
148
San Luis Potosí: Arista, Guadalcázar, Iturbide
Escasez de lluvias.
"Se cultiva [...] el maíz y el frijol cuyas labores en la mayor parte de la comprensión de este municipio [Guadalcázar] se encuentran en regular estado, notándose en los de Iturbide y Arista la falta de lluvias."
DOSLP, 1869, 18 de octubre

1869, 30 de agosto
149
Jalisco: Atoyac
Inundación.
Tormentas consecutivas causaron que el río se saliera de su cauce, inundando la parte más baja de la población, derrumbando las casas y arrastrando las labores y huertas; la mayoría de las víctimas "pertenecen a la clase menesterosa". Las pérdidas en casas y sementeras se estimaron en 1 200 pesos y 3 000, respectivamente.
AHJ, Fomento, F-18-869, Atoyac, s.c., ff. 1-2; S, 1869, 4 de septiembre

1869, agosto
150
Campeche: Champotón
Plaga.
"Se anuncia que han aparecido en Campeche algunas mangas de este pernicioso insecto [la langosta] y que algunas milpas han sido devoradas por las ratas en el partido de Champotón."
DOSLP, 1869, 22 de agosto

1869, agosto
151
Durango: Nazas
Plaga. Escasez de lluvia.
Las siembras de algodón "han sufrido notables perjuicios a consecuencia de la langosta [...] tampoco la del maíz se presenta bajo auspicios lisonjeros, como que la lluvia ha sido escasa".
S, 1869, 7 de septiembre

1869, 24 de septiembre
152
Durango: Chachihuites
Lluvias abundantes.
Las continuas lluvias "han derribado multitud de casas y accesorias de las construidas con adobe morado; el barrio nuevo está completamente arruinado. Las minas se encuentran llenas de agua, lo que hace imposible sus labores, las milpas se perdieron enteramente".
S, 1869, 2 de noviembre

1869, 23-30 de septiembre
153
Tamaulipas: Matamoros
Lluvias abundantes.
"El río Bravo ha vuelto a crecer: la laguna y los esteros están llenos, y los caminos inundados. En las aguas estancadas se ahogaron varias personas."
S, 1869, 15 de octubre

1869, 23 de octubre
154
Tamaulipas: Acala
Inundación.
Por las lluvias el río Grande se desbordó, "sus aguas cubrieron aun los más elevados terrenos de labranza, destruyendo toda clase de sementeras".
S, 1869, 30 de diciembre

1869, diciembre
155
Durango: hacienda del Refugio, Mezquital
Inundación.
A causa de una avenida varias casas fueron destruidas.
S, 1869, 17 de diciembre

1869, diciembre
156
Guerrero: Coacoyul
Plaga.
Las siembras de algodón en la hacienda de Coacoyul se perdieron por la plaga del gusano.
S, 1869, 26 de diciembre

1869
157
Coahuila
Lluvias abundantes.
"Por las noticias que han tenido las autoridades se sabe que con motivo de las aguas, que han sido muy abundantes en el presente año, la mayor parte de los caminos generales y de travesía han sufrido descomposiciones de bastante consideración."
Memoria, Coah., 1869b:23-24

1870, febrero
158
Veracruz: Córdoba
Helada.
"A consecuencia de haber caído dos heladas seguidas, se han perdido las siembras de tabaco."
S, 1870, 11 de febrero

1870, abril
159
San Luis Potosí: Tamazunchale
Escasez de lluvias.
"A consecuencia de la escasez de lluvias están subiendo de precio los [víveres] de primera necesidad. Si las lluvias siguen faltando demeritarán notablemente todos los plantíos y sembrados que hay en el partido."
DOSLP, 1870, 25 de mayo

1870, 24 de mayo
160
Jalisco: valle de Mazamitla
Granizada.
Por la noche, cayó "una tormenta de agua mezclada con granizo [y] las corrientes invadieron todas las casas [...] pero no se sufrió más pérdida" que el derrumbe de una cocina y la ruptura de unas tapias.
AHJ, Fomento, F-18-870, Maz/1273, f. 1

1870, mayo
161
Huasteca
Escasez de lluvias.
"En la Huasteca la falta de lluvias está causando estragos en el ganado vacuno."
S, 1870, 20 de mayo

1870, 30 de junio
162
Guerrero: Acapulco
Huracán.
El viento "hizo volar en la playa al pailebot *Veloz María* y la goleta *Esmeralda*, que estaban anclados en la bahía; causó además perjuicios en las casas".
S, 1870, 15 de julio

1870, 1-5 de julio
163
Estado de México: hacienda la Huerta, hacienda la Torre, hacienda Solís, hacienda Tosú, río Lerma, Temascalcingo
Inundación.
Por las lluvias, el río Lerma se desbordó e inundó las labores de trigo y maíz; la pérdida se calculó en más de 100 000 pesos.
S, 1870, 15, 25 de julio
El río Lerma se salió de su cauce a consecuencia de haber llovido copiosamente los cuatro días anteriores e inundó los sembrados, perdiéndose las cosechas.
Galván, 1951:189; Noble y Lebrija, 1956:125

1870, 11 de julio
164
Hidalgo: Huichapan
Viento.
Agua, granizo y viento causaron daños en los frutales, "árboles de más de 20 metros de altura, que al desplomarse llevaron consigo enormes masas de tierra que pesarán 100 quintales; los sembrados de maíz, los más casi en fruto, tendidos por el suelo".
S, 1870, 3 de agosto

1870, 14 de julio
165
Hidalgo: Tecozautla
Lluvias abundantes.
"Horrible tempestad en Tecozautla arrancó de cuajo los árboles más corpulentos."
Noble y Lebrija, 1956:125

1870, agosto-diciembre
166
Coahuila: hacienda de Santa Isabel, Parras
Plaga.
La langosta causó perjuicio en las siembras de trigo.
S, 1870, 25 de noviembre, 19 de diciembre
Mangas de langosta aparecen en Coahuila, destruyendo las siembras.
Galván, 1951:190; Noble y Lebrija, 1956:125

1870, septiembre
167
Veracruz: costa de Sotavento
Carestía.
"Sigue la carestía de [maíz] en la costa de Sotavento."
S, 1870, 25 de septiembre

1870
168
Sonora
Plaga.
En 1850 y en 1865, "se ha ensayado el cultivo del algodón en grande escala, y en ambas se han obtenido pingües cosechas por dos años consecutivos, no habiendo sido posible sufragar después los gastos de la siembra. Parece que este inconveniente procede de que a los dos años quedan las tierras infestadas con la semilla de un insecto que destruye el capullo, sin ser bastante la experiencia adquirida en el cultivo de esta planta para remediar el mal".
Memoria, Son., 1870:19

1871-1880

1872, julio
1
Coahuila: Saltillo
Carestía.
Se acordó solicitar al gobierno del estado que tomara medidas para evitar el encarecimiento de las semillas y la carne.
AMS, Actas de cabildo, l. 21, a. 467, f. 103

1872, 6 de noviembre
2
Guerrero: Petatlán
Huracán.
"Un horrible huracán que duró desde las cinco de la tarde hasta las 10 de la noche [...] el templo fue aniquilado, hubo 40 casas destruidas, y todas las sementeras por tierra."
PV, 1872, 6 de diciembre

1872, 7 de noviembre
3
Guerrero: río Amuco, río Balsas, río Corio, río El Oro, río Grande
Inundación.
"Los ríos Amuco, Corio, El Oro y Grande de Las Balsas tuvieron [...] una crecida de consideración, inundando sus márgenes y casas y siembras situadas en ellas, causando graves pérdidas a los habitantes de dichos lugares."
PV, 1872, 6 de diciembre

1872, noviembre-diciembre
4
Veracruz: costa de Sotavento
Viento.
"El fuerte norte que sopló la semana pasada, ha destruido gran parte de los sembrados de este importante lanage."
PV, 1872, 5 de diciembre

1872, diciembre
5
Nuevo León
Sequía. Helada.
"Empobrecido por un año de guerra y por la sequía, ha venido a resentir una nueva calamidad: las heladas que se anticiparon este año a su periodo ordinario, han destruido gran parte de nuestras cosechas [...] se dice que en otros estados sucedió lo mismo."
PV, 1872, 17 de diciembre

1873, 1 de febrero
6
Nuevo León: Monterrey
Nevada.
"Por estos días se hace sentir mucho en el rumbo norte el rigor del invierno. En Monterrey el hielo cubre la sierra y en la ciudad se ven témpanos de una pulgada de grueso."
Galván, 1951:219

1873, febrero
7
Michoacán: Sanguio
Epizootia.
La epizootia "ha aparecido en el ganado lanar de la municipalidad de Sanguio, en Michoacán".
PV, 1873, 12 de febrero

1873, febrero
8
Guerrero: Acapulco
Plaga.
Los algodones "se han perdido en su mayor parte, y la cosecha de éste será muy mediana. Para la pérdida han contribuido en unas partes el gusano que ha hecho estragos y en otras las lluvias de principios de noviembre".
PV, 1873, 15 de febrero

1873, febrero
9
Guanajuato: León
Escasez de lluvias.
"El temporal de aguas fue tan escaso por acá; que hoy las cosechas, en unas partes donde han concluido del todo, y otras en donde están por terminar, se ha visto que han sido demasiado escasas [...] el maíz tiene un valor de dos pesos fanega [...] las cosechas de frijol, en la mayor parte de las haciendas y ranchos también se perdió, y esto ha hecho que esta semilla tenga el alto precio de cuatro pesos fanega."
PV, 1873, 16 de febrero

1873, febrero-marzo
10
Oaxaca: Tuxtepec; Veracruz: Corral Nuevo, Cuitszoyo, Hueyapan
Plaga.
"El gusano ha acabado con todos los plantíos de algodón de aquel rumbo." Las milpas de Corral Nuevo, Hueyapan y Cuitszoyo también fueron afectadas.
PV, 1873, 3 de febrero, 5 de marzo

1873, marzo
11
Querétaro
Epizootia.
"Los estragos que causa aquí esta enfermedad [la epizootia] continúan siendo terribles."
PV, 1873, 17 de marzo

1873, 27 de abril
12
Chihuahua
Helada.
Según noticias de Chihuahua, el invierno fue tan crudo que se helaron no sólo las hortalizas, las huertas y gran parte de los sembrados, sino hasta los árboles, causando muchísimos daños.
Galván, 1951:222; Noble y Lebrija, 1956:126

1873, mayo
13
Veracruz: costa de Sotavento
Lluvias abundantes.
"La cosecha de algodón será pésima en el presente año. Los continuados temporales de agua y vientos del norte habidos últimamente, han causado estragos de tanta consideración en la mayor parte de las siembras."
PV, 1873, 9, 10 de mayo

1873, mayo
14
Hidalgo: Alfajayucan, Tula
Sequía.
Las cosechas de algodón "se presentan mal también en Tula y Alfajayucan por efecto de la sequía".
PV, 1873, 10 de mayo

1873, 2 de julio
15
Aguascalientes
Granizada.
El granizo subió más de una cuarta en los sembrados de maíz.
PV, 1873, 21 de julio

1873, julio
16
Chiapas: Tuxtla Gutiérrez
Epizootia.
La epizootia atacó a "algunos caballos".
PV, 1873, 22 de julio

1873, 18, 19, 30 de julio
17
Guerrero: Allende, Cuanacuastitlán, Miahuichan, San Luis
Viento.
Los vientos causaron la pérdida de los sembrados de maíz.
PV, 1873, 27 de agosto

1873, 20-21 de agosto
18
Guanajuato: arroyo de Cantarranas, Guanajuato, hacienda de Flores
Inundación.
El 20 del corriente, entre nueve de la noche y cinco de la mañana, una manga de agua provocó que el arroyo de Cantarranas subiera cerca de 20 varas, produciendo un desbordamiento que inundó la parte más baja de la ciudad de Guanajuato, ocasionando multitud de desgracias y echando a perder los grandes depósitos de azúcar y piloncillos que había en las bodegas. En las calles "se veían arrastrados por las corrientes carruajes, caballos, muebles, gentes. El puente de junto a la hacienda de Flores, se lo llevó el agua. Se han recogido 54 cadáveres".
PV, 1873, 22, 23, 27 de agosto; DOJAL, 1873, 25 de agosto; JP, 1873, 31 de agosto
"Se hace preciso recordar la catástrofe ocurrida en esta ciudad [...] Entre los males que causó no son menores los que sufrieron el paseo de la 'Presa' y la calzada de Marfil. Urgente fue la necesidad de proceder desde luego a su reparación, para que no quedara interrumpido su uso por mucho tiempo y para evitar gastos de más consideración si quedando abandonados, se aumentaban, como era natural, los perjuicios ya causados."
Memoria, Gto., 1873:19
"En Guanajuato, una manga de agua hizo desbordar el río, que arrastra en las calles los animales y carruajes que encuentra, derrumba puentes, casas y siembras; las pérdidas materiales ascienden a 150 810 pesos."
Noble y Lebrija, 1956:126
"A las ocho de la noche de este día [20 de agosto] sufre Guanajuato una de las más espantosas y terribles inundaciones, entre todas las que han afligido en épocas diversas. La lluvia comenzó a las seis y media de la tarde, pero con fuerza tan extraordinaria y con abundancia tan enorme, que parecía que se habían abierto las cataratas del cielo, como en el diluvio universal [...] La jefatura de policía dispuso que las personas que hubieran resultado perjudicadas por la inundación, hicieran una manifestación en que acreditaran la cantidad a que montaba tal perjuicio, y ascendió el total a la suma de poco más de 156 000 pesos, pero puede asegurarse que la cifra verdadera fue mucho mayor, ya que varias personas se abstuvieron de hacer dicha manifestación."
Marmolejo, 1973, IV:242-246
El 29 de octubre de 1873, el presidente Lerdo de Tejada autorizó que se cediera entre 10 y 15 por ciento de una feria que se celebraría en la ciudad de México, lo que se destinaría a ayudar a los necesitados de la inundación.
AHPEM, Beneficencia, c. 1

1873, 9 de septiembre
19
Tamaulipas: barrio de La Laguna, Matamoros
Huracán.
En Matamoros sopló un terrible huracán que derribó la mayor parte de las cercas y varias casas y jacales. Por caer a la sazón una lluvia abundante quedó inundado el barrio de La Laguna y otras poblaciones fronterizas sufrieron perjuicios semejantes.
JP, 1873, 23 de octubre; Galván, 1951:225; Noble y Lebrija, 1956:126

1873, 14 de septiembre
20
Chihuahua; Coahuila; Nuevo León; Sonora; Tamaulipas
Inundación.
"Por estos días son tan fuertes las lluvias y tan continuas en el rumbo del norte de la república, que muchos caminos quedan cortados, teniendo que nadar los animales."
Galván, 1951:225

1873, 3 de octubre
21
Nuevo León: Galeana
Huracán.
Fuerte huracán en Galeana, seguido de aguaceros que duraron desde la noche del mismo lunes 3 hasta el jueves. El río se desbordó sumergiendo las siembras de los terrenos contiguos y arrastrando en su corriente porción de animales.
Galván, 1951:226; Noble y Lebrija, 1956:127

1873, diciembre
22
Oaxaca: Ixcatlán, Tuxtepec
Huracán.
"Los periódicos de México, dan la noticia de que en los últimos días de diciembre, Oaxaca fue víctima de un huracán que produjo muchas desgracias y destruyó multitud de casas."
JP, 1874, 12 de enero
En Ixcatlán hubo un huracán acompañado de una granizada que destruyó las casas y sementeras; el jefe político abrió una

suscripción para auxiliar a los indígenas que sufrieron pérdidas en la catástrofe.
DOFED, 1874, 14 de abril; PV, 1874, 16 de abril

1874, marzo
23
Estado de México: Cuautitlán
Granizada.
Hubo granizadas "muy grandes en Cuautitlán y en varias haciendas, y se asegura que han causado graves perjuicios en los sembrados".
PV, 1874, 30 de marzo

1874, 25 de abril
24
Tlaxcala: Apizaco
Granizada.
"Cayó el sábado una granizada tan fuerte cerca de Apizaco que perecieron en la borrasca como 700 borregos."
PV, 1874, 30 de abril

1874, 1 de mayo
25
Puebla: Quimitlán
Granizada.
"En Quimitlán, una granizada destruye las sementeras y deshoja los árboles. En otros lugares inmediatos muere mucho ganado. Algunos granizos pesaron más de siete onzas, según testigos presenciales."
Noble y Lebrija, 1956:127

1874, mayo
26
Oaxaca: Tuxtepec
Granizada.
"Una fuerte granizada que duró algunas horas, causó grandes pérdidas en los plantíos de algodón."
PV, 1874, 8 de mayo

1874, 30 de mayo
27
Tlaxcala: Apizaco, Palmillas
Inundación.
"Un aguacero en Palmillas causó la inundación de Apizaco, provocando gran destrucción."
Sanders, 1970:48; Noble y Lebrija, 1956:127

1874, mayo-junio
28
Michoacán: Morelia; Puebla; Veracruz: Medellín
Inundación.
"Abundantísimas lluvias han caído desde el mes anterior al presente en varios puntos del país, inundando los campos y destruyendo las sementeras."
PV, 1874, 16 de junio

1874, 7 de junio
29
Puebla: Calpan, Cholula, San Pedro Yangüitlalpan
Inundación.
A las dos y media de la tarde cayó una manga de agua al poniente de Cholula que "parecía ser caudaloso río" y arrastró árboles y animales. La inundación se extendió hasta Calpan y San Pedro Yangüitlalpan, haciendo destrozos en la siembra y el ganado.
PV, 1874, 24 de junio

1874, 26 de junio
30
Distrito Federal: Atzcapotzalco, barrio de San Pedro, hacienda de San Antonio, rancho Viejo, río de los Remedios
Inundación.
"Se desbordó el río de los Remedios por la parte del rancho Viejo, perteneciente a la hacienda de San Antonio, también se inundaron todos los terrenos del barrio de San Pedro."
PV, 1874, 8 de julio

1874, 30 de junio
31
Michoacán: Maravatío
Granizada.
En varios lugares del distrito de Maravatío, cayó una granizada que destruyó los sembrados, rompió las ramas de los árboles y mató algún ganado.
Galván, 1951:231; Noble y Lebrija, 1956:127

1874, junio
32
Colima
Escasez de lluvias.
"El temporal de aguas que se había anticipado en el estado, escaseó después tanto que los agricultores han suspendido sus trabajos."
PV, 1874, 7 de julio

1874, 2 de julio
33
Puebla: barranca de El Arenal, barrio de San Antonio, Chichimecas, hacienda de Munillas, hacienda de San Isidro, hacienda Santa Ana, hacienda Ojo de Agua, laguna de Chiapas, laguna de Jonicuila, Tecamachalco
Inundación.
El jefe político de Tecamachalco informó que una avenida de agua desde Chichimecas hasta esa villa inundó el barrio de San Antonio en su totalidad, sufriéndose pérdidas en sembrados e intereses. "La laguna de Jonicuila rompió el borde de la hacienda de San Isidro y la laguna de Chiapas se desbordó sobre las haciendas de Santa Ana, Munillas y Ojo de Agua."
JP, 1874, 19 de julio; PV, 1874, 11 de julio; Galván, 1951:232

1874, 2 de julio
34
Distrito Federal: hacienda de la Condesa, río Consulado
Inundación.
El río del Consulado se desbordó inundando varios terrenos inmediatos a la capital, entre ellos los de la hacienda de la Condesa y las calzadas de la colonia de los Arquitectos.
Galván, 1951:231; Noble y Lebrija, 1956:127

1874, 14 de julio
35
Jalisco: Guadalajara, Santa Lucía

Daños a las vías del tren por inundaciones, Angamacutiro, Michoacán, 1926
Fuente: Archivo Histórico del Agua

Inundación.
La mañana de ese día "se reventó la presa de la fábrica de la Escoba, inundando toda la línea de casas que está a la espalda de dicha fábrica y echando al suelo algunos jacales. Parece que sólo seis personas se ahogaron. La causa de semejante suceso, fue una manga de agua que se desprendió por el rumbo de Santa Lucía, que enriqueció el agua de dicha presa, hasta el grado de que el dique no pudiera resistir su empuje".
JP, 1874, 16 de julio

1874, 15 de julio
36
Guanajuato: Acámbaro, Celaya, Guanajuato, río de la Estancia, río de la Laja, San Martín
Inundación.
El río de la Estancia, distante cuatro leguas de Guanajuato, se desbordó inundando caminos y "un radio de cosa de cuatro leguas de terrenos"; lo mismo, el de la Laja distante una legua de Celaya, en donde "llegó el agua hasta las garitas". Se perdieron las cosechas de chile en las haciendas de los distritos de Acámbaro, Celaya y San Martín.
JP, 1874, 19 de julio; Galván, 1951:232; Noble y Lebrija, 1956:127

1874, 16 de julio
37
Jalisco: Guadalajara, presa del Rosario
Inundación.
Desde las cuatro y media de la tarde "se desató una terrible tormenta que duró hasta las 10 de la noche. Las calles se convirtieron en ríos. El agua de la presa del Rosario salvó los diques, inundando una grande extensión del campo. En el acueducto se hundieron muchos pozos. En la plaza de armas, se derramaba el agua sobre el cono cañeduno, para convertir las banquetas de la misma plaza en lagos".
JP, 1874, 19 de julio

1874, 21 de julio
38
Distrito Federal: Atzcapotzalco; Hidalgo: Tizayuca; Estado de México: Cuautitlán, San Cristóbal; Oaxaca
Inundación.
Por los fuertes aguaceros se inundaron las sementeras de varios distritos en Hidalgo y Oaxaca. En Atzcapotzalco se desbordó el arroyo perdiéndose la siembra de maíz. Los vecinos de San Cristóbal se alarmaron temiendo que la laguna se extendiera hasta cubrir los terrenos inmediatos. En Cuautitlán se desbordó el río y destruyó los campos de maíz.
Galván, 1951:232; Noble y Lebrija, 1956:127; Sanders, 1970:48

1874, julio
39
Hidalgo: Atempa, Boca del Monte, El Salado, hacienda de la Esperanza, Huicalco, La Bota, Tizayuca
Inundación.
"Los poblados de [...] están invadidos por las aguas; algunas casas se han desplomado, y árboles, ganados y labores han sido arrebatados por las corrientes."
PV, 1874, 21 de julio
"La línea del ferrocarril de México a Veracruz también ha sufrido sus destrozos por la abundancia de aguas. En La Bota, los torrentes, destruyeron un gran trecho de terraplenes: en El Salado sucedió lo mismo. Cerca de la hacienda de la Esperanza se llevó el agua otro terraplén. En Boca del Monte, el agua subió tres pies; se abrió una cortadura en la orilla del río, y la corriente se llevó los mejores terraplenes, durmientes y hasta los rieles."
JP, 1874, 16 de julio

1874, julio-agosto
40
Nuevo León
Escasez de lluvias.
"La agricultura [...] ha recibido un rudo golpe, por haberse perdido, a causa de la falta de lluvias en los meses de julio y agosto próximos pasados [1874], los grandes plantíos de secano o temporal que nuestros agricultores hicieron, engañados por la fertilidad con que se anunció la época de lluvias."
Memoria, NL, 1874:16

1874, 30 de agosto
41
Veracruz: Ozuluama
Huracán.
En Ozuluama, un huracán hizo destrozos, dejando huellas profundas a su paso, derribó 11 casas habitadas en los alrededores de la población y algunas personas quedaron heridas de gravedad.
Galván, 1951:234; Noble y Lebrija, 1956:128

1874, 3-5 de septiembre
42
Tamaulipas: Bagdad, Matamoros, Brazos, rancho La Burrita Santiago, Reynosa
Huracán.
El huracán "habido en este puerto comenzó el día 3 en la noche y concluyó el día 5 a las tres de la mañana. Algunas casas del centro de la población caídas; todos los jacales de la orilla destruidos. La línea telegráfica [...] está destruida casi totalmente".
DOSLP, 1874, 23 de septiembre
Los vecinos del rancho La Burrita de la jurisdicción del pueblo de Bagdad pidieron ser considerados en el auxilio que se diera a las víctimas del huracán.
AGNM, Gobernación, sec. 2ª (29), [51], 2 ff.
En Saltillo se recabaron donativos voluntarios de los empleados del estado para contribuir al socorro de las víctimas.
AMS, Presidencia municipal, c. 117, e. 89, 1 f.
El gobernador del Estado de México pidió una recaudación de fondos para ayudar a los habitantes de Bagdad, quienes sufrieron destrozos por un huracán.
AHEM, Gobierno, v. 30, e. 27, 40 ff.
Huracán en la costa de Matamoros. La población de Bagdad quedó destruida; se autorizaron sorteos para beneficio de las personas.
Galván, 1951:234-235; Noble y Lebrija, 1956:128

1874, 4 de septiembre
43
Nuevo León: Cadereita, Cerralvo
Inundación.
"Los efectos de esta catástrofe [el huracán en Matamoros] se

Inundación de Salamanca. El agua en la parte más alta de la ciudad, Salamanca, Guanajuato, 1913
Fuente: Archivo Histórico del Agua

hicieron sentir hasta Cerralvo. La línea [telegráfica] se interrumpió hasta Cadereita [...] Desde el 7 continúan lluvias. En la plaza el agua a media vara."
DOSLP, 1874, 23 de septiembre
"Se desata en Cerralvo una fuerte tempestad que dura con intermitencias hasta el 10. En varias calles de la población son arrebatados los puentes por la creciente del arroyo."
Galván, 1951:234

1874, 30 de septiembre
44
Coahuila: Gigedo
Plaga.
Por fines de septiembre apareció una plaga de langosta tan numerosa que en su vuelo oscurecía el sol algún rato: permaneció ocho días causando grandes daños y después se retiró rumbo al sur.
PV, 1874, 30 de octubre; Galván, 1951:235; Noble y Lebrija, 1956:128

1874, septiembre
45
Veracruz: Coatzacoalcos
Lluvias abundantes.
Por el exceso de lluvias, "en Coatzacoalcos se han perdido todas las cosechas de maíz, al grado que la arroba se está vendiendo a peso y aun así escasea demasiado".
PV, 1874, 12 de septiembre

1874, 13 de octubre
46
Puebla: Chalchicomula
Huracán.
"Sopló cerca de Chalchicomula un espantoso huracán [...] que destruyó algunas siembras."
PV, 1874, 26 de noviembre

1875, 15 de enero
47
Yucatán: Mérida
Plaga.
La langosta invadió las haciendas ubicadas al norte de Mérida.
PV, 1875, 22 de enero; Galván, 1951:239; Noble y Lebrija, 1956:128

1875, enero
48
Baja California
Lluvias abundantes. Nevada.
"En Baja California caen lluvias abundantes y por último una nevada que en muchos puntos se eleva a más de seis pies."
Galván, 1951:239

1875, abril
49
San Luis Potosí: Carbonera, Cerritos, San Nicolás Tolentino
Escasez de granos.
"Los [víveres] de primera necesidad escasean en el municipio de esta villa [Carbonera], y en los de Cerritos y San Nicolás Tolentino hay los suficientes y a precios módicos."
DOSLP, 1875, 29 de mayo

1875, abril
50
Puebla: Chapulco, Teotitlán
Granizada.
"Tan fuerte cayó [...] que causó grandes estragos a las sementeras."
PV, 1875, 1 de mayo

1875, abril-julio
51
Distrito Federal
Carestía.
"El pobre no tiene el recurso de comprar tortillas por la carestía del maíz."
PV, 1875, 30 de abril
"Empiezan a tomar creces los artículos de primera necesidad, y con ella sufre mucho la clase menesterosa."
PV, 1875, 26 de julio

1875, 17 de mayo
52
Tamaulipas: valle de Minas Viejas
Lluvias abundantes.
"En el valle de Minas Viejas, una tromba origina grandes destrozos, destruyendo siembras, desgarrando árboles, y subiendo gran cantidad de agua del río inmediato."
Noble y Lebrija, 1956:128

1875, mayo
53
Zacatecas; San Luis Potosí
Sequía. Carestía.
En el interior, la sequía hizo grandes estragos en los ganados, particularmente en las haciendas de Zacatecas y San Luis; también hubo carestía de maíz.
Galván, 1951:245; Noble y Lebrija, 1956:128; Padilla, 1980:107

1875, mayo
54
Puebla: Tetela de Ocampo, Tesiutlán, Tlatlauqui, Zacapoaxtla, Zacatlán
Escasez de granos.
Subió el precio del maíz de cinco a 50 centavos el cuartillo.
"El jornal de los trabajadores campesinos en casi toda esta sierra es de 18 y 20 centavos."
PV, 1875, 5 de mayo
"La escasez es tanta, que han tenido que mezclar el poco maíz con una raíz, para hacer tortillas."
PV, 1875, 27 de mayo

1875, 4 de junio
55
Jalisco: Cajititlán
Granizada.
"Cayó una terrible tormenta de granizo, cerca de Cajititlán, que destruyó algunas arboledas y mató cosa de 200 animales de ganado vacuno y lanar."
JP, 1875, 20 de junio

1875, 20-26 de junio
56
Jalisco: Chamilpa

Granizada.
"Cayó en Chamilpa una granizada terrible que acabó completamente con las nacientes milpas de aquellos contornos. Doce horas después se veían todavía montones de granizo de más de una vara de alto sobre aquellos campos."
JP, 1875, 27 de junio

1875, junio
57
Veracruz: Córdoba
Escasez de granos.
Por la pérdida de las siembras, subieron de precio las semillas; "el arroz vale a tres cuartillas o a un real la libra, el frijol a siete reales el cuartillo y el maíz a ocho y medio reales el cuartillo [...] el jornalero gana nueve o 12 reales semanarios".
PV, 1875, 7 de junio

1875, 24 de septiembre
58
Chihuahua: Chuvíscar
Granizada.
"En Chuvíscar cae una fuerte granizada, siendo tan grandes las píldoras que destruyen las sementeras."
Noble y Lebrija, 1956:128

1875, octubre
59
Jalisco: río de Jalos
Inundación.
"El río de Jalos se hinchó tanto, tanto, que se derramó y se llevó entre las espuelas más de 20 casas de las rancherías por allí cercanas."
JP, 1875, 10 de octubre

1875
60
Estado de México: Toluca
Sequía.
"La jefatura política de Toluca convoca a la junta de vecinos para proveer de alimentos a las familias necesitadas."
Padilla, 1980:107

1876, 17-26 de abril
61
Hidalgo: Tulancingo
Sequía. Helada.
"En el valle de Tulancingo y sus inmediaciones [...] han caído 10 heladas. Las siembras de temporal no pudieron hacerse por no haber llovido y las de riego han sufrido en extremo, al grado de que en varias partes se han perdido completamente. El trigo y la cebada que debían cosecharse en el presente mes de mayo se han perdido también. Como el calor es fuerte y la sequía general, los pastos están muy escasos; y en consecuencia los ganados sufren de tal suerte, que en muchas partes infinidad de animales están muriendo literalmente de hambre."
PV, 1876, 10 de mayo

1876, mayo
62
Yucatán
Escasez.
"Por escasez de pastos con motivo del fuerte verano, se está muriendo mucho ganado en las haciendas."
PV, 1876, 23 de mayo

1876, 10-15 de julio
63
Guanajuato: hacienda de Fuentes, rancho de la Laja, río de la Laja; Jalisco: cerro de la Cañada, Colinilla, loma del Guajolote, puente de Calderón, puente de Matatlán, río Grande, Tepatitlán
Inundación.
En Tepatitlán, una tormenta ocasionó que en la loma del Guajolote y en el cerro de la Cañada el agua arrastrara varias casas del puente de Calderón; el río de la Laja también se desbordó derribando en el rancho del mismo nombre nueve casas, arrastrando varios animales e inundando los sembradíos; otra corriente destruyó las pocas casas que quedaban. En la hacienda de Fuentes la presa quedó derribada; en Colinilla se cayeron el puente y tres casas; el puente de Matatlán también fue arrastrado y muchos ranchos de la zona sufrieron una inundación que perjudicó sus trabajos agrícolas. El río Grande creció extremadamente.
JP, 1876, 16, 20 de julio; DOSLP, 1876, 9 de octubre

1876, 20 de julio
64
Veracruz: Córdoba
Plaga.
Apareció en las cercanías de Córdoba la langosta y destruyó las siembras, particularmente de arroz.
PV, 1876, 1 de agosto; Galván, 1951:252; Noble y Lebrija, 1956:128

1876, 21 de julio
65
Veracruz: Coatepec
Inundación.
En Coatepec, la abundancia de aguaceros ocasionó que se perdieran las sementeras de las cercanías y que el agua subiera una tercia en la plaza. Hubo pérdidas en el ganado.
PV, 1876, 3 de agosto; Galván, 1951:253; Noble y Lebrija, 1956:129

1876, 22 de julio
66
Distrito Federal
Inundación.
"Hubo una tormenta tan fuerte en el oriente de la ciudad que, según los periódicos, hizo que las casas se estremecieran."
Sanders, 1970:48

1876, 22 de julio
67
Puebla: Chalchicomula
Viento.
El viento "arrancó de raíz muchos árboles [pinos y encinos], acabó con las milpas y mató gran cantidad de ganado menor".
PV, 1876, 3 de agosto

1876, octubre
68
Sonora; Veracruz: costa de Sotavento
Lluvias abundantes.
"La lluvia está causando graves perjuicios a la agricultura [...] se han suspendido los trabajos agrícolas en toda la corte, a causa de todas las aguas. Las mismas noticias dan los periódicos de Sonora."
C, 1876, noviembre

1876, octubre
69
Estado de México: Cuautitlán
Inundación.
"Se han anegado todas las sementeras a causa de haberse derramado el río."
C, 1876, noviembre

1876, octubre
70
Puebla
Helada.
Las "sementeras han de haberse perdido completamente [...] las heladas deben haber sido terribles".
C, 1876, 6 de noviembre

1876
71
San Luis Potosí: San Luis Potosí
Escasez de granos.
En la ciudad de San Luis Potosí hubo "grande escasez de semillas"; las existencias de la alhóndiga y "las pocas posturas que existen" hicieron un total de casi 200 fanegas de maíz, 150 de frijol y entre 30 y 40 de pastura, cantidades que no cubrían más de dos días de consumo. Se pidió al ayuntamiento que "con la urgencia que el caso demanda, dicte las medidas que crea convenientes para remediar" la situación.
AHESLP, Ayuntamiento municipal, 1876, leg. 7, e. 6, 2 ff.

1877, marzo
72
Veracruz: Córdoba, Orizaba
Lluvias abundantes.
"A consecuencia del mal tiempo, se ha perdido casi toda la cosecha de tabaco tanto en Orizaba como en Córdoba."
S, 1877, 2 de marzo

1877, marzo
73
Michoacán
Escasez de granos.
"Va subiendo considerablemente de precio la harina a causa de haberse perdido una gran parte de las siembras de trigo."
S, 1877, 19 de marzo

1877, marzo
74
Distrito Federal: Tlalpan
Lluvias abundantes.
"A consecuencia de la abundancia de lluvias, se han podrido las sementeras del distrito de Tlalpan."
S, 1877, 26 de marzo

1877, mayo
75
Distrito Federal: Desierto de los Leones, Santa Fe
Escasez de lluvias.
Entre los motivos de la escasez de agua se mencionó "el empobrecimiento de los manantiales de los Leones, el Desierto y Santa Fe, y en particular de los primeros cuyo producto es insignificante, debido a lo largo de la estación de secas".
S, 1877, 18 de mayo

1877, mayo-agosto
76
Distrito Federal
Carestía.
"La carne ha tenido un aumento en el precio [...] lo mismo se puede decir de las semillas, verduras y toda clase de artículos de primera necesidad."
S, 1877, 3 de mayo
"Notable ha sido la carestía de carne en las casillas de la ciudad de México."
S, 1877, 31 de agosto

1877, junio
77
Veracruz: Córdoba
Sequía.
"A consecuencia de la sequía, la cosecha de café será escasa este año."
S, 1877, 21 de junio

1877, 25 de agosto
78
Jalisco: Arandas, Jesús María, San Pedro Piedra Gorda
Granizada.
Una tempestad de granizo destruyó todas las sementeras en San Pedro Piedra Gorda, Jesús María, Arandas y otras poblaciones de Jalisco.
Galván, 1951:259; Noble y Lebrija, 1956:129

1877, agosto
79
Michoacán: Tarímbaro
Escasez de lluvias.
"Falta de lluvias. Se pierde la tercera parte de las cosechas."
Padilla, 1980:107

1877, septiembre
80
Sinaloa: Mazatlán
Escasez de lluvias.
"La estación de lluvias se presenta mala [...] su escasez particularmente en las poblaciones agrícolas, tiene alarmados a muchos: los labradores se encuentran desalentados, y pocos son los que han comenzado su trabajo."
S, 1877, 1 de septiembre

1877, septiembre
81
Guanajuato: valle de Santiagosto
Escasez de granos.
Se teme una escasez de harina "por estarse perdiendo las cosechas en el valle de Santiago".
S, 1877, 7 de septiembre

1877, septiembre
82
Michoacán: Ario, Zinapécuaro
Escasez de lluvias.
"Escasez de lluvias. Se pierde la mitad de las cosechas."
Padilla, 1980:107

1877, septiembre
83
San Luis Potosí; Zacatecas
Escasez de lluvias.
"A consecuencia de la escasez de lluvia, el maíz ha encarecido mucho en el interior de la república, especialmente en San Luis y Zacatecas."
S, 1877, 17 de septiembre

1877, octubre
84
Hidalgo: Pachuca
Escasez de lluvias.
"Con el motivo de la escasez de lluvias, el maíz ha subido de precio de una manera notable."
S, 1877, 2 de octubre

1877, octubre
85
Nayarit: Tepic; Sinaloa; Sonora: Álamos, Guaymas, Río Colorado
Escasez de lluvias.
"Desde las costas de Tepic hasta el Río Colorado las lluvias han sido tan escasas que los pastos no han podido renacer, de lo que ha resultado encarecimiento de todos los artículos de primera necesidad." En Guaymas y Álamos murieron los animales por la escasez de pastos y los artículos de consumo diario aumentaron su precio, limitándose su venta. Se decretó la libre introducción del maíz, frijol, manteca, harina y otros artículos. El arroyo se secó y algunas negociaciones mineras se vieron afectadas por la falta de agua.
S, 1877, 18 de octubre; S, 1878, 10 de enero

1877, octubre
86
Guanajuato
Escasez de lluvias.
"Escasez de lluvias. Se pierde la tercera parte de las cosechas. El precio del maíz es de dos pesos comúnmente se vende a un peso."
Padilla, 1980:107

1877, octubre
87
Veracruz: Coatepec
Escasez de granos.
"Casi no hay existencia de maíz, frijol y trigo en los graneros."
Padilla, 1980:107

1877, octubre
88
Distrito Federal: Atzcapotzalco, Xochimilco
Escasez de lluvias.
"Escasez de lluvias. Las cosechas rindieron la mitad que en años anteriores. Precio del maíz 4.50 pesos."
Padilla, 1980:107

1877, noviembre
89
Distrito Federal: Ixtacalco, San Ángel, Tlalpan
Escasez de granos.
"Escasez de agua. No hay existencia de maíz y trigo en el distrito de Tlalpan. Lo mismo en San Ángel e Ixtacalco."
Padilla, 1980:107

1877, noviembre
90
Veracruz: Tantoyuca, Tuxtla
Escasez de lluvias.
"Escasez de lluvias. El monto de las cosechas es de sólo una cuarta parte del promedio normal."
Padilla, 1980:107

1877, noviembre
91
Nayarit: Tepic
Escasez de lluvias.
"Por causa de la escasez de lluvias se han convertido en pantanos, algunos pequeños lagos allí existentes, produciendo emanaciones que se han desarrollado con carácter de epidémicas."
S, 1877, 9 de noviembre

1877, noviembre
92
Chihuahua
Escasez de granos.
En Chihuahua se pidió a los ayuntamientos que proporcionaran semilla "para evitar su carestía".
S, 1877, 29 de noviembre

1877, 5 de diciembre
93
Veracruz
Viento.
"Sopla en Veracruz un fuerte norte violento como huracán."
Galván, 1951:261

1877
94
Coahuila; Durango; Guanajuato; Michoacán; Veracruz
Sequía.
"Sequías en Michoacán, Guanajuato, Veracruz, Coahuila y Durango."
Espinosa, 1987:144

1877
95
Coahuila: Parras; Durango
Escasez de lluvias.
"Año seco. Escasez de lluvias durante todo el año. La cosecha general de maíz es de 30 a 40 000 fanegas. En años normales no baja de 150 000 fanegas."
Padilla, 1980:107

1877
96
República Mexicana
Sequía.
"Sequía en todo el país."
Romero, 1990:35

1877
97
Baja California; Chihuahua; Sinaloa; Sonora
Escasez de granos.
Con motivo de haberse perdido las cosechas en Sonora, Sinaloa, Chihuahua y Baja California, el ejecutivo presentó un proyecto de ley para auxiliar a dichos estados a fin de evitar el hambre y que como consecuencia de ella se subleven los indios yaquis y mayos y demás tribus que habitan ahí.
DOFED, 1877, 26 de diciembre

1878, marzo
98
Nayarit: Tepic
Helada.
Las cosechas "presentan mal aspecto a consecuencia de las heladas".
S, 1878, 23 de marzo

1878, 23 de marzo
99
Chihuahua: Carrizal
Lluvias abundantes.
"En la municipalidad del Carrizal, cae un fuerte aguacero y una enorme cantidad de pescado, calculándose que podría ser suficiente para la alimentación de la población."
Noble y Lebrija, 1956:129

1878, marzo-abril
100
Distrito Federal: Cuajimalpa, Santa Fe, Tacubaya
Sequía. Escasez de granos.
"Falta de agua. Gran evaporación en el lago de Texcoco por los meses de sequía. Peligro de epidemia, fetidez en el ambiente. Escasez de maíz y frijol."
Padilla, 1980:108

1878, 10 de abril
101
Coahuila; Nuevo León; Tamaulipas
Inundación.
"Por estos días llueve con tal abundancia en la frontera norte, que se desborda el río Bravo, arrasando las siembras."
Noble y Lebrija, 1956:129

1878, abril
102
Nayarit: Tepic
Escasez de granos.
"Aumenta en Tepic la escasez de este artículo [maíz] y se hace su venta a precios fabulosos."
S, 1878, 8 de abril

1878, abril
103
Querétaro: La Cañada
Viento.
"En uno de los días de la semana pasada sopló sobre la ciudad de Querétaro un viento tan fuerte [...] por el rumbo de la Cañada, arrancó de cuajo varios árboles de gran tamaño."
S, 1878, 19 de abril

1878, abril
104
Veracruz: costa de Sotavento, Tlacotalpan
Sequía.
"A causa [de la sequía] que se ha experimentado en la costa de Sotavento, los pueblos agricultores de aquel rumbo han levantado una cosecha de algodón poco abundante." En Tlacotalpan, la ciénega "se está secando por falta de lluvias"; se temió el desarrollo de una epidemia.
S, 1878, 25, 27 de abril

1878, abril-agosto
105
Sinaloa
Carestía.
"La carestía del maíz sigue en aumento [algunos pueblos] siguen sufriendo los horrores del hambre." Se dio la libre importación de arroz y harina. "La falta de maíz es casi absoluta, la harina escasea y sube de precio todos los días." Se llevó maíz de Tuxpan y Santiagosto.
S, 1878, 15, 24 de abril, 6, 24 de mayo, 5, 29 de julio, 28 de agosto

1878, 14 de mayo
106
Coahuila: hacienda de la Sardina, hacienda de San Antonio
Granizada.
Tempestad en Coahuila; el granizo lastimó gravemente a cinco hombres en la hacienda de la Sardina, mató multitud de animales y destrozó más de 1 500 cargas de trigo; en la de San Antonio destruyó 900 cargas.
S, 1878, 6 de junio; Galván, 1951:267; Noble y Lebrija, 1956:129

1878, mayo
107
Querétaro
Lluvias abundantes.
"En este mes han sido abundantes las lluvias, llegando en Querétaro a impedir las labores del campo."
Noble y Lebrija, 1956:129

1878, mayo
108
Sonora: Mineral de la Trinidad, Sahuaripa

Escasez de granos.
"Ha subido a 36 pesos fanega [de maíz] en el mineral de la Trinidad y otros puntos del distrito de Sahuaripa."
S, 1878, 13 de mayo

1878, mayo
109
Coahuila
Escasez de granos.
"La escasez de semilla en este estado ha creado una situación en sus habitantes tan violenta y dolorosa como la de los sinaloenses. A últimas fechas no se encontraba en los pueblos un solo grano de maíz y en la capital se vende este artículo y el de la harina a precios exorbitantes. Hay temores de que tanta miseria provoque un conflicto entre las clases del pueblo."
S, 1878, 5 de junio

1878, mayo
110
Distrito Federal
Epizootia.
La epizootia "ha reaparecido últimamente siendo ya de consideración el número de mulas y caballos que han muerto a causa de este mal".
S, 1878, 15 de mayo

1878, 10 de junio
111
Coahuila: rancho de Jesús María
Lluvias abundantes. Granizada.
"Serían las cinco de la tarde, cuando espesas nubes, acompañadas de relámpagos y truenos, anunciaban la proximidad de una tormenta. Poco tiempo después las cataratas del cielo se abrían y caía un verdadero diluvio [...] De las sierras se desprendían verdaderos torrentes, que arrancaban a los árboles más corpulentos y los arrastraban, confundidos con colosales peñascos y con cadáveres de animales que ahogaban, a su paso. Al día siguiente, los vaqueros, al recorrer los agostaderos, hallaron que en la hacienda vecina de Jesús María, se había descargado una horrible granizada. Los vaqueros hallaron innumerables cadáveres de reses, perros, coyotes, conejos."
DC, 1878, 13 de julio

1878, 25-27 de junio
112
Zacatecas: Patos, Teul, Tlaltenango
Granizada.
En telegrama procedente de Teul el 29 de junio, se informa que: "El martes 25 del corriente, a las cuatro y media de la tarde, apareció al norte de esta villa, rumbo a Tlaltenango y a cuatro o cinco leguas de aquí, una horrorosa tempestad que producía multitud de descargas, algunas personas que por su mal tuvieron que resistirla en el campo, me consta que fueron heridas gravemente por el granizo, cuyo tamaño era poco menos que el de una naranja".
DOJAL, 1878, 2 de julio

1878, junio-septiembre
113
Estado de México
Lluvias abundantes.
"El movimiento mercantil ha sido un poco menor que el del año de 1877, debido a las grandes existencias de efectos que había en varios puntos del estado y a la abundancia de lluvias, que suspendió el tráfico casi en totalidad durante varios meses."
Memoria, Méx., 1879:95 y 114

1878, 20 de julio
114
Distrito Federal: barrio de Comunlica, río Consulado
Inundación.
"Como consecuencia del fuerte aguacero [...] las aguas del río Consulado salieron de su cauce inundando los terrenos del barrio conocido con el nombre de Comunlica."
S, 1878, 23 de julio

1878, julio
115
Chihuahua
Escasez de granos.
"Continúa en aumento la escasez de esta semilla [maíz] al grado de haberse hecho las últimas ventas a razón de 20 pesos carga."
S, 1878, 10 de julio

1878, julio
116
Yucatán
Escasez de granos.
"El maíz ha subido de precio en estos últimos días llegando a 15 reales carga, con cuyo motivo los comerciantes lo han pedido a Nueva York en cortas cantidades."
S, 1878, 15 de julio

1878, julio
117
Veracruz
Escasez de granos.
"Los artículos de primera necesidad han subido de precio en el mercado de Veracruz, y la clase pobre [...] en medio de la gran escasez [...] tiene que comprar los efectos muy caros y de pésima calidad."
S, 1878, 27 de julio

1878, julio
118
Puebla: San Andrés Chalchicomula
Plaga.
"Han aparecido últimamente un sinnúmero de escarabajos, que brotan según parece de la tierra húmeda. Estos bichos están destruyendo las sementeras y matan al ganado menor picándole en la cabeza."
S, 1878, 31 de julio

1878, julio
119
Durango
Escasez de granos.
"En los últimos días de junio se comenzó a notar el alza de precio de la harina, valiendo 30 pesos carga en flor, pero en

los primeros días del pasado julio subió hasta 60 pesos harina en flor y 37.50 pesos en paja. Ha vuelto a bajar y ahora vale la carga en flor 36 pesos y en paja 25 pesos. El maíz no se conseguía a ningún precio fuera de ciertas horas de la mañana (de cuatro a seis) en que se vende a cuatro reales almud. Cada lugar está custodiado por piquetitos de caballería para evitar desórdenes, y ni esto ha impedido que haya asfixiados, golpeados y algún muerto."
S, 1878, 2 de agosto

1878, 1-31 de agosto
120
Estado de México: San Juan Teotihuacán; Michoacán: Morelia
Inundación.
Durante todo el mes llovió abundantemente, lo que ocasionó que en Morelia se interrumpieran los caminos; en San Juan Teotihuacán, se desbordó el río y hubo desgracias personales.
Galván, 1951:270; Noble y Lebrija, 1956:130

1878, 13 de agosto
121
Distrito Federal; Estado de México: Toluca
Inundación.
"Entre Toluca y la ciudad de México, un aguacero destruyó cerca de 100 metros de terraplén."
Sanders, 1970:48

1878, 15 de agosto
122
Distrito Federal
Lluvias abundantes.
"A consecuencia de fuertes y constantes lluvias, todos los afluentes de la cuenca están muy crecidos."
Sanders, 1970:48

1878, 16 de agosto
123
Jalisco: Ameca, arroyo Jalalco, cerro de Ameca, cerros de huajes, río de Ameca
Inundación.
Una fuerte tormenta ocasionó que el arroyo Jalalco se desbordara dentro de la población, destruyendo casas "pertenecientes en su mayor parte a personas de las más pobres" y arrastrando animales, semillas y sementeras. La mañana del 17 "las aguas continuaban corriendo por la parte invadida [y] se han seguido cayendo casas". En total nueve manzanas, donde vivían 500 personas, quedaron destruidas. Los daños y pérdidas se estimaron en 15 100 pesos.
AHJ, Fomento, F-18-879, Ameca, s.c., ff. 1-3
Durante todo el mes llovió abundantemente, en Ameca se desbordó el río y hubo desgracias personales.
Galván, 1951:270; Noble y Lebrija, 1956:130

1878, 18 de agosto
124
Oaxaca: Juxtlahuaca
Granizada.
"El 18 de agosto cayó una fuerte granizada al norte de Juxtlahuaca que duró 20 minutos y destruyó las milpas en una extensión de más de una legua."
Martínez Gracida, 1898

1878, 18 de agosto
125
Veracruz: Ozuluama, Tántima
Huracán.
"Huracán en Tántima, el viento arranca árboles, derriba casas y sopla acompañado de fuertes aguaceros que convierten los arroyos en torrentes."
Galván, 1951:270
En Ozuluama "la furia del viento arrasaba los plátanos, las siembras y las casas".
S, 1878, 6 de septiembre

1878, 18-21 de agosto
126
Colima: laguna de Cuyutlán, Manzanillo, río Armería, río Chico, río Chiquito, río Coahuayana, río Jachotán
Inundación.
Telegrama que informa que "del 18 al 21 hubo copiosas lluvias. Salióse río Coahuayana, el de Jachotán, el Chico y otros riachuelos, formando todos un lagosto. Han sido destruidas las sementeras, platanares, palmares y otras plantas de que la población vivía, mucha caballada y reses se han ahogado".
AHJ, Fomento, F-18-888, Bol/1284, f. 4
"El río Chiquito reventó las bóvedas que lo cubren [...] siguen cayendo muchas casas. Se dice que el río Coahuayana se salió de madre inundando todo aquel plan. El rumbo de Manzanillo está peor pues se juntaron el mar, la laguna de Cuyutlán y el río Armería."
S, 1878, 17 de septiembre
Durante todo el mes llovió abundantemente, en Colima llovió del 19 al 21, varios riachuelos se salieron de su cauce y se formó un lagosto.
Galván, 1951:270; Noble y Lebrija, 1956:130

1878, agosto
127
Chiapas
Carestía.
"La escasez absoluta de varios artículos de primera necesidad, es causa de horribles sufrimientos de la clase menesterosa."
S, 1878, 1 de agosto

1878, agosto
128
Querétaro
Lluvias abundantes.
"Tan abundantes han sido [las lluvias] que últimamente han caído [...] que impiden a los labradores continuar sus trabajos en el campo."
S, 1878, 16 de agosto

1878, agosto
129
Puebla: hacienda de los Reyes, hacienda de Santa Clara, hacienda de San Isidro, hacienda de Santo Domingo, hacienda de Xoxtla
Inundación.
"En los Reyes fue tan crecido el derrame que los habitantes del lugar tuvieron que abandonar sus casas; el agua había subido vara y media sobre el nivel del suelo, todos los animales

habían perecido y las vacas con suma dificultad apenas levantaban la cabeza."
S, 1878, 26 de agosto
Durante todo el mes llovió abundantemente en Puebla, las aguas inundaron varias haciendas.
Galván, 1951:270; Noble y Lebrija, 1956:130

1878, agosto
130
Sonora: Guaymas
Escasez de lluvias.
"Muy poco ha llovido por acá y estamos temiendo un año como el anterior. Si así sucede esto se acabaría de arruinar por completo."
S, 1878, 3 de septiembre

1878, agosto
131
Guerrero: río Copala, río Nexpa, río Quetzala
Inundación.
"A consecuencia de los fuertes aguaceros que cayeron en el mes de agosto, se ahogaron en las márgenes de los ríos Quetzala, Nexpa y Copala más de 200 cabezas de ganado vacuno y yeguario, lamentándose pérdidas de milpas, platanares y cañaverales."
S, 1878, 1 de octubre

1878, 1 de septiembre
132
Hidalgo: Tizayuca
Inundación.
"Una gran tormenta en Tizayuca causa la muerte de tres personas."
Sanders, 1970:48

1878, 29 de septiembre
133
Tamaulipas: Matamoros
Inundación.
Las noticias recibidas de la frontera norte informaron que las lluvias copiosísimas habían ocasionado inundaciones; Matamoros quedó toda cercada de agua.
Galván, 1951:271; Noble y Lebrija, 1956:130

1878, septiembre
134
Jalisco: Guadalajara, hacienda del Plan, Santa Ana Acatlán
Inundación.
"Una terrible tormenta [provocó] grandes perjuicios, varias casuchas de aquellas rancherías fueron derribadas y la inundación ha ahogado sementeras extensas."
S, 1878, 17 de septiembre

1878, septiembre
135
Puebla: valle de San Martín
Lluvias abundantes.
"La abundancia de las lluvias en el valle de San Martín, donde se siembra chile mulato, ha ocasionado la pérdida de la mayor parte de los chilares."
S, 1878, 23 de septiembre

1878, septiembre
136
Sinaloa: Culiacán
Escasez de granos. Carestía.
Desde Sinaloa "nos imponen de una especie de levantamiento que ahí tuvo lugar a consecuencia de la escasez y por consiguiente de la carestía de maíz".
S, 1878, 26 de septiembre
"Por escasez de maíz y la consiguiente alza de precios en Culiacán, llega a padecerse hambre y se originan tumultos."
Noble y Lebrija, 1956:130

1878, septiembre
137
Coahuila: lomas de Amargos, Saltillo, sierra Galeana
Lluvias abundantes.
En Saltillo "ha hecho verdaderas atrocidades un aluvión que no se ha visto nunca en aquellos puntos y que extendió su avenida a la sierra Galeana y a las lomas de Amargos, de cerro a cerro, destruyendo cuanto encontró. Se asegura que a Francisco Ayala le llevó el agua 500 fanegas de maíz".
S, 1878, 2 de octubre

1878, septiembre
138
Puebla: Tetela
Lluvias abundantes.
"Por la abundancia de lluvias y la frialdad de la temperatura, que ha sido algo variable, han sufrido algo los sembrados."
S, 1878, 7 de octubre

1878, octubre
139
Distrito Federal: México; Estado de México: Lago de Texcoco
Escasez de lluvias. Helada. Escasez.
"Falta de lluvias, heladas y fuertes vientos del sur. Baja el nivel de las aguas y ríos. Sube la temperatura."
Padilla, 1980:108
"Sequías en la ciudad de México, escasez y carestía. Baja el nivel del agua en Texcoco."
Espinosa, 1987:145

1878, octubre
140
Veracruz: Tuxpan
Escasez de granos.
"Se quejan los habitantes de Tuxpan de lo escaso y caro que está el maíz en aquella población. Se trae maíz de Estados Unidos para expender a precio bajo."
S, 1878, 25 de octubre

1878, octubre
141
Tamaulipas: Tampico
Escasez de granos.
"Se quejan los tampiqueños de los exorbitantes precios a que se vende el maíz en aquella plaza."
S, 1878, 17 de octubre

1879, enero
142
Veracruz: Córdoba

Escasez de lluvias.
"Los vecinos de Córdoba se quejan de la absoluta escasez de agua que desde hace algún tiempo aflige a la población."
S, 1879, 1 de enero

1879, enero
143
Jalisco: Amatitán
Lluvias abundantes.
El presidente municipal de Amatitán informó que el camino a Guadalajara se encontraba "bastante deteriorado", debido a las "aguas de temporal" del mes de enero, lo que estaba afectando al comercio de la zona.
AHJ, Fomento, F-5-879, Ama/720, ff. 1-3

1879, enero
144
Chiapas: Tonalá
Viento.
"No se ha podido desarrollar este importante ramo [agricultura] debido a que los fuertes vientos del norte destruyen las plantas en tiempo que están creciendo."
S, 1879, 23 de enero

1879, enero
145
Chiapas: Tonalá
Escasez de granos.
"La cosecha de maíz ha sido muy escasa por motivo de que las lluvias vinieron tarde."
S, 1879, 23 de enero

1879, 13 de marzo
146
Oaxaca: cerro de Hueyapan, cerro de San Felipe, Santa Lucía
Granizada.
Una tempestad descargó sobre los cerros de Hueyapan y San Felipe y el granizo mató más de 600 animales. El pueblo de Santa Lucía fue el más afectado porque el agua desembocó ahí, llevándose cercas, jacales y varias casas de adobe; el hielo subió más de 1.50 metros.
S, 1879, 20 de marzo; Galván, 1951:275; Noble y Lebrija, 1956:130; V, 1879, 18 de marzo

1879, 14 de marzo
147
Veracruz: Orizaba
Granizada.
"Cayó en aquella población una fuerte granizada que destruyó multitud de siembras."
S, 1897, 19 de marzo

1879, 28 de marzo
148
Nuevo León: Apodaca, Agua Fría, Santa Rosa
Granizada.
"En los pueblos [...] cae una granizada que destruye las sementeras y mata una porción de ganado."
Noble y Lebrija, 1956:130

1879, 16 de abril
149
Veracruz: Tuxpan
Viento.
Al mediodía sopló un viento tan caliente que redujo las plantas como si las hubiera quemado.
Galván, 1951:276; Noble y Lebrija, 1956:130

1879, mayo
150
Querétaro: San Juan del Río
Escasez de lluvias.
"Es tal la [escasez de agua] que hay en San Juan del Río que los sembrados que pertenecen a la clase menesterosa están casi perdidos."
S, 1879, 19 de mayo

1879, mayo
151
Nuevo León: Linares
Granizada.
"Con motivo de la fuerte granizada [...] se han sufrido allí grandes pérdidas en los ganados y sementeras."
S, 1879, 23 de mayo

1879, 15-29 de junio
152
Veracruz: Minatitlán
Lluvias abundantes.
Más de 15 días consecutivos de lluvia en Minatitlán causaron grandes pérdidas de sembrados y ganados.
S, 1879, 11 de julio; Noble y Lebrija, 1956:130

1879, 9-10 de julio
153
Guerrero: arroyo Apancingo, arroyo Jalahuacingo, Chilpancingo, río Huacapan
Inundación.
Cayeron fuertes aguaceros que causaron el desborde de arroyos y ríos con los consecuentes "estragos en las chozas que están a sus márgenes y se llevaron algunos animales".
S, 1879, 21 de julio

1879, julio
154
Oaxaca: río Tehuantepec, Tequixitlán
Inundación.
Telegrama al gobernador de Oaxaca para informarle que "el río de Tehuantepec había causado grandes estragos a la población".
S, 1879, 19 de julio

1879, julio
155
Veracruz: Amatlán, barra de Alvarado, bodega de San Andrés, Chacaltianguis, Cosamaloapan, Otatitlán, playa San Vicente, río Papaloapan, río Tesochoacan, San Juan, Tlacotalpan, San Nicolás, Tuxtepec
Inundación.
"El agua continúa creciendo desde hace 15 días, ha invadido una gran parte de las tierras bajas en las cuales se encuen-

tran las milperías, y si el mal sigue la inundación será general."
S, 1879, 14, 19 de julio
"Las siembras de maíz y legumbres situadas en las márgenes de los ríos Papaloapan y Tesochoacan se han perdido."
S, 1879, 11 de agosto
"La abundancia de aguas en el presente año ha hecho que desde mediados de julio se encuentre inundada toda la tierra baja de esta costa [de Sotavento] de lo cual ha venido a resultar que las siembras de maíz y de arroz de esos lugares se hayan perdido casi en totalidad." En Cosamaloapan el precio del maíz, que estaba de seis reales a un peso, subió hasta cuatro y cinco pesos "el zontle". "La situación es lamentable porque las lluvias no cesan y se teme que se desarrolle una enfermedad endémica."
S, 1879, 5 de septiembre, 24 de octubre

1879, julio
156
Tamaulipas: Mier
Seca.
"Todas las siembras de maíz se han perdido en Mier, debido a lo fuerte que ha sido la seca por aquellos rumbos."
S, 1879, 3 de julio

1879, julio-agosto
157
Distrito Federal
Plaga.
"Ha aparecido en el valle de México una langosta llamada pinacatillo que amenaza destruir por completo las cosechas de maíz."
JP, 1879, 7 de agosto

1879, 18 de agosto
158
Guanajuato: Apaseo, Celaya, hacienda de Trojes, presa de Chichimequillas, río Allende, río de la Laja, río Salamanca
Inundación.
"El río de la Laja se desbordó inundando sementeras y caminos, destruyendo algunas calzadas, anegando la hacienda de Trojes e incomunicando a Celaya con Querétaro. En este último punto el río llegó tan fuerte, a consecuencia de haber reventado la presa de Chichimequillas, que el agua penetró hasta los suburbios, metiéndose en algunas casas, pero sin causar desgracias personales."
JP, 1879, 7 de septiembre; DOJAL, 1879, 11 de septiembre
"Con motivo de la abundancia de lluvias los ríos de Salamanca y Allende han salido de madre y originado destrozos en los campos y en las carreteras."
S, 1879, 21 de agosto; DOJAL, 1879, 11 de septiembre

1879, 24 de agosto
159
Jalisco: San Miguel
Granizada.
En San Miguel cayó una granizada que dejó cubierto el suelo en una extensión de tres y media leguas, con un tapiz de granizo de vara y media de espesor, llegando en algún lugar a vara y media. Se perdieron los sembrados y alguna gente fue lastimada por la piedra.
S, 1879, 1 de septiembre; Galván, 1951:277; Noble y Lebrija, 1956:130-131

1879, 30 de agosto
160
Oaxaca: río Atoyac
Inundación.
"La creciente del río Atoyac se llevó el puente de su nombre, el antiguo panteón del Marquesado y muchas sementeras de sus riveras."
S, 1879, 3 de septiembre

1879, 15-19 de septiembre
161
Tabasco: barra de Santa Ana, Comalcalco, Chontalpa, Huimanguillo, Nacajuca, Oxolotlán, San Juan Bautista, Tonalá, villa de Tabasco
Inundación. Huracán.
Durante los días 15 a 19 "no cesó de llover" en Nacajuca; de 400 casas "sólo quedaron 23, las cosechas se han perdido en su totalidad y una gran parte de los cereales no han podido librarse de la inundación ni en los graneros; los plantíos de cacao perecieron casi en su totalidad"; la mortandad de ganado vacuno y caballar se calculó en 14 000 cabezas; también se resintieron el ganado de cerda y las aves. En Comalcalco, desde la mañana del 18 "empezó un viento del noroeste acompañado de lluvia, el viento vino a ser un fuerte huracán destrozando cuanto encontraba a su paso [...] los plantíos de cacao y café han quedado en el suelo". En la villa de Tabasco, se perdieron "7 440 zontles de maíz, quedando en existencia 2 500 zontles; a esto se añaden los quebrantos sufridos en el ganado". El pueblo de Oxolotlán desapareció en su totalidad, quedaron en pie seis casas y la iglesia; el limo que dejaron las aguas fue de un metro; las pérdidas se calcularon en cuatro millones.
S, 1879, 16 de octubre, 3, 10, 11 de noviembre
Por causa de las inundaciones, el ayuntamiento de San Juan Bautista solicitó la exención de derechos federales en la importación de harina y maíz hasta el primero de enero de 1880.
S, 1879, 6 de noviembre
Las pérdidas ocasionadas en las siembras del maíz, cacao, tabaco, etc., se calcularon en un millón de pesos. Diez buques naufragaron en la barra de Santa Ana y uno en Tonalá. En San Juan Bautista llovió durante 130 horas consecutivas. La Cámara de Diputados dispuso se dedicaran 15 000 pesos para indemnizar al erario de Tabasco.
S, 1879, 3 de octubre; Galván, 1951:277-278; Noble y Lebrija, 1956:131

1879, 18 septiembre
162
Chiapas: barrio de Mercedes, barrio de Mexicanos, barrio de San Antonio, barrio de San Diego, barrio de Santa Lucía, San Cristóbal
Inundación.
En esa fecha "iniciose una fuerte lluvia que duró sin la más ligera interrupción 57 horas [...] muchos de nuestros vecinos han perdido su patrimonio completo [...] los sumideros están obstruidos produciendo esto [...] el obstruimiento de al-

gunos de los caminos de los pueblos que nos abastecen con granos de primera necesidad".
S, 1879, 15 de octubre
El Congreso de la Unión autorizó al ejecutivo destinar 10 000 pesos al estado de Chiapas para socorrer a las víctimas de la inundación.
S, 1879, 12 de diciembre

1879, 30 de septiembre
163
Tamaulipas: río Pánuco, río Tamesí, Tampico
Inundación.
"Los ríos Pánuco y Tamesí están muy crecidos, al grado de que varios plantíos de caña y maíz se han perdido."
S, 1879, 31 de octubre
En Tampico llovió más de ocho días consecutivos; varias poblaciones y haciendas quedaron destruidas, con pérdida considerable de ganado, y el vecindario emigró. La Cámara de Diputados dispuso que se destinara la suma de 25 000 pesos para repartirlos.
Galván, 1951:278; Noble y Lebrija, 1956:131

1879, octubre
164
Tabasco
Inundación.
"Por segunda vez los ríos todos se han desbordado [...] esta nueva inundación ha causado pérdidas notables [...] los cañales y cacahuatales que pudieron salvarse aquella vez, han sufrido ahora extraordinariamente; los ganados que pudieron ponerse a salvo hoy vuelven a sufrir."
S, 1879, 18 de noviembre
Segunda inundación de Tabasco. Todos los ríos se desbordaron. El ganado tuvo que refugiarse en lugares altos en donde padeció mucho por falta de pasto.
Galván, 1951:278; Noble y Lebrija, 1956:131

1879
165
Sonora: Guaymas
Inundación.
"Se tiene noticia de haberse inundado Guaymas."
Galván, 1951:278; Noble y Lebrija, 1956:131

1879, noviembre
166
Campeche: Mamontel, Sabaneuy
Inundación.
"Las grandes crecientes habidas el mes pasado han hecho que se pierdan por completo las cosechas de arroz y de maíz. Se cree con fundamento que las pérdidas de ganado vacuno y caballar han sido grandes."
S, 1879, 8 de diciembre

1879, noviembre
167
Veracruz: Amatlán
Plaga.
"Después de la inundación ha aparecido por el rumbo de Amatlán la plaga del gusano 'medidor', el cual estaba acabando con el pasto de los ganados vacuno y caballar."
S, 1879, 18 de noviembre
"Lo tardío de la siembra, a causa de las inundaciones, el gusano 'medidor' y los nortes salados dicen [los agricultores del mismo lugar] son motivo suficiente para no esperar buen resultado [de la cosecha de algodón]."
S, 1879, 5 de diciembre

1879, noviembre-1880, junio
168
Veracruz: Jalapa
Sequía.
"Más de seis meses hace que en Jalapa y en sus cercanías sufre considerablemente, por falta de lluvias que rieguen los campos y mantengan los ríos, ocasionándose por lo mismo grandes pérdidas en las sementeras y en los ganados que mueren por falta de agua."
S, 1880, 6 de mayo
"Después de ocho a nueve meses de sequía atroz que aniquiló las sementeras y causó la muerte de los ganados ha comenzado a llover."
S, 1880, 10 de junio

1880, enero-mayo
169
Guanajuato: León; Sinaloa: Mazatlán
Sequía.
"Sequía extrema, no llovió en el periodo."
Padilla, 1980:108
"Sequía en Mazatlán y León."
Espinosa, 1987:145

1880, marzo
170
Jalisco: Ejutla
Plaga.
"En Ejutla ha aparecido una plaga de ratas cuyo número asombra verdaderamente, pues de la noche a la mañana amanecen las sementeras taladas de tal manera, que no parece sino que han sido grandes partidas de ganado las que han destrozado los campos. Los árboles amanecen como si les hubiese caído una helada. Por último los rancheros han abandonado sus cortijos, porque hasta a los niños pequeños han tratado de comerse aquellos animalejos."
JP, 1880, 14 de marzo

1880, marzo
171
Sonora: Álamos
Escasez de lluvias.
"Las muy escasas lluvias en el verano pasado y la absoluta falta de ellas en la estación invernal presente, han dejado una escasez extrema en las corrientes y ríos de este distrito, y más que probablemente los pozos se agoten si en este mes no nos cae agua."
S, 1880, 4, 5 de marzo

1880, 4 de abril
172
Querétaro: hacienda de San Miguelito
Granizada.
Una granizada "mató ochenta y tantas borregas y cabras, varias vacas y burros y destruyó lamentablemente el trigo".
S, 1880, 17 de abril

1880, 12 de abril
173
Veracruz: Orizaba, San Juan del Río
Granizada.
En Orizaba cayó una granizada, en donde hubo granizos hasta de 14 onzas de peso. En San Juan del Río causó la muerte de algunas vacas y otros animales.
S, 1880, 19, 28 de abril

1880, 12 de mayo
174
Veracruz: Orizaba, Tocuila
Granizada.
"La fuerza del granizo [en Tocuila] destruyó todas las siembras y mató gran parte del ganado existente allí."
S, 1880, 17 de mayo

1880, 29-31 de mayo
175
Tabasco
Plaga.
"Hemos sido visitados por dos grandes nubes de langosta que ha venido a caer sobre los campos, ocasionando los perjuicios que son consiguientes."
S, 1880, 12 de junio
Espesa nube de langosta cayó sobre los campos sembrados en Tabasco.
Galván, 1951:280; Noble y Lebrija, 1956:131

1880, mayo
176
Tamaulipas
Sequía.
"La sequía que se experimenta actualmente en Tamaulipas ha ocasionado la muerte de considerable número de caballos y algunas reses."
S, 1880, 12 de mayo

1880, mayo
177
Hidalgo: Alfajayucan
Granizada.
"Granizos del tamaño de un melón que caídos sobre las astas de algunos animales de cuerno se las echaron al suelo."
S, 1880, 21 de junio

1880, mayo-agosto
178
Chiapas: Chiapa, Ocosingo, Simojovel, Soconusco, Tonalá, Tuxtla
Plaga. Escasez de granos.
"Hace un año que grandes bandadas de langosta diezman las sementeras de estos lugares; hoy estamos literalmente cubiertos de dicho animal. El maíz vale cinco veces su precio normal. En el mes de mayo fue invadido el departamento, por manchas enormes de langosta encontrándose actualmente destruidas en su mayor parte las sementeras." Para el mes de agosto ya había escasez de semilla.
S, 1880, 5 de agosto, 1 de septiembre
En Chiapas "amenaza escasez de grano por la invasión de langosta en los meses anteriores desde mayo".
Noble y Lebrija, 1956:132
La langosta "está causando grandes estragos en los departamentos de Ocosingo, Simojovel, Chiapa, Tuxtla, Tonalá, Soconusco y los víveres por aquellos lugares han escaseado muchísimo".
S, 1880, 5 de julio; Galván, 1951:281; Noble y Lebrija, 1956:131

1880, junio-julio
179
Oaxaca: hacienda de la Venta, Oaxaca, Tehuantepec
Plaga.
"Estos horribles animales [la langosta] cayeron como un simón sobre las verdes sementeras de añil y maíz devorando hasta las raíces."
S, 1880, 21 de agosto
En junio, aparece la plaga de la langosta en terrenos de Oaxaca llegando hasta siete leguas de la capital, en la hacienda de la Venta. En julio, pasan nubes de langosta por Tehuantepec, tan tupidas que tardan 36 horas en pasar.
Galván, 1951:281; Noble y Lebrija, 1956:131-132

1880, 16 de junio
180
Jalisco: Ixtlahuacan del Río
Inundación.
El río que pasa a la orilla de Ixtlahuacan se salió de "su madre" cubriendo el puente, destruyendo una casa y un mesón y llevándose las labores y huertas, así como a varios animales.
JP, 1880, 20 de junio; S, 1880, 1 de julio

1880, 13 de julio
181
Jalisco: Ajijic, Chapala
Inundación.
En Ajijic, departamento de Chapala, "cayeron dos mangas de agua el día 13, una en la mañana y otra en la tarde; la mayor parte de las casas quedaron inundadas, perdiéndose también casi todas las sementeras. La impetuosidad de la corriente arrasó las peñas del cerro, destruyó los árboles y gran parte de las sementeras. El gobierno ha dictado las medidas oportunas para remediar los desastres".
DOJAL, 1880, 28 de julio; S, 1880, 9 de agosto

1880, 28 de julio
182
Hidalgo: Tula
Inundación.
"Acaeció una tormenta en Tula; el río se salió de su cauce destruyendo varias casas y matando a siete personas."
Sanders, 1970:48

1880, julio
183
Chihuahua; Coahuila; Nuevo León; Sonora; Tamaulipas
Sequía.
Una prolongada sequía convirtió en páramos las tierras de labor en la frontera y mucho ganado murió de hambre y sed.
Galván, 1951:282; Noble y Lebrija, 1956:132

1880, 10 de agosto
184
Yucatán: Mérida

Lluvias abundantes.
Copiosas lluvias en Mérida acompañadas de fuertes vientos derribaron chozas y arrancaron árboles de cuajo; los suburbios se inundaron y se perdieron embarcaciones.
S, 1880, 28 de agosto; Noble y Lebrija, 1956:132

1880, 12-13 de agosto
185
Tamaulipas: Allende de Bravo, Bagdad, Matamoros, Reynosa
Huracán.
En Matamoros hubo pocas desgracias personales, pero quedaron destruidas muchas casas y se inundó parte de la población; las pérdidas se calcularon en 200 000 pesos. La situación en Allende de Bravo y Bagdad fue semejante. En Reynosa, las pérdidas fueron de más de 2 000 pesos, siendo los más afectados los labradores, "pues el huracán les echó por tierra sus trojes y sembrados, mojándoles todo el maíz cosechado".
S, 1880, 30 de agosto, 7, 28 de septiembre, 4 de octubre; JP, 1880, 14 de septiembre; Galván, 1951:282; Noble y Lebrija, 1956:132
Las pérdidas fueron generales y de consideración, tanto en los intereses de la ciudad como en los bienes del campo y ganado mayor y menor; los agricultores perdieron cuanto tenían sembrado, pues el viento, la lluvia y el río salido de su cauce inundaron lo que encontraron a su paso.
AGNM, Gobernación, sec. 2ª, c. 111 (10), 8, 12 ff.
Carta de Antonio Canales, gobernador de Tamaulipas, al gobernador de Michoacán, en que le informa que un terrible huracán "asoló esta ciudad [Matamoros] y sus alrededores, dejando sin hogar a más de 1 000 familias cuyas casas están inundadas o convertidas en escombros. Los campos, formando extensos lagos, no presentan huellas de sembrados, encontrándose tan sólo centenares de cabezas de ganado que flotan sobre las aguas y que no tardarán en desarrollar una peste que, junto con la miseria, agravará el estado aflictivo de esta comarca".
AHPEM, Beneficencia, c. 1, e. 28, f. 28
El gobernador de Tamaulipas solicitó la ayuda de Coahuila para socorrer a las familias que resultaron perjudicadas con el huracán que azotó a la ciudad de Matamoros y alrededores.
AMS, Presidencia municipal, c. 23, e. 1
El 3 de abril de 1881, "inauguración del primer tramo del ferrocarril de Matamoros a Monterrey, apadrinando el acto el general Porfirio Díaz, que ha ido expresamente a repartir donativos entre los inundados de Matamoros".
Galván, 1951:288

1880, 18 de agosto
186
Nayarit: Tepic
Huracán.
"Muchos jacales echó al suelo y las milpas quedaron tendidas sobre la tierra."
S, 1880, 24 de agosto

1880, 20 de agosto
187
Guerrero: Acapulco
Huracán.
Huracán en Acapulco, un vapor quedó varado.
Galván, 1951:282; Noble y Lebrija, 1956:132

1880, agosto
188
Veracruz: Tlacotalpan
Escasez de lluvias.
"Grande es la que se ha experimentado en Tlacotalpan. El mes de agosto va pasando y no cae el agua tan necesaria para las siembras."
S, 1880, 21 de agosto

1880, 6 de septiembre
189
Veracruz: Orizaba
Plaga.
"Pasan sobre Orizaba mangas de langostas sin detenerse, de sur a norte."
Noble y Lebrija, 1956:132

1880, 19 de septiembre
190
Veracruz: Córdoba
Inundación.
Por una tromba, "el agua subió en algunos lugares cerca de una vara y la corriente era tan impetuosa en el río de San Antonio, que arrastró piedras inmensas y árboles corpulentos".
S, 1880, 24 de septiembre

1880, 27 de septiembre
191
Querétaro: hacienda Fuente, hacienda de Santa Rosa, San Juan del Río
Lluvias abundantes.
Una "tromba" descargó en las cercanías de San Juan del Río y ocasionó perjuicios en los campos.
Noble y Lebrija, 1956:132

1880, septiembre
192
Veracruz: Orizaba
Carestía.
"Tal es la carestía de maíz en Orizaba, que la carga se expende a ocho pesos."
S, 1880, 3 de septiembre

1880, 17 de octubre
193
Querétaro: presa de Santa Catarina
Inundación.
"La presa de Santa Catarina [...] rompió con una fuerte avenida [...] salió a los campos arrasó sembrados y animales."
S, 1880, 27 de octubre
"En Querétaro, la presa de Santa Catarina, cuya longitud es de dos leguas, desborda, arrasando sembrados y arrastrando animales."
Noble y Lebrija, 1956:132

1880, 24 octubre
194
Sonora: hacienda El Chiono, hacienda Juavaivenal, Hermosillo
Granizada.

La piedra muy grande maltrató las siembras de maíz y frijol en un extenso radio.
S, 1880, 30 de noviembre; Galván, 1951:285; Noble y Lebrija, 1956:133

1880, 18 de noviembre
195
Nuevo León: Agualeguas
Helada.
"Se han dejado sentir [heladas] desde la semana pasada en esta ciudad y en algunos pueblos del estado. En Agualeguas concluyó con las sementeras que estaban en elote y con la siembra de frijol."
S, 1880, 11 de diciembre
"En este mes se dejan sentir en varios pueblos de Nuevo León fuertes heladas, que perjudican mucho a las sementeras."
Galván, 1951:285

1880, 19 de noviembre
196
Coahuila: Múzquiz
Nevada.
Una fuerte nevada ocasionó daños al ganado.
S, 1881, 8 de febrero

1880, 5 de diciembre
197
Estado de México: Toluca
Helada.
"Caen heladas en Toluca y cercanías, tan crudas que originan, además de perjuicios en los sembrados, la muerte de algunos peones del ferrocarril."
Galván, 1951:286

1880, 14-15 de diciembre
198
Colima
Lluvias abundantes.
"Las lluvias continuas o aguas nieves [ocasionaron pérdidas] a nuestros agricultores en sus fincas de campo."
S, 1881, 3 de enero

1880, 30-31 de diciembre
199
San Luis Potosí: Tampomolón
Helada.
"Perjudicó completamente los cafetos, cañales, potreros de zacate de rastrojo y platanares"; el café subió "al grado que dos días antes que la nieve hiciera el perjuicio corría a dos pesos el quintal y cuatro días después se puso a 13 a la fecha [enero] está a 15. El ganado gordo ha subido de precio, porque el ganado se empezará a reponer hasta dentro de tres meses, y vendrá a estar repuesto hasta junio y julio".
S, 1881, 24 de enero

1880
200
Oaxaca
Carestía. Plaga. Lluvias abundantes.
Las excesivas lluvias de 1879 ocasionaron la pérdida de las cosechas, lo que causó una carestía de semillas de primera necesidad, especialmente del maíz; esta situación, aunada al temor de que la inminente invasión de la langosta hiciese perder las nuevas cosechas, propició que los propietarios alzaran sucesivamente los precios de dicho artículo.
Memoria, Oax., 1880:10-11

1880
201
Guanajuato: León
Escasez de lluvias.
"Escasez de lluvia."
Padilla, 1980:108

1880, noviembre-1881, marzo
202
Nuevo León
Helada. Nevada.
"El invierno excepcionalmente riguroso que acabamos de pasar nos trajo crudos hielos y frecuentes nevadas que ocasionaron pérdidas de grande consideración; se destruyeron los plantíos de caña de azúcar, inutilizándose hasta la que se tenía preparada para semilla, se secaron completamente multitud de árboles y plantas, y en fin, se sufrió una pérdida de que el estado no podrá reponerse en mucho tiempo. [A la ganadería] le causaron una pérdida como de la mitad o las dos terceras partes."
Memoria, NL, 1881:20, 22

1880-1888
203
Chiapas: Pichucalco
Plaga.
En octubre de 1888 el jefe político de Pichucalco informó que "en un periodo de más de ocho años la langosta invadió a este departamento devorando toda clase de sementeras y nulificando la producción del cacao, cuyo importante ramo, de suyo, tiene mil dificultades e inconvenientes en su cultivo así por otros animales que causan su destrucción de distinta manera que dicho insecto como por el rigor del sol y del viento sur. Pero en el corriente año, felizmente desapareció ya la langosta y si no volviere, puede esperarse un porvenir mejor para la agricultura, contando con brazos de que hoy escasea".
Memoria, Chis., 1889:anexo 35

1881-1890

1881, 1-31 de enero
1
Tamaulipas: Ciudad Victoria
Nevada.
En este mes cayeron tan fuertes nevadas en Ciudad Victoria y cercanías que las siembras se perdieron y mucha gente murió.
Galván, 1951:287; Noble y Lebrija, 1956:138

1881, 5 de enero
2
Estado de México: Toluca
Helada.
"Una helada azotó a Toluca y sus alrededores; fue tan intensa que, aparte de dañar los cultivos, causó la muerte de trabajadores del ferrocarril."
Sanders, 1970:48

1881, 19 de enero
3
Durango; Veracruz: San Juan del Río, Orizaba, Ozuluama
Helada.
En San Juan del Río, "cayó una helada hace pocos días, causando grandes perjuicios en las siembras y plantíos de aquellos campos".
S, 1881, 1 de febrero
"Fuertes heladas, persistentes desde días anteriores, destruyen en Ozuluama las sementeras y plantíos. Lo mismo se sabe que ha sucedido en Durango."
Galván, 1951:287

1881, enero
4
Coahuila
Plaga.
"Ha aparecido un insecto muy parecido a la filoxera, que está causando grandes estragos a los viñedos."
S, 1881, 26 de enero

1881, enero
5
Nuevo León: Lampazos, Linares, Monterrey; Tamaulipas: Camargo, Guerrero, Laredo, Matamoros, Mier, Reinosa
Lluvias abundantes.
"Cayeron lluvias torrenciales acompañadas de un frío intenso [...] a causa de estos fenómenos meteorológicos, se interrumpieron las comunicaciones entre dicho puerto y la capital de Nuevo León."
S, 1881, 19 de febrero

1881, enero
6
República Mexicana
Helada.
"Casi todo el mes de enero fue de fuerte frío [...] las heladas han sido frecuentes [...] este rigor de invierno ha hecho subir de precio la harina."
S, 1881, 21 de febrero

1881, 7 de febrero
7
Yucatán
Granizada.
"Granizada a inmediaciones de Mérida que dura 10 minutos, siendo la piedra del tamaño y forma de una ciruela."
Galván, 1951:287

1881, 7 de febrero
8
Oaxaca
Nevada.
"Fuertes nevadas en Oaxaca."
Galván, 1951:287

1881, 7 de febrero
9
Zacatecas: Zacatecas
Nevada.
En las calles y cerros de la ciudad de Zacatecas, la nieve tuvo un espesor de 10 a 11 pulgadas.
S, 1881, 28 de febrero; Galván, 1951:287

1881, 7 de febrero
10
Querétaro
Nevada.
En Querétaro cayó una nevada que perjudicó los árboles frutales y los emparrados.
S, 1881, 22 de febrero; Galván, 1971:287

1881, 7 de febrero
11
Jalisco: Arandas, Atotonilco, Ayo el Chico, cerro Cedros, cerro de Cuyutlán, cerro de San Juan, cerro de San Lucas, cerro La Joya, Ciudad Guzmán, Colotlán, Degollado, Jesús María, Mascota, Mazamitla, Quila, San José de Gracia, sierra de Juanacatlán, Tizapán
Nevada.
En varias poblaciones de Jalisco nevó. En algunos poblados la gente murió de frío y en varios más se perdieron las sementeras.
S, 1881, 25 de febrero, 2, 7 de marzo; Galván, 1951:287

1881, 7 de febrero
12
Guanajuato: Salvatierra; Michoacán: Ario, Santa Clara de Portugal, Tacámbaro
Nevada.
La nevada también cayó en varios puntos de Guanajuato y Michoacán. En Santa Clara de Portugal, ocasionó la pérdida completa de los azahares de los árboles frutales y mortandad de ganado menor; en Tacámbaro se perdieron los cañaverales de las plantaciones y de los chilares; lo mismo sucedió en Ario.
S, 1881, 21 de febrero; Galván, 1951:287

1881, 8 de febrero
13
Hidalgo: llanos de Apam; Estado de México: Toluca
Nevada.
Copiosa nevada en los llanos de Apam. También en Toluca, elevándose la nieve en las calles hasta 36 centímetros.
Galván, 1951:287; Sanders, 1970:49

1881, 10-14 de febrero
14
Veracruz: Monte Blanco, Orizaba, Santa Ana
Viento.
"Ha seguido soplando en Orizaba el viento sur con bastante violencia, derribando muchos postes de las líneas telegráficas y maltratando los campos de tabaco. En Santa Ana destruyó muchas casas, y en Monte Blanco tres galeras llenas de tabaco."
S, 1881, 15 de febrero; Galván, 1951:287

1881, febrero
15
Tamaulipas: Matamoros
Carestía.
El maíz "ha subido de precio últimamente en Matamoros, pues ha tenido una alza de 1.5 a dos pesos carga".
S, 1881, 12 de febrero

1881, febrero
16
Sinaloa: Mazatlán
Helada.
"Han caído algunas [heladas] en las inmediaciones de Mazatlán perdiéndose la cosecha de frijol."
S, 1881, 15 de febrero

1881, febrero
17
Hidalgo; San Luis Potosí; Veracruz
Nevada. Granizada.
"Las labores del pasto del Paran, que sirve de alimento a los ganados han desaparecido, lo mismo que las labores de caña, las de café y los colmeneros [...] ha descargado furiosas mangas de granizo, que han destruido los árboles frutales, ocasionando pérdidas de consideración."
S, 1881, 15 de febrero

1881, marzo
18
Chiapas
Escasez.
"El algodón escasea del todo, y no se halla a precio alguno."
S, 1881, 16 de marzo

1881, 21 de abril
19
Veracruz: Jalapa, Huatusco
Granizada.
Granizada en Huatusco; la piedra muy grande y pesada maltrató todos los edificios y las pérdidas se calcularon en 50 000 pesos. En Jalapa las siembras de maíz y los cafetales sufrieron grandes perjuicios.
S, 1881, 28, 29 de abril; Galván, 1951:289

1881, 30 de abril
20
San Luis Potosí
Granizada.
Debido a la granizada, "ha habido muchas pérdidas en los sembrados".
S, 1881, 4 de mayo

1881, 6 de mayo
21
Zacatecas: Villanueva
Granizada.
"También en Villanueva descarga una granizada, padeciendo mucho el ganado menor."
Galván, 1951:289

1881, 7 de mayo
22
Coahuila: Morelos, San Juan de Allende
Granizada.
"Granizada en Morelos y San Juan Allende seguida de un violento chubasco; se pierden todas las sementeras de maíz y trigo."
Galván, 1951:289

1881, 8 de mayo
23
Tamaulipas: Ciudad Victoria
Granizada.
Una granizada que duró cerca de 10 minutos ocasionó graves daños, especialmente a los sembradíos de maíz y trigo de los alrededores de la ciudad; como la piedra era muy grande, también maltrató los edificios.
S, 1881, 25 de mayo, 2 de junio; Galván, 1951:289; Noble y Lebrija, 1956:133

1881, 8 de mayo
24
Nuevo León: Villaldama
Granizada.
"Témese que haya sufrido mucho el ganado menor."
S, 1881, 25 de mayo

1881, 17 de mayo
25
Puebla: Ayotla, Cuaula, Chiautla
Granizada.
Granizada en varios poblados, la piedra destruyó las siembras de trigo.
S, 1881, 27 de mayo; Galván, 1951:290

1881, 18 de mayo
26
Coahuila: Doña Dolores, Derramadero, El Nogal, Guadalupe, La Trinidad, Nuevo, San José del Refugio, Vaquería
Granizada. Viento.
Granizada precedida por fuerte viento y seguida de copiosa lluvia; en ocho ranchos y haciendas se perdieron las siembras.
S, 1881, 2 de junio; Galván, 1951:290

1881, 24 de mayo
27
Querétaro: cañada de Hércules, Purísima
Granizada.
Una granizada destruyó las huertas y sembrados; en la cañada de Hércules, la capa de granizo llegó a medir media vara de alto.
S, 1881, 2 de junio; Noble y Lebrija, 1956:133

1881, 28 de mayo
28
Oaxaca: Etla
Granizada.
Ese día cayó una granizada que se presentó con descargas eléctricas y fuerte viento.
S, 1881, 10 de junio; Noble y Lebrija, 1956:134

1881, mayo
29
Tabasco
Plaga. Escasez de granos.
"Actualmente estamos sufriendo una escasez terrible de granos, pues hace 15 días que no hay introducciones de ninguna clase, a consecuencia de las mangas de langosta que han invadido los campos." Se liberó de derechos a los artículos de primera necesidad.
S, 1881, 3 de junio

1881, mayo
30
Sinaloa: Mazatlán
Epizootia.
"Se ha comenzado a desarrollar la epizootia en proporciones alarmantes. Día a día mueren reses en gran número."
S, 1881, 1 de junio

1881, 5 de junio
31
Estado de México: Toluca
Helada.
"Una helada azotó a Toluca y sus alrededores; fue tan intensa que, aparte de dañar los cultivos, causó la muerte de trabajadores del ferrocarril."
Sanders, 1970:48

1881, 15 de junio
32
Tabasco: Frontera
Plaga.
"A mediados del mes la langosta invade Frontera."
Noble y Lebrija, 1956:135

1881, 23 de julio
33
Puebla: Huejotzingo
Granizada.
Una fuerte granizada destruyó las siembras en varias haciendas del distrito de Huejotzingo.
Galván, 1951:291; Sanders, 1970:49

1881, 23 de julio
34
Sinaloa: Guadalupe de los Reyes
Inundación.
"Fuerte tormenta en Guadalupe de los Reyes, las minas quedan inundadas y las labores se suspenden."
Galván, 1951:291

1881, julio
35
Tabasco: Olcuatitán
Plaga.
La langosta "invadió las sementeras de las cercanías del pueblo de Olcuatitán, causando graves perjuicios".
S, 1881, 11 de julio

1881, julio
36
Tabasco
Escasez de granos.
"El gobierno de Tabasco, de acuerdo con el ayuntamiento de la capital, está dictando algunas medidas convenientes, a fin de abastecer al pueblo de este efecto [maíz] de primera necesidad."
S, 1881, 15 de julio

1881, julio
37
Veracruz: Cosamaloapan, Santiago
Lluvias abundantes.
Las lluvias "que han caído en las milperías de Santiago [...] han sido tan copiosas, que todo el maíz sembrado en las tierras bajas se ha perdido completamente".
S, 1881, 18 de julio

1881, julio
38
Querétaro
Sequía.
"Los hacendados de Querétaro se quejan de la gran sequía que han tenido hasta hoy, sin embargo de hallarse tan avanzada la estación de lluvias."
S, 1881, 28 de julio

1881, julio
39
Sonora: Álamos
Escasez de lluvias.
"La estación está ya muy avanzada, y sin embargo, no ha habido una lluvia formal que humedezca la tierra."
S, 1881, 1 de agosto

1881, julio
40
Veracruz: La Huerta, Tlacotalpan
Plaga.
La langosta "está haciendo grandes estragos. En La Huerta no ha dejado nada; los rosales están pelones; de la gran cantidad de lirios que había sólo han dejado las cebollas; los naranjos están plagados, los cañaverales y milpas lo mismo".
S, 1881, 5 de agosto

1881, julio
41
Coahuila
Helada.
"La cosecha de algodón no promete ser buena debido al intenso frío que se ha sentido por aquellas comarcas."
S, 1881, 10 de agosto

1881, 2 de agosto
42
Distrito Federal: río Consulado

Inundación.
"Un aguacero hizo que el río Consulado inundara zonas adyacentes."
Sanders, 1970:49

1881, 6 de agosto
43
Puebla: Ayola, San Lucas el Grande Chiautla, San Rafael Tlanalapan
Granizada.
Granizada en varios poblados que destruyó completamente los sembrados.
S, 1881, 10 de agosto; Noble y Lebrija, 1956:134

1881, 12 de agosto
44
Tabasco: Chontalpa, San Juan Bautista
Plaga.
Sobre San Juan Bautista, pasaron nubes de langosta con dirección a la Chontalpa, en donde ocasionaron perjuicios en los sembrados.
S, 1881, 26 de agosto; Noble y Lebrija, 1956:134

1881, 19 de agosto
45
Sinaloa: cerro del Colegio, Concordia, El Verde, Mazatlán, Montiel Chicura, Pozoli, Rosario, Unión, Urraca, Tanque, Valamo
Inundación.
En el cerro del Colegio, cerca de Mazatlán, cayó una manga de agua que provocó un derrumbe en una extensión de 500 metros, inundó el pueblo del Quelite y ocasionó pérdidas en las siembras y los ganados.
S, 1881, 10 de septiembre, 19 de octubre; Galván, 1951:292

1881, 31 de agosto
46
Zacatecas
Escasez de lluvias.
"En este mes han sido escasas las lluvias en Zacatecas."
Noble y Lebrija, 1956:134

1881, 31 de agosto
47
Chihuahua; Tamaulipas
Inundación.
"En Chihuahua y Tamaulipas las copiosas lluvias inundan terrenos, haciendo crecer los ríos y causan daños."
Noble y Lebrija, 1956:134

1881, agosto
48
San Antonio de las Huertas
Inundación.
"Volvió a inundarse el pueblecillo de San Antonio de las Huertas, causando graves perjuicios a las sementeras."
S, 1881, 12 de agosto

1881, 15 de septiembre
49
Veracruz: Tlacotalpan
Viento.
"Sopló un fuerte viento norte en Tlacotalpan. Sufrieron mucho los platanares y las milpas."
S, 1881, 26 de septiembre

1881, 28-29 de septiembre
50
Sinaloa: Agua Verde, Concordia, Chametla, El Limón, Mazatlán, Potrerillo, rancho de los Copales, Rosario, San Ignacio
Ciclón.
En esos días, "un furioso ciclón ha producido innumerables desgracias en una zona que comprende" cuatro distritos. En El Rosario, más de 250 casas fueron totalmente destruidas y todas las demás quedaron lastimadas; tres pueblos y un rancho "desaparecieron sin dejar siquiera señales de su existencia" y el resto perdieron la mitad de sus fincas. En toda la zona que abarcó el huracán, "no quedó una sola sementera en pie y la mayor parte del ganado que existía dentro de ella se ahogó".
AHJ, Fomento, F-18-881, Sin/1278, f. 1
En Mazatlán, después de fuerte temporal, se desató el ciclón; se calculan en más de 100 000 pesos los daños. El muelle quedó arrancado de su lugar y 300 labores arrasadas.
Galván, 1951:294; Noble y Lebrija, 1956:135

1881, septiembre
51
Nuevo León: Monterrey
Carestía.
"Ha encarecido la carne y la harina en muchas panaderías la usan casi corrompida."
S, 1881, 7 de septiembre

1881, septiembre
52
Yucatán
Carestía.
"La harina se vende en Yucatán al elevadísimo precio de 44 pesos la carga."
S, 1881, 14 de septiembre

1881, septiembre
53
Aguascalientes: hacienda Palo Alto
Lluvias abundantes.
Las lluvias "hicieron romper parte del bordo de una gran toma de agua de la hacienda de Palo Alto, ocasionando grandes perjuicios a las labores".
S, 1881, 27 de septiembre

1881, septiembre
54
Hidalgo: Actopan
Helada.
"Han caído algunas heladas, que destruyeron por completo las sementeras."
S, 1881, 4 de octubre

1881, 3 de octubre
55
Veracruz: río Papaloapan, Tlacotalpan

Inundación.

"Copiosas lluvias hacen desbordar el río Papaloapan y las calles de Tlacotalpan quedan inundadas."

Galván, 1951:292

1881, 8 de octubre

56

Nuevo León: Abasolo, Cadereita Jiménez, ciénega de Flores, García, hacienda Cárdenas, hacienda de Cantúes, hacienda San Isidro, hacienda Santa Rita, Hidalgo, Higueras, Monterrey, Mina, Pesquería Chica, río de Santa Catarina, río Ramos, río San Juan, Salinas Victoria, San Nicolás Hidalgo, Santa Catarina, villa de Juárez, villa de Marín, villa de Rayones, villa del Carmen, Zuazua

Inundación.

Ese día, una fuerte tempestad descargó en Monterrey y en otros varios municipios del estado, produciendo grandes pérdidas. A las cinco de la tarde comenzó a salir de su cauce el río de Santa Catarina, ubicado al sur de Monterrey, y derribó las casas situadas en puntos distantes de su margen, "adonde nunca habían subido las avenidas". Todas las habitaciones e innumerables chozas que se habían construido en los terrenos que el río había dejado para coger nuevo álveo fueron arrastradas por la impetuosidad de la corriente. El barrio de San Luisito quedó completamente inundado. Las aguas también arrasaron las siembras, murió ganado en cantidad considerable y más de 200 familias quedaron sin hogar. Las pérdidas se calcularon en 13 150.24 pesos.

DONL, 1881, 8 de octubre; S, 1881, 19 de octubre, 10 de noviembre; Memoria, NL, 1883:15; Galván, 1951:293; Noble y Lebrija, 1956:134

En la villa del Carmen, el río se desbordó entre ocho y nueve de la mañana, inundando las sementeras, obstruyendo los caminos y arrasando con las siembras de maíz y caña. En San Nicolás Hidalgo, las lluvias provocaron el desbordamiento del río "que pasa por la orilla de esta municipalidad, causándole perjuicios irreparables por haberse llevado de raíz muchos sembrados de caña y maíz, así como la tierra que se hallaba cultivada".

DONL, 1881, 15 de octubre; S, 29 de octubre

En General Escobedo, se deterioraron "las tres presas de calicanto que hay en este río [...] habiendo habido además la destrucción del puente que se hallaba a la margen izquierda del río, la cerca de la hacienda de San José de los Sauces, maíces, cañas y árboles frutales que había en los ancones del río al poniente de la población".

DONL, 1881, 19 de octubre

A consecuencia de las fuertes lluvias, en Salinas Victoria, el río se salió de su cauce inundando varias haciendas y destruyendo los sembrados de maíz, caña y frijol; las pérdidas se calcularon en 10 000 pesos. En Ciénega de Flores, el río se desbordó sobre los sembrados de maíz y caña, destruyendo cercas, tomas de agua, ancones y caminos. En la villa de Marín, "ha habido considerables pérdidas en los pocos sembrados que hay en esta municipalidad". En Cadereita Jiménez, el río "que pasa por el norte de la población se llevó todas las cercas y sembrados que había en los ancones, descompuso todos los pasos del río y las tomas de agua, invadió viviendas y calles en la parte oriental de la ciudad".

DONL, 1881, 19 de octubre

En la villa de Rayones, la lluvia comenzó la mañana del día 7 y duró hasta el día siguiente; esto ocasionó que el río se desbordara "llevando las cercas de piedra, un gran número de labores, sembrados, las tomas del agua, quedando arruinados sus dueños, y descomponiendo los caminos".

DONL, 1881, 5 de noviembre

En la villa de Juárez, "el río que pasa por el lado oriente de esta población [...] ocasionó considerables pérdidas en las cercas, sembrados de maíz y caña". En Santa Catarina, "las pérdidas que ocasionaron las fuertes crecientes, ascienden a la considerable suma de 10 542 pesos".

DONL, 1881, 9 de noviembre

"Como otros pueblos del estado sufrieron pérdidas iguales o mayores a las de esta capital, se reunieron datos referentes a Cadereita Jiménez, Salinas Victoria, Marín, García, Hidalgo, Mina, Santa Catarina, Pesquería Chica, Abasolo, Carmen, Higueras, Zuazua y Ciénega de Flores, resultando de ellos que tales perjuicios se valorizaron en una suma que ascendía la cantidad de 100 000 pesos."

Memoria, NL, 1883:16

1881, 17 de octubre

57

Tamaulipas: Matamoros

Inundación.

Había más de 1 000 casas inundadas en el puerto de Matamoros y la creciente del río Bravo continuaba incrementándose.

S, 1881, 31 de octubre; Galván, 1951:293

1881, 24 de octubre

58

Puebla: hacienda de Cuautla, hacienda de San Miguel, San Lucas, Tepatlaxco, Tlanalapan

Granizada.

Granizada muy fuerte en varios puntos de Puebla destruyó toda la cosecha de chile.

S, 1881, 4 de noviembre; Sanders, 1970:49

1881, 26-27 de octubre

59

Colima: Coastecomatán, hacienda de Armería, hacienda de Cuyutlán, hacienda de Miraflores, Manzanillo, Tamaulipa de Camargo

Huracán.

Una tempestad en Colima causó grandes estragos, principalmente en el puerto de Manzanillo en donde destruyó muchas fincas, las haciendas de Miraflores, Armería y Cuyutlán. En Coastecomatán se perdieron los palmares de "coquito" de aceite y cafetales. También ocasionó pérdidas en el ganado. La ciudad de Tamaulipa de Camargo quedó inundada.

S, 1881, 2, 18, 22 de noviembre; Galván, 1951:293

La diputación permanente del Estado de México informó al gobernador del decreto de 9 de noviembre de 1881, expedido por el Congreso de la Unión, que destina 10 000 pesos para auxiliar proporcionalmente a las víctimas del huracán que el 27 de octubre sopló en el puerto de Manzanillo.

AHEM, Hacienda pública, 1881, v. 28, e. 29, 3 ff.

1881, 27 de octubre

60

Jalisco: Autlán de la Grana

Huracán.
Un huracán causó "grandes pérdidas en las labores y tiró muchas casas en las orillas de la población".
S, 1881, 3 de diciembre

1881, octubre
61
Veracruz: cantón de los Tuxtlas, Tuxtilla
Lluvias abundantes.
En el cantón de los Tuxtlas se perdió la cosecha del tabaco por la abundancia de lluvias. En Tuxtilla y otros pueblos de Veracruz, hubo inundaciones, y se perdieron las cosechas de algodón.
S, 1881, 28 de octubre; Galván, 1951:294; Noble y Lebrija, 1956:135

1881, octubre
62
Tamaulipas
Escasez.
El ganado vacuno escaseó y subió el precio de las reses.
S, 1881, 24 de octubre

1881, octubre
63
San Luis Potosí
Lluvias abundantes.
"Las lluvias han hecho que la cosecha de la sal no sea favorable."
S, 1881, 4 de octubre

1881, octubre
64
Tabasco: río Tacotalpa, río Teapa
Inundación.
"Los ríos Teapa y Tacotalpa, han tenido una gran creciente, que ha ocasionado algunas pérdidas a los hacendados comarcanos."
S, 1881, 27 de octubre

1881, octubre
65
Chihuahua: desierto de Jaco, Las Escobas, Rosalía, río Conchos, río San Pedro, villa de Camargo
Inundación.
Una tromba hizo salir del cauce al río Conchos, causó daños a las sementeras; el río San Pedro también se desbordó, inundando esa comarca. "Se descargó formidablemente a pocas leguas de allí, en un punto llamado 'Las Escobas' donde principia el desierto de 'Jaco'."
S, 1881, 28 de noviembre; 1882, 9 de enero

1881, 30 de noviembre
66
Jalisco: Ciudad Guzmán, Cocula
Inundación.
"Una tromba descarga en Cocula, causando estragos y dejando el terreno tapizado de mariscos en grande extensión; en Ciudad Guzmán arranca árboles de cuajo y destruye las sementeras."
Noble y Lebrija, 1956:135

1881, noviembre
67
Chiapas: Osumacinta, San Gabriel
Plaga.
La langosta ocasionó "perjuicios en los pueblos de Osumacinta y San Gabriel".
S, 1881, 19 de noviembre

1881, noviembre
68
Yucatán: Motul
Escasez de lluvias.
Las lluvias "han escaseado tanto en el partido de Motul, que se temía ocurriese una gran mortandad de ganado vacuno".
S, 1881, 26 de noviembre

1881, noviembre
69
Chihuahua: Rosales
Plaga.
"Las cosechas de algodón se perdieron [en Rosales], tanto por el gusano como por la mancha."
S, 1881, 28 de noviembre

1881, diciembre
70
Tamaulipas: Escandón
Escasez de lluvias.
"Por falta de lluvias, las cosechas se han perdido en los distritos del centro y sur de Tamaulipas, con excepción de la municipalidad de Escandón."
S, 1881, 8 de diciembre

1882, 9-15 de enero
71
Sinaloa: Culiacán, Mazatlán, río Culiacán, río Humaya
Inundación.
Los ríos Humaya y Culiacán se desbordaron, inundaron las casas situadas en las márgenes y arrasaron las sementeras, las pérdidas se estimaron en 80 000 pesos.
S, 1882, 11, 23 de febrero; Noble y Lebrija, 1956:135

1882, 20 de febrero
72
Oaxaca: Ojitlán
Granizada.
"El 20 de febrero, como a las tres y media de la tarde cayó una fuerte granizada en Ojitlán, distrito de Tuxtepec, acompañada de viento huracanado y de lluvia torrencial, destruyó los plantíos de tabaco y algodón, perdiéndose del primero 25 000 arrobas y del segundo 30 000. Las granizadas no cesaron sino 24 días después, pero es de advertir que éstas fueron intermitentes."
Martínez Gracida, 1898

1882, 28 de febrero
73
Sinaloa: Culiacán
Lluvias abundantes.
"Son tan copiosas las lluvias en Culiacán, que los ríos desbor-

Sin título
Anónimo mexicano, 1882
Fuente: Méndez Petterson, 1997:121

dan y se destruyen los sembrados, los habitantes se refugian de las lluvias en las copas de los árboles."
Noble y Lebrija, 1956:135

1882, febrero
74
Sinaloa: Mazatlán
Carestía.
"En Mazatlán vale la carga de harina 30 pesos y el almud de maíz cinco reales."
S, 1881, 7 de febrero

1882, febrero
75
Yucatán: Celestún, Hunucma
Carestía.
"Ha comenzado a encarecerse [el maíz] en Yucatán." En Hunucma la cosecha de frijol e higuerilla se perdió; en Celestún la sal escaseó.
S, 1882, 17 de febrero

1882, febrero
76
Coahuila: La Laguna, río Nazas, San Pedro
Inundación.
"Ascienden a más de 100 000 pesos las pérdidas que los agricultores de La Laguna acaban de sufrir en sus sembrados con motivo de una inundación de las aguas del río Nazas." Las siembras de maíz y frijol en San Pedro se perdieron.
S, 1882, 18, 20 de febrero

1882, 2 de marzo
77
Chiapas: San Cristóbal
Plaga.
"Gruesas mangas de langosta pasan sobre San Cristóbal, dirigiéndose del sureste al oeste."
Noble y Lebrija, 1956:135

1882, 5 de marzo
78
Distrito Federal
Granizada.
"Granizada en la ciudad de México; algunos techos se derrumbaron por el peso del hielo."
Sanders, 1970:49

1882, marzo
79
Veracruz: Corral Nuevo, Cosamaloapan, Estanzuela, Otatitlán, San Juan, Santiago, Tuxtepec
Sequía. Plaga.
Las siembras de algodón se perdieron en su mayor parte por falta de agua. "La gran sequía que en general sufre la costa este año está perjudicando la nueva cosecha del algodón [...] a la gran sequía hay que agregar que ha aparecido el gusano por muchas milpas"; el gusano destruyó las siembras de la Estanzuela y San Juan.
S, 1882, 13, 17 de marzo

1882, marzo
80
Puebla: valle de Texmelucan
Helada.
"Se han hecho sentir recientemente en algunas sementeras del valle de Texmelucan causando considerables pérdidas en trigos y almácigos de chile."
S, 1882, 25 de marzo

1882, 2 de abril
81
Oaxaca: Santiago del Río
Granizada.
"Granizada en Santiago del Río; las piedras llegan a pesar hasta una libra, los plantíos son destruidos."
Noble y Lebrija, 1956:135

1882, 18 de abril
82
Veracruz: Pinopa, Zapaltecatl, Zongolica
Granizada.
Fuerte granizada en una faja extensa de Veracruz; en Zongolica las siembras quedaron destruidas; en las rancherías cercanas, destruyó completamente las siembras de tabaco.
S, 1882, 20 de abril; Galván, 1951:298; Noble y Lebrija, 1956:135

1882, abril
83
Yucatán
Carestía.
El *Eco del Comercio* sostuvo la necesidad de la libre importación del maíz para que el pueblo no sufriera de hambre.
S, 1882, 14 de abril

1882, abril
84
Veracruz: Tuxtilla
Carestía.
En Tuxtilla, "pérdida completa de la cosecha de algodón [...] la miseria de la población es muy grande a consecuencia de haber subido mucho de precio los artículos de primera necesidad".
S, 1882, 21 de abril

1882, abril
85
Distrito Federal
Sequía.
"La notable sequía que se experimenta en la presente estación, el insoportable calor que se ha hecho sentir en los últimos días, y la absoluta falta de agua en varios puntos de la ciudad, están causando el desarrollo de enfermedades contagiosas."
S, 1882, 25 de abril

1882, abril
86
Sinaloa: Concordia, San Ignacio
Epizootia.
"A consecuencia de haberse desarrollado esa terrible epide-

mia en Concordia y San Ignacio, está muriendo a centenares el ganado vacuno."
S, 1882, 1 de mayo

1882, 2 de mayo
87
Oaxaca: Santiago del Río
Granizada.
"Los árboles quedaron enteramente desnudos, perecieron multitud de aves, así como algunas crías de ganado. Los plantíos de chilares y algunos trigos fueron destruidos, quedando, en consecuencia, en la miseria algunas familias."
S, 1882, 6 de mayo

1882, 28 de mayo
88
Colima: Esperanza
Granizada.
"Fuerte granizada en la región de oriente: cerca de Esperanza en más de una legua sube el granizo media vara: las aguas forman barrancos y llegan a invadir lugares en donde antes no llegaban."
Galván, 1951:299

1882, 30 de mayo
89
Veracruz: Jaltipan, Minatitlán, Orizaba
Plaga.
La langosta invadió los campos de Jaltipan en Minatitlán "haciendo destrozos de alguna consideración".
S, 1882, 2 de junio; Noble y Lebrija, 1956:135

1882, 31 de mayo
90
Hidalgo: Pachuca
Inundación.
"Lluvias torrenciales en Pachuca; las inundaciones causan la muerte de varias personas."
Sanders, 1970:49

1882, mayo
91
Veracruz: Orizaba
Sequía.
"La actual sequía no permite que el río donde se toma el agua para la población, contenga la suficiente para surtir las fuentes."
S, 1882, 18 de mayo

1882, mayo-julio
92
Oaxaca
Escasez de lluvias.
"La escasez de lluvias hace presentir que la cosecha de añiles será mala; desde mayo para acá apenas han caído dos o tres aguaceros."
S, 1882, 5 de agosto

1882, mayo-agosto
93
San Luis Potosí: El Venado
Escasez de lluvias.
"Las semillas de primera necesidad han subido de precio debido a la escasez de lluvias, pues el maíz guarda el precio de 20 reales la fanega y el frijol cinco pesos."
DOSLP, 1882, 6 de octubre

1882, 14 de junio
94
Veracruz: San Nicolás
Huracán.
En San Nicolás, un huracán derribó casas y árboles, aunque no duró mucho.
Galván, 1951:300; Noble y Lebrija, 1956:135

1882, 30 de junio
95
Hidalgo: Huango, Pachuca
Inundación.
Inundación de las sementeras en Huango y de dos minas en Pachuca.
Galván, 1951:301; Noble y Lebrija, 1956:135-36; Sanders, 1970:49

1882, 30 de junio
96
Estado de México: San Mateo Mexicalzingo, Tolimalejo
Inundación.
En San Mateo Mexicalzingo una avenida intempestiva hizo perecer ahogados a varios, quedando destruidas las sementeras; en Tolimalejo el río se desbordó, destruyendo tapias, alfareses y huertos.
Galván, 1951:301; Noble y Lebrija, 1956:136; Sanders, 1970:49

1882, 30 de junio
97
Chiapas
Plaga.
"Aparecen mangas de langosta en Chiapas."
Noble y Lebrija, 1956:135

1882, 5 de julio
98
Puebla: Puebla, río Themisa, San Martín Texmelucan
Inundación.
El río Themisa se salió de cauce y rompió una cerca de bordo y terraplén de la vía férrea nacional de Puebla a San Martín Texmelucan.
DONL, 1882, 19 de julio

1882, 6 de julio
99
Jalisco: Cocula, Cuspalilla, San Cristóbal de la Barranca
Lluvias abundantes. Huracán. Granizada.
"El huracán que se desencadenó sobre San Cristóbal el 6 del que cursa; entre los granizos que cubrieron del todo las calles del pueblo y los campos inmediatos, había algunos de un tamaño sorprendente. En Cuspalilla, el ganado sufrió grandes estragos, y los árboles frutales de San Cristóbal, que son su principal artículo de comercio, quedaron en lamentable estado, perdiéndose en gran parte la cosecha de este año. De una manera extraoficial sabemos que Cocula y otros

puntos, han sido también víctimas de furiosas tempestades, que les han originado perjuicios de consideración."
DOJAL, 1882, 23 de julio

1882, 10 de julio
100
Jalisco: Tala
Inundación.
"El día 10 del presente una furiosa tempestad inundó la población de Tala; en las primeras horas de la madrugada el agua alcanzó dos varas de alto en determinados puntos y en el interior de algunas casas, aunque generalmente sólo se elevó a poco menos de un pie; varias fincas se desplomaron y muchas familias abandonaron sus hogares; el granizo destruyó completamente las sementeras, dio muerte a un gran número de animales domésticos y borró enteramente los caminos; las pérdidas se calculan en una cantidad mayor de 6 000 pesos."
DOJAL, 1882, 23 de julio

1882, 29 de julio
101
Puebla: hacienda de San Mateo Xopanac, hacienda de Santa María, San Martín Texmelucan
Granizada.
Una granizada "cayó en las haciendas de Santa María y San Mateo Xopanac destruyendo todas las siembras".
S, 1882, 8 de agosto

1882, 31 de julio
102
Distrito Federal
Granizada.
"Algunos estragos causó [...] particularmente en las sementeras de los alrededores de esta capital."
S, 1882, 2 de agosto

1882, julio
103
Yucatán: Valladolid
Escasez de lluvias.
"La absoluta carencia de lluvias está perjudicando grandemente al cultivo de las sementeras de maíz, hasta el grado que en muchas partes aún no se han podido hacer las siembras." En Valladolid el maíz escaseó y costó dos reales y medio el almud.
S, 1882, 25 de julio, 25 de agosto

1882, julio
104
Tamaulipas: Ciudad Victoria
Escasez de lluvias. Carestía.
"Los comestibles están caros y escasos a consecuencia de la falta de lluvias." El maíz subió a tres pesos fanega, la carne y el frijol escasearon; a causa del calor la gente enfermó y los muertos fueron enterrados a las seis horas según orden de la autoridad.
S. 1882, 4, 18 de agosto

1882, julio
105
Tabasco
Escasez de granos.
"La escasez de maíz era tan grande en aquel estado, que la legislatura había decretado una prima de 18 centavos y tres cuartos por cada arroba de aquel grano que se importara para el consumo de sus habitantes. Mientras que la federación cobra 50 centavos por kilogramo por la introducción de maíz en puertos mexicanos."
S, 1882, 4, 17 de agosto

1882, julio
106
Jalisco
Granizada.
"Muchas labores se han perdido completamente por las fuertes granizadas y por los diluvios que a cada momento se dejan sentir."
S, 1882, 9 de agosto

1882, julio-agosto
107
Veracruz: Tlacotalpan
Sequía.
"Se ha entablado una [sequía] por estos rumbos, con notable perjuicio de los ganados y siembras de caña y maíz."
S, 1882, 25 de julio, 14, 25 de agosto

1882, julio-septiembre
108
Hidalgo: Tula; Querétaro: San Juan del Río
Escasez de lluvias. Helada.
"Falta de lluvias y heladas tempranas. Las cosechas de maíz perdidas casi en su totalidad."
Padilla, 1980:108

1882, julio-septiembre
109
Colima: Manzanillo
Escasez de lluvias.
"Falta de lluvias, sequía en localidades tradicionalmente lluviosas. En las costas de Manzanillo se perdieron las cosechas."
Padilla, 1980:108

1882, agosto
110
Michoacán
Escasez de lluvias.
"Se teme mucho por las [cosechas] de maíz por la escasez de lluvias."
S, 1882, 14 de agosto

1882, agosto
111
Campeche
Escasez de lluvias.
"A 20 reales subieron en Campeche el precio de la carga de maíz, [...] las sementeras están en muy mal estado por la falta de lluvias."
S, 1882, 19 de agosto

1882, agosto
112
Chihuahua: Paso del Norte, río Bravo

Escasez de lluvias.
"Las lluvias no sólo han escaseado, sino que se han ausentado por completo al grado de que el que antes fue caudaloso Bravo, hoy apenas contiene agua para consumo de la población."
S, 1882, 26 de agosto

1882, agosto
113
Coahuila: San Pedro
Seca. Lluvias abundantes.
"Después de una durísima seca recibimos la primera agua en el río hasta el 2 de agosto, todo ese mes llovió con exceso."
S, 1882, 27 de noviembre

1882, 10 de septiembre
114
Veracruz: Minatitlán
Plaga.
La langosta tuvo invadido todo el cantón una semana destruyendo a su paso árboles y cuanto encontró.
Galván, 1951:303; Noble y Lebrija, 1956:136

1882, 27 de septiembre
115
Veracruz: Acayucan
Plaga.
"La langosta ha invadido el cantón de Acayucan haciendo grandes estragos en aquellos campos."
Galván, 1951:303

1882, 30 de septiembre
116
Veracruz
Inundación.
"En este mes han sido tan abundantes las lluvias en Veracruz, que causan una fuerte inundación en los barrios extramurales del sur de la ciudad."
Galván, 1951:303

1882, 30 de septiembre
117
Chihuahua
Inundación.
"En Chihuahua también ha habido abundancia de lluvias, al grado que se interrumpen las comunicaciones de aquella capital con el resto de la república."
Galván, 1951:303

1882, 4 de octubre
118
Coahuila: San Pedro, Santa Teresa
Granizada.
El granizo destruyó los plantíos de algodón desde Santa Teresa hasta la colonia de San Pedro.
S, 1882, 27 de noviembre

1882, 18-19 de octubre
119
Baja California Sur: Cabo San Lucas
Ciclón.
"A las seis de la tarde se desata un fuerte ciclón en el puerto de Cabo San Lucas, que cesa a las cinco y media de la mañana siguiente. Vuela el corredor de la aduana; la mayor parte de las casas del pueblo quedan destruidas; lo mismo el monte en un radio de 15 millas. Ninguna desgracia personal que lamentar; las pérdidas se calculan en 18 000 pesos."
Galván, 1951:304

1882, octubre
120
Veracruz: Amatlán, Cosamaloapan, El Marquez, Jalapa, Mahuistlán, Huatusco, San José, San Nicolás, Tlaxlicoyán, Tuxtlas
Plaga.
La langosta "continúa invadiendo la costa de Veracruz y acabando con las sementeras". En Cosamaloapan arrasó con las siembras de algodón.
S, 1882, 16, 23, 25 de octubre, 2, 14 de noviembre
"Los tordos y gavilanes, en grandes bandadas, perseguían a últimas fechas, a guisa de policía de los campos, a esta terrible plaga [la langosta], que diseminada en una extensión de poco más de 20 leguas abrazaba a todo el cantón de Cosamaloapan."
DOSLP, 1882, 7 de noviembre

1882, octubre
121
Campeche: Chenes, Heceleckan
Plaga.
"Las sementeras de maíz han sido destruidas, lo cual ha causado grandes pérdidas a aquellos agricultores."
S, 1882, 2 de noviembre

1882, octubre
122
Oaxaca: Juchitán, Tehuantepec
Plaga.
"La langosta estaba en Juchitán en la fecha de dicha carta [?] y era esperada de un momento a otro en Tehuantepec. Forma una nube compacta de tres leguas de largo por una de diámetro y destruye cuantos vegetales encuentra a su paso."
DOSLP, 1882, 24 de octubre
La langosta "ha acabado con las sementeras, causando enormes perjuicios a los agricultores".
S, 1882, 9 de noviembre

1882, octubre-diciembre
123
Durango
Escasez de granos.
En virtud de haber subido el precio del maíz, el ayuntamiento propuso que se comprara.
S, 1882, 31 de octubre
"Con motivo de la escasez [de maíz] su precio ha subido hasta siete pesos carga."
S, 1883, 2 de enero

1882, octubre-1885, noviembre
124
Guerrero: Abasolo, Allende, Ayutla, Chilpancingo, Galeana, Lochistlahuaca, Ometepec, Tavares, Tlacoachistlahuaca

Escasez de lluvias. Carestía.
Al finalizar 1882, se informó que la cosecha de maíz fue "muy escasa a consecuencia de la notable irregularidad de la estación de aguas". Al principiar 1883, se publicó que "por la falta de lluvias se perdieron las cosechas en varios lugares y en otros no recogieron los agricultores las que esperaban. Esto ha dado por resultado que el maíz, el frijol, y la harina, además de estar muy escasos, tengan un precio muy elevado".
S, 1882, 28 de octubre; 1883, 25 de enero
En 1886, el jefe político de Ometepec informó que con motivo de la sequía sufrida en 1885 "se perdió la cosecha de maíz y no se consigue maíz ni a 36 pesos" la carga.
CPD, l. 11, c. 11, f. 5307
En 1887, el gobernador informó que "varios años de esterilidad que precedieron al último de 1886 dejaron en muchos pueblos por triste consecuencia la enorme carestía de artículos de primera necesidad y con ellos la desesperante miseria de la clase más numerosa del pueblo. Los distritos de Abasolo, Allende, Tavares y Galeana, vieron a muchos de sus moradores abandonar sus casas y pueblos para buscar el alimento más preciso en extrañas tierras, y otras veces remontarse a los bosques de palmeras para chupar el jugo de éstas por todo alimento".
Memoria, Gro., 1887:2

1882, 18 de noviembre
125
Chihuahua: Paso del Norte
Nevada.
Fuerte nevada en el Paso del Norte, que comenzó a las siete de la mañana y terminó a las seis de la tarde. La nieve depositada en las calles tenía una altura de nueve pulgadas.
Galván, 1951:305; Noble y Lebrija, 1956:136

1882, noviembre-1883, diciembre
126
Yucatán: Chan Santa Cruz, hacienda Chimay, Huanucma, Mérida, Motul, Papacal, Pixcacalcupul, Progreso, Valladolid, Vidal del Castillo; Oaxaca: Cacahuatepec, Cortijos, Jamiltepec, Pinotepa, Pochutla, Sisal, Tepextla, Tuxtepec; Tabasco; Veracruz: hacienda Cuautlalpam, Orizaba
Plaga. Escasez de granos.
A fines de 1882, la langosta invadió la hacienda Chimay y causó graves perjuicios, pues "se presentó en abundancia tal que los cocoteros, los pinos, etc. están materialmente cubiertos de estos insectos". Desde abril de 1883, recorrió el trayecto que hay de Mérida a Progreso, atacó los cocoteros, los pinos y el henequén y dejó las "milpas perdidas en su totalidad". Desde mayo hasta julio, invadió los campos e hizo estragos en las milpas de temporal, yucas, sementeras y hortalizas, dejándolos sin esperanza de cosecha. En agosto, llegó hasta el norte de Huanucma "y en tres días destruyó la mayor parte de las sementeras". Para diciembre, el acrídido invadió "los campos que ocupan los indios sublevados de Chan Santa Cruz".
S, 1882, 22 de noviembre, 28 de diciembre, 1 de febrero; 1883, 19 de abril, 8, 15, 27 de junio, 12 de julio, 31 de agosto, 26 de diciembre
"Rudo fue el golpe que sufrió nuestra agricultura con la langosta que en numerosísimos enjambres invadió al estado en los últimos meses de 1882. Extendida y multiplicada en extraordinaria rapidez por toda la extensión de nuestro suelo, la mayor parte de nuestras sementeras de maíz fueron en el año próximo pasado [1883], el pasto favorito de su voracidad." La legislatura decretó que todos los habitantes participaran a fin de acabar con la langosta y creó juntas populares para organizar y vigilar los trabajos, lográndose que la plaga desapareciera en algunos municipios, "aunque por desgracia todavía hay muchos en que sigue ejerciendo su voraz instinto. Los perjuicios consiguientes a la invasión de la langosta han sido de gran magnitud para nuestros agricultores, y [se hizo todo lo necesario para] apartar del estado la escasez que se anunciaba y temía con sus inherentes calamidades".
Memoria, Yuc., 1884:13-14; POGELSO, 1883, 4 de mayo
En julio "la langosta invade algunas regiones de Oaxaca, Tabasco, Veracruz y Yucatán, causando en ellas pérdidas de consideración, miseria y hambre en los pueblos".
Galván, 1951:312
"Tenemos con positiva pena, que informar que el terrible acrídido, que desde el año pasado está siendo una calamidad para la agricultura de muchos pueblos del estado [Oaxaca], ha invadido últimamente en gran cantidad la cabecera del distrito de Pochutla [...] Se cree que para esa región fatalmente se han convocado los terribles roedores, siendo unas mangas las que pudieron ahuyentar los pueblos de la Mixteca y Valle, y otras, en fabulosas extensiones, las que han venido del estado de Veracruz."
POGELSO, 1883, 29 de junio; 17, 21 de agosto

1882, 6 de diciembre
127
Sinaloa: Siqueiros
Granizada.
Una granizada "cayó por el rumbo de Siqueiros y destruyó completamente los plantíos de algodón y frijol".
S, 1882, 30 de diciembre

1882
128
Sinaloa
Escasez de granos.
Por la escasez de maíz, el congreso expidió un decreto mediante el cual el maíz quedó libre de derechos municipales por seis meses a partir del 1 de noviembre de 1882.
S, 1882, 22 de noviembre

1882
129
Sinaloa: Cosalá
Plaga. Escasez de lluvias.
"Una plaga que tal vez los daños que cause sean de más consideración que la falta de lluvias en este año, pues nos han invadido millones y millones de ratas." En Cosalá, se perdieron las siembras de maíz, caña, plátano, naranja, mango y calabaza por la plaga de ratas.
S, 1882, 28 de diciembre

1882
130
Tamaulipas: Tula
Escasez de granos.
"La cosecha de semillas [...] no será suficiente para el consu-

mo de la población. El valor de la fanega de maíz es de tres pesos y la del frijol seis."
S, 1882, 29 de diciembre

1882
131
Querétaro; Hidalgo; Colima
Sequía.
"Sequía en Querétaro, Hidalgo y Colima."
Espinosa, 1987:146-147

1882
132
Centro del país
Escasez de lluvias.
"Falta de lluvias. Malas cosechas en general."
Padilla, 1980:108

1882
133
Estado de México: Amecameca
Helada.
Debido al pánico de los labradores por las funestas consecuencias, se promovieron peregrinaciones a México.
MR, 1882, 13 de octubre

1882-1883
134
Nuevo León
Sequía. Lluvias abundantes. Granizada.
"Algunos accidentes han venido a causar perjuicios de grande consideración en varias municipalidades. La sequía en unas ha perdido muchas siembras de las que no podían contar con riego permanente y en otras, como las que se hallan al noreste de esta capital, el granizo y las lluvias continuadas y abundantes han destruido las plantas casi en fruto."
Memoria, NL, 1883:11

1883, 9 de enero
135
Veracruz
Viento.
"Se desata un fuerte norte en Veracruz que origina algunos perjuicios; varios botes rompen sus amarres y se estrellan contra la playa."
Galván, 1951:307

1883, enero
136
Veracruz: Jalapa, Ozuluama
Helada.
"Han sido diarias las que han caído en Jalapa durante la semana pasada causando graves perjuicios a los plantíos de tabaco."
S, 1883, 20 de enero
En Ozuluama, "con motivo de haberse helado los cañales ha subido el precio del piloncillo a seis y siete pesos carga".
García, 1991:259

1883, enero
137
Guerrero: Chilpancingo
Epizootia.
"Diariamente y sin síntoma alguno aparente mueren de tres a cuatro especies [de ganado vacuno y caballar]. A esto se agrega la falta de pastos consiguiente a la estación en que nos encontramos."
S, 1883, 12 de enero

1883, enero-mayo
138
Guerrero: Chilpancingo
Carestía.
Carestía de artículos de primera necesidad, los cuales subieron de precio. El maíz, que en otros años valía dos o tres pesos la carga en los primeros meses, subió a seis. La carne de mala calidad se vendió a mayor precio.
S, 1883, 7, 13 de febrero, 25 de mayo

1883, 28 de febrero
139
Estado de México
Lluvias abundantes.
"Fuertes tormentas en el Estado de México interrumpen el servicio telegráfico."
Sanders, 1970:49

1883, 28 de febrero
140
Puebla: Apizaco, monte del Volcán; Veracruz: Cofre del Perote, Huatusco
Nevada.
Cayó una nevada desde la parte norte del monte del Volcán hasta el Cofre del Perote; el camino de esa ciudad a Huatusco quedó completamente cubierto de nieve, sepultando muchos animales con carga; el ganado lanar y cabrío también se vio afectado, pues en Apizaco perecieron más de 300 cabezas.
S, 1883, 13 de marzo; Galván, 1951:307; Noble y Lebrija, 1956:137

1883, febrero
141
Sinaloa: Mazatlán
Nevada.
"Las siembras de algodón perdieron su primer fruto a consecuencia de las nevadas que allí han caído."
S, 1883, 16 de febrero

1883, febrero
142
Chiapas: Pichucalco
Plaga.
"Esta terrible plaga está originando desde hace cuatro años, gravísimos perjuicios."
S, 1883, 21 de febrero

1883, febrero
143
Tamaulipas: Matamoros
Carestía.
La carne "guarda un precio excesivo [...] pocas son las personas que pueden comprarlo".
S, 1883, 26 febrero

"El jornalero gana al día cuatro reales [...] el maíz lo expenden los revendedores a razón de cuatro reales el almud."
S, 1883, 2 de marzo

1883, febrero-marzo
144
Veracruz: Coatepec
Lluvias abundantes.
"Las lluvias de febrero y marzo han causado pérdidas de importancia a los agricultores." Los precios del maíz y el frijol se vieron afectados por esa causa.
S, 1883, 10 de abril

1883, 12-14 de marzo
145
Jalisco: Mascota
Huracán.
Espantoso huracán en Mascota y algunos pueblos del cantón causó grandes pérdidas a los propietarios de fincas rústicas y urbanas.
Galván, 1951:308; Noble y Lebrija, 1956:137

1883, marzo
146
Distrito Federal; Estado de México: Toluca
Nevada.
"Al comenzar este mes, magníficas nevadas en diversas regiones del país, cosa que es muy raro de contemplar en el valle de México [...] en las mismas circunstancias se encontraron los moradores del valle de Toluca y otras regiones del país en que también nevó."
Galván, 1951:308

1883, marzo
147
Campeche; Tabasco; Tamaulipas; Veracruz; Yucatán
Viento.
"Fuertes y constantes vientos en el golfo, que causaron algunos desastres."
Galván, 1951:308

1883, marzo
148
Campeche; Yucatán: Mérida
Lluvias abundantes.
"Por haber sido tan excesivas las que han caído en el camino de Mérida a Campeche, ha sido imposible levantar no sólo las cosechas de maíz, sino preparar el terreno para los nuevos trabajos agrícolas."
S, 1883, 6 de abril

1883, marzo
149
Tabasco: San Juan Bautista
Escasez de granos.
"Ha vuelto a escasear este cereal en San Juan Bautista."
S, 1883, 6 de abril

1883, 7 de abril
150
Michoacán: Apatzingán
Huracán.
El huracán "se llevó las casas de madera de los ranchos que encontró a su paso y destruyó igualmente las huertas de sandía y otros frutos, causando a los propietarios de éstas, lo mismo que a los de ganado, pérdidas considerables".
S, 1883, 1 de mayo

1883, 14 de abril
151
Querétaro
Viento.
En las primeras horas de la noche sopló un fuerte viento en Querétaro; en la ribera del río desprendió de raíz algunos árboles y arrojó al suelo varios techos de teja en los suburbios de la ciudad.
Galván, 1951:309; Noble y Lebrija, 1956:137

1883, abril
152
Veracruz: hacienda de Nopalapan
Escasez de lluvias.
"Por falta de agua se están muriendo los ganados de la hacienda de Nopalapan, [...] pues las lluvias han sido muy escasas por ese rumbo."
S, 1883, 17 de abril

1883, abril
153
Veracruz: Cosamaloapan
Plaga.
"La langosta y el saltón no causaron ningún mal comparado con el que nos ha hecho el gusano, que terminó ya con todas las milpas."
S, 1883, 19 de abril

1883, abril
154
Chihuahua: Paso del Norte
Helada.
Dos heladas "originaron gravísimos perjuicios a los agricultores de ese lugar".
S, 1883, 9 de mayo

1883, 2 de mayo
155
Puebla
Huracán.
"Sopla fuerte huracán en Puebla y en las poblaciones inmediatas causando estragos de consideración en los edificios y campos; la estación del ferrocarril de Matamoros y la provisional de la zona carbonífera son derribadas. Casi todos los tejados y citarillas de azoteas también son destruidas."
Galván, 1951:309; Noble y Lebrija, 1956:137

1883, 4-5 de mayo
156
Nuevo León: General Zuazua
Granizada.
"Quedaron reducidos a la nada los sembrados de maíz, caña de azúcar, etc., incluso las huertas."
S, 1883, 23 de mayo

1883, 8 de mayo
157
Puebla: San Martín Texmelucan
Granizada.
Una granizada "destruyó completamente las cosechas de trigo que estaban próximas a levantarse".
S, 1883, 19 de mayo

1883, 9 de mayo
158
Oaxaca: Jiotes, Huautla, San Juan Cuatzopan, San Miguel, Santa María
Granizada.
Fuerte granizada en los pueblos mencionados, que destruyó los sembrados y mató algún ganado.
Galván, 1951:310; Noble y Lebrija, 1956:137

1883, 9 de mayo
159
Morelos: Santiago Lochivia, Yautepec
Granizada.
"En el pueblo de Santiago Lochivia, distrito de Yautepec, un huracán causó la muerte de muchos animales y la destrucción de las sementeras."
S, 1883, 15 de junio; Galván, 1951:310; Noble y Lebrija, 1956:137

1883, 9 de mayo
160
Veracruz: Zongolica
Granizada.
En Zongolica una granizada ocasionó muchos perjuicios; los sembrados de frijol, tabaco y maíz quedaron destruidos. Mató pollos y gallinas y algunos chivos y borregos.
S, 1883, 12, 19 de mayo; Galván, 1951:310

1883, 20 de mayo
161
Estado de México
Plaga.
"Por noticias de varias partes se sabe que la langosta que actualmente merodea en varios distritos del Estado de México, cubre un extensión de cuatro leguas cuadradas."
Noble y Lebrija, 1956:137

1883, 22 de mayo
162
Morelos: Tlapacoyan
Inundación.
"Los aguaceros hicieron salir de su cauce al río que atraviesa aquella plaza y fueron arrebatados los puentes, ganado mayor, cerdos, varias paredes, tecorrales, etc. Se calcula la pérdida en cerca de 2 000 pesos."
S, 1883, 7 de junio

1883, 28 de mayo
163
Hidalgo: Acatlán
Granizada.
"En Acatlán y sus campiñas, una tromba cae el día 28, acompañada de granizo, arranca árboles y puentes, arreando con rebaños y ganado, dejando los laboríos muy escasos de tierra vegetal."
Noble y Lebrija, 1956:137

1883, 29 de mayo
164
Puebla: Zacatlán
Inundación.
"La inundación abarcó las principales casas del centro, ocasionando en ellas pérdidas de consideración, tanto en los edificios como en el menaje, ropas de las familias, animales y otros objetos."
S, 1883, 19 de junio

1883, 31 de mayo
165
Guanajuato: León; Jalisco: Lagos
Lluvias abundantes.
"Las abundantes lluvias de este mes ocasionan desgracias en algunos puntos del país; entre León y Lagos se desbordan los ríos."
Noble y Lebrija, 1956:137

1883, mayo
166
Tlaxcala: Huamantla
Escasez de lluvias.
"Se teme que la cosecha [de maíz] se pierda a consecuencia del excesivo calor y de la falta de lluvias. El precio que actualmente tiene es de seis pesos y medio, es decir, 20 reales más del que siempre ha tenido."
S, 1883, 23 de mayo

1883, mayo-junio
167
Guanajuato: Guanajuato
Lluvias abundantes. Escasez de lluvias.
"Merecen un recuerdo las lluvias de este año en Guanajuato por su abundancia en los principios, y por su escasez, al fin. En los últimos días del mes de mayo y en los primeros de junio llovió con tan extraordinaria abundancia que por diversas partes ocasionó el agua graves perjuicios: se reconocieron las casas por orden de la policía para que se dejaran solas las que amenazaban ruina, y varias pequeñas vinieron realmente a tierra: el ferrocarril quedó completamente destrozado a inmediaciones de Marfil, y habiéndolo sido igualmente en otros puntos del rumbo de México, tuvo que quedar por varios días interrumpido el tráfico y aun la correspondencia."
Marmolejo, 1973, IV:387

1883, mayo-junio
168
Veracruz: hacienda del Jazmín, playa San Vicente, San José, Tesechoacan
Plaga.
En varios puntos de Veracruz la langosta afectó a los cultivos de maíz.
S, 1883, 12, 18, 21 de mayo, 13, 28 de junio

1883, mayo-septiembre
169
Coahuila: Ramos Arizpe

Escasez de lluvias.
Sequía en Coahuila. Pérdida de las cosechas de maíz y frijol.
"Las cosechas de maíz y frijol en Ramos Arizpe, se han perdido completamente por falta de lluvias."
S, 1883, 12 de octubre; Padilla, 1980:108; Espinosa, 1987:147

1883, mayo-septiembre
170
Michoacán: Huetamo, Tuzantla, Zitácuaro
Escasez de lluvias. Escasez de granos.
"Las lluvias han sido escasísimas, y por esto muchas gentes no sembraron maíz; el pasto está chico y los cañaverales no se han desarrollado bien; de todo esto ha provenido no sólo la carestía de maíz, sino también su escasez [...] las fincas han resentido una mortandad de ganado que se calcula en un 20 por ciento, y esto ha hecho subir el precio del ganado en Tuzantla y Huetamo."
S, 1883, 6 de octubre
Sequía en Michoacán. Falta de lluvias. Alza en el precio de los cereales; se exceptuó de impuestos al maíz que se introdujera en el distrito.
Padilla, 1980:108; Espinosa, 1987:147

1883, junio
171
Oaxaca: llano de Yosevee, Tlaxiaco
Granizada.
La granizada "destruyó cuatro puentes de madera en el llano de 'Yosevee' [...] llevándose la barrancada un novillo, una mula y algún ganado menor".
S, 1883, 29 de junio

1883, junio
172
Sinaloa: Mazatlán
Lluvias abundantes.
Con motivo de dos fuertes aguaceros, los agricultores, "y muy particularmente los salineros" de Mazatlán, tuvieron pérdidas.
S, 1883, 8 de junio

1883, junio
173
Veracruz: Córdoba
Carestía.
"Los artículos de primera necesidad valen un sentido [...] el frijol cuesta a seis reales el cuarterón o sea a 24 pesos la carga."
S, 1883, 12 de junio

1883, junio-julio
174
Oaxaca: La Trinidad, Oaxaca, Pochutla, Tuxtepec; Tabasco; Veracruz; Yucatán
Plaga.
Desde mayo hasta julio, la langosta invadió los campos, haciendo estragos en las milpas de temporal, yucas, sementeras y hortalizas; no había esperanza de cosecha.
S, 1883, 8, 15 de junio, 12 de julio
En julio "la langosta invade algunas regiones de Oaxaca, Tabasco, Veracruz y Yucatán, causando en ellas pérdidas de consideración, miseria y hambre en los pueblos".
Galván, 1951:312

1883, junio-julio
175
Tamaulipas: Ciudad Victoria, Nuevo Laredo
Escasez de granos.
En Ciudad Victoria, "con motivo de haberse perdido algunas sementeras [de maíz] el precio es de cuatro y medio pesos".
S, 1883, 22 de junio
En Nuevo Laredo, "escasea y ha subido el precio del maíz, artículo de primera necesidad, por lo que el pueblo sufre, primero por la carestía de carne y hoy por el maíz".
S, 1883, 13 de julio

1883, julio
176
Campeche: Becal, Calkini, China, Xuckan
Plaga.
"Multitud de haciendas y casi todas las sementeras del pueblo de China han sufrido considerablemente."
S, 1883, 2, 13 de agosto

1883, agosto
177
Nuevo León: Doctor Arroyo, Monterrey
Lluvias abundantes.
Una tormenta en Doctor Arroyo dejó "algunas reses muertas por rayos y centellas, en distintas partes causando mil averías y estragos en las sementeras de maíz y frijol".
S, 1883, 14 de agosto

1883, agosto
178
Colima
Escasez de lluvias.
"Con motivo de haber sido muy escasa la lluvia, los agricultores del sur y occidente de Colima temen que se pierdan sus cosechas."
S, 1883, 24 de agosto

1883, agosto
179
Sinaloa
Sequía.
"Es increíble la que durante toda la canícula han sufrido los habitantes del estado, pues ni una gota de agua ha caído; en cambio hubo calores insoportables [...] el río Bravo este año ha estado tan seco, siendo así que ésta es la estación de las crecientes."
S, 1883, 5 de agosto

1883, agosto
180
Chihuahua: Paso del Norte
Escasez de lluvias.
Durante todo el mes de agosto no llovió y "los agricultores de dicha villa temen, y con justa razón, que no haya cosechas el año entrante".
S, 1883, 17, 25 de septiembre

1883, agosto
181
Puebla: Zacatlán
Sequía.
"Las cosechas de maíz se han perdido completamente, debido a la prolongada sequía que hubo en aquella localidad durante el mes de agosto."
S, 1883, 18 de septiembre

1883, 24-25 de septiembre
182
Guanajuato: Acámbaro; Michoacán: Guadalupe, río Jacona, Santa Ana, Uruapan, Tautan, Tuzantla, Zamora, Zitácuaro
Inundación.
"Las fuertes lluvias que se verificaron en Zamora produjeron abundantes avenidas en el río de Jacona que causaron la inundación de una gran parte del pueblo, destruyendo dos casas y las presas que mueven los molinos de trigo. En Zitácuaro, una manga de agua causó destrozos en los campos, acueductos y barbechos. Las crecientes perjudicaron las labores de la caña de Santa Ana y Guadalupe."
S, 1883, 22 de octubre

1883, 29 de septiembre
183
Veracruz: San Andrés Tuxtla
Lluvias abundantes.
Una manga de agua "originó grandes pérdidas a los agricultores".
S, 1883, 5 de octubre

1883, septiembre
184
Chiapas: San Cristóbal
Plaga.
La langosta "tiene invadidos muchos departamentos, causando innumerables perjuicios".
S, 1883, 10 de septiembre

1883, septiembre
185
Tamaulipas: villa de Bustamante
Helada.
Las cosechas de maíz "es muy probable que se pierdan a consecuencia de las fuertes heladas que han caído".
S, 1883, 25 de septiembre

1883, septiembre
186
Guerrero: Allende
Plaga.
Los habitantes de Allende "han sufrido mucho con la invasión de la langosta que continúa destruyendo las sementeras".
S, 1883, 1 de octubre

1883, 2-3 de octubre
187
Sinaloa: Altata, Amole, Badiraguato, Culiacán, El Fuerte, Joua, La Brecha, Mazatlán, puerto del Mangle, rancho del Chino, Sarabia
Ciclón.
A consecuencia de un fuerte ciclón, en La Brecha y Amole fueron destruidas más de las dos terceras partes de la población; en el rancho del Chino los animales se ahogaron y los sembrados se perdieron; en Badiraguato se vieron afectados los sembrados de maíz y frijol.
S, 1883, 17, 19 de noviembre
"En Mazatlán y contornos un fuerte ciclón causa la pérdida de 12 embarcaciones; en Culiacán se pierden los sembrados; en Altata queda destruida la población; las pérdidas son incalculables."
Noble y Lebrija, 1956:138

1883, 6-8 de octubre
188
Tamaulipas: Chiquihuam, villa de Bustamante
Helada.
"Un diario de la capital [D.F.] anuncia que en la villa de Bustamante y Chiquihuam, cayeron fuertes heladas entre el 6 y 8 de octubre que han destruido las sementeras de maíz."
BSAM, 1883, 9 de octubre

1883, 16 de octubre
189
Oaxaca: Pochutla
Ciclón.
"Los caminos de la región cafetera, quedaron absolutamente intransitables, por los grandes derrumbes de las montañas. Las plantaciones de café sufrieron mucho. La cosecha ha perdido bastante, pues el viento arrancó todo el café que estaba listo para la recolección."
S, 1883, 12 de noviembre

1883, octubre
190
Tamaulipas: Bustamante, Miquihuama
Helada.
"Fuertes heladas han destruido los sembrados."
BSAM, 1883, 27 de octubre

1883, octubre
191
Guanajuato
Escasez de lluvias.
"Hay temores de que se pierdan las cosechas de la mayor parte del estado de Guanajuato, por la falta de lluvias."
S, 1883, 10 de octubre

1883, octubre
192
Coahuila: Ramos Arizpe
Escasez de lluvias.
"En Ramos Arizpe se han perdido las cosechas de maíz y frijol a causa de la escasez completa de lluvias."
BSAM, 1883, 20 de octubre

1883, octubre
193
Jalisco: río de Tomatlán
Inundación.
"El río de Tomatlán se desbordó últimamente de un modo

extraordinario, llevándose gran parte de las sementeras, calculándose la pérdida en más de 2 000 fanegas de maíz."
S, 1883, 19 de octubre

1883, 9 de noviembre
194
Puebla: Huixotla
Plaga.
"Una gran mancha de langosta de chapulines ha comenzado a destruir completamente los pastos, plantas y sembrados de toda especie."
S, 1883, 26 de noviembre

1883, 12-17 de noviembre
195
Yucatán: Valladolid
Plaga.
"Se mataron en Valladolid, 227 arrobas de langosta saltona, y 116 arrobas de langosta voladora, y además se desenterraron 11 arrobas de larva, cuya cantidad de langosta unida a la que se ha matado desde agosto, alcanza la enorme suma de 74 077 arrobas."
BSAM, 1883, 15 de diciembre

1883, 21 de noviembre
196
Oaxaca: Pochutla, San Agustín Loxicha, Tlacolulita
Viento.
Un fuerte viento destruyó completamente las sementeras de maíz.
S, 1883, 14, 27 de diciembre

1883, noviembre
197
Baja California
Carestía.
"Parece que es tan grande la que hay en Baja California de los artículos de primera necesidad, que ni el pan ni la carne ni otros artículos indispensables para la vida se han encontrado en aquella ciudad."
S, 1883, 6 de noviembre

1883, noviembre
198
Sinaloa: Mazatlán
Epizootia.
"Se ha desarrollado una epidemia entre los caballos y las mulas, que están originando grandes pérdidas a los agricultores del puerto."
S, 1883, 19 de noviembre

1883, noviembre
199
Zacatecas
Escasez de lluvias.
"Las cosechas de maíz y frijol han sido muy escasas por falta de lluvias."
S, 1883, 5 de diciembre

1883, noviembre
200
Michoacán: Carrizal, Coahuayana, Huetamo
Plaga. Escasez de lluvias. Escasez de granos.
Una plaga de chapulín causó algunos destrozos en las sementeras.
S, 1883, 6 de diciembre
"La falta de lluvias ha ocasionado la escasez y alza de los cereales en el distrito de Huetamo. El gobernador ha dictado, con aprobación de la legislatura, la exención de derechos a todo el maíz que se introduzca en aquel distrito."
BSAM, 1883, 10 de noviembre

1883, noviembre
201
Oaxaca: Pochutla
Huracán.
"se informaran nuestros lectores del terrible fenómeno meteorológico que acaba de causar un hondo pánico en los tranquilos habitantes de San Agustín Loxicha del distrito de Pochutla, destruyendo además todas las sementeras y árboles de los abiertos campos que atravesó."
POGELSO, 1883, 5 de diciembre
"Un fuerte huracán destruyó en Pochutla los sembrados de maíz, y después cayó una lluvia torrencial que tuvo una duración de dos días y dos noches."
BSAM, 1883, 29 de diciembre

1883, noviembre-diciembre
202
Oaxaca: Jamiltepec, Juquila, Pochutla, Salina Cruz
Plaga.
"Este destructor acrídido está concluyendo con los bosques, arboledas y sembrados de los importantes distritos de Juquila y Jamiltepec, después de haber hecho destrozos en los campos de Salina Cruz." En diciembre continuaba en Pochutla.
S, 1883, 7, 14 de diciembre
"Aún no desaparece de Oaxaca esta terrible plaga. La nube de saltones que estaba en Pochutla levantó el vuelo y fue a posarse en Salina Cruz. En Juquila y Jamiltepec continuó su obra de destrucción el maldito animal."
BSAM, 1883, 15 de diciembre

1883, noviembre-diciembre
203
Sonora
Escasez de lluvias.
"Se teme que sean muy malas las cosechas de maíz y frijol que se van a levantar en Sonora, debido a la escasez de lluvias."
BSAM, 1883, 1 de diciembre

1883, diciembre
204
Veracruz: Huatusco, Orizaba, Zongolica; Yucatán
Plaga.
"Esta terrible plaga de los agricultores, ha vuelto a invadir los campos de Yucatán, y sabemos también que se encuentra en el estado de Veracruz, en los cantones de Huatusco, Orizaba y Zongolica."
BSAM, 1883, 1 de diciembre

1883, diciembre
205
Yucatán: Chan Santa Cruz, Hoctun, Palmar, Paxchagan, Sastima, Valladolid

Plaga.
"En el partido de Valladolid, se destruyó la enorme cantidad de 3 021 arrobas de langosta saltona, en una semana. En Hoctun se mataron 180 arrobas del pernicioso animal."
BSAM, 1884, 5 de enero
"Se presentó en el mes de diciembre [la langosta] en los campos de Chan Santa Cruz, cantón de los indios rebeldes del oriente de Yucatán. Una embarcación llegó a Belice, y la tripulación refiere haber encontrado en el mar un gran manchón de langosta muerta; se supone que tales insectos se dirigían a esos rumbos, y que probablemente el fuerte mar arrojó la plaga al mar. La última noticia es que ésta ha invadido a Sastima, Palmar y Paxchagan, puntos situados a cuatro o cinco leguas de Corozal.
"Los indios de Chan Santa Cruz, según refiere un chino que ahí estaba cuando sobrevino la langosta, recibieron a ésta con gran alegría, y el general de los rebeldes ordenó que quien matara un solo insecto, sería castigado con azotes, conforme a sus preocupaciones preparan comida y bebida que depositan en las milpas y en los árboles del campo para satisfacer al voraz enemigo."
BSAM, 1884, 5 de enero

1883, diciembre
206
Colima
Plaga.
"La que ha caído en Colima destruye a gran prisa los plantíos de algodón."
BSAM, 1883, 1 de diciembre [El mismo comentario se da el 5 de enero de 1884 en el BSAM.]

1883, diciembre
207
Guerrero: Ometepec
Plaga.
"Estragos en los cultivos por la langosta."
AP, v. 382
En la segunda quincena de diciembre "500 arrobas pesaba la langosta matada en Ometepec".
BSAM, 1884, 12 de febrero

1883
208
República Mexicana
Carestía.
"Carestía generalizada."
Espinosa, 1987:147

1883-1884
209
Nuevo León
Sequía. Escasez de granos.
"La extrema sequía que nos agobió desde el año de 1883 estorbó el desarrollo de la agricultura, al grado de que en casi todas las municipalidades escaseasen las semillas de urgente necesidad, y ocasionó una enorme pérdida de animales que fueron víctimas de la falta de pastos y del agotamiento de abrevaderos. Consecuencia de la pérdida de las cosechas fue la escasez del maíz y la alza de su precio durante todo el año de 1884 y parte del actual [1885]. En cuanto a la cría de ganados, disminuida considerablemente por la sequía, ha comenzado a mejorarse desde que las lluvias han restablecido los buenos y abundantes pastos de nuestros agostaderos."
Memoria, NL, 1885:19-20

1883-1887
210
Oaxaca
Plaga.
"En algunos distritos han aparecido manchones de langosta [...] De celebrarse es que la plaga de la langosta, que originó males tan trascendentales a los pueblos, haya sido ahuyentada de los diversos puntos del estado que había invadido merced a los esfuerzos de los habitantes y a las disposiciones acertadas de las autoridades."
Memoria, Oax., 1885:18 y 32

1884, 18 de enero
211
Oaxaca
Plaga.
"Millones de langostas han caído el 18 de enero sobre Oaxaca, siendo tan densa la nube que formaban que se nubló el sol."
BSAM, 1884, 2 de febrero

1884, enero
212
Yucatán: Peto
Plaga.
"Se han matado en Peto 1 045 arrobas de langosta."
BSAM, 1884, 16 de febrero

1884, enero
213
Guerrero; Michoacán
Plaga.
"Este destructor acrídido continúa destruyendo las sementeras de algunos terrenos de Michoacán y Guerrero." En los puntos que tocó en Michoacán, sólo afectó a los pastos.
S, 1884, 8, 29 de enero
"Este pernicioso insecto se encuentra todavía en algunos terrenos de los estados de Michoacán y Guerrero."
BSAM, 1884, 19 de enero

1884, enero
214
Nuevo León: Monterrey
Carestía.
"Cada día es mayor en Monterrey la de los artículos más indispensables para la vida."
S, 1884, 29 de enero

1884, enero
215
Sonora: Guaymas
Escasez.
"Este artículo [azúcar] escasea en Guaymas, y en las pocas casas de comercio donde se encuentra se vende a precios muy elevados."
S, 1884, 2 de febrero

1884, 1-19 de febrero
216
Yucatán: Tekax
Plaga.
"Desde el 1 hasta el 19 del corriente se han destruido en la ciudad, pueblos y establecimientos del municipio de Tekax unas 12 000 arrobas de langosta saltona y voladora. La jefatura política de Tekax cree conveniente establecer una sección de 150 hombres para destruir la langosta."
BSAM, 1884, 23 de febrero

1884, febrero
217
Guerrero: Galeana
Plaga.
Los campos quedaron sin pastos y las labores taladas.
S, 1884, 12 de marzo

1884, febrero
218
Tamaulipas: Matamoros
Escasez de granos.
"En el mes de febrero continuó llevándose a Matamoros maíz de los Estados Unidos, por efecto de la escasez de esa semilla."
BSAM, 1884, 2 de febrero

1884, 17 de marzo
219
Nuevo León: Villaldama
Granizada.
"La tempestad causó grandes pérdidas, el granizo caía con tanta fuerza que taladraba los objetos como una bala."
S, 1884, 1 de abril

1884, abril
220
Campeche
Plaga. Escasez de granos.
"A consecuencia de la invasión de la langosta escasea el maíz en Campeche; el gobernador del estado ha comprado grandes cantidades de ese grano, para venderlo barato a la gente necesitada."
BSAM, 1884, 5 de abril

1884, abril
221
Oaxaca: Coixtlahuaca, Suchixtlahuaca
Granizada.
"En los terrenos de Suchixtlahuaca, pueblo perteneciente al partido oaxaqueño de Coixtlahuaca, cayó una granizada que originó perjuicios de consideración. Un rebaño de más de 100 cabezas pereció."
S, 1884, 25 de abril

1884, 13 de mayo
222
Nuevo León: Villaldama
Granizada.
"Causó inmensos perjuicios, tanto en las sementeras como en los bienes de campo. Calcúlase la pérdida en los sembrados de maíz en 5 000 fanegas. Lamentables estragos hizo esta tempestad en el ganado menor especialmente."
S, 1884, 3 de junio

1884, 26 de mayo
223
Yucatán: Mérida
Plaga.
"Dice la *Revista de Mérida:* Un amigo nos escribe, que en la tarde del 26 del pasado [mayo], se presentó la plaga en cantidad tan considerable, que introdujo en el pueblo gran sensación, y desde entonces todo él se ocupó en defender las hortalizas y aun sus habitaciones. La nube de insectos invadió el arbolado de los solares y huertas, despojándolos casi instantáneamente de sus hojas. La junta exterminadora de langosta de la misma localidad, desplegó la mayor eficacia y energía, en términos de haberse matado, en un sólo día, 115 sacos. En la plaza y en las calles principales la nube parece que ha seguido rumbo oriente."
BSAM, 1884, 26 de abril

1884, 3-4 de junio
224
Jalisco: hacienda de Zapotlanejo
Granizada.
"En la hacienda de Zapotlanejo la granizada derribó las sementeras de trigo, ocasionando así mismo, la pérdida de ciento y tantas cabezas de ganado vacuno."
S, 1884, 21 de junio

1884, 10 de junio
225
Veracruz: Tlacotalpan
Plaga.
"Los platanares, milpas de maíz, cañaverales, etc., todo se hallaba cubierto por la langosta."
S, 1884, 17 de junio

1884, 15 de junio
226
Oaxaca: Santa Efigenia
Plaga.
"En la tarde de este día, una manga de langosta [...] invade las sementeras de Santa Efigenia y lugares inmediatos, causando grandísimos daños."
Galván, 1951:318

1884, junio
227
Chiapas
Plaga. Carestía.
"Ha subido de precio [el maíz] en Chiapas, con motivo de que la langosta ha destruido las sementeras de los alrededores de aquella capital y de muchos pueblos del estado."
S, 1884, 10 de junio

1884, junio
228
Nuevo León: Lermas, villa de Guadalupe
Granizada.

En la "villa de Guadalupe descargó otra tempestad de granizo que causó grandes estragos a las sementeras".
S, 1884, 10 de junio

1884, junio-octubre
229
Veracruz: costa de Sotavento, río San Juan, río Tesechoacan
Sequía.
Por falta de agua "están sufriendo graves perjuicios los agricultores y ganaderos de la costa de Sotavento".
S, 1884, 2, 13 de junio
"Se hallan con tan poca agua los ríos San Juan y Tesechoacan a causa de la gran sequía que experimentamos [...] que las canoas han demorado seis días en el viaje."
S, 1884, 27 de junio

1884, junio
230
Campeche: Campeche
Carestía.
"El gobierno del estado, deseando precaver en cuanto sea posible la carestía de maíz que ya se deja sentir y visto el alto precio que guarda en esta capital [solicita] un conocimiento exacto de las existencias con que al presente se cuenta y las cargas que se han pedido al extranjero."
S, 1884, 2 de julio

1884, junio
231
Oaxaca: Huajuapan
Escasez de lluvias.
"Hasta fines de junio último no han comenzado las siembras de temporal, a consecuencia de la escasez de lluvias." Para el mes de agosto los víveres escasearon y subieron de precio: el maíz costó nueve pesos la carga; el maíz a 18 pesos y la harina a 16 pesos.
S, 1884, 7 de agosto

1884, junio-julio
232
Morelos: Tlaltizapán
Plaga.
"Esta terrible plaga [la langosta] ha invadido al pueblo de Tlaltizapán, [...] al grado que todas las casas están llenas de este destructor acrídido, que acabó con las sementeras."
S, 1884, 23 de julio

1884, junio-octubre
233
Veracruz: Amatlán, Candelaria, Saltabarranca
Plaga.
"Este destructor insecto [la langosta] continúa haciendo destrozos en las sementeras de Amatlán."
S, 1884, 26 de junio
"Esta indestructible plaga ha concluido con todas las siembras de maíz en Saltabarranca."
S, 1884, 28 de julio
"Desde Amatlán hasta la Candelaria [...] continúa este voraz acrido devorando los campos de caña."
S, 1884, 9 de octubre

1884, 31 de julio
234
Estado de México: Tenango del Aire
Granizada.
"Una [granizada] muy fuerte cayó en Tenango del Aire, al grado de que las milpas quedaron cubiertas con una capa de nieve."
S, 1884, 5 de agosto

1884, julio
235
Tabasco: Jalapa, Tacotalpa, Teapa
Plaga.
"El chapulín está haciendo estragos en los municipios de Teapa, Tacotalpa y Jalapa."
S, 1884, 7 de julio

1884, julio
236
Yucatán: Progreso
Escasez de granos.
"A últimas fechas se cotizaba el henequén en la plaza de Mérida a cinco reales tres cuartos de arroba, y que a consecuencia de la escasez de maíz, esta semilla había subido a tres pesos seis reales carga, cuyo valor se espera que baje a la llegada a Progreso del vapor *Torunull* que conduce 64 000 buschels de maíz."
BSAM, 1884, 1 de agosto

1884, julio
237
Jalisco: Zapotlanejo
Granizada.
"Cayó últimamente una fuerte granizada, que no sólo causó gravísimos daños a la agricultura matando sus ganados, sino hasta el cementerio."
S, 1884, 9 de julio

1884, julio
238
Tamaulipas: Tampico
Sequía.
"Después de una sequía de algunos meses en que ya escaseaba el agua para beber [...] la semana pasada han caído algunos aguaceros que han humedecido la tierra y llenándose algunos aljibes y tanques."
S, 1884, 12 de julio

1884, julio
239
Tamaulipas: Tampico
Carestía.
"Los efectos de primera necesidad cada día suben de precio en el mercado, a tal grado que la gente menesterosa en gran parte no come carne. Las semillas como frijol, maíz y otras, también se expenden a precios muy subidos."
S, 1884, 12 de julio

1884, julio
240
Querétaro

Epizootia.
La carne "comienza a encarecerse en Querétaro con motivo de la cantidad de reses que diariamente mueren en ese estado, a consecuencia de una enfermedad a la que los campesinos dan el nombre de fiebre".
S, 1884, 23 de julio

1884, julio
241
Distrito Federal
Carestía.
La carne "ha aumentado considerablemente de precio en esta capital. Comprendemos perfectamente que haya escaseado el ganado por falta de pastos en algunos lugares".
S, 1884, 1, 4 de agosto

1884, julio
242
Durango
Escasez de lluvias. Escasez de granos.
"A consecuencia de la escasez de lluvias, han subido de precio [el maíz y el frijol], expendiéndose el maíz a razón de cinco pesos fanega, y la de frijol a 12 pesos, con tendencia a mayor alza por la poca existencia que se asegura hay en las bodegas."
S, 1884, 9 de agosto

1884, julio
243
Michoacán: Anonas, Ario, hacienda de Cayaco, hacienda de San Pedro Jorullo, Pueblo Viejo
Plaga.
"Varios terrenos de las haciendas de Cayaco y San Pedro Jorullo del distrito de Ario, fueron invadidos por la langosta [en] Pueblo Viejo y Anonas, talaron cinco fanegas de sembradura aproximadamente."
S, 1884, 11 de agosto

1884, julio
244
Morelos: Jantetelco, Tetelilla
Plaga.
"Las municipalidades de Jantetelco y Tetelilla informan que han sufrido pérdidas ocasionadas por la 'miteca', gusano que destruye las plantas."
S, 1884, 23 de agosto

1884, julio
245
Morelos: Jonacatepec, Tepalcingo, Zacualpan
Escasez de lluvias.
Por falta de pastos, la cantidad de animales muertos en esos municipios hizo un total de 3 323 cabezas de ganado vacuno y 3 325 cabezas de ganado caballar; las siembras se retrasaron por la falta de agua.
S, 1884, 23 de agosto

1884, agosto
246
Chiapas: Chilon, San Cristóbal de las Casas, Simojovel; Veracruz: Espinal, Hueytamalco, Papaloapan, Papantla, Teziutlán; Yucatán: Acanech, Motul, Tekax, Tixkokov
Plaga.
"Serios estragos está causando la langosta en algunos puntos de los estados de la república. Periódicos de San Cristóbal de las Casas dicen que numerosas legiones de langosta han invadido los campos del estado de Chiapas, ocasionando graves perjuicios, particularmente en los distritos de Simojovel y Chilon.
"En Yucatán, en el partido de Motul y en algunos puntos de Temax, la langosta ha devorado las milpas a pesar de los esfuerzos que se han hecho para defenderlas.
"Según se refiere la *Voz de Barlovento,* periódico del estado de Veracruz, después de haber causado la langosta grandes males en los sembrados de aquellas comarcas, se dirigió hacia el distrito de Teziutlán, invadiendo también el pueblo de Hueytamalco y el Espinal, cantón de Papantla, donde parece que se ha estacionado.
"En Papaloapan es tan considerable el número de langosta y saltón que hasta hoy han sido inútiles todas las providencias que se han dictado para lograr exterminarla."
BSAM, 1884, 15 de agosto

1884, agosto
247
Campeche: Hecelochán
Plaga.
"La langosta ha devorado todas las sementeras de maíz del partido de Hecelochán."
S, 1884, 6 de agosto

1884, agosto
248
Chihuahua
Escasez de granos.
El maíz "se está vendiendo en Chihuahua a razón de siete pesos 50 centavos la fanega y, según las últimas noticias, había en aquella plaza muy poca existencia".
S, 1884, 12 de agosto

1884, agosto
249
Tamaulipas: Tampico
Plaga.
"Este terrible insecto [la langosta] ha invadido las sementeras del puerto de Tampico, originando grandes pérdidas a los agricultores."
S, 1884, 16 de agosto

1884, agosto
250
Oaxaca: Tlacolula
Escasez de lluvias.
"Por falta de lluvia se han perdido todas las milpas."
S, 1884, 14 de agosto

1884, agosto
251
Hidalgo: Metztitlán
Escasez de lluvias. Escasez de granos.
A causa de la falta de lluvias "es cada día mayor el precio que tienen en el estado de Hidalgo los artículos de primera nece-

sidad. El maíz se vende en Metztitlán a seis pesos carga, el frijol a 12 pesos y la carne a 20 reales arroba".
S, 1884, 28 de agosto

1884, agosto-septiembre
252
Chihuahua: hacienda de Cieneguilla
Seca.
"En la hacienda de Cieneguilla han muerto en pocos días y a consecuencia de la rigurosa seca, más de 2 000 reses."
BSAM, 1884, 8 de septiembre

1884, agosto-septiembre
253
Coahuila: Monclova, Sierra Mojada
Escasez de lluvias.
"En ninguna de las municipalidades que forman el distrito de Monclova ha caído una sola gota de lluvia, al grado que los criadores han sufrido ya grandes pérdidas de ganado por la falta de agua, pues se han agotado las vertientes más abundantes. En Sierra Mojada se nota ya la disminución en el agua de las tres norias que surten a la población, habiendo tenido la autoridad política que intervenir, pues los dueños de ellas, habían subido a dos pesos el barril del preciado líquido."
BSAM, 1884, 22 de septiembre

1884, agosto-septiembre
254
Hidalgo: Pachuca
Carestía.
El maíz y la carne encarecieron, "al grado que dicho grano se vende a razón de ocho pesos carga". En septiembre, subió a nueve pesos.
S, 1883, 3, 26 de septiembre

1884, 27 de septiembre
255
Hidalgo: Pachuca
Inundación.
"En la calle de Hidalgo, cortó sobre la hacienda de beneficio del Sr. Madrid Islas, llevándose parte de una torta de metales de plata, destruyendo los carruajes y ahogándose la mayor parte de los animales y arrastrando parte de la maquinaria y útiles. Las pérdidas se calculan en 200 000 pesos." El maíz subió de precio.
S, 1884, 1, 6 de octubre
Terrible inundación en Pachuca, en algunas casas el agua subió a dos metros, pereciendo ahogadas algunas personas y varios animales; las pérdidas se valuaron en 700 000 pesos.
Galván, 1951:320; Sanders, 1970:49

1884, septiembre
256
Oaxaca: Colotepec, Cosoaltepec, Pochutla, Tonameca
Plaga.
La langosta "ha causado gravísimos perjuicios en las sementeras de Tonameca y Colotepec, pertenecientes a Pochutla, distrito de Oaxaca".
S, 1884, 20 septiembre

1884, septiembre
257
Coahuila: Monclova, Sierra Mojada
Escasez de lluvias.
En Monclova no "ha caído una sola gota de lluvia, al grado de que los criadores han sufrido ya grandes pérdidas de ganado por falta de agua. En Sierra Mojada se nota ya disminución en el agua de las tres norias que surten a la población, habiendo tenido que intervenir la autoridad política, pues los dueños de ellas habían subido a dos pesos el barril del precioso líquido".
S, 1884, 22 de septiembre
"Sin lluvia y falta de agua. Grandes pérdidas de grano; venta de agua potable a la población a precios excesivos."
Padilla, 1980:109

1884, octubre
258
Yucatán: Mérida
Plaga.
"Una inmensa cantidad de [langosta] ha invadido el lado oriente de la ciudad de Mérida."
S, 1884, 9 de octubre

1884, 4-5 de noviembre
259
Zacatecas: Ojo Caliente
Viento. Lluvias abundantes.
Espantoso chubasco alarmó a los vecinos; el día siguiente un fuerte viento sacó de raíz algunos mezquites. Los sembrados quedaron completamente destruidos.
S, 1884, 15 de noviembre
En la noche del 4 cayó "una fuerte tempestad en Ojo Caliente; al día siguiente repite con más fuerza; los sembrados quedan destruidos".
Noble y Lebrija, 1956:138

1884, diciembre
260
Sinaloa: Mazatlán
Epizootia.
La epizootia "se ha declarado en el puerto de Mazatlán y pueblos inmediatos. Un considerable número de mulas especialmente, han sido víctimas de la epidemia".
S, 1884, 22 de diciembre

1884
261
República Mexicana
Escasez de lluvias.
"Falta de lluvias durante la temporada. Pérdida casi total de las cosechas. Carestía de artículos de primera necesidad."
Padilla, 1980:108; Espinosa, 1985:147

1885, 25 de enero
262
Sinaloa: Santiagosto
Inundación.
Fuertes inundaciones ocasionaron grandes pérdidas, pues destruyeron sembrados y se ahogó gente.
Galván, 1951:324

1885, enero
263
Oaxaca: San Pedro Quiatoni
Plaga. Escasez de lluvias.
"Grandes mangas de estos insectos se han presentado en el pueblo de San Pedro Quiatoni, los cuales son perseguidos tenazmente por diversas partidas de cacalotes que se mantienen con las propias langostas que devoran a pasto.
"Agricultura.- Se han levantado las cosechas de maíz y frijol en todos los pueblos, que en su mayor parte fueron demasiado escasas, a consecuencia de la falta de lluvias; por esta razón el maíz y el frijol alcanzan un precio en el mercado de tres y seis pesos la fanega."
POGELSO, 1885, 7 de enero

1885, enero-julio
264
Oaxaca
Escasez de lluvias. Escasez de granos.
Francisco Uriarte solicita ayuda para el pueblo de Oaxaca, pues por la falta de lluvias hay sequía, especulándose con el maíz, el cual sube constantemente de precio. Recomienda que se presione a los ricos, hacendados y especuladores para que haya semillas. Uriarte acudió a la mitra de Oaxaca y encontró que el canónigo Ortiz está dispuesto a ceder parte del diezmo, pero que tiene serios temores por la ley del timbre.
CPD, l. 10, c. 15, d. 7145-7146
Porfirio Díaz le respondió a Uriarte que lamenta la pérdida de las cosechas en Oaxaca; pero que considera que traer maíz de San Francisco para cubrir la escasez de semillas no es lo mejor por los altos fletes. La idea de pedir ayuda a la mitra le parece adecuada, pero no entiende el temor del canónigo sobre el impuesto del timbre. Díaz le informa a Uriarte que las cosechas en el país han sido buenas y que pondrá a su disposición uno o dos vapores para transportar maíz.
CPD, l. 10, c. 35, d. 7147-7148
Mariano Ruiz informa al presidente Díaz, en marzo de 1888, que por las pérdidas de cosechas de maíz en 1885 la "clase proletaria" emigró a los estados vecinos, buscando trabajo para mantenerse. De esto resulta una baja de más de 800 causantes para el pago de capitación del año de 1888.
CPD, l. 12, c. 5, d. 2333

1885, 25 de marzo
265
Jalisco: Sayula
Nevada.
Ese día "se suscitó un fenómeno meteorológico muy raro en estas latitudes, cual fue una nevada".
Munguía, 1976:111

1885, 6 de abril
266
Oaxaca: Huajuapan
Granizada.
Las granizadas "originaron grandes pérdidas a los agricultores, que se estiman en más de 5 000 pesos".
S, 1885, 5 de junio

1885, 12 de abril
267
Oaxaca: San Gregorio Ozolotepec
Granizada.
"Granizó en el pueblo de San Gregorio Ozolotepec, causando la pérdida de todos los sembrados de milpa."
POGELSO, 1885, 11 de junio

1885, abril
268
Oaxaca: Ocotlán, San Gerónimo Taviche
Granizada.
Una granizada "cayó a fines de abril, destruyó completamente los sembrados y causó la muerte de cinco toros y dos vacas. El granizo tomó una capa de 50 centímetros".
S, 1885, 8 de junio

1885, abril
269
San Luis Potosí: Ciudad del Maíz
Plaga.
Ciudad del Maíz "se encuentra invadida por todas partes [de langosta] y ha sufrido considerables pérdidas".
S, 1885, 30 de abril

1885, 4 de mayo
270
Querétaro: Cadereyta
Lluvias abundantes.
"Descargó una tromba causando estragos, entre ellos el derrumbe completo de la cortina de la fuente de Enmedio y reventazón de bordos."
S, 1885, 19 de mayo

1885, 5 de mayo
271
Querétaro: Cadereyta, hacienda Tovar
Plaga.
"El acrido procedía del rumbo noroeste con dirección sureste permaneciendo minutos en la hacienda Tovar, destruyó las sementeras de frijol."
S, 1885, 19 de mayo

1885, 9 de mayo
272
Hidalgo: Metztitlán
Inundación.
"Se rompió el cauce del río de Metztitlán inundando las sementeras de cacahuate, frijol y maíz." La pérdida se calculó entre 50 y 55 pesos.
S, 1885, 26 de mayo

1885, 12 de mayo
273
Hidalgo: Almoloya, hacienda Buena Vista, hacienda Cuautlatilpan, hacienda de Tetlapayac, hacienda San Isidro, hacienda Tepepatlazco
Granizada.
Cayó una granizada "tan fuerte, que causó muchos perjui-

cios, entre los que se cuentan la mortandad de un número considerable de ganado lanar y la destrucción de varias casas de madera".
S, 1885, 4 de junio

1885, 15 de mayo-10 de agosto
274
Querétaro
Escasez de lluvias.
"Es alarmante [la sequía] que se experimenta en gran parte del estado de Querétaro, a consecuencia de haber desaparecido completamente las lluvias."
S, 1885, 14 de agosto
"Lluvia en abril; no llovió desde el 15 de mayo hasta principios de agosto. Se secaron las sementeras y por lo llovido en agosto se recuperó cerca del 50 por ciento de la cosecha."
Padilla, 1980:109

1885, mayo
275
Oaxaca: Cola de Zorra, Etla
Inundación.
"En el pueblo llamado Cola de Zorra, cayó una manga de agua ahogando a dos hombres y animales domésticos."
S, 1885, 19 de mayo

1885, mayo
276
Nuevo León: San Carlos
Granizada.
"En los primeros días [de mayo] cayó una muy fuerte granizada, acompañada de lluvia, en San Carlos, Nuevo León, que causó grandes estragos en los campos."
S, 1885, 1 de junio

1885, mayo-julio
277
Yucatán: Izamal, Temax
Plaga.
"La langosta invadió varias poblaciones de los partidos de Temax e Izamal."
S, 1885, 26 de mayo
La langosta "continúa haciendo estragos en Yucatán".
S, 1885, 23 de julio

1885, mayo-julio
278
Zacatecas
Escasez de lluvias.
En Zacatecas "está por terminar el mes de junio, y no se ha sembrado todavía un grano de maíz. La labor de húmedo desde los primeros meses del año se ha perdido por la falta de agua, encontrándose los pastos sin pastura para los animales y secos los remanentes".
S, 1885, 29 de junio
"Escasez de lluvias. No se hicieron siembras, se perdieron las de temporal."
Padilla, 1980:109

1885, mayo-julio
279
Oaxaca: Coixtlahuaca, Huajuapan, Silacayoapan, Tlacolula
Escasez de lluvias. Escasez de granos.
Las siembras que se realizaron "en los meses de mayo y junio, se perdieron completamente sin que hayan podido renovarse en julio por la falta absoluta de lluvias. Esto ha hecho que la carga de maíz haya subido a siete y medio pesos, y la de frijol a 18 pesos".
S, 1885, 7 de septiembre
Continúa la escasez de aguas en Coixtlahuaca, se están perdiendo las sementeras. El maíz ha subido a seis pesos la fanega y el trigo a nueve pesos la fanega.
POGELSO, 1885, 16 de agosto
En Huajuapan "se pierden las siembras de mayo y junio, se hacen nuevas y se trata de mejorar las de julio con pocas esperanzas de éxito". El maíz ha subido a 10.50 pesos la carga y el frijol a 18 pesos.
POGELSO, 1885, 27 de agosto
En casi todos los pueblos del valle se perdieron las siembras de maíz y se espera poco de las nuevas que se están verificando.
POGELSO, 1885, 27 de agosto
En Silacayoapan "se perdieron las siembras hechas en mayo y junio, y hasta fines de julio no se había podido hacer nuevas por escasez de aguas". La carga de maíz ha valido de seis a siete pesos y 18 pesos la carga de frijol.
POGELSO, 1885, 27 de agosto
El maíz "ha llegado a valer a seis pesos la fanega. El gobierno del estado [...] ha dictado las medidas convenientes para hacer llegar semillas de California o Chiapas".
S, 1885, 31 de julio
"Falta de lluvias. Pérdida de las sementeras. Los habitantes de los tres valles llegan a la ciudad en busca de trabajo y semillas. El maíz subió a dos reales y cuartilla el almud."
Padilla, 1980:109

1885, mayo-julio
280
Puebla
Escasez de lluvia. Helada.
"Falta de lluvias y helada tardía. Pérdida de las sementeras de maíz."
Padilla, 1980:109

1885, mayo-julio
281
Hidalgo: Huejutla, valle de Tulancingo
Escasez de lluvias. Escasez de granos.
En Huejutla, la población "está sufriendo por la falta absoluta de lluvias. Esta última circunstancia ha dado lugar a que el maíz suba de precio".
S, 1885, 26 de agosto
En el valle de Tulancingo había "falta de lluvias y helada tardía. Pérdida de las sementeras de maíz".
Padilla, 1980:109

1885, mayo-agosto
282
Veracruz: Coatepec, Jalapa, Tuxpan
Plaga.
La langosta "ha causado grandes perjuicios en las sementeras de los cantones de Jalapa y Coatepec, Veracruz".
S, 1885, 12 de mayo

En Tuxpan, el 22 de mayo, la langosta "destruyó en un momento las sementeras, los árboles y demás plantas".
S, 1885, 5 de junio
La langosta "está haciendo grandes estragos en varias municipalidades del estado de Veracruz".
S, 1885, 1 de septiembre

1885, mayo-agosto
283
Hidalgo: hacienda Bata, hacienda del Denguí, Huejutla, Jilotepec, Tlahuatla, Tolcayuca, Tula
Plaga.
"Ha aparecido el terrible acrido, devastando a su paso arboledas y sembrados."
S, 1885, 29 de mayo
La langosta "está acabando con las sementeras de Huejutla".
S, 1885, 26 de agosto

1885, 2 de junio
284
Guanajuato: Guanajuato, presa de la Olla
Inundación.
"Una fuerte tormenta descargó sobre las montañas que cercan el paso de la presa de la Olla, hizo que se desbordara ésta y las que están colocadas en aquel rumbo, inundando la ciudad en parte y causando verdaderas desgracias."
S, 1885, 10 de junio
"Terrible inundación por la noche en Guanajuato, ocasionando grandes pérdidas en vidas e intereses."
Galván, 1951:326

1885, 5 de junio
285
Oaxaca: Rosario, Tlaxiaco
Granizada.
"No sabemos a cuánto montan las pérdidas causadas no sólo en los sembrados, sino en las mismas casas en donde quedaron sepultados los animales entre una gruesa costra de granizo de más de un metro de espesor."
S, 1885, 7 de julio

1885, 6 de junio
286
Jalisco: cerro de Ibarra, cerro de Salsipuedes, Cuarenta, San Gabriel
Inundación.
Una manga de agua "que cayó en el cerro de Salsipuedes, al oriente de San Gabriel, provocó que el río se desbordara de su cauce, haciendo una infinidad de destrozos, varias casas que estaban situadas en sus márgenes quedaron destruidas [...] los plantíos de caña fueron arrasados por el vendaval".
S, 1885, 22 de junio
"Se organizó la junta de caridad en Lagos para colectar donativos a favor de las familias de las víctimas que ocasionó la inundación habida en la población de Cuarenta la noche del día 6 de junio de 1885."
DOJAL, 1887, 22 de mayo
Una tromba de agua y granizo cayó en la cordillera del cerro de Ibarra y penetró en la población de Cuarenta, con tal impetuosidad que causó grandes desgracias.
Galván, 1951:326

1885, 6 de junio
287
Oaxaca: hacienda de Soriano, Santa Ana del Valle, Tlacolula
Inundación.
"Aquellos torrentes impetuosos invadieron los campos y sembrados, arrasando enormes masas de granizo, árboles y piñas."
S, 1885, 8 de julio

1885, 6 de junio
288
Puebla: Nopalucan, Santa María Ixtapayucan
Granizada.
Una granizada "cayó en Nopalucan, destrozó las sementeras en un perímetro de tres leguas".
S, 1885, 18 de junio

1885, 8 de junio
289
Veracruz: San Antonio, San Miguel, Tlacotalpan
Viento.
"Sopló uno muy fuerte en Tlacotalpan que derribó dos casas de guano en el ingenio de San Antonio y otra en la de San Miguel así como muchos cañaverales y platanares."
S, 1885, 15 de junio

1885, 23 de junio
290
Estado de México: Necatzingo, Ozumba
Inundación.
Una manga de agua en Necatzingo "destruyó ocho casas".
S, 1885, 27 de junio

1885, 26 de junio
291
Querétaro: Agua Fría
Inundación.
Una manga de agua cayó sobre los cerros inmediatos a Agua Fría, "las pérdidas de animales, huertas, casitas pequeñas, etc. son innumerables [...] la inundación cubrió totalmente la alberca del agua potable".
S, 1885, 7 de julio

1885, junio
292
Nuevo León
Plaga.
La langosta "ha invadido varias poblaciones de Nuevo León, causando gravísimos perjuicios en las sementeras".
S, 1885, 11 de junio

1885, junio
293
Guerrero: Ayutla, Lochistlahuaca, Ometepec, Tlacoachistlahuaca
Plaga. Escasez de granos.
La langosta "destruyó completamente las sementeras, al extremo de dejar en la más completa miseria a los labradores".
S, 1885, 27 de junio
En 1886, el gobernador Arce manifestó que la falta de alimentos de primera necesidad se debía a que la langosta había destruido las siembras de maíz. También el jefe político de

Ometepec informó que desde hacía cuatro años la langosta estaba "agostando en nuestros campos".
CPD, l. 11, c. 9, f. 4473; c. 11, f. 5307
"Para combatir las desoladoras plagas de la langosta que hace varios años están destruyendo las sementeras y hasta los naturales frutos de los campos, ha consultado el gobierno los medios adecuados para preservar de la irrupción de esas plagas y una vez que han atacado las campiñas, ha procurado ayudar a las poblaciones, ora con recursos pecuniarios, ora con instrumentos a propósito, o bien ya mandando el auxilio de otros pueblos a los infelices campesinos agobiados por la terrible plaga."
Memoria, Gro., 1886:11
"Varios años de esterilidad sucedidos uno tras otro y agravados con la funesta presencia de la langosta, que si ocupó a todos los distritos sucesivamente, hubo algunos en que se estacionara por muchos meses, arrasando sus sementeras, y destruyendo sus diversos artículos de producción agrícola."
Memoria, Gro., 1887:27

1885, junio
294
Estado de México: Toluca
Escasez de lluvias.
En Toluca, las siembras "se encuentran en mal estado por la escasez de lluvias".
S, 1885, 6 de julio

1885, junio
295
Veracruz: Acula, Amatlán
Escasez de lluvias.
Las milpas de maíz "se han perdido completamente por la falta de lluvias".
S, 1885, 27 de julio

1885, junio-julio
296
Campeche: isla del Carmen
Plaga.
La langosta "continúa su obra de exterminio en los campos".
S, 1885, 4 de julio
"La langosta continúa devastando los campos y sementeras en la isla del Carmen."
S, 1885, 28 de julio

1885, junio-julio
297
Morelos
Escasez de lluvias.
Las siembras de maíz "se han retardado este año por la falta de lluvias, lo cual hace que el grano suba mucho de precio".
S, 1885, 15 de julio

1885, 5-6 de julio
298
Guanajuato: Salvatierra; Michoacán: El Encinal, El Potrero, La Tinaja, Maravatío, San Pedro, Santo Tomás, Uruapan
Granizada.
En Uruapan, una granizada "destruyó los cafetales y originó otros muchos perjuicios de consideración".
S, 1885, 16 de julio
En Salvatierra y algunos lugares de Michoacán, "han caído fuertes granizadas destruyendo por completo los chilares, matando más de 100 reses y ocasionando algunas desgracias personales".
S, 1885, 18 de julio

1885, 23 de julio
299
Michoacán: arroyo de San Gregorio, barrio de la Asunción, Pátzcuaro
Inundación.
El arroyo de San Gregorio se desbordó y "gran parte de las casas del barrio de la Asunción, se inundaron y algunas otras sufrieron graves deterioros [...] se ignora el monto pecuniario de las pérdidas".
S, 1885, 3 de agosto

1885, julio
300
Chiapas: Pichucalco, Soconusco
Plaga.
La langosta "está causando gravísimos perjuicios a los agricultores".
S, 1885, 14 de julio

1885, julio
301
Coahuila: Cuatrociénegas
Granizada.
"La que cayó hace pocos días en Cuatrociénegas destruyó completamente las sementeras de don Emilio Carranza originándose una pérdida considerable."
S, 1885, 25 de julio

1885, julio
302
Sinaloa: Mazatlán
Escasez de lluvias.
"Parece que estamos condenados a no tener lluvias. La falta de agua potable carga a la gente de un lado para otro, en su busca. Estamos en un verdadero infierno."
S, 1885, 25 de julio

1885, julio
303
Ocotlán
Escasez de lluvias.
Se han perdido las siembras de abril y mayo debido a la escasez de lluvias, y aún no puede hacerse la siembra llamada de temporal.
POGELSO, 1885, 16 de julio

1885, julio
304
Oaxaca: Chilapa, Tapana, Tuxtepec
Plaga.
La langosta "está acabando con las sementeras" de Tapana y

con las del rumbo de Chilapa. También hizo grandes estragos en Tuxtepec.
S, 1885, 1, 28 de agosto

1885, 14 de agosto
305
Sonora: La Trinidad
Inundación.
"Terrible inundación en la Trinidad, en pocos minutos queda reducida a escombros, la [mayor] parte de la población."
Galván, 1951:328

1885, 16 de agosto
306
Jalisco: hacienda de Epatán
Lluvias abundantes.
"Una tromba hizo siete excavaciones, acabando con gran parte del terreno, casas, huertas, acequias y con un trapiche."
S, 1885, 2 de septiembre

1885, agosto
307
Sinaloa: Mazatlán
Carestía.
La carne "ha subido de precio, se vende a dos y medio y tres reales la libra".
S, 1885, 11 de agosto

1885, agosto
308
Guanajuato: León
Sequía.
El maíz "ha subido de precio en León, a consecuencia de la sequía. Se vende a razón de tres pesos fanega".
S, 1885, 18 de agosto

1885, agosto
309
Sinaloa: Mazatlán
Epizootia.
"A consecuencia de una fuerte enfermedad, cuya causa se ignora, se está muriendo a centenares el ganado vacuno."
S, 1885, 24 de agosto

1885, agosto
310
Jalisco: Zapopan
Lluvias abundantes.
El presidente del ayuntamiento de Zapopan comunicó con fecha 29 de agosto que una manga de agua destruyó "un galápago que había construido en una de las calles inmediatas al centro de la población".
AHJ, Fomento, F-18-885, Zap/1280, f. 1

1885, 8 de septiembre
311
Guanajuato: Apaseo
Lluvias abundantes.
Una manga de agua "destruyó la estación del ferrocarril central y arrancó de raíz varios árboles".
S, 1885, 19 de septiembre

1885, 12 de septiembre
312
Hidalgo: Mineral del Chico
Inundación.
Una tromba "inundó la parte baja de la población, ahogando minas cuyos tiros miden doscientos cincuenta y tantos metros de profundidad y causando pérdidas considerables".
S, 1885, 17 septiembre

1885, 13 de septiembre
313
Zacatecas: San Marcos, Villanueva
Plaga.
Telegrama de Teodoro Rivera al jefe político de Zacatecas en que le comenta: "Tengo informes fidedignos que langosta pasó día 13 de éste por San Marcos. Suplico a usted diga qué noticias tiene de esa plaga para estar preparado. Sería bueno preguntar a Rincón de Romo y Ojo Caliente, qué datos tienen también".
AHZ, Jefatura política. Correspondencia general, c. 25

1885, 25 de septiembre-3 de octubre
314
Jalisco: Chimaltitlán
Inundación.
El presidente municipal de Chimaltitlán informó sobre la avenida del río que duró del 23 de septiembre al 3 de octubre, la que por haber sido "de una magnitud deforme y contenida, causó mucha pérdida en las hortalizas, al grado que algunas huertas se acabaron totalmente y algunos hortelanos quedaron pobres, sufriendo por la entrada de un brazo que hace el río para la orilla de esta población gran pérdida en el terreno, porque se acercó hasta junto a las casas y derribó algunas de ellas".
AHJ, Fomento, F-5-885, Cht/745, ff. 1-2

1885, 29 de septiembre
315
Jalisco: Colotlán, Huejúcar
Inundación.
Después de nueve días de continuas lluvias, el 29 de septiembre se desbordó el río en Colotlán, causando la pérdida de huertos y sembradíos, así como el derrumbe de dos manzanas de casas; "la clase proletaria fue la más perjudicada". Las pérdidas se estimaron en 20 000 pesos. Se pidieron donativos para construir un dique y autorización para que de cada cuartel se formara un grupo de 10 hombres que diariamente hiciera la obra.
AHJ, Fomento, F-18-886, Con/1281, ff. 1-3
En junio de 1886, el consejo de gobierno acordó que el ayuntamiento de Colotlán "puede arbitrar recursos para la construcción de tal obra, que por ser de interés puramente local no podría ejecutarse con fondos del estado".
AHJ, Fomento, F-11-886, Con/1026, f. 2
En el informe de agosto de 1886, se mencionó que "concluido el cauce continuará el alineamiento y terraplén de tres calles que destruyó el río; en la villa de Huejúcar se terminaron los trabajos emprendidos en la ribera del río, a efecto de evitar se saliera de madre, como lo verificó el 29 de septiembre último, causando algunos destrozos".
DOJAL, 1886, 5 de septiembre

1885, 30 de septiembre
316
Guanajuato
Inundación.
"En los últimos días de este mes y primeros del siguiente, ocurren fuertes inundaciones en varias poblaciones de Guanajuato, ocasionando desgracias."
Galván, 1951:328

1885, septiembre
317
Estado de México: valle de Tulancingo
Inundación.
"Inundaciones de varios lugares por la lluvia caída en septiembre. Se perdieron las siembras de maíz de temporal."
Padilla, 1980:109

1885, septiembre
318
Colima
Plaga.
La langosta "está haciendo estragos en el norte de Colima".
S, 1885, 11 de septiembre

1885, septiembre
319
San Luis Potosí: Catorce
Carestía.
El maíz "se está vendiendo en Catorce, a razón de siete pesos y medio la fanega, y algunos especuladores a nueve pesos".
S, 1885, 21 de septiembre

1885, septiembre
320
Hidalgo: Encarnación, rancho Cobrecito, rancho Durango, rancho Gozthedo, Zimapán
Plaga.
La langosta "está haciendo destrozos [...] los dueños de los ranchos Gozthedo, Durango y Cobrecito lamentan los perjuicios que ha causado a sus labores".
S, 1885, 24 de septiembre

1885, septiembre
321
Durango: villa de Lerdo
Plaga.
Las cosechas de algodón "se hallan invadidas por un gusano que las perjudica mucho".
S, 1885, 5 de octubre

1885, septiembre
322
Sinaloa
Escasez de lluvias.
"Las lluvias que hasta los primeros días de este mes fueron abundantes, han faltado de tal manera que la milpa tiene ya marcadas señales de sequedad; los encorvados tallos manifiestan un estado de decadencia que será fatal si el agua no da nueva vida a las milpas y no hay indicios de que llueva."
S, 1885, 12 de octubre

1885, septiembre-octubre
323
Aguascalientes: Calvillo, San Antonio
Lluvias abundantes.
Quince días de lluvia "han traído muchos perjuicios a los labradores en sus sementeras, pues muchas milpas se las han llevado el desbordamiento de ríos y arroyos. Los chilares de San Antonio se acabaron y el frijol se perderá en su mayor parte. En Calvillo se acabaron las siembras de cacahuate, cañaverales y algunas milpas".
S, 1885, 13 de octubre

1885, 3-6 de octubre
324
Distrito Federal
Inundación.
"La [tormenta] que cayó en las lomas de Tacubaya originó una fuerte avenida que arrancó magueyes, arbustos, y cuanto encontró a su paso."
S, 1885, 8 de octubre
Terribles aguaceros ocasionaron una inundación en parte de la ciudad de México. Por una nota que publicó el Observatorio, se vio que el del día 3 fue el más fuerte que cayó durante la estación de aguas.
Galván, 1951:328-329; Sanders, 1970:49

1885, 17 de octubre
325
Hidalgo: Otumba
Granizada.
Cayó una granizada tan fuerte "que debe haber destruido en su mayor parte las sementeras".
S, 1885, 21 de octubre

1885, 29 de octubre
326
Nayarit: Tepic, Tuxpan
Huracán.
"Después de una lluvia de tres días, [hubo] pérdidas de consideración en las labores de maíz."
S, 1885, 23 de noviembre
"A mediados de este mes se siente en las costas del Pacífico, un fuerte ciclón que causa grandes desgracias."
Galván, 1951:329

1885, 31 de octubre
327
Sinaloa: Elota
Inundación.
"En Elota, el río inunda la población y en algunas casas el agua sube más de una vara; las sementeras se pierden y se ahoga ganado."
Galván, 1951:329

1885, octubre
328
Sinaloa
Escasez de lluvias. Lluvias abundantes.
Las cosechas "de una parte del estado de Sinaloa se pierden por la falta de lluvias, mientras que en otras partes han sido muy abundantes y hasta perjudiciales".
S, 1885, 21 de octubre

1885, octubre
329
Nuevo León: Galeana, La Laguna
Plaga.
Dos plagas: "una es la langosta que ha concluido con las plantas de frijol, y otra un insecto que destruye la del algodón".
S, 1885, 13 de octubre

1885, octubre
330
Querétaro
Escasez de granos. Lluvias abundantes.
El maíz "ha escaseado varios días en Querétaro porque a consecuencia de las lluvias no se puede introducir en aquella plaza".
S, 1885, 15 de octubre

1885, octubre
331
Durango: villa Lerdo
Plaga.
"Hay temores de que se pierdan las [cosechas] de algodón" por la plaga del gusano.
S, 1885, 3 de noviembre

1885, octubre
332
Nuevo León
Escasez de lluvias.
En la memoria del gobierno del estado de Nuevo León se informó que "la escasez de lluvias no ha favorecido los trabajos agrícolas"; sin embargo, de allí salieron 100 000 cargas de maíz para Coahuila, Durango, San Luis Potosí y Zacatecas.
S, 1885, 3 de noviembre

1885, octubre
333
Chihuahua: Chihuahua
Granizada.
Una granizada "destruyó los jardines de la ciudad y las sementeras de los lugares inmediatos a la ciudad".
S, 1885, 4 de noviembre

1885, noviembre
334
Jalisco: rancho de Parada, Yahualica
Plaga.
La langosta "ha invadido el rancho de Parada [...] las sementeras están sufriendo mucho".
S, 1885, 17 de noviembre

1885, noviembre
335
Veracruz: Amatlán, costa de Sotavento
Viento.
"El que sopló últimamente en la costa veracruzana de Sotavento hizo un gran destrozo en los platanares del municipio de Amatlán y en otros lugares de dicha costa."
S, 1885, 29 de noviembre

1885, 13-14 de diciembre
336
Veracruz: río Papaloapan, Tlacotalpan
Viento.
El viento "derribó una casa de teja, levantó techos de otras de guano, y causó algunos destrozos en los platanares situados en las márgenes del río Papaloapan".
S, 1885, 21 de diciembre

1885, diciembre
337
Guerrero
Lluvias abundantes.
Las cosechas "de trigo se perdieron completamente a consecuencia de las fuertes lluvias".
S, 1885, 15 de diciembre

1885, diciembre
338
San Luis Potosí: Ciudad Valles
Helada.
Las heladas "han perjudicado notablemente las sementeras".
S, 1885, 21 de diciembre

1885
339
Distrito Federal; Oaxaca; Puebla; Querétaro; Zacatecas
Sequía.
"Sequía en Querétaro, Zacatecas, Oaxaca, Puebla y valle de México."
Espinosa, 1987:147

1885
340
Estado de México: Cuautitlán
Escasez de lluvias.
"Falta de lluvias. Se perdieron las cosechas de temporal."
Padilla, 1980:109

1886, 31 de enero
341
Veracruz: Huatusco
Helada.
La helada "fue muy perjudicial para los plantíos de café".
S, 1886, 5 de febrero

1886, 4 de febrero
342
Aguascalientes
Nevada.
"Se ignoran los perjuicios que haya causado esta nevada; pero es de suponer que hayan sufrido mucho los agricultores."
S, 1886, 8 de febrero

1886, 4-5 de febrero
343
Guanajuato: Guanajuato
Nevada.
"Resumen de las observaciones practicadas en el Colegio del Estado Guanajuato-México durante el año meteorológico de 1885 a 1886." En la línea de "Fenómenos accidentales" se señala una nevada ocurrida los días 4 y 5 de febrero de 1886 en la ciudad de Guanajuato.
DOGTO, 1887, 11 de marzo

1886, 5 de febrero
344
Querétaro: Querétaro
Nevada.
Como en la tarde del 4 de febrero de 1887 "se cubrió el cielo de esta ciudad de gruesas y negras nubes [...] algunas personas esperaban que se repitiera una nevada tan hermosa como la del 5 de febrero del año pasado".
DOQRO, 1887, 15 de febrero

1886, febrero
345
Puebla: Jalacingo
Nevada.
"Fue tan cruda, que la nieve quemó y destruyó completamente todos los vegetales de esas localidades."
S, 1886, 5 de marzo

1886, febrero
346
Veracruz: Orizaba
Helada.
Las heladas en el valle de Orizaba "han causado serios perjuicios a las fincas azucareras".
S, 1886, 15 de febrero

1886, febrero
347
Veracruz: Ozulama
Escasez de lluvias.
Las cosechas de maíz "se perdieron por falta de lluvias".
S, 1886, 17 de febrero

1886, febrero
348
Tabasco
Lluvias abundantes.
Las cosechas de cacao "rendirán una tercera parte del producto de los años anteriores, debiéndose esto a los desastrosos efectos de los últimos temporales".
S, 1886, 26 de febrero

1886, 15 de marzo
349
Guanajuato: Irapuato
Helada.
"Cayó una helada tan fuerte que ha ocasionado gravísimos perjuicios a las siembras de trigo y de garbanzo, cuyas cosechas es probable que se pierdan."
S, 1886, 17 de marzo

1886, 10 de abril
350
Yucatán: Peto
Granizada.
"En Peto cae una fuerte tempestad; los árboles son arrancados de raíz, las casas derrumbadas, destrozadas las plantas y muertos los animales."
Galván, 1951:332

1886, 10-12 de mayo
351
Hidalgo: Pachuca, Tulancingo
Helada.
"Tres muy fuertes cayeron en Pachuca y Tulancingo."
S, 1886, 20 de mayo

1886, 22 de mayo
352
San Luis Potosí: Armadillo
Granizada.
"Causó la muerte de una gran cantidad de ganado mayor."
S, 1886, 28 de mayo

1886, mayo
353
Estado de México: Toluca
Helada.
Varias heladas cayeron "en estos días por el rumbo de Toluca, que han originado grandes perjuicios a los agricultores".
S, 1886, 10 de mayo

1886, mayo-junio
354
Guerrero
Plaga. Escasez de granos.
La langosta "está haciendo grandes estragos en las sementeras de los distritos del estado de Guerrero". El maíz "está valiendo en algunos lugares del estado de Guerrero a razón de cuatro pesos el almud, en razón de que la langosta ha destruido gran parte de las sementeras".
S, 1886, 23 de junio, 10 de agosto

1886, junio-julio
355
Guerrero: Abasolo, Costa Grande, lago Llano Grande, Ometepec, Tecpan
Sequía. Carestía.
"El gran lago de este nombre [Llano Grande] ha desaparecido en la Costa Grande, por los rigores de la sequía, dejando en su lugar un pantano de dimensiones considerables en cuya superficie hay una cantidad prodigiosa de peces muertos y de reses atascadas que está llamando la atención. La alta temperatura de aquella zona está facilitando la descomposición de las materias, hace temer la salubridad de las poblaciones circunvecinas."
RA, 1886, 1 de julio
"Las siembras de San Antonio, que a más tardar habían terminado los labradores tepanecos el día 1 de julio, en el presente mes han dejado de hacerse, porque en vez del terreno disponible por las lluvias de otros años, sólo se podría operar sobre el polvo de la tierra abrasada por el sol ardiente. En la Costa Grande está causando la sequía fuertes estragos en el ganado vacuno, al grado de que en solo Tecpan mueren de 14 a 16 reses diarias."
RA, 1886, 1 de agosto
"La situación del importante distrito de Abasolo es verdaderamente insostenible por la carestía de maíz y demás cereales de primera necesidad. Hasta hace poco se estuvo pagando el almud de maíz a cuatro pesos en la plaza de Ometepec, la principal del distrito, y hay fundados motivos para suponer

que en las otras plazas de la demarcación ya no se encuentra ni un grano de dicho artículo de consumo. La miseria se ha generalizado, numerosas familias emigran a los distritos menos lejanos."
RA, 1886, 15 de agosto

1886, 17 de junio
356
Oaxaca: Ocotepec, Tlaxiaco
Lluvias abundantes.
Las siembras "fueron destruidas completamente por los fuertes aguaceros que cayeron en la localidad".
S, 1886, 31 de julio

1886, 29 de junio
357
Morelos: Mazatepec, Cuautla, Tetecala
Granizada.
"Una fuerte granizada destruyó plantíos de arroz próximos a cosecharse en la vega de esta ciudad, Mazatepec y Cuautla, causando pérdidas a los vecinos de esos lugares."
S, 1886, 6 de julio; RA, 1886, 15 de julio

1886, junio
358
República Mexicana
Lluvias abundantes.
Las siembras de trigo "han sufrido mucho con motivo de las abundantes lluvias, al grado de que es casi imposible su corte y cosecha".
S, 1886, 16 de junio

1886, junio
359
Michoacán: Tuzantla, Zitácuaro
Plaga.
La langosta "ha aparecido en Tuzantla, causando graves perjuicios a las sementeras".
S, 1886, 26 de junio

1886, junio
360
Distrito Federal
Epizootia.
"Se ha desarrollado una epizootia entre las aves de corral."
S, 1886, 16 de junio
"Inserta el oficio del presidente del consejo superior de Salud participando que se ha desarrollado una epizootia entre las aves de corral, cuyo mal es conocido con el nombre de cólera de las gallinas, la cual se propaga con extrema rapidez entre las aves, lo que demuestra que es de naturaleza infecciosa, por lo cual es necesario que aumente la vigilancia en los mercados a fin de impedir que se vendan en ellos animales muertos."
AHCM, Actas de cabildo, 1886, 11 de junio

1886, junio-septiembre
361
Guerrero
Epizootia.
"Apareció en varios distritos la enfermedad del 'carbunclo', haciendo estragos en los ganados y aun entre los propietarios por las faltas de precauciones de éstos." Se consultó la manera de combatirla y se ordenó "la cremación de todo animal atacado por la plaga y la separación del contacto humano".
Memoria, Gro., 1887:13

1886, 25-30 de julio
362
Oaxaca: San Juan Tepozcolula
Lluvias abundantes.
En San Juan Tepozcolula, "una manga de agua causó graves perjuicios a las sementeras y la muerte de algún ganado; también destruyó siembras, caminos, calles".
S, 1886, 29 de julio, 17 de agosto

1886, 27 de julio
363
Michoacán: Zinapécuaro
Inundación.
"El río que cruza aquellos lugares, inundó los sembrados de maíz y alfalfa."
S, 1886, 4 de agosto

1886, 28-29 de julio
364
Jalisco: Bolaños
Lluvias abundantes.
En el informe del jefe político del octavo cantón, fechado el 8 de agosto de 1886, se mencionó que "los días 28 y 29 del mes próximo pasado por la noche, cayeron en Bolaños dos fuertes tempestades que originaron el derrumbe de algunas casas, sin causar desgracias que lamentar".
DOJAL, 1886, 5 de septiembre

1886, julio
365
San Luis Potosí: Zaragoza
Inundación.
"Hay que lamentar la muerte de algunas personas que perecieron ahogadas, así como la pérdida de algunos animales."
S, 1886, 7 de julio

1886, julio
366
Michoacán: Tacámbaro
Plaga.
La langosta "está causando graves perjuicios a los agricultores".
S, 1886, 22 de julio

1886, julio
367
Hidalgo: Pachuca
Epizootia.
"La epizootia ha aparecido en las haciendas y ranchos inmediatos a Pachuca, causando la muerte de muchos caballos, mulas y cerdos."
S, 1886, 28 de julio
"Epizootia en Hidalgo".
Noble y Lebrija, 1956:139

1886, julio
368
Estado de México: Toluca
Escasez de lluvias.
Las siembras de maíz del "valle de Toluca, no se encuentran en muy buen estado por la escasez de lluvias; así que se teme que no sea buena la cosecha de ese grano".
S, 1886, 30 de julio

1886, julio
369
Guerrero: Galeana
Sequía.
"Por la sequía han perdido los ganaderos de Galeana, distrito de Guerrero, como 2 000 cabezas de ganado mayor."
S, 1886, 2 de agosto

1886, 3 de agosto
370
Oaxaca: Tecomaxtlahuaca
Granizada.
"Fuerte lluvia y granizo produjeron grandes pérdidas en los sembrados y causaron la muerte de muchos animales." Las pérdidas se estimaron en 1 500 pesos.
S, 1886, 4 de noviembre

1886, 13 de agosto
371
Jalisco: Chamela
Plaga.
"Desde las ocho de la mañana pasa por el puerto de Chamela con rumbo de sur a norte una nube de chapulines, la que sigue sin cortarse ni adelgazarse. Los perjuicios que causa en las labores son incalculables."
Noble y Lebrija, 1956:139

1886, 17 de agosto
372
Michoacán: Zamora
Granizada.
El maíz "ha subido de precio en Zamora, con motivo de haber sufrido mucho las labores por la fuerte granizada".
S, 1886, 26 de agosto

1886, agosto
373
Tamaulipas: Ciudad Victoria
Escasez de lluvias.
"Las siembras de maíz están perdidas por falta de agua."
S, 1886, 30 de agosto

1886, agosto
374
Guanajuato
Escasez de lluvias.
"Las presas están casi vacías y si continúa la esquivez de las nubes, la sed amenaza con sus horrores a los habitantes de Guanajuato."
S, 1886, 1 de septiembre

1886, agosto-septiembre
375
Michoacán: Apatzingán, Churumuco, La Huacana
Plaga.
La plaga de langosta afectó a la mayoría de las siembras de temporal; malas cosechas provocaron escasez y carestía el año siguiente.
Sánchez, 1990:252-253

1886, 12-20 de septiembre
376
Oaxaca: El Espinal, Ixtaltepec, Juchitán, Miahuatlán, Tehuantepec
Inundación.
En la ciudad de Tehuantepec, la crecida de los ríos arrastró viviendas, sembrados de las márgenes, ganados y animales domésticos, a la par que arrancó los puentes del ferrocarril interoceánico y destrozó gran parte de la vía. Juchitán también sufrió la inundación y la línea telegráfica quedó casi destrozada desde ahí hasta Oaxaca. "Los pueblos de El Espinal e Ixtaltepec quedaron completamente inundados, elevándose las aguas a dos metros o más. En Miahuatlán algunos pueblos resintieron el temporal y otros quedaron casi cubiertos por los cerros que se derrumbaron."
DONL, 1886, 2 de noviembre; DONAY, 1887, 6 de enero
Comunicación en la que el gobernador de Oaxaca mencionó que por la inundación "en que se vieron los distritos del Istmo y Miahuatlán de este estado en el año anterior [1886], con motivo de fuertes temporales, fue preciso abrir suscripciones en esta entidad federal, para auxilio de las víctimas que las inundaciones causaron".
AHESLP, Memoria inundación, 1887, f. 12v

1886, 16 de septiembre-31 de octubre
377
Sinaloa: La Noria, Mazatlán
Sequía.
Las siembras de "La Noria y otras pertenecientes al distrito de Mazatlán, están casi perdidas, pues desde el 15 de septiembre que les llovió, no ha vuelto a caer una sola gota de agua".
S, 1886, 6 de noviembre
"Mala temporada de lluvias. Se levantó un cuarto de cosecha. El maíz cuesta 15 pesos la fanega."
Padilla, 1980:109

1886, 22-30 de septiembre
378
Michoacán: Apatzingán, Coahuayana
Plaga.
"Desde el 22 han aparecido por aquellos rumbos grandes mangas de langosta que destruyen algodonales y cuantas plantas encuentra. Los vecinos se empeñan en acabar activamente con el terrible animal, pero su deseo lo vino a paralizar, en cierto modo el desarrollo de un malesillo reinante en la actualidad que ataca con dolor de cabeza y calenturas. También en Apatzingán ha aparecido últimamente la langosta, y a pesar de la actividad con que se intenta destruirla, no ha dejado de causar perjuicios."
POGEMO, 1886, 10 de octubre

1886, 22 de septiembre
379
Tamaulipas: Matamoros
Inundación. Huracán.
Circular del presidente Díaz para solicitar al jefe político del territorio de Tepic que "se sirva promover suscripciones entre los habitantes" para recaudar fondos que remitir a las víctimas de la inundación en Matamoros.
DONAY, 1887, 6 de enero
"Fuertes inundaciones en Matamoros: las líneas telegráficas son destruidas."
Galván, 1951:336
"En Matamoros se cayeron 300 casas, de las cuales, algunas eran de ladrillo, y quedaron lastimadas centenares de personas. Parte de aquella ciudad se inundó, quedando debajo del agua unas 30 cuadras, y con dificultad se pudo salvar mucha gente. La lluvia fue tremenda, pues cayeron unas 26 pulgadas de agua en cinco días. Todo el campo está inundado, los rieles de ferrocarril de Matamoros y Monterrey están cubiertos por el agua, y los terraplenes en un mal estado, de manera que hasta la fecha no han podido transitarlos los trenes. [...] La gente sufre mucho, 500 familias se han quedado sin hogar, están siendo atendidas por las autoridades."
POGEMO, 1886, 14 de octubre

1886, 25 de septiembre
380
Distrito Federal
Inundación.
Terribles aguaceros en la ciudad de México ocasionaron una gran inundación que duró varios días y anegaron sitios que nunca lo habían sido; se calculó en más de 300 el número de casas inundadas.
Galván, 1951:336; Sanders, 1970:49

1886, septiembre
381
Veracruz: Cosamaloapan, Medellín, Minatitlán, río Coatzacoalcos, río Jamapa, río Papaloapan, Tlacotalpan, Tuxtla
Inundación.
"Todos los ríos han salido de madre. Las noticias hablan de perjuicios causados en siembras y ganados." Los ganaderos de Tlacotalpan sufrieron pérdidas en los ganados, "y según se cree sufrirán otras nuevas por encontrarse encharcadas las tierras y con los pastos por lo tanto perdidos".
S, 1886, 29 de septiembre, 19 de octubre

1886, septiembre
382
Nuevo León: Monterrey
Lluvias abundantes.
Las fuertes lluvias "han sido motivo para que se suspendan los trabajos de albañilería del Puente del Ojo de Agua y del camino de fierro que se debe extender de esta ciudad a San Bernabé".
DONL, 1886, 1 de octubre

1886, octubre-1887, junio
383
Nuevo León
Sequía.
"Sequía continua desde octubre de 1886. Campos secos, pérdidas de ganado mayor y menor. Aumento en el precio del maíz y frijol."
Padilla, 1980:109

1886, octubre-julio
384
Chihuahua
Sequía.
La sequía "ha cesado ya y con tal motivo los criadores de ganado se prometen tener pastos buenos y abundantes para sus ganados".
S, 1887, 1 de agosto

1886, octubre-julio
385
Sonora: Hermosillo, Magdalena
Escasez de lluvias.
"A consecuencia de la sequía han muerto en los ranchos de Magdalena y Hermosillo 10 000 reses, según dicen los periódicos de aquel estado."
S, 1887, 6 de septiembre
"No llueve desde octubre hasta el mes de julio. Tan sólo unos cuantos ranchos entre Magdalena y Hermosillo perdieron 10 000 reses."
Padilla, 1980:110

1886, 17 de noviembre
386
Coahuila: San Pedro de la Colonia
Helada.
En San Pedro de la Colonia, los cultivadores de algodón sufrieron pérdidas por una helada.
S, 1886, 6 de diciembre

1886, noviembre
387
Nuevo León
Helada.
"Los hielos de este año se han anticipado algo, bastante a perjudicar las cosechas de algunos productos de nuestra industria agrícola. El frijol y demás leguminosas se helaron completamente, el maíz en gran parte fue perjudicado y la caña de azúcar también resintió algo el hielo."
DONL, 1886, 20 de noviembre

1886, noviembre
388
Michoacán: Morelia
Epidemia.
Con motivo de la epizootia se prohibió vender carne de cerdo.
S, 1886, 13 de noviembre

1886, noviembre
389
Yucatán: Tizimín
Plaga.
Las cosechas "de maíz, frijol, tabaco, etc., se han perdido completamente a consecuencia de que la langosta ha destruido aquellas sementeras".
S, 1886, 16 de noviembre

1886, 7 de diciembre
390
Veracruz: Orizaba
Helada.
Una helada ocasionó "graves perjuicios a las fincas de caña situadas en los alrededores de aquella ciudad".
S, 1886, 10 de diciembre

1886, diciembre-1887, febrero
391
Guanajuato: Abasolo, río Lerma, río Turbio; Michoacán
Epizootia.
El jefe político de Abasolo informó que "los casos de epizootia en el ganado de cerda [...] van en aumento" y a pesar de que prohibió arrojar al agua animales muertos, "con frecuencia tengo noticia que los puercos muertos de la epizootia en los ranchos situados a las márgenes de los ríos Lerma y Turbio, son arrojados al agua y sirven de alimento a los pescados; y como de estos ríos se surten de pescado muchas poblaciones de este estado y del de Michoacán, si dicha enfermedad es contagiosa el peligro será un hecho. Además dícese que algunas reses de las que beben agua en los citados ríos se han muerto".
DOGTO, 1887, 8 de febrero

1886
392
República Mexicana
Carestía.
"Carestía, muerte generalizada de ganado."
Espinosa, 1987:148

1886-1887
393
Baja California
Escasez de lluvias.
"Debido a la escasez de lluvias en los años de 1886 a 1887 se perdió una gran cantidad de ganado vacuno y desde entonces se encuentra escaso."
AGNM, Secretaría de Hacienda, 1892, sec. 8ª, cpta. 1, 2 ff., s.c.

1887, 27 de febrero
394
Querétaro: Pinal de Amoles
Nevada.
En esa fecha una "gran nevada descendió sobre el Pinal de Amoles. La nieve levantó sobre el nivel de la superficie algo más de una cuarta de vara".
DOQRO, 1887, 6 de marzo; Noble y Lebrija, 1956:139

1887, febrero
395
Estado de México: Toluca
Epizootia.
"La enfermedad que hace algún tiempo está atacando al ganado porcino, y que parecía haber desaparecido ya, ha vuelto a exacerbarse, por cuyo motivo el Superior Consejo de Salubridad ha dictado enérgicas medidas, a fin de que la carne dañada no se expenda en el mercado público."
DOEM, 1887, 16 de febrero

1887, 16-18 de marzo
396
Oaxaca: Zimatlán
Helada.
Las heladas causaron pérdidas de consideración en los plantíos de caña.
S, 1887, 2 de mayo

1887, 28 de marzo
397
Coahuila: San Pedro de la Colonia
Helada.
"Después de la verdadera helada [...] que tanto daño hizo a los plantíos de algodón, hemos tenido algunas escarchas en los últimos días del mes de abril, y aún en los primeros días de este mes, que han chamuscado los brotes tiernos del algodón y hecho mucho daño a los frijoles y maizales."
S, 1887, 23 de mayo

1887, marzo
398
Veracruz: San Andrés Tuxtla
Viento.
Las cosechas de tabaco disminuyeron "en cerca de 100 000 pesos, a causa de los destrozos originados por el primer norte fuerte que sopló".
S, 1887, 9 de marzo

1887, marzo
399
Michoacán: hacienda de la Huerta
Epizootia.
A causa del mal rojo "en la hacienda de la Huerta han muerto en una semana más de 100 cerdas".
S, 1887, 15 de marzo

1887, marzo-julio
400
Yucatán: Lache, Tizimín, Valladolid
Plaga.
La langosta "está destruyendo los árboles y sementeras de los terrenos que están al sur de Yucatán. También se encuentra en casi todo el partido de Tizimín".
S, 1887, 9 de marzo, 7 de mayo
En Valladolid, "la mayor parte de las sementeras de maíz, yuca y caña de azúcar ha sido consumida por este terrible insecto".
S, 1887, 28 de julio

1887, 4 de abril
401
Hidalgo: La Encarnación, Zimapán
Lluvias abundantes.
Una tromba "ha causado graves perjuicios a la población y a los agricultores de aquel rumbo".
S, 1887, 14 de abril

1887, 6 de abril
402
San Luis Potosí: Carbonera, El Grangeral, San Luis Potosí
Granizada.

"Cayó una manga de granizo en el punto llamado Grangeral, perteneciente al punto de Carbonera, la cual hizo destrozos en el ganado de pelo. Los animales muertos se calculan en más de 900 cabezas de ganado menor y varias reses."
DOSLP, 1887, 23 de abril

1887, abril
403
Veracruz: Orizaba
Carestía.
El café "continúa aumentando de precio en Orizaba".
S, 1887, 2 de mayo

1887, abril
404
Guanajuato: Celaya; Puebla: San Andrés; Querétaro: San Juan del Río
Helada.
"Las fuertes heladas ocurridas la semana pasada han causado muy grandes perjuicios en las sementeras de trigo sembrado en octubre del año pasado, en las de garbanzo, en las de maíz y haba. Por el rancho de San Juan del Río (estado de Querétaro), se perdieron, según sabemos, los plantíos de garbanzo; en Celaya también quedaron los trigos destruidos en su totalidad; en el valle de San Andrés (estado de Puebla), las sementeras de maíz y de haba quedaron igualmente perdidas por las heladas. No tenemos noticias de la suerte que hayan corrido en el estado de Michoacán y otros puntos, plantaciones de diverso género; pero probablemente es que el hielo las haya disminuido notablemente."
RA, 1887, 15 de abril

1887, abril-mayo
405
Yucatán: Maxcanú
Escasez de lluvias.
A consecuencia de la escasez de agua, varios hacendados han sufrido pérdidas con la muerte de una gran parte del ganado vacuno que poseían.
S, 1887, 11 de mayo

1887, 9 de mayo
406
Nuevo León: Lampazos; Tamaulipas: Laredo
Huracán.
La noche de ese día, "se desató un terrible huracán en la zona comprendida de Laredo a Lampazos. Además del destrozo de las sementeras, causó grandes males en los plantíos de árboles y en algunas casas de techo de paja".
DONL, 1887, 13 de mayo

1887, 14 de mayo
407
Aguascalientes: San José de Gracia
Granizada.
Una granizada causó "algunos perjuicios a los chilares y huertos frutales".
S, 1887, 27 de mayo

1887, 21 de mayo
408
Guerrero: Alpuyeca, Huamuxtitlán, Tlaquitepec, Xochihuehuetlán
Granizada.
"Cañada de Huamuxtitlán.- Muy fuerte granizada, gravísimas pérdidas en las huertas de Tlaquitepec. Sufrieron mucho en Alpuyeca y Xohuehuetlán."
AP, v. 700

1887, 28 de mayo
409
Puebla: Puebla
Granizada.
La tarde de ese día "tuvimos en esta ciudad un furioso aguacero, acompañado de granizo y descargas eléctricas".
DOPUE, 1887, 29 de mayo

1887, mayo
410
Distrito Federal
Granizada.
"Con motivo de las fuertes granizadas, se teme que muy pronto suban los granos y las semillas."
S, 1887, 1 de junio

1887, mayo
411
Yucatán: hacienda Hubnachen, Ticul
Lluvias abundantes.
A consecuencia de las últimas lluvias, "el camino que se dirige a la ciudad de Ticul ha quedado intransitable".
S, 1887, 27 de mayo

1887, mayo
412
Coahuila: Parras
Viento.
El norte "que sopló últimamente en Parras, fue tan fuerte que, además de los grandes estragos que causó en los huertos, derribó hasta los faroles de las calles".
S, 1887, 14, 27 de mayo

1887, mayo
413
Distrito Federal; República Mexicana
Escasez de lluvias. Sequía.
"La falta de lluvias en muchas secciones del país, se han combinado para aumentar considerablemente la mortandad entre el ganado vacuno y de cerda. En algunos puntos cercanos a la capital han muerto algunas reses por falta de agua, al paso que en el norte de la República la sequía ha perjudicado mucho las cosechas o impedido la realización de muchas empresas."
S, 1887, 1 de junio

1887, mayo
414
Jalisco: San Juan de los Lagos
Epizootia.
En San Juan de los Lagos y otros puntos apareció en el ganado porcino la epidemia del mal rojo, la cual "es de propagación sumamente rápida", por lo que se dictaron "algunas medidas conducentes a evitar los perjuicios que del contagio pueden originarse para la población".
DOJAL, 1887, 8, 11 de mayo

1887, mayo-junio
415
Sonora: Hermosillo
Plaga.
El parásito "conocido vulgarmente con el nombre de conchita, tiene infestados los naranjos [lo cual es] un inminente peligro para los plantíos situados a los alrededores de esta capital, pues esta epidemia posee medios muy activos de propagación [...] si no mata a los árboles, sí puede empobrecer su producción".
S, 1887, 15 de junio

1887, mayo-junio
416
Yucatán: Mérida
Plaga. Sequía. Carestía.
"En los puestos de nuestro mercado no se encontraba carne. La langosta, el abigeato, las largas sequías y el poco o ningún cuidado que se ha tenido en la cría del ganado bovino, nos hacen perder la esperanza de obtener una baja en el precio de este artículo."
S, 1887, 15 de junio

1887, 1-30 de junio
417
Puebla: Puebla
Lluvias abundantes.
"La estación de aguas se ha presentado en esta ciudad de una manera alarmante. Hace más de un mes que está lloviendo con una fuerza e insistencia tal que no parece sino que se aproxima otro Diluvio. En los alrededores se han perdido las siembras de trigo y de maíz, casi en su totalidad, pues las fincas de campo respectivas se encuentran inundadas completamente."
DOPUE, 1887, 3 de julio

1887, 1 de junio-10 de julio
418
Guanajuato: Guanajuato, hacienda de la Sabanilla, Jerécuaro, León
Lluvias abundantes.
Resumen del Observatorio Meteorológico de León en el que se informó que durante el mes de junio hubo "lluvia todos los días menos 17, 18, 20 y 27; lluvia acompañada con granizo pequeño el 14; nubes bajas en el horizonte casi todos los días". En general, el mes estuvo "nublado, ventoso, lluvias por las tardes y noches, relampagueo y tronadas".
DOGTO, 1887, 8 de julio
Desde el inicio de junio hasta principios de julio, las lluvias cayeron en Guanajuato "con tanta abundancia que han perjudicado al comercio y a la agricultura, al interrumpir las vías de comunicación e inundar las sementeras [...] el dueño de la hacienda de la Sabanilla escribe que durante 32 días no ha cesado de llover en aquella comarca y que, por tal causa, la cosecha será imposible y el año se considera como perdido para las labores del campo".
DOGTO, 1887, 12 de julio
"Tan copiosos han sido los aguaceros que han caído en Guanajuato, que muchas casas de adobe de los barrios han quedado destruidas."
S, 1887, 15 de junio

1887, 1 de junio-15 de julio
419
Querétaro: Querétaro, San Juan del Río
Lluvias abundantes. Helada. Granizada.
"Desde el 1°, diariamente llueve 14 y 15 horas sin interrupción. El día 13 cayeron en esta capital, unos fuertes aguaceros, que amenazaron concluir con la ciudad histórica."
DOQRO, 1887, 12, 19 de junio
"Los trigos han seguido de malas; todos los que, por estar aún verdes dentro de las cajas de las prensas y no se habían podido sacar, los tapó el agua, primero las heladas, después el granizo en los puntos en que los hubo y ahora las anegaciones [...] las siembras de maíz y frijol se han tenido que interrumpir por lo muy mojado de las tierras."
S, 1887, 27 de junio
"Lluvias torrenciales han estado en esta capital y en sus cercanías, por espacio de más de 30 días [...] los agricultores no han podido continuar sus trabajos, suspendidos por la asombrosa y continuada abundancia del temporal de aguas el presente año."
DOQRO, 1887, 3 de julio
"Hace más de un mes que las lluvias no cesan en toda la demarcación de San Juan del Río, y los agricultores han tenido que suspender sus labores."
DOQRO, 1887, 10 de julio
"Ha llovido en esta capital con marcadas excepciones, desde hace 45 días con perjudicial insistencia. Los labradores lamentan no poder continuar sus trabajos agrícolas y temen que el año sea malo por la abundancia de las aguas pluviales."
DOQRO, 1887, 17 de julio

1887, 3 de junio
420
Michoacán: Angamacutiro, Puruándiro, río Angulo
Inundación.
Ese día, el río Angulo salió de su cauce y arrastró "todos los melonares, chilares y todas las sementeras", así como más de 80 casas; la pérdida se calculó en 15 000 pesos.
S, 1887, 1 de agosto

1887, 6 de junio
421
Coahuila: La Colonia, ciénega del Carmen, rancho de Palmira
Granizada.
Por una granizada se perdieron "casi completamente las cosechas de algodón y trigo".
S, 1887, 16, 18 de junio

1887, 8 de junio
422
Jalisco: Encarnación de Díaz, hacienda de los Sauces
Inundación.
La autoridad política de Encarnación de Díaz informó que la noche de ese día las aguas del río se salieron de su cauce e invadieron algunas habitaciones que se derrumbaron.
DOJAL, 1887, 19 de junio
En la hacienda de los Sauces, la inundación ocasionó dos muertes, la pérdida total de más de 12 casas, huertas, cerdos y alimentos. En Encarnación, quedó destruido el barrio del Arenal, se cayó el hospital, más de 80 casas se desplomaron

y se encontraron "como 15 cadáveres"; las pérdidas materiales se calcularon en 30 000 pesos.
S, 1887, 17, 23 de junio, 2 de julio
Comunicación en la que el gobernador de Jalisco, Ramón Corona, mencionó que "las mismas juntas organizadas para colectar donativos a favor de los inundados de la Encarnación, promuevan socorros en favor de los perjudicados en la inundación" de la ciudad de San Luis Potosí.
AHESLP, Memoria inundación, 1887, ff. 10v-11
Fuertes inundaciones en Encarnación causan desgracias tanto en pérdidas de vidas como en intereses.
Galván, 1951:340; Noble y Lebrija, 1956:139

1887, 14 de junio
423
San Luis Potosí: San Luis Potosí
Inundación.
Entre las cuatro y cinco comenzó un fuerte aguacero en la ciudad de San Luis Potosí. Entre siete y ocho de la noche el agua invadió diversos puntos, convirtiendo las calles en ríos que se desbordaban sobre las casas anegándolas por completo. Los daños se estimaron en más de 400 casas derruidas, varias fincas amenazando ruina, algunos cadáveres y más de 100 animales ahogados.
DOSLP, 1887, 18 de junio; DONL, 1887, 1 de julio; S, 1887, 18, 29 de junio
"Desborde tanque del rancho de José María Grande determinando inundación corriente de 'Tequisquiapan', destruyendo más de 200 casas pequeñas; haciendo cinco víctimas."
DH, 1887, 19 de junio; DOEM, 1887, 24 de junio
"En la ciudad de San Luis Potosí, el agua destruyó 320 casas y más de 100 se anegaron."
DOQRO, 1887, 3 de julio
El gobernador de San Luis Potosí nombró una junta encargada de colectar donativos para auxiliar a los damnificados de la inundación.
AHESLP, Memoria inundación, 1887, 67 ff.

1887, 21 de junio
424
Puebla: cerro de la Malinche, Puebla, río San Francisco, San Juan, San Marcos
Inundación.
Debido a las fuertes y copiosas lluvias, la tarde de ese día el oriente de la ciudad se inundó al desbordarse el río San Francisco sobre las casas adyacentes, dejando a sus habitantes sin hogar y lamentando sensibles pérdidas en sus intereses.
DOPUE, 1887, 23 de junio
Una manga de agua ocasionó que los "árboles [fueran] arrancados de raíz, reses, cerdos, paredones, todo arrastraba la corriente", derribó las cercas que resguardaban a las siembras.
S, 1887, 28 de junio
"A consecuencia de las lluvias torrenciales de estos días, en la ciudad de Puebla la tormenta desbordó el río San Francisco, llevándose las aguas un puente de fierro y algunos tramos del ferrocarril de San Marcos."
DOQRO, 1887, 3 de julio

1887, 23 de junio
425
Morelos: Yautepec
Inundación.
"Han sido tan fuertes las lluvias, que Yautepec está inundado completamente. También ha habido muchas desgracias."
S, 1887, 25 de junio
"En la localidad de Yautepec, 30 casas fueron sumergidas por la corriente."
DOQRO, 1887, 3 de julio
Comunicación en la que el gobernador de Morelos, Jesús H. Preciado, mencionó que "la noche del 23 último fue inundada la ciudad de Yautepec, ocasionando ese accidente pérdidas considerables para gran número de sus habitantes, [...] he ordenado se abran suscripciones en los distritos del estado".
AHESLP, Memoria inundación, 1887, 67 ff.
Una inundación destruyó gran parte del caserío, las corrientes arrebataron no sólo los plantíos y el ganado, sino hasta árboles corpulentos.
Galván, 1951:340; Noble y Lebrija, 1956:139

1887, 26 de junio
426
Durango: Pueblo Nuevo
Lluvias abundantes.
"Los accidentes que ocasionó [una tromba] fueron haber aterrado varias huertas."
S, 1887, 19 de agosto

1887, junio
427
Hidalgo: hacienda de San Francisco, Huichapan
Inundación.
"Una creciente formidable de agua corrió en el río que cruza la hacienda de San Francisco"; destruyó varias casas y rompió la presa y el puente; el agua alcanzó una altura de 15 metros.
S, 1887, 14 de julio

1887, junio
428
Estado de México
Epizootia.
"Ha vuelto a desarrollarse esa terrible enfermedad [el mal rojo] en los cerdos, y por los informes que hemos recibido, parece que esta vez ha tomado proporciones alarmantes."
DOEM, 1887, 13 de junio

1887, junio
429
Estado de México: hacienda la Galera, hacienda Santa Cruz, hacienda Tejalpa, hacienda Zacango, Toluca
Granizada. Sequía.
"La cosecha de trigo de este año ha estado de desgracia, pues primero debido a la sequía la siembra fue mal, después vinieron heladas en marzo y abril que castigaron mucho la labor, y últimamente las granizadas han causado perjuicios de consideración."
S, 1887, 27 de junio

1887, junio
430
Estado de México: valle de Toluca
Lluvias abundantes.

Las lluvias "siguen siendo tenaces y abundantes [...] se asegura que algunas haciendas, han sufrido graves perjuicios por la inundación de sus sementeras y la pérdida de animales ahogados".
DOEM, 1887, 29 de junio

1887, junio
431
Oaxaca: Calpulalpan, Oaxaca
Lluvias abundantes.
"La abundancia de lluvias ha comenzado a causar desastres en distintos puntos del estado y desde luego ya podemos citar en esta capital terribles accidentes causados por el derrumbe de muros viejos reblandecidos por la acción de las aguas, y por las crecientes impetuosas de los arroyos y ríos. El tren de Calpulalpan a la ciudad de México se descarriló a consecuencia de las lluvias."
S, 1887, 29 de junio, 7 de julio

1887, junio
432
Tlaxcala
Lluvias abundantes.
Las lluvias causaron daños, "pues las sementeras de algunos distritos han quedado destruidas completamente".
S, 1887, 12 de julio

1887, junio
433
Jalisco: cerro Blanco, Guadalajara, hacienda de la Concepción
Plaga.
La langosta "se va acercando tanto a Guadalajara, que se haya cerca de la hacienda de la Concepción, [...] por donde va pasando este dichoso animalito, va asolando los campos".
DOEM, 1887, 24 de junio
"Los perjuicios que ha ocasionado la langosta han sido considerables: todas las milpas quedaron destruidas."
S, 1887, 24 de junio

1887, junio-julio
434
República Mexicana
Lluvias abundantes.
El Observatorio Meteorológico Central informó que "es de notarse la pluviosidad del mes [junio] en una gran parte de la mesa central con abundantes lluvias en toda la vertiente hacia el golfo; en algunas partes del litoral ha habido hasta huracanes, y en algunas localidades del interior del país, se han verificado algunas grandes avenidas fluviales; este mes la estación de lluvias parece indicar un año más abundante que el pasado, y podríamos decir que apenas es como un tercio aproximado de lo que lloverá en todo el año. Aunque ya las lluvias han ocasionado perjuicios parciales a la agricultura, en lo general preparan abundantes cosechas, toda vez que en una parte considerable del país las lluvias sustituyen al regadío y, mientras mayores son ellas, mayor es el rendimiento de la tierra".
DOJAL, 1887, 3 de julio
"Se teme que la mayor parte de las siembras del interior se pierdan completamente, por lo excesivo de las lluvias que han destruido los plantíos."
S, 1887, 26 de julio

1887, junio-julio
435
Colima
Plaga.
Comunicación en la que el gobernador de Colima, Esteban García, mencionó que "en virtud de que la langosta ha invadido nuestros campos, el estado atraviesa por una época difícil, ocupándose las autoridades y los particulares en exterminar dicha plaga".
AHESLP, Memoria inundación, 1887, ff. 11v-12
Comunicación del obispo de Colima, Francisco Vargas, donde menciona que "mis angustiados párrocos y demás fieles diocesanos, llevan cuatro años de sufrir las calamidades públicas de pestes y otras plagas".
AHESLP, Memoria inundación, 1887, ff. 25v-26
La langosta "ha invadido la mayor parte del estado de Colima, lo cual es muy perjudicial para los agricultores".
S, 1887, 11 de julio

1887, junio-septiembre
436
Yucatán: Tekax
Plaga.
En junio apareció la langosta y para septiembre "esta terrible plaga, que tenía invadido a casi todo el partido, ha ido desapareciendo, no sin causar estragos en las sementeras".
S, 1887, 22 de junio, 16 de septiembre

1887, junio-septiembre
437
Nuevo León: Doctor Arroyo, China, Escobedo, General Bravo, General Treviño, Marín, Zaragoza, Zuazua
Lluvias abundantes. Sequía.
A mediados de junio, en Doctor Arroyo, "las lluvias fueron tan abundantes, que se surtieron todos los estanques que proveen a la población, no habiendo ya temor de que escasee tan necesario elemento. Así mismo, en el resto del estado en que la sequía se presentaba alarmante, las lluvias han venido a salvar a los campos de la esterilidad que se temía". En las otras poblaciones, "con motivo de las abundantes lluvias se han hecho siembras considerables que hacen esperar fundadamente grandes cosechas para fines de año".
DONL, 1887, 28 de junio, 8 de julio, 9 de agosto, 9 de septiembre

1887, junio-octubre
438
Distrito Federal: México
Inundación.
"Muchas tiendas, billares, cafés, restaurantes, barberías de las calles del Refugio, Coliseo y Puente del Espíritu Santo se han inundado con motivo del fuerte aguacero del viernes último [junio 17]. Casi media vara del piso del arroyo subió el agua, inundándose hasta los portales situados en las dos primeras calles dichas."
DH, 1887, 19 de junio
"El río de la Piedad se desbordó sobre el puente del mismo nombre, inundándolo todo y causando gran alarma [...] las pérdidas son considerables y afortunadamente no se registran desgracias personales."
S, 1887, 13 de julio

"Las lluvias excepcionales del año de 1887 hicieron subir demasiado el nivel del agua en el lago de Texcoco, dificultándose el desagüe de la capital a tal grado, que en octubre el agua permaneció estancada en las calles más bajas, cuando al principio de la estación los más fuertes aguaceros no produjeron inundaciones que duraran más de seis horas."
Discurso del presidente del ayuntamiento, 1888:20

1887, 1-31 de julio
439
Guanajuato: León
Lluvias abundantes.
Resumen del Observatorio Meteorológico de León en el que se informó que durante el mes de julio hubo "lluvia acompañada de relampagueo y tronada todo el mes menos los días 19, 20, 24 y 25; granizo mediano los días 4 y 30". En general, el mes estuvo "muy nublado, con temporal muy lluvioso y ventoso por las tardes".
DOGTO, 1887, 23 de agosto

1887, 7, 11 y 12 de julio
440
Guanajuato: barranca de La Tijera, barrio de Santa María, cerro del Capulín, El Chorro, laguna de Yuriria, Puerta del Llano, rancho Cerca Ancha o San Cayetano, rancho Huarimbóndiro, Yuriria
Inundación.
A consecuencia de los constantes aguaceros que desde el 30 de mayo y durante 41 días cayeron continuamente, hubo tres inundaciones en el barrio de Santa María de Yuriria, ocasionadas por el derrame de las aguas del arroyo que cruza por dicho barrio, las cuales subieron de 1.50 a dos metros, causando la anegación de 150 casas de terrado y muchos jacales de los que algunos destruyó por completo, así como la pérdida de más de 400 fanegas de maíz desgranado, algo de garbanzo, cerdos, muebles, ropa, objetos varios y "muchos sembrados de maíz, con yunta".
DOGTO, 1887, 22 de julio, 16 de septiembre

1887, 8 de julio
441
Michoacán: hacienda de Santa Rosa, Jaripo, Tajirarán
Lluvias abundantes.
"Cayó una manga de agua [...] causando gravísimos perjuicios."
S, 1887, 13 de julio

1887, 13 de julio
442
Nayarit: Compostela
Plaga.
"Una manga de langosta llegó a Compostela [...] era tan abundante que ocupaba una extensión como de una legua."
S, 1887, 27 de julio

1887, julio
443
Veracruz: Orizaba
Lluvias abundantes. Carestía.
"Es muy grande [la carestía] que hay en el mercado de Orizaba respecto a los artículos de primera necesidad; esto se debe a la abundancia de lluvias que han caído."
S, 1887, 19 de julio

1887, julio
444
Veracruz: Veracruz
Escasez de lluvias.
"Han cesado las lluvias y, como consecuencia, la temperatura se eleva más y más cada día, y todo hace presumir que tendremos una canícula muy pesada [...] en vista de que el mismo calor protege la evaporación."
S, 1887, 17 de julio, 1, 5 de agosto

1887, julio
445
Sinaloa: Mazatlán
Lluvias abundantes.
Un aguacero "ocasionó graves perjuicios, pues además de que derribó varios jacales y causó serios deterioros a muchas casas, hizo que se perdieran 23 tercios de azúcar que estaban depositados en los almacenes de la recaudación de rentas de aquella ciudad".
S, 1887, 20 de julio

1887, julio
446
Tamaulipas: Matamoros
Inundación.
"Inundada se encuentra una gran parte de la ciudad de Matamoros a causa de haberse desbordado el Río Grande."
S, 1887, 14 de julio

1887, julio
447
Tamaulipas: Jiménez, Matamoros, San Fernando
Lluvias abundantes.
"Hubo una tempestad muy fuerte últimamente."
S, 1887, 27 de julio

1887, julio
448
Yucatán: Mérida
Escasez de lluvias.
"En algunas poblaciones se están perdiendo las siembras por falta de lluvias."
S, 1887, 28 de julio

1887, julio
449
Yucatán
Plaga. Carestía.
"Ha aparecido una plaga de murciélagos que, en fabulosas cantidades cruzan por los caminos atacando de muerte al ganado vacuno, por cuyo motivo, el artículo tan importante de la carne se ha escaseado de una manera alarmante."
S, 1887, 9 de agosto

1887, julio
450
San Luis Potosí

Escasez de lluvias.
Las siembras "están a punto de perderse por falta de agua, pues a los últimos aguaceros que cayeron en junio próximo pasado ha sucedido una gran sequía."
S, 1887, 9 de julio, 17 de agosto
"Escasez de agua. Disminución de la cosecha."
Padilla, 1980:110

1887, julio-agosto
451
Querétaro: Querétaro
Escasez de lluvias.
"Durante la canícula actual, la temperatura ha subido de una manera notable."
DOQRO, 1887, 7 de agosto
"Tres semanas sin llover y después lluvias en septiembre. Disminución de las cosechas."
Padilla, 1980:110

1887, 1-31 de agosto
452
Guanajuato: León
Lluvias abundantes.
Resumen del Observatorio Meteorológico de León en el que se informó que durante el mes de agosto hubo "lluvia todo el mes menos los días 1º, 3, 4, 9, 10, 14, 15, 22 y 31, lluvia acompañada con granizo mediano el día 25, tardes tempestuosas con fuerte tronado y vivo relampagueo". En general, el mes estuvo "nublado, ventoso, lluvioso, con relampagueos, tronadas y nubes bajas casi todos los días".
DOGTO, 1887, 20 de septiembre

1887, 2 de agosto
453
Distrito Federal: San Ángel
Granizada.
Una granizada "destruyó varias fincas, mató infinidad de aves de corral y dejó los árboles y las plantas [peor] que si hubieran sido presas de la langosta".
S, 1887, 5 de agosto

1887, 4 de agosto
454
Tamaulipas: Jiménez, Soto la Marina
Inundación.
Entre 7:30 y 11:30 de la noche, cayó una gran tempestad en Jiménez y Soto la Marina; hubo crecimiento de ríos que destruyeron casas, corraleras y sembrados.
S, 1887, 1 de septiembre

1887, 12-13 de agosto
455
Veracruz: cerro de Macuitlacatl, congregación de Chicola, Jesús María, Orizaba
Lluvias abundantes.
Por el derrumbe del cerro de Macuitlacatl, a consecuencia de las "copiosas" lluvias murieron cuatro personas y "muchos" animales.
DOVER, 1887, 18, 23 de agosto; S, 1887, 26 de septiembre

1887, 21 de agosto
456
Puebla: Puebla
Lluvias abundantes.
"Muy fuertes aguaceros cayeron en esta ciudad la tarde del domingo 21. Ignoramos si causarían alguna desgracia."
DOPUE, 1887, 25 de agosto

1887, 22 de agosto
457
Querétaro: Querétaro
Lluvias abundantes.
En la noche, un terrible aguacero "descendió sobre esta capital [...] la tormenta fue aumentando con visible rapidez. El viento huracanado y el granizo [hacían de] las calles ríos caudalosos invadeables".
DOQRO, 1887, 28 de agosto

1887, 28 de agosto
458
Puebla: Puebla
Inundación.
"Muy fuertes han sido los aguaceros que han caído últimamente en Puebla, sobre todo el del domingo, que inundó la mayor parte de la ciudad."
S, 1887, 31 de agosto

1887, 30 de agosto
459
Guanajuato: San Francisco del Rincón
Inundación.
La noche de ese día cayó "una manga de agua que inundó nuevamente una parte de la población, quedando anegadas varias casas, otras amenazando ruina y otras, aunque en pequeño número, desplomándose".
DOGTO, 1887, 20 de septiembre

1887, agosto
460
Hidalgo: San Felipe Orizatlán
Inundación.
"Hubo una terrible inundación cuyas caudalosas avenidas causaron la pérdida de plantíos de café, chile y maíz, ganado caballar y vacuno, terrenos y cercados."
S, 1887, 19 de agosto

1887, agosto
461
San Luis Potosí: hacienda de Bledos, hacienda de San Francisco
Inundación.
"En la hacienda de San Francisco, se reventó la presa, inundando parte de la hacienda de Bledos y llevándose un puente y algunas casas de la misma. Un fuerte chubasco ocasionó esta desgracia."
S, 1887, 7 de septiembre

1887, agosto
462
Sonora: río Mayo
Escasez de lluvias. Sequía.
"A consecuencia de la sequía han muerto en los ranchos de Magdalena y Hermosillo 10 000 reses, según dicen los periódicos de aquel estado."
S, 1887, 6 de septiembre

"Deja de llover otra vez. Temperaturas de 106° F. Muerte del ganado por falta de agua y forraje. Las fuentes disminuyen su caudal."
Padilla, 1980:110
"No hubo cosechas y los pastizales estaban totalmente agotados y sin haber renacido por la falta de lluvias; no daban al ganado que poblaba las rancherías una brizna de zacate y ello había ocasionado una mortandad espantosa de animales. Los campesinos emprendieron el camino a los campos agrícolas del Mayo."
Cuevas, 1989:191-192

1887, agosto
463
Chiapas: Chiapa de Corzo
Escasez de lluvias.
"Falta de lluvia durante 40 días. Pérdida parcial de la cosecha."
Padilla, 1980:110

1887, agosto
464
Coahuila: río Nazas, San Pedro
Escasez de lluvias.
"Lluvias irregulares en la temporada y nada en agosto. Muerte del ganado. Pérdida de cosechas. Se secó el río Nazas."
Padilla, 1980:110

1887, agosto
465
Michoacán: Zamora
Epizootia.
El mal rojo, "que tantos estragos está causando en el ganado porcino, se ha desarrollado en varias poblaciones de Zamora".
S, 1887, 25 de agosto

1887, agosto
466
Sinaloa: Culiacán
Carestía.
"enorme alza de precios se ha efectuado en los artículos de primera necesidad como son la manteca, maíz, el frijol, la leche, el arroz, etc."
S, 1887, 25 de agosto

1887, agosto-septiembre
467
San Luis Potosí: San Luis Potosí
Epizootia.
El mal rojo "se ha desarrollado notablemente en el ganado de cerda, en esta ciudad, [dictándose] algunas disposiciones encaminadas a contener los avances de tan terrible epidemia".
DOSLP, 1887, 24 de agosto; S, 1887, 6, 13 de septiembre

1887, 1 de septiembre
468
Guanajuato: hacienda de la Esperanza, Salvatierra
Inundación.
Por la abundancia de lluvias, la noche de ese día se inundó el sur de Salvatierra, destruyéndose 60 metros de terraplén, las alcantarillas, algunas fincas urbanas y perdiéndose objetos de poco valor. La causa primordial del evento se atribuyó a "una presa muy mal construida en un alto de la hacienda de la Esperanza, que desbordada varias veces ha formado cauces por los que se encajona el agua y se precipita sobre la parte meridional de la ciudad".
DOGTO, 1887, 20 de septiembre

1887, 7 de septiembre
469
Veracruz: Jalapa
Lluvias abundantes. Inundación.
"A consecuencia del fuerte aguacero que cayó, el cuartel chico del vecindario se inundó, subiendo el agua a una altura de dos varas."
DOVER, 1887, 13 de septiembre

1887, 21 de septiembre
470
Tamaulipas: Matamoros
Huracán.
Ese día hubo un ciclón "muy fuerte en Matamoros, que derribó un gran número de casas, tanto de aquella ciudad como de Brownsville".
S, 1887, 4, 10 de octubre

1887, 22 de septiembre
471
Nuevo León: Bustamante, Cadereita Jiménez, ciénega de Flores, congregación del Capadero, congregación de los Ramones, Doctor González, Herreros, Higueras, Lampazos, Los Aldamas, Marín, Pesquería Chica, río Morales, río Salinas, Sabinas, Salomé Botello, Salinas Victoria, Villaldama, Zuazua
Inundación.
"Los ríos de Salinas y Morales recogieron tan copiosas corrientes que han inundado algunas sementeras, arrasando algunos ranchos y parte de importantes congregaciones, desnivelando el puente del Ferrocarril Nacional." En muchas poblaciones del norte y oriente del estado se inundaron las casas y las sementeras, perdiéndose gran número de fincas, siembras de maíz y demás semillas y algunos plantíos de caña.
DONL, 1887, 27, 30 de septiembre, 18 de octubre; S, 1887, 10 de octubre

1887, 23 de septiembre
472
Estado de México: Toluca
Granizada.
Ese día "cayó una fuerte granizada, que causó graves perjuicios en los sembrados, pues los granizos eran de un volumen bastante grande".
DOEM, 1887, 28 de septiembre; S, 1887, 29 de septiembre

1887, 27 de septiembre
473
Guanajuato: La Luz, mina de San Antonio
Lluvias abundantes.
El jefe político de La luz informó que en la tarde de ese día y con motivo de una fuerte lluvia "se desprendió de la mina de San Antonio, perteneciente a la negociación de San Cayetano, un paredón de ataque, obstruyendo la bocamina y quedando dentro tres operarios".
DOGTO, 1887, 4 de octubre

1887, septiembre
474
Guanajuato: Dolores Hidalgo, hacienda de la Sauceda, rancho de Remátalo, San Diego
Epizootia.
El jefe político de San Diego informó que en la hacienda de la Sauceda apareció la epizootia conocida como "mal rojo" al igual que en el rancho de Remátalo.
DOGTO, 1887, 20 de septiembre

1887, septiembre
475
Sonora
Inundación.
Comunicación en la que el gobernador de la mitra de Sonora, Bartolomé Suástegui, mencionó que "actualmente se están colectando donativos para socorrer a una gran parte de los puntos de la frontera sudoeste, a consecuencia de los terremotos del 3 de mayo último, así como por la inundación que algunos de estos mismos pueblos han tenido que sufrir después".
AHESLP, Memoria inundación, 1887, f. 28v

1887, septiembre
476
Coahuila: río Guanabal
Lluvias abundantes.
"Las crecientes del río Guanabal han inundado los caminos que conducen a la villa de Matamoros."
S, 1887, 25 de septiembre
"Con motivo de los fuertes aguaceros que han caído en aquella capital del estado de Coahuila, se han derrumbado varias casas."
S, 1887, 11 de octubre

1887, 1-4 de octubre
477
Guanajuato: arroyo de los Ocotes, Pénjamo
Lluvias abundantes.
El jefe político de Pénjamo informó que "en virtud de lo abundante que han sido las lluvias por estos contornos" hubo varios ahogados en el arroyo de los Ocotes y algunos derrumbes de fincas urbanas.
DOGTO, 1887, 14 de octubre

1887, 5 de octubre
478
Guanajuato: Acámbaro
Inundación.
Telegramas informan que debido a la inundación ocurrida en esa población, muchas casas se cayeron, por lo que las familias "se encuentran sin hogar" y no hay recursos facilitados por el vecindario; se pidió ayuda al gobierno para "salvar en parte la situación angustiosa".
DOGTO, 1887, 14 de octubre

1887, 5-7 de octubre
479
Veracruz: Camalteco, La Cazonera, Papantla
Inundación.
En La Cazonera, cantón de Papantla, las fuertes lluvias causaron una inundación durante tres días consecutivos, ahogándose algunas cabezas de ganado y perdiéndose las siembras en los terrenos bajos; se temía que en Camalteco la creciente hubiera tenido mayores proporciones.
DOVER, 1887, 11 de octubre

1887, 6-8 de octubre
480
Sinaloa: Copala, Elota, El Rosario, Mazatlán, Quelite, Villa Unión
Huracán. Inundación.
"En el Rosario el río se salió de su cauce, invadiendo toda la parte baja de la población, causando varias muertes, 40 casas destruidas y pérdida de las siembras; el agua subió cinco pies [en otras poblaciones] también hubo perjuicios."
S, 1887, 20 de octubre, 4 de noviembre
Comunicación en la que el vicario capitular de Sinaloa, Saturnino Campoy, mencionó que "vino la visita siempre terrible en estas costas del equinoccio de septiembre más ruinoso que la historia registra: pueblos enteros con sus iglesias; media ciudad del Rosario e innumerables aldeas a derecha e izquierda del río de este nombre en la parte sur de este estado han desaparecido con todas las labores en frutos".
AHESLP, Memoria inundación, 1887, f. 29

1887, 6-8 de octubre
481
Nayarit: Acaponeta, Cucharas, hacienda de San Lorenzo, Huajicori, Mexcatitlán, río de Acaponeta, río de San Pedro, Santiago Ixcuintla, Tuxpan
Huracán. Inundación.
La noche del 6 un huracán "descargó en el punto llamado Cucharas de la jurisdicción de Huajicori arrastrando algún ganado y remuda"; en la madrugada del 7 "el río de Acaponeta se salió de su centro e inundó por completo la población, arrastrando algunas personas juntamente con sus casas", quedando en pie, aunque "amenazando ruina", la iglesia, la casa cural y una finca particular. En Tuxpan, el río inundó todas las calles, llevándose algunas casas y perdiéndose "todas las siembras y cosecha de coco, así como la mayor parte del ganado". En Santiago Ixcuintla, el río de San Pedro arrastró las siembras de algodón y maíz, "ahogando el ganado que encontró a su paso". En la hacienda de San Lorenzo se perdió gran parte del plantío de caña y toda la siembra de maíz, así como el ganado que se encontraba cerca del río. En Mexcatitlán el agua subió media vara en los lugares más altos. Tan sólo en Acaponeta hubo 4 000 damnificados y el valor de la propiedad urbana destruida ascendió a 103 970 pesos. El gobierno de Tepic informó su "absoluta carencia de fondos".
DONAY, 1887, 20 de octubre; DOSLP, 1887, 26 de octubre; DOJAL, 1887, 20 de noviembre; S, 1887, 21 de octubre
Comunicación en la que el vicario capitular de Sinaloa, Saturnino Campoy, mencionó que "las villas de Acaponeta y Santiago del vecino estado de Jalisco, así como sus aldeas y sementeras hasta desembocar al mar lo destruyeron todo los ríos de cada villa, que quedaron reducidas a escombros entre los que se perdieron todos los valores; y la miseria es tal en esas villas que han pedido auxilio al Rosario y Mazatlán, y a todo el estado de Sinaloa".
AHESLP, Memoria inundación, 1887, f. 29

1887, 10-16 de octubre
482
Oaxaca: Valle Nacional; Veracruz: Cosamaloapan, Tlacotalpan
Inundación.
"En uno de los días de la semana anterior [10 a 16] cayó en el Valle Nacional una manga de agua que destruyó todas las siembras de tabaco, ahogó muchas reses y se perdieron más de 400 zontles de maíz." Las cosechas de tabaco en Cosamaloapan fueron escasas.
S, 1887, 19 de octubre, 3 de diciembre

1887, 10-16 de octubre
483
Coahuila: Abasolo, Monclova, Nadadores, Rancho Nuevo, Viesca
Inundación.
En Coahuila llovió durante 48 horas formándose una corriente que inundó varios puntos y "causó muchas desgracias personales, acabó con las sementeras de su tránsito y se llevó todos los ranchos y molinos que halló a su paso [...] se ahogó mucho ganado y se perdieron las cosechas y los instrumentos de labranza". En la villa de Viesca causaron daños en las siembras de maíz, frijol, trigo y algodón, por lo que hubo escasez de "los efectos de primera necesidad".
S, 1887, 19 de octubre, 10 de noviembre

1887, 15-16 de octubre
484
Campeche: Celestún, Ciudad del Carmen, Champotón, Isla Arenas, laguna de Términos; Yucatán: Cozumel, Isla Mujeres, Mérida, Progreso; Tabasco; Veracruz
Huracán. Inundación. Carestía.
Un huracán causó grandes perjuicios en Campeche. "La mitad de la población de Champotón fue inundada, destruyéndose unas 20 casas de la orilla del río; los charcos de cuajar sal, perdidos completamente; los arrozales, la caña y las sementeras de maíz se han echado a perder totalmente; en Lerma multitud de casas se desplomaron, los terraplenes de la vía fueron arrastrados por las aguas; en Celestún desaparecieron los ranchos y embarcaciones de los salineros." Hubo pérdidas humanas y la altura del agua se calculó entre cinco y seis varas.
S, 1887, 28, 29 de octubre, 5 de noviembre
"A consecuencia de las pérdidas sufridas por el último ciclón, la carne de res y otros artículos de primera necesidad guardan un precio muy elevado en Campeche."
S, 1887, 9 de noviembre

1887, 20 de octubre
485
Puebla: Puebla
Granizada.
"En las primeras horas de la noche [...] cayó una terrible granizada, acompañada de truenos y relámpagos."
S, 1887, 29 de octubre

1887, 25-31 de octubre
486
Estado de México: San Mateo
Inundación.
"El aguacero que cayó en los últimos días del mes pasado, inundó el pueblo de San Mateo, destruyendo más de 100 casas y dejando por lo mismo un gran número de familias en la miseria."
DOEM, 1887, 2 de noviembre

1887, 26 de octubre
487
Michoacán: Morelia
Granizada.
La tarde de ese día cayó "una tempestad de granizo" al oriente de la ciudad.
S, 1887, 31 de octubre

1887, octubre
488
San Luis Potosí: San Luis Potosí
Lluvias abundantes.
Las lluvias "no han cesado de caer en todo el presente mes, lo cual es bien raro en esta localidad en que generalmente son tan escasas".
DOSLP, 1887, 29 de octubre

1887, octubre
489
Coahuila
Plaga.
El gusano "ha iniciado en los algodones".
S, 1887, 11 de octubre

1887, octubre
490
Tamaulipas: Ciudad Victoria, Laguna Salada, Matamoros, río de Mier
Inundación.
En varias poblaciones "han muerto ahogados muchos centenares de ganado vacuno, caballar y menor. En Laguna Salada hubo más de 500 reses muertas [...] el río de Mier salió de su cauce e inundó una parte de Ciudad Victoria, habiendo perdido su casa más de 100 familias".
S, 1887, 21 de octubre, 5 de noviembre

1887, octubre
491
Sonora
Plaga.
La langosta "ha destruido completamente las sementeras".
S, 1887, 10 de octubre

1887, octubre
492
República Mexicana
Escasez de granos.
El maíz "escasea en varios lugares de la República, pero abunda de tal manera en Oaxaca, que casi no tiene demanda".
S, 1887, 7 de noviembre

1887, noviembre
493
Estado de México: Chicoloapan
Lluvias abundantes. Escasez de granos.
La cosecha de maíz "ha sido muy escasa por la abundancia de lluvias".
S, 1887, 3 de diciembre

1887, noviembre
494
Oaxaca: Tuxtepec
Lluvias abundantes. Plaga.
En Tuxtepec "ha llovido mucho y ha aparecido el gusano".
S, 1887, 3 de diciembre

1887, 23 de diciembre
495
San Luis Potosí: San Luis Potosí
Viento.
"Desde las dos de la mañana comenzó a soplar en esta ciudad un viento tempestuoso del suroeste, el cual duró más de 24 horas causando varios destrozos en los jardines públicos y en muchas casas de la ciudad."
DOSLP, 1887, 28 de diciembre
La fuerza del viento "fue tanta que arrancó de raíz corpulentos árboles, dobló la cruz de fierro que se hallaba en la torre de un templo y derrumbó algunas paredes".
S, 1888, 5 de enero

1887, diciembre
496
Sinaloa: Mazatlán
Plaga.
La langosta "ha invadido el distrito de Mazatlán, destruyendo los árboles y las sementeras".
S, 1887, 13, 29 de diciembre

1887, diciembre
497
Sinaloa: El Fuerte
Helada.
"A más de 100 000 pesos ascienden las pérdidas sufridas en los cañaverales del distrito del Fuerte, [las heladas] destruyeron completamente los plantíos de caña de azúcar."
S, 1888, 16 de febrero

1887, diciembre
498
Chihuahua
Nevada.
Las nevadas "han causado graves perjuicios no sólo a las haciendas por la pérdida de sus ganados, sino también en las negociaciones mineras por la interrupción del tráfico de sus minerales".
S, 1888, 5 de enero

1887, octubre-1888, enero
499
Michoacán: Coalcomán, Ecuandureo, Jiquilpan, Numarán, Penjamillo, Purépero, Puruándiro, Sahuayo, Tangancícuaro, Tingüindín, Zamora
Escasez de granos. Lluvias abundantes. Epizootia.
En estos años, "no fue del todo favorable la cosecha del maíz [...] y si bien puede comprenderse que la escasez de este artículo de primera necesidad, determinando el alza de su precio en el mercado, hubiera influido considerablemente para la inseguridad, [...] no queremos asegurar que ningún delito de robo se haya cometido obedeciendo a las causas indicadas, pero sí queremos que, reconociéndose la verdad de nuestros conceptos, se haga justicia a la clase menesterosa de nuestra sociedad".
Memoria, Mich., 1889:25-26
El comercio en Numarán "se encuentra en decadencia con motivo de la gran mortandad de cerdos causada por el mal rojo, así como por la pérdida de sementeras de todo género [...] las siembras de maíz, trigo, garbanzo, frijol y cebada fueron muy escasas".
POGEMO, 1888, 12 de enero
En Penjamillo se recogieron escasas cosechas de maíz, trigo, garbanzo y frijol, "sin embargo ninguno de estos cereales ha tenido alza en su precio".
POGEMO, 1888, 12 de enero
El comercio en Ecuandureo "ha estado en completa decadencia, pues constituyéndolo principalmente la extracción y consumo de semillas y las ventas de cerdos flacos y cebados, terminados casi por completo unos y otros por la epidemia de mal rojo que aún no desaparece del municipio". Las siembras fueron dispares, la de frijol se perdió completamente, mientras que de maíz se cosecharon 25 000 fanegas y 1 200 de garbanzo.
POGEMO, 1888, 12 de enero
Las cosechas en Puruándiro de maíz, trigo, garbanzo, caña, camote, frijol, haba, cebada, chícharo se alzaron regulares en el año anterior (1887), en el cual las siembras de maíces se perdieron por la abundancia de lluvias y aunque regulares existencias de esta semilla, se cree que tendrá mejor demanda antes que termine el año.
POGEMO, 1888, 26 de enero
En Jiquilpan la "actual cosecha de maíz que se está verificando es mala, y por lo mismo hay temores de escasez". En Sahuayo el comercio "se encuentra en decadencia absoluta con motivo de la pérdida casi por completo de las sementeras de frijol y maíz por la abundancia de lluvias".
POGEMO, 1888, 2 de febrero
El comercio en Zamora "ha decaído notablemente en esta municipalidad a causa del estado de pobreza en que se halla la generalidad de sus habitantes, contribuyendo a esto, en gran parte, no haber habido el año próximo pasado [1887] sino muy escasas cosechas de maíz, en virtud de haberse perdido completamente las siembras de esta semilla, a consecuencia de la muchísima abundancia de lluvias que hubo en el citado año".
POGEMO, 1888, 1 de marzo
En Tangancícuaro y Purépero se perdieron las siembras de maíz y frijol "por la abundancia de lluvias que hubo el año próximo pasado [1887]".
POGEMO, 1888, 1 de marzo
En Coalcomán "hay temores de carestía de maíz, en virtud de haberse perdido algunas siembras por la abundancia de lluvias en la estación correspondiente".
POGEMO, 1888, 23 de febrero
En Tingüindín las cosechas de maíz, frijol y trigo van a ser "bastante malas a consecuencia de las abundantes lluvias".
POGEMO, 1888, 2 de febrero

1887-1889
500
Jalisco: Lagos
Epizootia.
"A consecuencia de la epizootia que hace tres años acometió

al ganado porcino, y que en este cantón se retira y vuelve, según la estación, la manteca subió de precio en el referido mes [diciembre], de cinco a seis pesos."
Memoria, Jal., 1890:75

1888, 15 de enero
501
Tamaulipas
Viento.
"Hoy hubo un viento del norte que llegó con una velocidad de 30 a 40 metros por segundo; acompañado de relámpagos y truenos, rompiendo puertas, volando sombreros y regalándonos una copiosa lluvia, fría como el hielo."
DOSLP, 1888, 15 de enero

1888, 28 de enero
502
Estado de México: Toluca
Viento.
"Un viento huracanado tan fuerte que alarmó a la población [...] entre los perjuicios que este fenómeno causó se cuenta la destrucción casi completa del jardín llamado 'Zubieta', el de una casa que estaban fabricando sobre el río, varias casas y derribó un regular número de árboles."
S, 1888, 8 de febrero

1888, enero
503
Michoacán: Puruándiro
Lluvias abundantes.
De todos los cereales que se sembraron en Puruándiro alcanzaron regulares cosechas en el año anterior, en el actual "las siembras de maíz se perdieron por la abundancia de lluvias y aunque hay regulares existencias de esta semilla, se cree que tendrá mejor demanda antes que termine el año".
POGEMO, 1888, 26 de enero

1888, febrero
504
Michoacán: Chilchota, Ixtlán, Purépero, Sahuayo, Tangancícuaro
Lluvias abundantes.
En Sahuayo la cosecha de maíz fue bastante mala, y la de garbanzo "insignificante", "por motivo de estar inundados los terrenos"; la cosecha de frijol fue mala lo mismo que la de cebada.
POGEMO, 1888, 2 de febrero
En Tangancícuaro se perdió la mayor parte de las cosechas de frijol y de maíz por la abundancia de lluvias (en febrero).
POGEMO, 1888, 1 de marzo
En Purépero la siembra de maíz se perdió por la abundancia de lluvias.
POGEMO, 1888, 1 de marzo
En Ixtlán se perdieron casi totalmente las sementeras de maíz por la inundación que sufrieron los terrenos debido a las abundantes lluvias.
POGEMO, 1888, 8 de marzo

1888, febrero
505
Michoacán: Coahuayana
Plaga.
En Coahuayana "se cree que será escasa la cosecha de algodón en virtud, de que las siembras se hicieron tarde debido a la langosta de chapulines".
POGEMO, 1888, 23 de febrero

1888, febrero
506
Veracruz: Orizaba
Carestía.
El maíz "ha subido de precio a consecuencia de que se lo están llevando para el interior de la República, pues en muchos lugares se ha perdido. En la actualidad se vende dicho artículo a razón de cinco pesos carga".
S, 1888, 14 de febrero

1888, febrero
507
Puebla: Puebla, San Juan de los Llanos, Tepeyahualco
Inundación.
"Verdadera alarma ha causado a los vecinos la inundación, al grado que muchos de sus habitantes han tenido que navegar en balsas."
S, 1888, 16 de febrero
"Una de las fiebres palúdicas se ha desarrollado en San Juan de los Llanos, Puebla, a consecuencia de la lentitud con que se están desecando los terrenos de Tepeyahualco."
S, 1888, 21 de junio

1888, marzo
508
Veracruz: Ojitlán, Playa San Vicente, San Andrés Tuxtla
Lluvias abundantes. Plaga.
"En Playa San Vicente las cosechas de tabaco disminuyeron a causa de las lluvias. En Ojitlán [...] la cosecha de tabaco, que ya se presentaba mal porque una especie de pulga lo tenía muy picado, ahora se puede asegurar que casi totalmente se perdió. El último temporal ha causado perjuicios a las plantaciones de algodón. Por causa de la humedad, se ha desarrollado ese insecto conocido vulgarmente con el nombre de 'zaratán'."
S, 1888, 10 de marzo

1888, marzo
509
Hidalgo: Meztitlán, Zacualtipan
Carestía.
El maíz subió de precio "a consecuencia de la pérdida de las cosechas. Según noticias se vende a razón de seis pesos o más la carga".
S, 1888, 15 de marzo

1888, marzo
510
Distrito Federal: México
Epizootia.
La epizootia "se ha extendido entre el ganado porcino, ovino y bovino que se consume en la capital". Se importaron cerdos de los Estados Unidos por la escasez y carestía de la carne de puerco a consecuencia de la epidemia.
S, 1888, 17, 23 de marzo

1888, marzo
511
Puebla: Tetela
Lluvias abundantes.
Los industriales han sufrido pérdidas "con la muerte de todo el gusano de seda a consecuencia de los fuertes temporales".
S, 1888, 30 de marzo

1888, marzo-abril
512
Michoacán: Aguililla, Apatzingán, Parácuaro, Tepalcatepec
Plaga.
Las ratas destruyeron extensos campos de siembra, afectando los campos arroceros de varias haciendas y los pocos sembradíos de maíz de riego. En Tepalcatepec aumentó el precio del maíz a partir de marzo.
Sánchez, 1990:153

1888, 20 de abril
513
Puebla
Lluvias abundantes. Granizada.
"De granizo y acompañada de un fuerte viento y de no pocas descargas eléctricas, cuyo imponente estruendo provocó pavor, tuvo lugar en Puebla, la noche del 20 que cursa. Los jardines públicos sufrieron bastante, lo mismo que los sembrados de trigo que existen en los alrededores. El agua cayó con tanta abundancia, que las calles quedaron cubiertas de revuelto líquido."
POGEMO, 1888, 29 de abril
"Los jardines públicos sufrieron bastante, lo mismo que los sembrados de trigo que existen en los alrededores."
S, 1888, 30 de abril

1888, abril
514
Puebla: villa de Libres
Epizootia.
El ganado porcino enfermó "del mal rojo. Con este motivo los hacendados están sufriendo de grandes pérdidas".
S, 1888, 17 de abril

1888, abril
515
Puebla: villa de Libres
Helada.
Por las heladas "las semillas han subido de precio".
S, 1888, 17 de abril

1888, 9 de mayo
516
Nuevo León: Pesquería Chica, San Isidro
Granizada.
"A la media noche cayó una granizada muy fuerte [...] Afortunadamente fue de poca duración; sin embargo, causó la pérdida de algunos sembrados, lo cual es de sentirse."
DONL, 1888, 15 de mayo

1888, 14 de mayo
517
Guerrero: Álvarez, Lagunas
Inundación.
En Lagunas la corriente arrastró "49 reses, 2 yeguas, 2 burros y una mula".
S, 1888, 30 de mayo

1888, 17 de mayo
518
Hidalgo: Irolo
Granizada.
El granizo "cubrió una extensión considerable de terrenos, a una vara de altura, habiendo obstruido la vía férrea y paralizado durante dos horas el tránsito del ferrocarril".
S, 1888, 24 de mayo

1888, 20 de mayo
519
Oaxaca: Oaxaca
Viento.
Una tormenta ocasionó "inmensos perjuicios, pues de la mayor parte de los árboles se desprendieron grandes ramas y alguno arrastrado de raíz".
S, 1888, 1 de junio

1888, mayo
520
Coahuila: Saltillo
Neblina.
Las cosechas de trigo "se han perdido en su mayor parte a consecuencia de los perjuicios que causó una fuerte y prolongada neblina".
S, 1888, 2 de junio

1888, 4-18 de junio
521
Jalisco: arroyo de la Sauceda, Lagos
Inundación. Lluvias abundantes.
En Lagos, "14 días de continuas lluvias han ocasionado la pérdida casi completa de las sementeras de trigo, pues aún no se terminaba la cosecha y están perdiéndose las chileras y las siembras de maíz por haberse inundado los campos. El río crecido y desbordándose en los campos sembrados. El cuartel octavo está completamente inundado, habiéndose caído multitud de casas".
DOJAL, 1888, 20 de junio

1888, 6 de junio
522
Guanajuato: Abasolo, León, Yuriria
Inundación. Epizootia.
Los caminos, los pueblos, las haciendas y los ranchos de Yuriria "están convertidos en verdaderos lagos; los labradores no encuentran de qué manera darán principio a sus labores". En Abasolo "las sementeras se han perdido y la epizootia sigue desarrollándose" en ganado porcino, vacuno y aves de corral.
S, 1888, 14 de julio

1888, 11 de junio
523
Nuevo León: Salinas Victoria
Inundación.
"Un fuerte aguacero inundó la parte baja de la población,

haciendo necesario recoger y concentrar en la parte alta de la villa a todos los que peligraban [...] un tren de carga se hundió en uno de los puentes, pereciendo el maquinista y fogonero y salvándose con graves contusiones los garroteros y demás empleados."
DONL, 1888, 12 de junio

1888, 12 o 13 de junio
524
Zacatecas: Fresnillo
Granizada.
El granizo causó muchos daños; entre ellos, el derrumbe de 11 casas.
S, 1888, 16, 29 de junio

1888, 15-21 de junio
525
Oaxaca: Tehuantepec
Inundación.
Del 15 al 21 llovió y "los ríos han crecido de tal manera que se hacen intransitables, saliéndose de su cauce y arrastrando campos completamente [...] se ha llevado la creciente cuanto ha encontrado a su paso casas, ganado, interrumpiendo la línea telegráfica".
S, 1888, 25 de junio

1888, 18 de junio
526
San Luis Potosí: calzada de Guadalupe, Charcos de Santa Ana, Guadalcázar, Peotillos, Salinas, San Luis Potosí, San Miguelito, Tepetates
Inundación. Lluvias abundantes.
Telegrama que informa: "San Luis Potosí inundado, según noticias telegráficas".
DOJAL, 1888, 20 de junio
"Con motivo de las lluvias de estos últimos días, se ha inundado una buena parte de la población, destruyéndose algunas pequeñas casas de los barrios."
DOSLP, 1888, 26 de junio
"Según noticias que tenemos, las lluvias inundaron en Guadalcázar todos los sembrados y en Salinas ocasionaron la destrucción de varias casas."
DOSLP, 1888, 4 de julio
A causa de un "fuerte chubasco" la población de Peotillos se inundó, "habiendo subido el agua a un metro de altura, lo cual ha causado pérdidas de bastante consideración".
S, 1888, 2, 3 de julio

1888, 18 de junio
527
Guanajuato: Abasolo, Apaseo, Celaya, Guanajuato, hacienda de La Labor, Irapuato, León, Silao
Inundación. Lluvias abundantes.
"Anoche gran inundación en León, causando desgracias personales y materiales. Tráfico suspenso por estar caminos totalmente inundados."
DOJAL, 1888, 20 de junio
"La ciudad de León, del estado de Guanajuato, fue víctima de una terrible catástrofe [...] una manga de agua que cayó a la medianoche destruyó la mitad de la ciudad, derribando más de 1 000 casas y dejando sin hogar a más de 30 000 personas, quedando centenares sepultados y calculándose las pérdidas materiales en más de dos millones de pesos."
DONL, 1888, 22 de junio
El río de Santiago se desbordó sobre los barrios de Coecillo y San Miguel, la plaza de Santiago y calles adyacentes.
S, 1888, 23 de junio
"No podemos menos que consagrar en esta efeméride un recuerdo a nuestros hermanos de León, por ser una fecha tristemente memorable para ellos y aun para nosotros que teníamos allá parientes y amigos a quienes lamentar. Se trata de la terrible inundación que hizo desaparecer media ciudad; de ese torbellino inclemente, de ese monstruo que en su furor arrastra cuanto a su paso encuentra y lo cubre todo con su pestilente fango [...] y sólo agrego que las pérdidas se valuaron en más de un millón de pesos, y que las familias que quedaron sin hogar pasan de 5 000."
Espinosa, 1917:78-80
"Continúan lluvias torrenciales en ésta. A pesar de trabajos de guarnición que evitaron anoche otra inundación, reina pánico general y se teme otra catástrofe. Muchas familias han desaparecido. Víctimas no pueden sacarse de escombros. Se calculan unos dos millones las pérdidas materiales. No hay exageración."
DOSLP, 1888, 27 de junio
Carta del 27 de agosto de 1888 de Francisco Castañeda al arzobispo de Michoacán en que le comenta que: "La magnitud de las desgracias ocurridas en el estado por las fuertes avenidas es de importancia tal que apenas bastará un esfuerzo colectivo, el más uniforme y bien dirigido para aliviar por lo pronto la situación desgraciada de los seres que han sufrido pérdidas irreparables. Hemos reunido una junta colectora para obtener toda clase de recursos en favor de los inundados, y creemos del caso solicitarle el establecimiento de trabajos formales en su diócesis con este fin y su valiosa cooperación en este llamamiento a la caridad, y en la aplicación del remedio más adecuado al enorme mal que nos aflige".
AHCMor, Diocesano, Gobierno, Correspondencia, Obispo, c. 80
Carta del 19 de junio de 1888 de M.M. Alcántara a la *Revista Agrícola* que dice lo siguiente: "En cuatro renglones diré a ustedes lo que pasa: las labores perdiéndose por la mucha abundancia de agua; no se ha podido acabar la siembra, ni beneficiar la nacida; los ríos desbordándose y esta población [Irapuato] en gran peligro; por muchos puntos se teme se desborde el río: en este momento la campana mayor de la parroquia y de otros templos tocan alarma, para reunir a la gente; es mucha la que trabaja y sin embargo, estamos en peligro; ¡Dios salve esta población!"
RA, 1888, 15 de julio; AGEG, Gobierno, Secretaría de Gobierno, Municipios, c. 237, e. 3
Comunicación de la jefatura política del partido de Abasolo, fechada el 27 de junio de 1888, informa que del 5 al 18 de junio llovió sin interrupción; que entre los días 18 y 24 los ríos Turbio y Lerma se desbordaron, inundando los ranchos situados en sus inmediaciones.
AGEG, Gobierno, Secretaría de Gobierno, Municipios, c. 237, e. 1, ff. 1-2
En nota copiada de *El Observador* de Guanajuato, se detallan las pérdidas materiales por cada una de las calles de la

Inundación del 18 de junio de 1888 en León y la Virgen de la Luz
Autor anónimo
Fuente: *Dones y promesas,* 1996:133

ciudad de León, habiéndose destruido 2 242 casas y dañándose 224 más. "En cuanto a la propiedad rural, las pérdidas no han sido menores: más de 20 presas, con un valor de más de 300 000 pesos, muchos bordos, ganados y siembras desaparecidos."
DOSLP, 1888, 11 de agosto
Pérdidas materiales y de vidas humanas; los que más sufrieron los efectos fueron los artesanos. Se formó la "Junta Central de Socorros a los inundados del Estado" para hacer la recaudación de los donativos y reparar en lo posible casas y rehabilitar con instrumentos de trabajo a artesanos e industriales en pequeño. En Cuba se juntaron donativos para los damnificados de la inundación. Las pérdidas generales de la inundación en la ciudad ascendieron a 1 500 000 pesos. Exención de las contribuciones por ocho años y petición a banqueros y comerciantes para que prestaran recursos a los agricultores.
CPD, 1. 13, c. 12, ff. 3879 y 6000; l. 13, c. 13, f. 6121; c. 14, ff. 6754-6759; l. 13, c. 15, ff. 7410-7412; l. 13, c. 15, ff. 7439-7440.
Comunicación del jefe político de Apaseo, fechada el 28 de junio, informa que la abundancia de lluvias ha sido tal que el 18 de junio se desbordó el río de la Laja, produciendo perjuicios en la hacienda de La Labor, el camino carretero, el derrumbe del terraplén y la pérdida de una siembra de chiles.
AGEG, Gobierno, Secretaría de Gobierno, Municipios, c. 237, e. 2, f. 9
El gobernador de Chiapas promovió la recolección de fondos a favor de los inundados en Guanajuato, remitiendo 2 000 pesos.
Memoria, Chis., 1889:VIII-IX
Inundación en León "que llena de espanto a todos sus habitantes. El agua sube 1.20 metros".
Galván, 1951:347

1888, 20-21 de junio
528
Nayarit: Rosa Morada, Santiago Ixcuintla
Inundación.
Por la inundación "el correo y todo el tránsito interrumpido; hay puntos donde ha subido el agua cuatro varas".
S, 1888, 16 de junio

1888, 21 de junio
529
Jalisco: Bolaños
Inundación.
En la madrugada, se salió "de su cauce el río que pasa inmediato a la población, dando por resultado la completa destrucción de varias fincas que están a la margen del citado río; los comercios establecidos en la parte destruida sufrieron pérdidas de consideración".
AHJ, Fomento, F-18-888, Bol/1284, f. 1

1888, 25 de junio
530
Michoacán: Cuparátaro, Cuto Seco
Lluvias abundantes.
La corriente arrastró "14 cerdos y varias reses. Fueron destruidas modestas habitaciones [...] la manga en su caída dejó terribles huellas, pues arrastró un enorme risco de peñascos, formando un tajo escabroso".
S, 1888, 3 de julio

1888, junio
531
Guanajuato: San Miguel de Allende
Epizootia.
En el ganado "se ha comenzado a desarrollar una enfermedad que en 24 horas acaba con el animal atacado".
S, 1888, 12 de junio

1888, junio
532
Distrito Federal: San Ángel
Lluvias abundantes.
Una manga de agua ocasionó "graves perjuicios a los agricultores".
S, 1888, 16 de junio

1888, junio
533
Coahuila: Altamira
Granizada.
Una granizada causó "graves perjuicios a las siembras de trigo, así como en los ganados caballar y bovino".
S, 1888, 18 de junio

1888, junio
534
Hidalgo: Huasteca, sierra de Zacualtipan, Tizayuca
Inundación.
"Intransitables se encuentran los caminos. Desgracias personales, pérdidas de sementeras, destrucción de casas."
S, 1888, 28 de junio

1888, junio
535
Morelos; Michoacán; Tamaulipas
Lluvias abundantes.
Las siembras de maíz "se han perdido en una extensión como de 80 leguas en el rumbo del Bajío, y en los estados de Morelos y Tamaulipas, lo cual ha originado grandes pérdidas a los agricultores".
S, 1888, 30 de junio

1888, junio
536
Durango: villa Lerdo
Lluvias abundantes.
Por las lluvias "ha desaparecido la mitad de aquella población, el número de personas que han desaparecido es considerable, lo mismo que las pérdidas que ha originado esa catástrofe".
S, 1888, 4 de julio

1888, junio-septiembre
537
Chiapas: Chiapa de Corzo, Tuxtla Gutiérrez
Escasez de lluvias. Escasez de granos.
"Han escaseado sensiblemente algunos artículos de primera necesidad, principalmente el maíz, cuyo precio ha subido a 50 centavos por almud. Esto es motivado por la pérdida de las sementeras en la presente estación en que las lluvias han

La inundación de León, Guanajuato que destruyó el taller
y la casa de Posada, asunto de esta ilustración
Autor: José Guadalupe Posada
Fuente: Rafael Carrillo, *Posada y el grabado mexicano,* México, 1980

faltado. En Chiapa el almud de maíz tenía un precio de 19 centavos, dificúltase mucho hoy encontrarlo aún a 50 centavos."
S, 1888, 29 de agosto
Con respecto a la agricultura, el jefe político de Chiapa de Corzo informó que "se lamenta una penuria grave de granos de primera necesidad debido a la escasez de lluvias, de modo que para obviar más o menos esta necesidad, se ha ocurrido por dichos artículos a otros pueblos del departamento; mas no es esto lo grave hoy sino que consumiéndose en este año las existencias, en el que viene se escaseará de una manera lamentable". Para evitar dicha escasez, convocó a los propietarios para que cada uno proporcionara un número determinado de fanegas de maíz al precio de dos y medio reales almud, siendo de cuenta del ayuntamiento el expendio; también dispuso que los labradores ensancharan sus sementeras de maíz.
Memoria, Chis., 1889: anexo 31
En septiembre, el jefe político de Tuxtla Gutiérrez informó que "los granos de primera necesidad que se cosechan en el municipio no bastan para el consumo de esta plaza, [...] careciéndose hoy de estos artículos, pues el frijol está a siete pesos fanega, el maíz a 4.50 pesos fanega y el arroz a 1.50 pesos arroba".
Memoria, Chis., 1889: anexo 28
En comunicación dirigida al presidente Porfirio Díaz a fines de septiembre, el gobernador de Chiapas informó que "desde hace cuatro meses sufre este estado suma escasez de granos de primera necesidad por pérdida absoluta de cosechas en toda la tierra caliente. Esta situación se agrava día a día, trayendo malestar en las distintas clases sociales [pues] la excesiva escasez de granos de primera necesidad tiene agobiado a este estado".
Memoria, Chis., 1889: anexos 59 y 65

1888, 1-5 de julio
538
Hidalgo: Huichapan, río Tecozuntla
Inundación.
En uno de los días que van del 1 al 5, el agua pluvial "hizo crecer el río Tecozuntla, al grado de desbordarse del cauce", las sementeras se inundaron y ocasionaron grandes pérdidas.
S, 1888, 6 de julio

1888, 2 de julio
539
Jalisco: hacienda Briseñas, hacienda Buenavista, Lagos, río Lerma
Inundación.
"Se desbordó el río Lerma, inundando completamente las haciendas de Buenavista y Briseñas." Las pérdidas en Lagos "ascienden a 205 948.94 pesos".
S, 1888, 7, 21 de julio

1888, 2 de julio
540
Guanajuato: Salamanca
Inundación.
Las pérdidas se calculan en más de 80 000 pesos, en sementeras, chile, camote, cacahuate y maíz.
S, 1888, 12 de julio

1888, 7-13 de julio
541
Guanajuato: hacienda de San Juan, presa de Jaula, San Luis de la Paz
Inundación.
San Luis de la Paz se inundó; la presa de Jaula se desbordó causando una pérdida de 7 000 pesos. En la hacienda de San Juan las pérdidas se calcularon en 50 000 pesos. Las sementeras quedaron inundadas.
S, 1888, 20 de julio

1888, 14 de julio
542
Distrito Federal: Guadalupe Hidalgo
Granizada.
Una granizada acompañada de viento "hacía doblar los gruesos troncos de los árboles. En la mayor parte de las casas se encendieron velas y se rezaba con voz trémula por el terror"; hubo bardas caídas, vidrios rotos y "árboles y plantas deshojados".
S, 1888, 17 de julio

1888, 25 de julio
543
Michoacán: Ario de Rosales, Churumuco
Viento. Granizada.
El viento acompañado de agua y granizo causó considerables perjuicios. Arrasó por completo techos de paja y teja, arrancó algunos árboles de raíz.
S, 1888, 9 de julio; Galván, 1951:348

1888, julio
544
Estado de México: Coyotepec, Cuautitlán
Granizada.
Una granizada "originó graves perjuicios a las sementeras, destruyendo casi por completo las milpas y arrastrando la corriente algunos árboles".
S, 1888, 6 de julio

1888, julio
545
Guerrero: distrito de Unión, Galeana
Plaga.
Manga de langosta en la cabecera del distrito de Unión, que causó muchos perjuicios a las sementeras.
Galván, 1951:348; Noble y Lebrija, 1956:140

1888, julio
546
Distrito Federal
Carestía.
"La singular razón en que los comerciantes se fundan para aumentar los precios son las inundaciones que nada en este y otros casos significan."
S, 1888, 23 de julio (Véase la ficha 558 de 1888.)

1888, julio
547
Tamaulipas: Casajal, llanos de Contaduría, río Pánuco, río Tamesí, Tampico

Inundación.
Los ríos Pánuco y Tamesí se desbordaron.
S, 1888, 12 de julio

1888, julio
548
San Luis Potosí: Ciudad Valles
Lluvias abundantes.
"Cayó una manga de agua por dos leguas adelante de la estación de Ciudad Valles", el agua subió 19 pies.
S, 1888, 2 de agosto

1888, julio-septiembre
549
Guerrero: Allende, Costa Chica, Galeana, La Unión, Tavares
Escasez de lluvias.
Los agricultores de una parte de la Costa Chica tuvieron pérdidas "en sus siembras, por falta de lluvias".
S, 1888, 13 de agosto
"Las cosechas de maíz fueron en el año de 1888 no muy favorables en el estado, principalmente en los distritos costaneros de Tavares, Allende, Galeana y La Unión."
Memoria, Gro., 1890:31

1888, 14 de agosto
550
Distrito Federal
Inundación.
Desde las cuatro de la tarde hasta ya muy noche, cayeron en México fuertes aguaceros ocasionando una inundación en toda la ciudad.
Galván, 1951:348; Noble y Lebrija, 1956:139; Sanders, 1970:49

1888, 26-28 de agosto
551
Querétaro; Michoacán: hacienda de Tirio, Jacona, Queréndaro, río Duero, Zamora
Lluvias abundantes.
"La creciente inundó valles, campiñas, y sembrados, el agua alcanzó una altura de una vara."
S, 1888, 3 de septiembre
"Una manga de agua cae en Querétaro y Michoacán; las sementeras se pierden en un radio de más de cuatro leguas."
Noble y Lebrija, 1956:140
El 27 de agosto en la hacienda de Tirio en Morelia, el agua destruyó sementeras y ocasionó la muerte de varios animales.
S, 1888, 3 de septiembre
El día 28 de agosto cayó una tempestad sobre Jacona y Zamora, Michoacán. En Jacona "varias casas cayeron y con la salida del río vinieron abajo las tapias de algunas huertas". En Zamora "han sufrido muchísimo los labradores de los terrenos de Tamándaro y las Islas, pues estando desbordado el río Duero sobre la ciudad, la autoridad dispuso que se le abrieran bocas a la corriente sobre los sembrados y camotales".
S, 1888, 11 de septiembre

1888, agosto
552
Morelos: Cuautla
Lluvias abundantes.
A causa de las lluvias, la cosecha de maíz "se ha perdido completamente, según se dice".
S, 1888, 13 de agosto

1888, agosto
553
Chihuahua: Paso del Norte
Sequía.
Las frutas y semillas "se están perdiendo por falta de riego".
S, 1888, 22 de agosto

1888, 7 de septiembre
554
Campeche; Puebla: Huahuaxtla, Tetela de Ocampo, Texmelucan, Xicohtzingo; Tabasco; Tlaxcala: Apetatitlán, hacienda de Atlamayac, Xaltopan, hacienda de Pie Chico, río de Atoyac, río Chichicasac, río Lejejilla, río Zahuapan, valle de Nativitas, Zacatetelco; Veracruz: Coatepec, Coatzacoalcos, Córdoba, Jalapa, Jalacingo, Medellín, Minatitlán, Orizaba, Tlacotalpan, Zongolica; Hidalgo: Pachuca, Vega de Metztitlán, río de los Venados; Yucatán: Motul
Ciclón. Inundación. Escasez de granos.
En Tlaxcala, el ciclón que se sintió en el golfo "dejó intransitables los caminos de Texmelucan y Xicohtzingo. La corriente rompió una de las cabeceras del puente de Apetitlán [...] derrumbó los pasamanos del puente Xaltopan [ahí murieron dos hombres, una mujer y 300 ovejas]. El puente de San Benito fue destruido completamente. La vía del ferrocarril quedó interrumpida por las aguas, que inundaron totalmente los sembrados, y los caminos. La hacienda de Pie Chico se convirtió en una laguna". En Zacatetelco y valle de Nativitas se inundaron todos los pueblos y haciendas. Los ríos Atoyac, Zahuapan, Chichicasac y Lejejilla se desbordaron sobre terrenos sembrados.
S, 1888, 13 de septiembre
El ciclón que se sintió en el golfo, en Puebla causó pérdidas "en millón y medio de pesos y más de 300 víctimas. El pueblo de Huamaxtla casi desapareció. Las pérdidas se calculan en 50 000 pesos".
S, 1888, 18 de septiembre, 2 de octubre
"Las noticias que se reciben acerca del siniestro acaecido en Veracruz, son cada día más lamentables. Las sementeras han sido completamente destruidas. Centenares de personas están expuestas a la intemperie, y se hallan en la miseria más completa, a causa de haber perdido cuanto poseyeran antes."
DOJAL, 1888, 19 de septiembre
La junta central de socorros de Jalapa envió a Tlacotalpan 1 145 sacos de maíz para las víctimas de la inundación. "Los campos quedaron en tal mal estado, que la mayor parte de ellos no pudo destinarse para la siembra del algodón." "Muchos henequeneros han sufrido el fenómeno [...] los hijos y pencas del valioso agave han quedado amarillas en parte."
S, 1888, 9, 22 de octubre; 1889, 18 de abril, 3 de octubre
En la Vega de Metztitlán, "pasan de 1 500 los cadáveres de reses y distintos animales que ha causado la inundación". Debido a esta inundación, el maíz "guarda un precio muy elevado [...] al grado de que el precio de la carga de dicho cereal se está vendiendo a razón de nueve pesos".
S, 1888, 8 de octubre; 1889, 16 de julio
En Motul, por el ciclón "todas las sementeras se han perdido".
S, 1888, 3 de noviembre

El ciclón que azotó el litoral de Veracruz provocó la pérdida de vidas, ganados, cosechas y edificios en varios cantones, por lo que el gobernador Enríquez y el presidente Díaz solicitaron la cooperación del gobierno del Estado de México para auxiliar a las víctimas, ayuda que se brindó.
AHEM, Hacienda Pública, 1888, v. 28, e. 31, 25 ff.
El gobierno de Veracruz comunicó al de Chiapas "haber sufrido un fuerte ciclón [...] y demandaba la ayuda de este estado, para socorrer a las víctimas de aquél. No obstante las circunstancias de nuestro erario, procuré prestar el auxilio posible al gobierno de Veracruz, y así lo verifiqué remitiéndole, 1 000 pesos, por conducto de la jefatura de Hacienda de este Estado".
Memoria, Chis., 1889:IX-X
En Medellín la inundación fue completa, en los puntos más altos el agua llegó a una altura de 90 pulgadas; muchas rancherías desaparecieron, las sementeras se perdieron y el ganado pereció en gran cantidad. En Metztitlán, el río de los Venados tuvo una creciente que se llevó de las haciendas de la vega, trojes con semillas, sementeras y ganados.
Galván, 1951:349; Noble y Lebrija, 1956:140; Sanders, 1970:49

1888, 7 de septiembre
555
Estado de México: Coatepec, Temalaya, Tenancingo
Ciclón.
El ciclón de Veracruz dejó en Tenancingo 20 000 pesos en pérdidas, igual en Temalaya y en Coatepec 10 800.
S, 1888, 20 de octubre

1888, 7 de septiembre
556
Morelos
Ciclón. Escasez de granos.
El ciclón que se sintió en Veracruz afectó también a Morelos: "los pueblos han sufrido graves perjuicios en las casas y sembrados, muchos árboles han sido derribados por las ráfagas, y en su caída han dado muerte a multitud de animales domésticos".
S, 1888, 24 de septiembre

1888, 8 de septiembre
557
Chiapas: Jiquipilas, Tuxtla Gutiérrez, Zintalapa
Ciclón. Escasez de granos.
El jefe político de Tuxtla Gutiérrez informó que debido al ciclón Jiquipilas y Zintalapa sufrieron "pérdidas de bastantes consideraciones tanto en las sementeras de maíz, frijol, arroz y jiquilites, como en ganados que se llevó el río en la creciente, calculándose la pérdida de la municipalidad de Jiquipilas, sobre 7 600 pesos, y el de Zintalapa 8 000 pesos, que hacen la suma total de 15 600 pesos, por cuya razón el pueblo de Jiquipilas actualmente, comienza ya a resentir la escasez de los granos de primera necesidad, y no se duda que muy pronto suceda otro tanto con Zintalapa". En noviembre, el presidente municipal de Zintalapa informó que "además de la grande escasez de granos de primera necesidad que se siente a causa del ciclón que destruyó casi por completo las sementeras de este municipio, hay que lamentar los innumerables casos de disentería y otras enfermedades que afligen a la población [por lo que] convoqué a una junta [...] y se acordó abrir suscripciones voluntarias para socorrer a la gente menesterosa".
Memoria, Chis., 1889: anexos 46, 66 y 67

1888, septiembre
558
Distrito Federal
Carestía.
Caras y escasas estuvieron las legumbres, el huevo, la manteca y el pulque. "Se dice por los comerciantes de tales efectos que las inundaciones y la inclemencia del tiempo justifican su alza."
S, 1888, 11 de septiembre

1888, septiembre
559
Distrito Federal: Azcapotzalco, Popotla, Tacuba
Inundación.
Debido a las lluvias se desbordó el río de los Remedios y sus aguas inundaron los pueblos y campos.
S, 1888, 15, 20 de septiembre

1888, septiembre
560
Coahuila: Saltillo
Lluvias abundantes.
Las lluvias han "causado grandes perjuicios en las sementeras y en las fincas".
S, 1888, 12 de septiembre

1888, septiembre
561
Michoacán: Ario, Tacámbaro
Viento.
"En Tacámbaro el viento hizo volar los techos de más de 80 casas y echó por tierra los cafetos y otros árboles frutales. En Ario muchas casas se han quedado sin techo y muchos árboles fueron arrancados de raíz. Los postes del telégrafo cayeron."
S, 1888, 14 de septiembre

1888, septiembre
562
Chiapas: Tonalá
Plaga.
El jefe político de Tonalá informó que la industria, la agricultura y el comercio de ese departamento "continúan desgraciadamente abatidos, pues subsiste la depreciación de la plata, la falta de obreros, la destructora langosta y por consiguiente, la paralización casi completa de transacciones comerciales que vinieran a dar vida a estas comarcas".
Memoria, Chis., 1889: anexo 29

1888, septiembre
563
Coahuila
Lluvias abundantes.
La cosecha de trigo sólo fue buena en Arteaga, "en las demás se han perdido a consecuencia del último temporal".
S, 1888, 22 de septiembre

1888, 28 de octubre
564
Veracruz: Hueyapan
Inundación.
Una manga de agua "inundó hasta las tierras altas, causando la pérdida de varios animales y muchos zontles de maíz que estaban en las trojes".
S, 1888, 8 de noviembre

1888, octubre
565
Sonora: Ures
Lluvias abundantes.
Las cosechas en Ures "se han perdido a causa de las abundantes lluvias que han caído".
S, 1888, 8 de noviembre

1888, octubre
566
Oaxaca: Tehuantepec
Lluvias abundantes.
Las lluvias "han causado graves perjuicios en las siembras de maíz, y de caña en las márgenes del río Tehuantepec".
S, 1888, 10 de noviembre

1888, octubre
567
Chiapas: Chiapa de Corzo, Quechula, Ribera de Nandambua, villa de Acala
Plaga.
La autoridad política de Chiapa de Corzo comunicó que la langosta había invadido varios pueblos de ese departamento, "ocupando un espacio de cuatro leguas poco más o menos de extensión y ha destruido completamente todas las sementeras por donde ha pasado, [por lo que ordenó] agotar los esfuerzos, por levantar la manga de la referida plaga; el mal se conjuró teniendo que lamentarse pérdidas de poca consideración en las cosechas".
Memoria, Chis., 1889:XXXII

1888, 24-25 de noviembre
568
Guanajuato: León
Lluvias abundantes.
El río se desbordó al sur de la ciudad y causó perjuicios en las sementeras.
S, 1888, 1 de diciembre

1888, 27 de noviembre
569
Colima: río Armería
Inundación.
El río Armería se desbordó y destruyó sementeras y puentes. Se calculó entre 700 y 800 las reses muertas.
S, 1888, 11, 13 de diciembre

1888, diciembre
570
Distrito Federal: Ajusco
Nevada.
Las nevadas "han matado una gran cantidad de ganado recién nacido, lo que ha originado grandes pérdidas a los propietarios".
S, 1888, 7 de diciembre

1888, diciembre
571
Veracruz: Papaloapan
Viento.
Los rendimientos de la caña "serán muy pocos, debido a los perjuicios causados por el viento y las aguas en los cañaverales".
S, 1888, 11 de diciembre

1888
572
Jalisco: laguna de Atoyac, laguna de Tizapan, laguna de San Marcos, laguna de Zacoalco
Inundación.
"En la última temporada de lluvias, se perjudicaron los caminos, ya que se desbordaron las lagunas de Zacoalco, Tizapan, San Marcos y Atoyac."
Memoria, Jal., 1889:63

1888
573
Guerrero: Azoyú
Escasez de granos.
"Pérdida total de la cosecha del maíz, el gobierno condona las contribuciones [a los habitantes]."
AP, v. 47
"Sequía excepcionalmente intensa causa la pérdida total de las milpas. El gobierno local condona las contribuciones del año."
AP, v. 700

1888
574
Chiapas: Soconusco
Plaga. Escasez de granos.
En noviembre de 1888 el jefe político de Soconusco informó que "se han sufrido hace algunos años pérdidas de consideración, a causa de la langosta y se han padecido escaseces de granos, haciéndoles subir a un precio exorbitante, de modo que ha sido necesario hacerles venir de otros estados, para satisfacer las exigencias de la población".
Memoria, Chis., 1889: anexo 37

1889, enero
575
Nayarit: río Santiagosto, Tepic
Inundación.
En los últimos días de enero las lluvias "originaron el crecimiento del río Santiago que, como era natural, se desbordó inundando los campos, y originando las grandes pérdidas a los agricultores".
S, 1889, 5 de febrero
"El río Santiago ha arrasado el grano sembrado en toda la extensa vega, y no se puede resembrar, porque faltaría tiempo para cosechar antes de las avenidas normales, y no cosechán-

dose en la costa el maíz, que actualmente corre a 12 reales la fanega, subirá mucho de precio."
S, 1889, 9 de febrero
"De la siembra de maíz, sólo ha quedado un 30 por ciento, y eso tan perjudicado, que su producto llegará a 30 o 40 por ciento; del frijol al 90 por ciento y el tabaco en su totalidad. De las huertas de sandías y legumbres no queda nada, pues todo se lo llevó el río. Del algodón sembrado sólo quedó el 25 por ciento. y sus productos son dudosos, pues para entonces continuaba la lluvia todavía."
S, 1889, 29 de marzo

1889, enero
576
Sinaloa: Mazatlán
Lluvias abundantes.
"Las lluvias nos tienen fastidiados, y más deben estarlo los labradores con la pérdida de sus cosechas, hojas, pastos, etc."
S, 1889, 18 de febrero

1889, febrero
577
Veracruz: río Papaloapan, Tlacotalpan
Ciclón.
La molienda de caña "sólo rindió una tercera parte, a causa del mal estado en que quedaron los cañaverales con el ciclón y las últimas inundaciones".
S, 1889, 18 de febrero

1889, enero-febrero
578
Durango; Sinaloa: Mazatlán
Nevada.
Durante esos meses cayeron en la sierra de Durango "tremendas y terribles nevadas; el hielo sube a dos pies de altura en algunos parajes; la mortandad de animales en las recuas que hacen el tráfico entre Mazatlán y Durango es considerable".
Galván, 1951:353

1889, enero-junio
579
Tamaulipas; Nuevo León
Sequía.
"A consecuencia de la fuerte sequía, las siembras de maíz y frijol se han perdido enteramente" y los habitantes de las rancherías "han tenido que abandonarlas por hallarse secos los estanques y las norias".
S, 1889, 3 de julio, 2 de agosto
"Falta de agua. Las norias se secaron. Pérdida de las cosechas de maíz y frijol. La gente se va hacia el río Conchos y río Norte."
Padilla, 1980:110

1889, 3-4 de febrero
580
Sinaloa: río Humaya, río Tamazula, Sataya
Inundación.
Los ríos Humaya y Tamazula se desbordaron y causaron "algunos daños de consideración a los moradores que viven en ambas márgenes. Sataya y pueblos situados a la desembocadura del río se han visto completamente inundados, [...] la creciente arrastró todo, y han tenido que sembrar de nuevo los que aún pueden volver a sembrar sus tierras. Muchas son las pérdidas que han sufrido por las corrientes y entre ellas se cuenta una gran cantidad de ganado".
S, 1889, 1 de marzo

1889, febrero
581
Puebla: San Martín Texmelucan
Helada.
Las heladas "han causado graves perjuicios a las siembras que se hicieron a principios de año".
S, 1889, 1 de marzo

1889, febrero
582
Veracruz: Tuxtilla
Plaga.
El gusano "ha perjudicado a los plantíos de algodón en Tuxtilla".
S, 1889, 8 de marzo

1889, 8-11 de marzo
583
Estado de México: Toluca
Nevada.
Por las nevadas las cosechas de trigo "se han perdido en las haciendas inmediatas a Toluca".
S, 1889, 15 de marzo

1889, 12 de marzo
584
Campeche
Huracán. Granizada.
"Fuerte granizada en Campeche acompañada de huracán y de grandes mareas."
Galván, 1951:353

1889, marzo-julio
585
San Luis Potosí
Escasez de lluvias.
"Falta total de lluvias. Pérdida de cosechas."
Padilla, 1980:110

1889, marzo-julio
586
Zacatecas
Escasez de lluvias.
"Escasez de lluvias. No se han hecho las siembras de temporal. No hay pastos. Disminución de los aguales. Hay días que falta agua para la población."
Padilla, 1980:110

1889, marzo-agosto
587
Hidalgo: llanos de Apam
Escasez de lluvias.
"Falta de lluvias. Se resienten las sementeras."
Padilla, 1980:110

1889, marzo-agosto
588
Querétaro
Escasez de lluvias.
"Escasez de lluvias. No se podrá lograr la cosecha de maíz; sin embargo habrá agua para regar el trigo."
Padilla, 1980:111

1889, 29 de abril
589
Tamaulipas: Camargo
Lluvias abundantes.
"Grandes pérdidas han sufrido los agricultores de Camargo."
S, 1889, 8 de mayo
La corriente "derrumbó el puente llamado de Juárez y arrastró una parte muy considerable del que se conocía con la denominación de Méndez. Los habitantes establecidos en la parte baja del río desbordado han experimentado pérdidas de consideración".
S, 1889, 15 de mayo

1889, abril
590
Veracruz: Tuxtilla
Carestía.
El maíz "se está vendiendo en Tuxtilla, a razón de nueve pesos carga de 14 arrobas".
S, 1889, 27 de abril

1889, 5 de mayo
591
Hidalgo: Mineral del Chico
Granizada. Lluvias abundantes.
La granizada fue "tan abundante, que en las planicies levantó un metro más o menos. Después de esa granizada cayó un fuerte aguacero que duró tres cuartos de hora, en una extensión de más de tres leguas que destrozó gran cantidad de árboles frutales".
S, 1889, 24 de mayo; POGEMO, 1889, 26 de mayo

1889, 6 de mayo
592
Estado de México: Ayotla
Inundación.
"El agua subió a la altura de un metro, penetrando en varias casas y arrastrando en la corriente diversos objetos domésticos, así como algunos animales."
S, 1889, 14 de mayo

1889, 14 de mayo
593
Estado de México: Tianguistengo
Inundación.
Una tromba de agua "ocasionó la destrucción de algunos puentes de madera".
S, 1889, 29 de mayo

1889, 18 de mayo
594
Veracruz: Tuxtilla
Lluvias abundantes.
Los aguaceros "han favorecido a los sembrados de maíz, en cambio han perjudicado a los que se dedican al cultivo del algodón".
S, 1889, 28 de mayo

1889, mayo
595
Distrito Federal
Epizootia.
El piojo "ha llegado a una de las haciendas de los alrededores de la capital para el consumo del rastro, fue atacado en el camino por tan terrible mal, muriendo alguna cantidad de carneros".
S, 1889, 21 de mayo

1889, mayo
596
Yucatán: Mérida
Carestía.
"Continúan a subidísimos precios los artículos de primera necesidad."
S, 1889, 4 de junio

1889, mayo-junio
597
Campeche: Ciudad del Carmen
Escasez de lluvias.
Las lluvias "faltaron totalmente para el desarrollo de las siembras efectuadas en mayo y junio. La escasez se nota desde junio y el precio actual es de dos a 2.50 pesos carga de 12 almudes. Igual cosa podemos decir de las cosechas de arroz y frijol".
S, 1889, 9 de septiembre

1889, 9 de junio
598
Estado de México: distrito del Valle, Santo Tomás
Viento.
"Destruyó en su mayor parte las huertas de plátano, cuya pérdida se estima en cerca de 3 000 pesos."
S, 1889, 9 de junio

1889, 10 de junio
599
Estado de México: distrito del Valle, Santo Tomás
Lluvias abundantes.
El aguacero "causó en la población mayores perjuicios que los ocasionados por el huracán [un día antes]".
S, 1889, 18 de junio

1889, 11 de junio
600
Chihuahua: Camargo, Jiménez
Granizada.
La granizada destruyó en una hacienda del distrito de Jiménez "4 259 cargas de trigo, 11 600 arrobas de algodón y 300 fanegas de maíz. En algunas haciendas del distrito de Camargo se hicieron sentir los deplorables efectos del granizo".
S, 1889, 26 de junio

1889, 18 de junio
601
Hidalgo: Pachuca
Inundación.
"Tempestad en Pachuca que ocasiona una inundación en la ciudad por la creciente del río, causando grandes desgracias y pérdidas en el comercio."
Galván, 1951:355

1889, 22 de junio
602
Colima: Manzanillo
Carestía.
La carestía de los artículos de primera necesidad fue a consecuencia del naufragio del vapor *Granada*. El maíz se compró a 12 reales o dos pesos el almud.
S, 1889, 25 de julio, 12 de agosto

1889, junio
603
Estado de México: Ixtlahuaca
Lluvias abundantes.
Una manga de agua "echó por tierra los puentes de San Bartolo y la Cruz, derrumbó algunas casas y asoló las sementeras llamadas del junco, destruyéndolas en su totalidad".
S, 1889, 27 de junio

1889, junio
604
Veracruz: Ojitlán
Viento.
"Arrastró en Ojitlán 40 casas, ocasionando muchas pérdidas en las galeras de tabaco."

1889, junio
605
Michoacán: Tingüindín, Zamora
Lluvias abundantes.
Por las lluvias, "las enfermedades se desarrollan cada día más. En el pueblo de Tingüindín se dan casos de 'colerin'".
S, 1889, 27 de junio

1889, junio
606
Zacatecas: Zacatecas
Epizootia.
"También me consta que con frecuencia introducen a esta ciudad y después al mercado, carnes muertas bajo el pretexto que así se les facilita más el transporte. La venta de carnes en estas condiciones, me parece ser de mucha gravedad, pues es bien sabido que actualmente la raza porcina está siendo víctima de enfermedades temibles que contagian y matan al hombre por transmisión en los alimentos."
AHZ, Ayuntamiento de Zacatecas, Actas de cabildo, 1889, 8 de junio

1889, junio
607
Yucatán
Plaga. Sequía. Carestía.
Por la plaga de langosta "la industria pecuaria en Yucatán ha retrogradado de tal manera, que se necesita la importación de reses de la costa del Golfo de México y aun de Cuba, para satisfacer el consumo fuera de que las prolongadas sequías han contribuido mucho para la escasez de ganado vacuno".
S, 1889, 28 de junio

1889, junio
608
Aguascalientes
Escasez de lluvias.
A fines de junio, "las lluvias han sido tan escasas, que los labradores aún no han podido dedicarse a efectuar sus siembras, no obstante lo avanzado de la estación de aguas. Los campos permanecen desiertos y tristes".
S, 1889, 2 de julio

1889, junio-julio
609
San Luis Potosí
Escasez de lluvias.
La sequía "se acentúa cada día más, con gran perjuicio de los agricultores de aquella entidad federativa".
S, 1889, 20 de julio
Las lluvias, "aunque tardías, no han dejado de salvar gran parte de las cosechas de las pérdidas que por la seca se temían".
S, 1889, 16 de septiembre

1889, junio-agosto
610
Chihuahua: Ciudad Juárez
Escasez de lluvias. Carestía.
Por la falta de lluvias las frutas "se encuentran enfermizas y raquíticas".
S, 1889, 10 de julio
"La carencia de lluvias y la esterilidad del río han engendrado multitud de males; no tan sólo la escasez del agua y la carencia de víveres se resiente, los especuladores del mal género comienzan a hacer su agosto. La compañía 'El Paso Ice and Refrigerator', está vendiendo su agua de noria a cinco centavos galón, esa agua, ni ahora ni nunca les ha costado el menor trabajo conseguirla. Los señores Rogers [...] venden agua a 10 centavos barrica y aun así, en días pasados que había escaseado más el agua, vimos pagar a un mexicano 1.50 pesos por una barrica."
S, 1889, 29 de agosto

1889, 3 de julio
611
Guerrero: Galeana
Inundación.
"Se inundó la población, a consecuencia del desbordamiento de los arroyos del Piteiro y de Ayuquiac." Entre las pérdidas se mencionan la maquinaria de una hacienda, cosechas, derrumbamientos de casas y animales ahogados.
S, 1889, 30 de julio

1889, 2 de julio
612
Estado de México: Yoquionigo

Lluvias abundantes.
Un aguacero "destruyó los sembrados de trigo y maíz, originando con esto gran pérdida a los agricultores".
S, 1889, 11 de julio

1889, 16 de julio
613
Sonora: Magdalena
Inundación.
"El río que pasa cerca de Terranate [destruyó] todas las labores que estaban próximas a cosecharse [...] algunas cabezas de ganado fueron también arrastradas por las aguas."
S, 1889, 6 de agosto

1889, 19 de julio
614
Veracruz: Acayucan, La Estanzuela, San Andrés Tuxtla, Tuxtilla
Inundación.
"Los sembrados de maíz fueron arrasados por la riada. De las 30 fanegas de sembradura que poco más o menos existen en el municipio, apenas se habrá salvado la cuarta parte." En Tlacotalpan, por el rumbo de San Andrés Tuxtla, Acayucan y la Estanzuela, las pérdidas de maíz fueron de consideración a causa de un "fuerte viento" a principios del mes de julio.
S, 1889, 6 de agosto

1889, 28 de julio
615
Sonora: arroyo de Santo Tomás, Sahuaripa
Inundación.
"En el campo todas las labores en las márgenes del arroyo, desde Santo Tomás en una extensión en más de una legua se vieron inundadas por la creciente, que destruyó las arcas que separaban los terrenos y los sembrados de maíz. La pérdida se calcula en 15 000 pesos."
S, 1889, 26 de agosto
"En el campo todas las labores a las márgenes del arroyo de Santo Tomás, en una extensión de más de una legua, se vieron inundadas por la creciente que causa perjuicios."
Galván, 1951:357
"Tempestad en Sahuaripa; destruye la creciente 27 casas; las labores a las márgenes del arroyo de Santo Tomás, en una extensión de más de una legua, se vieron inundadas por la creciente."
Noble y Lebrija, 1956:141

1889, julio
616
Yucatán
Carestía.
La carne "guarda un precio muy subido".
S, 1889, 18 de julio

1889, julio
617
Sonora: Carbó
Epizootia.
Una epidemia "que consiste en la inflamación del hocico del animal, impidiéndole comer" causó estragos en el ganado vacuno.
S, 1889, 19 de julio

1889, julio
618
Campeche: Los Chenes
Plaga.
La sementera "del partido de Chenes se ha perdido completamente por la invasión de la langosta".
S, 1889, 20 de julio

1889, julio
619
Hidalgo: Tulancingo
Inundación.
Por un aguacero, se inundaron las siembras de maíz.
S, 1889, 26 de julio

1889, julio
620
Veracruz: Chacaltianguis, Tlacotalpan
Lluvias abundantes.
Las sementeras "se han inundado completamente a causa del desbordamiento de los ríos Papaloapan y San Juan".
S, 1889, 30 de julio

1889, julio-agosto
621
Querétaro
Escasez de lluvias.
Las cosechas de maíz "se han perdido por falta de lluvias, así como las cosechas en las fincas de temporal serán absolutamente nulas por el propio motivo".
S, 1889, 9, 14 de agosto

1889, 31 de agosto
622
Tamaulipas: Tampico
Inundación.
"Desde el día 20 violentísimo temporal azota dicha población y sus alrededores, abrazando vasta zona. Los barrios están inundados, teniendo que lamentar algunas pérdidas."
Galván, 1951:357
"La junta de socorros se ocupa actualmente de averiguar por todos los medios posibles, quiénes son los que han experimentado pérdidas durante la inundación y quiénes realmente necesitan ser auxiliados."
S, 1889, 15 de octubre

1889, agosto
623
Hidalgo: Atotonilco el Grande, hacienda El Potrero, Metztitlán
Lluvias abundantes.
"El río se salió de su cauce e inundó los sembrados, cuya pérdida asciende a una cantidad considerable."
S, 1889, 15 de agosto
La hacienda el Potrero perdió "16 fanegas de sembradura, sin haberse cosechado una sola mazorca, o lo que es lo mismo, se perdieron 3 000 cargas de maíz".
S, 1889, 9 de septiembre

1889, agosto
624
Oaxaca: Tehuantepec

Plaga.
Las siembras "se han perdido en su mayor parte a consecuencia de una plaga de gusanos que ha caído sobre las tiernas plantas; esto ha hecho que el precio del maíz continúe subiendo".
S, 1889, 17 de agosto

1889, agosto
625
Chihuahua: Camargo, hacienda el Porvenir, hacienda la Candelaria
Granizada.
En la hacienda de la Candelaria, se perdió toda la cosecha de maíz. En la hacienda del Porvenir "se cubrieron todas las labores preparadas para la siembra, haciendo imposible ésta y se perdió también por completo la cosecha de maíz".
S, 1889, 30 de agosto

1889, agosto
626
Jalisco: Tecoaltiche
Inundación.
En Tecoaltiche, "se desbordó el río que pasa por aquella localidad. Las pérdidas se calculan en 8 000 pesos".
S, 1889, 4 de septiembre

1889, agosto
627
San Luis Potosí
Escasez de lluvias.
"Tenemos noticias de que por falta de lluvias están en bastante mal estado las siembras de San Luis Potosí."
RA, 1889, 15 de agosto

1889, agosto
628
Puebla: San Martín Texmelucan
Granizada.
"En San Martín Texmelucan se han perdido las siembras de chile a consecuencia de fuertes granizadas."
RA, 1889, 15 de agosto

1889, agosto
629
Querétaro: Arteaga
Escasez de lluvias.
"Las pocas aguas pluviales que han desprendido [...] bastarán apenas para sembrar alguna cebada [...] la siembra de maíz debe calcularse absolutamente pérdida."
S, 1890, 27 de agosto

1889, 3 de septiembre
630
Distrito Federal: El Molino del Rey, Los Morales, San Ángel, San Joaquín, San Juanico, Tacuba, Tacubaya
Inundación.
"Muchos árboles cayeron y muchos animales perecieron heridos por el rayo o ahogados por las corrientes de las aguas. Algunas sementeras quedaron destruidas, y muchas huertas tapizadas de las frutas."
S, 1889, 5 de septiembre

1889, 14-20 de septiembre
631
Veracruz: Amatlán, San José Papaloapan, Tlacotalpan
Viento.
El viento de "la semana pasada originó grandes perjuicios en los platanares y, según se cree, por San José Papaloapan y Amatlán debe haber destruido los sembrados".
S, 1889, 26 de septiembre

1889, 18-20 de septiembre
632
Tabasco
Ciclón.
"Tabasco sufrió los funestos y destructores efectos de un ciclón."
S, 1889, 4 de octubre

1889, 21-27 de septiembre
633
Yucatán
Lluvias abundantes.
La lluvia y el viento "han dejado recuerdos desagradables para los hacendados yucatecos".
S, 1889, 3 de octubre

1889, 26 de septiembre
634
Veracruz: río Calabozo, río Los Hules, Tantoyuca
Inundación.
Los ríos Calabozo y Los Hules "arrasaron por completo las rancherías de las riberas, destruyendo potreros y ahogando a los ganados. Más de 1 000 familias vagan por falta de víveres en la mayor miseria".
S, 1889, 3 de septiembre

1889, 27 de septiembre
635
Jalisco: Cuartel Octavo, hacienda de Juachi, La Cuitlacocha, Lagos, Matanzas, Moya, Santa Elena
Inundación. Escasez de granos.
"Desde esta mañana comenzaron a llegar fuertes crecientes del río y arroyo de la Sauceda. Cuartel Octavo, la Cuitlacocha, Santa Elena y parte del pueblo Moya, completamente inundados. Labores inmediatas pérdidas."
S, 1889, 2 de octubre
"Habiéndose perdido muchas sementeras que arrojó la inundación en todo el gran trayecto que recorre el río y en las confluencias de sus arroyos, que también contenidas sus corrientes por las abundancias de aquél, invadieron sus labores adyacentes y determinaron su pérdida. La inundación se debió a la caída de unas mangas de agua en la hacienda de Juachi, comisaría de Matanzas."
Memoria, Jal., 1890:75
"Las lluvias torrenciales en los últimos días de este mes en Lagos, León, Celaya, Irapuato y otras poblaciones del interior, causan inundaciones y desgracias."
Galván, 1951:358
A consecuencia de la inundación en Lagos, "las cosechas de frijol se perdieron y ha aumentado el precio, temiéndose siga subiendo; las chileras, que son uno de los principales frutos que se cosechan, se perdieron casi en su totalidad; la de maíz fue regular".
Memoria, Jal., 1890:75

1889, septiembre
636
Jalisco: Autlán
Epizootia.
En Autlán, "se está desarrollando una enfermedad terrible entre el ganado bovino. Hablando de este asunto, dice nuestro colega *El Mercurio Occidental,* lo siguiente: 'Nuestro inteligente corresponsal de Autlán, nos escribe diciendo que la enfermedad que está desolando las ganaderías de la costa por aquel rumbo, es una afección cerebro-espinal que ataca la médula, el cerebro y los nervios que irradian de esos órganos. Dícenos que hasta hoy no se conoce la causa del mal ni ha podido encontrársele remedio, y que mientras tanto, los ganaderos están quedando arruinados'".
RA, 1889, 1 de octubre

1889, septiembre
637
Michoacán: Parácuaro, Zamora
Lluvias abundantes.
Las siembras de maíz "han sufrido mucho con motivo de las lluvias". En Parácuaro, "se notó algún decaimiento en el comercio".
S, 1889, 4 de octubre

1889, septiembre
638
Hidalgo: hacienda de Los Hules, Huazalingo, Huazalinguillo, Huejutla, Orizatlán, Xochitiapan, Yahualica
Lluvias abundantes.
En Huejutla las grandes crecientes y derrumbes ocasionaron la desaparición casi completa de las sementeras, ganado vacuno y caballar. En Huazalingo los derrumbes de gran consideración ocasionaron la pérdida de muchas labores de maíz. En la hacienda de Los Hules, se ahogaron 89 novillos, se perdieron algunas siembras de maíz y gran parte de un potrero de zacate. En Orizatlán también se perdieron algunas sementeras, ganado cuya pérdida se calcula en 2 000 pesos. En Yahualica, las corrientes destruyeron todos los sembrados que se encuentran a las márgenes de los ríos.
S, 1889, 9 de octubre

1889, 19 de octubre
639
California: Mitilija, San Buenaventura
Lluvias abundantes.
Por las lluvias, "todos los trabajos se han paralizado. Las cosechas de frijol están perdidas. De San Buenaventura nada se sabe, pues toda comunicación está interrumpida".
S, 1889, 13 de noviembre

1889, octubre
640
Jalisco: Apulco
Granizada.
Una granizada "destruyó completamente una gran parte de las siembras de chile".
S 1889, 9 de octubre

1889, octubre
641
Guerrero: Ahuecutingo
Granizada.
Por una granizada, "las huertas así como las siembras de maíz chile y frijol quedaron destruidas".
S, 1889, 17 de octubre

1889, octubre
642
Distrito Federal
Helada.
Las cosechas de maíz "se encuentran perdidas a consecuencia de las fuertes heladas que han caído últimamente".
S, 1889, 25 de octubre

1889, octubre
643
Oaxaca
Lluvias abundantes.
Por las lluvias, las semillas y granos "han sufrido una alza considerable en Oaxaca, debido a la pérdida de cosechas, al grado de que según noticias la fanega de maíz valía últimamente de 18 a 20 reales".
S, 1889, 26 de octubre

1889, 1 de noviembre
644
Veracruz: Tlacotalpan
Viento.
"Es probable que el viento haya causado algunos destrozos en los platanares."
S, 1889, 13 de noviembre

1889, noviembre
645
Tabasco: Huimanguillo
Epizootia.
"Grande ha sido la mortandad de ganado debida, según se cree, a alguna nueva epidemia."
S, 1889, 30 de noviembre

1889, noviembre-1890, enero
646
Veracruz: Tlacotalpan
Lluvias abundantes.
"Los cañaverales en las márgenes del Papaloapan se encuentran en malas condiciones, primero, por exceso de agua en los meses de noviembre, diciembre y enero, luego por la falta de lluvias, las nuevas siembras de caña prometen pocas esperanzas para la próxima zafra."
S, 1890, 15 de abril

1889, diciembre
647
Tamaulipas: Nuevo Laredo
Escasez de granos.
El maíz "continúa escaseando por lo mismo subiendo de precio, al grado que una tortilla vale medio real".
S, 1889, 21 de diciembre

1889
648
Nuevo León; Querétaro; San Luis Potosí; Tamaulipas; Zacatecas
Sequía.

"Sequía en San Luis Potosí, Nuevo León, Tamaulipas, Zacatecas y Querétaro."
Espinosa, 1987:148

1889-1890
649
Tamaulipas: Ciudad Victoria, Matamoros
Sequía. Escasez de granos.
Durante 1890 se informó que los criadores de ganado sufrieron pérdidas "con motivo de la fuerte sequía que se ha experimentado". A principios de 1891 se publicó que la sequía "continúa aún en el estado de Tamaulipas, siendo la causa de la pérdida completa de las cosechas tardías y de la gran mortalidad de ganado".
S, 1890, 5, 18 de febrero, 15 de abril; 1891, 26 de enero
El gobernador de Tamaulipas comunicó a Porfirio Díaz que la escasez de maíz se debió a la pérdida de cosechas ocasionada por la sequía de 1890 y pidió la importación de maíz.
CPD, leg. 16, c. 2, f. 761

1889-1890
650
Guerrero: Azoyú, Copanatoyac, Coyuca de Benítez, La Unión
Escasez de granos.
En el distrito de La Unión "es cada día mayor" la carestía del maíz y el frijol; se vendió la carga del primero a 12 pesos y la del segundo a 24.
S, 1889, 22 de agosto
Como durante 1888 no fueron buenas las cosechas de maíz, "esta calamidad fue de fatales consecuencias para la desvalida clase indígena, [...] como sucedió en los municipios de La Unión, Coyuca de Benítez y Azoyú, donde más se acentuó".
Memoria, Gro., 1890:31
En Copanatoyac el maíz "está muy escaso, al grado de valer 24 pesos carga, y ni aun así se encuentra".
S, 1890, 23 de octubre

1889-1891
651
Nuevo León
Escasez de lluvias.
"Por la escasez de lluvias en tres años consecutivos, el decaimiento de la agricultura y la ganadería es notable."
Memoria, NL, 1891:14-15

1890, 14 de enero
652
Veracruz: Tlacotalpan
Viento.
Por el viento, "han sufrido grandes perjuicios los sembrados".
S, 1890, 23 de enero

1890, enero
653
Veracruz: Teseochacan, Tuxtilla
Lluvias abundantes.
"Los plantíos de algodón se han 'atroncado' un poco; en Teseochacan han sufrido las milpas por motivo de las aguas."
En San Andrés Tuxtla, "las lluvias han estado agrietando el tabaco depositado en las galeras, y a consecuencia de esto las cosechas se reducirán. En Acayucan habrá también media cosecha, y no de buena clase, pues las aguas han lavado la hoja".
S, 1890, 14 de enero, 6 de febrero

1890, enero
654
Sonora: Magdalena
Epizootia.
Una epidemia en las aves de corral "amenaza acabar con estos animales, entre ocho y 10 gallinas muertas son recogidas de las calles [...] hay casas en que han amanecido más de 30 gallinas, patos y guajolotes muertos".
S, 1890, 27 de enero

1890, enero
655
Tamaulipas: Ciudad Victoria
Epizootia.
"El mal rojo sigue haciendo estragos en el ganado porcino."
S, 1890, 5 de febrero

1890, 4 de febrero
656
Querétaro: Jalpan
Granizada.
Una granizada ocasionó que "los árboles quedaran sin hojas, y los campos llenos de granizo".
S, 1890, 15 de febrero

1890, 8 de febrero
657
Hidalgo: Pachuca; San Luis Potosí
Nevada.
Fuerte nevada en Pachuca cubre las calles con una capa de nieve como no se veía desde hace años; en San Luis Potosí también cae una nevada.
Galván, 1951:361; Sanders, 1970:49

1890, febrero-abril
658
Veracruz: Tlacotalpan
Escasez de lluvias. Lluvias abundantes.
Los cañaverales fueron perjudicados, "primero por exceso de agua y luego por falta de lluvias".
S, 1890, 15 de abril

1890, febrero-agosto
659
Guanajuato: San Luis de la Paz, sierra Gorda
Escasez de granos.
Carta dirigida al prior y vicario capitular del obispado de Michoacán don Clemente Munguía del jefe de las colonias militares de la sierra Gorda (José Uraga), fechada el 3 de marzo de 1890: "Cuando VYS se dignó a pedir mi opinión sobre la solicitud para que los diezmatorios que tiene esta diócesis en la línea de las colonias se hiciera expendio de maíz a un precio más bajo que el del mercado, se mandó a todos los administradores de la diócesis que los expendios se hagan al riguroso menudeo. Me permito recordar a VSY que de los 24 000 pesos que en febrero [para los afectados del cólera] de este año se repartieran entre los pobres por medio de sus pá-

rrocos, se mandaron entregar tres mil y tantos a los pueblos de la línea de la sierra, cuya cantidad era de creerse se habría invertido".

AHCMor, Diocesano, Gobierno, Correspondencia, Autoridades civiles, c. 39

Carta del 3 de agosto de 1890 dirigida al gobernador de la mitra de Michoacán de parte del inspector de las colonias militares de la sierra Gorda (José Uraga), diciéndole que los beneficios y la ayuda no han llegado a los "infelices habitantes de la sierra Gorda, pues respecto a la relativa a que sólo se menudease el maíz, para evitar con el monopolio la escasez y carestía de esta semilla a los infelices; estoy seguro que no surtió un efecto en todos los pueblos, porque me consta y podré probar aun con las autoridades de San Luis de la Paz, fue concedido por mayor el correspondiente al diezmo a Nicolás Luna, quien monopolizó y especuló con el maíz, sin que los infelices alcanzaran el bien que quiso proporcionarle su benéfico pastor, y posteriormente se ha reunido todo el que ha entrado al mismo diezmo sin menudearlo esperando la época de escasez para subirlo de precio, como hoy se está haciendo al precio de 20 reales la fanega a que corre el mercado".

AHCMor, Diocesano, Gobierno, Correspondencia, Autoridades civiles, c. 39

1890, 9 de abril
660
Hacienda de Guanamé, hacienda de Laguna Seca, hacienda de Solís

Lluvias abundantes.

En esas haciendas "una fuerte tormenta causa perjuicios, pereciendo más de 30 000 cabezas de ganado".

Noble y Lebrija, 1956:141

1890, 11 de abril
661
Veracruz: Tlacotalpan

Lluvias abundantes.

Las lluvias beneficiaron a las siembras de caña, pero "para las de algodón ha sido fatal".

S, 1890, 17 de abril

1890, 15 de abril
662
Hidalgo: Nopala, Pachuquilla

Granizada.

Una granizada "derrumbó algunas casas y causó pérdidas de consideración a varios hacendados, matando ganado y destruyendo en el campo siembras y plantas. En Nopala fueron tan grandes los pedruscos que atravesaron varias pencas de nopal y mataron cerca de 300 reses".

S, 1890, 21 de mayo

1890, abril
663
Michoacán

Helada.

"Han caído en una extensa zona del estado de Michoacán, fuertes heladas, que no han podido menos de alarmar a los agricultores de aquellos terrenos."

S, 1890, 1 de mayo

1890, abril-junio
664
Michoacán: Jiquilpan

Lluvias abundantes. Epizootia.

En Jiquilpan, "murieron durante los meses de abril, mayo y junio, más de 3 000 cabezas de ganado vacuno y 400 de caballar. Esta mortandad fue ocasionada, según noticias, primero, por la carencia de pastos, después por enfermedad y últimamente por la abundancia de lluvias".

S, 1890, 5 de agosto

1890, abril-junio
665
Sonora: Ures

Escasez de lluvias. Helada.

Las siembras de cereales "se encuentran en muy mal estado, por la falta de lluvias y las variaciones frecuentes de la temperatura, ya que en plena temperatura han caído fuertes heladas [...] pasa de 7 000 el número de reses muertas a causa de la escasez de agua y de pastos".

S, 1890, 3 de abril, 30 de junio

1890, 6 de mayo
666
Distrito Federal: Ixtacalco

Inundación.

"El agua invadió todas las casas, y fue necesario que se abrieran portillos para los potreros. A consecuencia de esta inundación se han inutilizado los sembrados de las chinampas."

S, 1890, 8 de mayo

1890, 22-23 de mayo
667
Hidalgo: Pachuca, Tezontepec

Granizada.

"Cayeron fuertes granizadas causando perjuicios en los sembrados y ganados."

S, 1890, 28 de mayo

1890, 25 de mayo
668
Estado de México: Tlalnepantla, Tultepec

Inundación.

"Cayó un fuerte aguacero inundando la población y subiendo el agua que penetró en las casas a una altura de un metro, muchas casas se derrumbaron, y perecieron algunos animales."

S, 1890, 7 de junio

1890, 26 de mayo
669
Estado de México: Ameca, Chalco

Inundación.

Una manga de agua ocasionó "que el arroyo que atraviesa por el centro de Ameca causara una inundación, arrasando sembrados de las márgenes y destruyendo algunas chozas". La pérdida en los sembrados de trigo se calculó en 2 000 pesos.

S, 1890, 4 de junio

1890, mayo
670
Estado de México: hacienda Buenavista, hacienda Doña Rosa,

hacienda La Garzesa, hacienda La Magdalena, hacienda Las Palmillas, hacienda San José, valle de Toluca

Helada.

Por una helada, "las siembras de maíz sufrieron grandes perjuicios que se calculan en 200 000 pesos".

S, 1890, 4 de junio

"He aquí lo que ha pasado en las sementeras del valle de Toluca; el hielo ha quemado las milpas, como dicen nuestros hacendados, en los últimos días del mes de mayo. Las milpas de las haciendas de Doña Rosa, Buenavista, San Juan de la Cruz, La Magdalena, La Garzesa, Palmillas, San José y otras, que apenas tenían sus plantas de 15 a 20 centímetros, en una noche se han convertido en campos de rastrojo. [...] Después de esto y como resultado lógico, vendrá la carestía a que llegará por aquellas localidades, especialmente para la clase menesterosa."

RA, 1890, 1 de julio

1890, mayo

671

Puebla: Huamantla, San Andrés

Helada.

Han caído fuertes heladas que han destruido todas las sementeras.

POGEMO, 1890, 12 de junio

1890, mayo

672

Hidalgo: Omitlán

Helada.

A fines del mes de mayo "cayeron fuertes heladas en el municipio de Omitlán, causando grandes perjuicios a las siembras de maíz. Los labradores se encuentran afligidos por no poder reponer sus siembras en este año".

POGEMO, 1890, 19 de junio

1890, mayo

673

Puebla: Atlixco

Escasez de granos.

"La escasez de maíz y frijol, y el levantado precio que alcanzan las semillas, nos hacen comprender que fueron malísimas las cosechas."

S, 1890, 1 de junio

1890, mayo-julio

674

Hidalgo: Mezquital, Molango, Huejutla, Tepehuacán

Sequía.

A causa de la sequía, en Molango y Tepehuacán "se han perdido por completo todas las labores de sembradura". En Mezquital y Huejutla, las siembras "se están perdiendo a consecuencia de la sequía".

S, 1890, 20 de mayo, 30 de julio

1890, mayo-junio

675

Estado de México: Ixtlahuaca, San Felipe del Obraje

Sequía.

Los agricultores "están temerosos de que se malogren sus cosechas a causa de la fuerte sequía, pues ni una sola gota ha caído en aquellos pueblos".

S, 1890, 6 de junio

1890, mayo-junio

676

Querétaro: hacienda Bernal, hacienda La Esperanza

Escasez de lluvias.

"En Esperanza y Bernal, haciendas del estado de Querétaro están alimentándose los ganados con nopal y con abrojo, pasturas costosas, porque necesitan ser tostadas para quitarles las espinas. En gran parte del estado, se teme tener grandes pérdidas en los ganados y en las labores, por la total carencia de lluvias."

POGEMO, 1890, 19 de julio

1890, mayo-junio

677

Jalisco: Guadalajara, San Cristóbal de las Barrancas

Sequía.

"Es tal el calor y la sequía de los campos, que un gran número de ganado se está muriendo, causando con esto grandes pérdidas a los propietarios."

S, 1890, 7 de junio

1890, mayo-julio

678

Chihuahua

Escasez de lluvias. Carestía.

"En Chihuahua han subido extraordinariamente los precios de las legumbres por falta de lluvias". Los ganaderos "lamentan" pérdidas en el ganado. Se calculó en más de 125 000 las reses muertas. "En la mayor parte de las municipalidades del norte, del este y del sur ha sido tal la escasez de lluvias, que continúan muriéndose los animales por falta de pastos y agua."

S, 1890, 16, 30 de junio, 17 de julio, 25 de agosto

1890, 20 de junio

679

Guanajuato: arroyo La Libre, León

Inundación. Lluvias abundantes.

Un aguacero de casi seis horas hizo "crecer el río que pasa por la población al grado de desbordarse pasando el puente de Santiago [...] derramándose por los terrenos de San Nicolás". En la congregación de Hernández, el arroyo La Libre creció e inundó "casas sin que ninguna se cayera, y varias huertas y legumbres que destruyó aunque no son de valor".

S, 1890, 28 de junio

"Se acaba junio y por los rumbos de León nadie puede sembrar por la abundancia de lluvias. El maíz empieza a subir de precio."

POGEMO, 1890, 6 de julio

1890, 22-29 de junio

680

Coahuila

Lluvias abundantes.

Las lluvias fueron "muy perjudiciales para los criadores de ganado".

S, 1890, 1 de julio

1890, 23 junio
681
Chihuahua: San Lorenzo, Santa Rosalía Cuevas; Sonora: Frontera, San Bernardino
Granizada.
Una granizada "hizo terribles estragos y arruinó a la mayor parte de los agricultores de esa comarca. El maíz, los árboles, los álamos y todo absolutamente todo quedó destruido, al grado de que las higueras, por ejemplo no tienen ni hojas siquiera. En los animales hubo también algunos perjuicios".
S, 1890, 18 de julio

1890, junio
682
Puebla: Balsequillo, hacienda de Santa Inés, Tecamachalco
Inundación.
En Balsequillo, "la corriente arrastró tres chozas en la hacienda de Santa Inés, en donde se perdieron 300 cabezas de ganado, bastante madera, y una extensa consideración de semillas".
S, 1890, 26 de junio

1890, junio
683
Veracruz: Ozuluama
Sequía.
A causa de la sequía murieron "10 000 cabezas de ganado", la pérdida se calculó en 100 000 pesos.
S, 1890, 5 de julio

1890, junio-julio
684
Sinaloa: Mazatlán
Sequía. Epizootia.
A causa de la sequía murió mucho ganado. En una noticia posterior se dice que la muerte se debió a "una verdadera epizootia" y no a la escasez de pasto.
S, 1890, 10 de julio, 22 de agosto

1890, junio-julio
685
Sinaloa: Mazatlán
Escasez de lluvias. Plaga.
"A consecuencia de una plaga de gusanos que destruye las siembras, atribuyéndose esto a la falta de lluvias."
S, 1890, 4 de agosto

1890, 4 de julio
686
Estado de México: San Francisco, Temascaltepec
Inundación.
"Una tempestad originó graves perjuicios, tales como el desbordamiento del río, accidente que además de inundar las sementeras que estaban a las márgenes de dicho río y arrasar en la corriente a la mayor parte del ganado."
S, 1890, 15 de julio

1890, julio
687
Oaxaca
Escasez de lluvias.
Las milpas "han comenzado a sufrir mucho por falta de lluvias".
S, 1890, 18 de julio

1890, julio
688
Yucatán
Escasez de lluvias.
"El maíz ha subido de precio a consecuencia de que las sementeras actuales de dicho grano, se están marchitando por la falta de lluvias."
S, 1890, 24 de julio

1890, julio-septiembre
689
Sonora: Guaymas
Lluvias abundantes.
Las lluvias causaron "grandes perjuicios a los intereses agrícolas de las poblaciones; el tráfico entre Guaymas y Nogales ha estado totalmente interrumpido desde el pasado julio; los ríos y arroyos han salido de cauce y las aguas han destrozado las cercas de los terrenos de labor, arrasándolos e inutilizándolos; también han arrasado algunas cabezas de ganado vacuno, porcino y caballar".
S, 1890, 11 de septiembre

1890, 15 de agosto
690
Michoacán: Tacámbaro
Granizada.
En Tacámbaro y extensa zona cayó una fuerte granizada causando perjuicios en las sementeras.
Galván, 1951:365; Noble y Lebrija, 1956:141

1890, 16 de agosto
691
Estado de México: Santiago Tianguistenco
Inundación.
"Una tromba de agua destruye gran parte de la población de Santiago Tianguistenco, México."
Noble y Lebrija, 1956:141

1890, 22 de agosto
692
Chihuahua: Ciudad Juárez, Chamizal
Granizada.
"La granizada destruyó gran parte de uva y demás siembras."
S, 1890, 26 de agosto

1890, 24-26 de agosto
693
Chihuahua: Paso del Norte
Inundación.
"Tempestad en Paso del Norte [...] ocasiona una inundación en la ciudad, la que repite con más fuerza el día 26, pues la altura del agua alcanza hasta una vara."
Galván, 1951:365

1890, 10 de septiembre
694
Coahuila: Piedras Negras, Porfirio Díaz, villa de Fuente

Inundación.
El río Bravo salió de su cauce y los habitantes de Porfirio Díaz y Villa Fuente "sufrieron tan repentina inundación, que apenas pudieron salvarse las familias con trabajo, dejando abandonados sus hogares que fueron arrollados por el impetuoso torrente, y ahora se encuentran multitud de personas sin abrigo y sin pan". En algunas poblaciones de Piedras Negras el agua alcanzó seis pies de altura.
S, 1890, 24 de septiembre, 17 de octubre

1890, 14 de septiembre
695
Sonora: Guaymas
Ciclón.
Por el ciclón, encallaron en la playa varias embarcaciones.
S, 1890, 6 de octubre

1890, septiembre
696
Guerrero: Galeana
Escasez de lluvia.
"Faltan lluvias y los cultivos están en mal estado."
AP, v. 700

1890, septiembre
697
Baja California
Lluvias abundantes.
Las cosechas de trigo y de uva "se han perdido a consecuencia de la abundancia de lluvias".
S, 1890, 20 de septiembre

1890, 16 de octubre
698
Estado de México: Ameca
Granizada. Viento.
Una granizada destruyó las sementeras y los frijolares. El viento desarraigó árboles y en los cañaverales sacó de raíz los plantíos. Los perjuicios fueron incalculables.
S, 1890, 18 de octubre

1890, 19-22 de octubre
699
Jalisco: Ameca, arroyo de Santiago, hacienda de San Francisco, hacienda de Santa Anna, rancho de Santa Rosa, Sayula, río de Citala, río de la Pasión, río Grande, río Jiquilpan, San Gabriel, Tamazula, Teocuitatlán, Tizapán el Alto, Tonaya, Zapotitlán, Zapotlán, Zocoalco
Inundación.
En Zapotlán, el desbordamiento del río provocó la pérdida de mercancías y arrastró cargamentos de sal y animales que sepultó bajo los escombros de las casas destruidas. En el rancho de Santa Rosa se perdieron 190 cabezas de ganado lanar. En Tamazula, se salió el río, arrasando sementeras y cercas. En Ameca, la impetuosa avenida del río destruyó fincas y huertas. En Tizapán el Alto, la creciente del río de la Pasión se llevó huertas, cercas y las labores que se encontraban en sus riberas; los daños materiales ascendieron a 8 340 pesos. En Ameca, la lluvia duró cuatro días y se salió de su cauce el arroyo de Santiago, afectando nueve huertas, destruyendo 56 casas y perjudicando la ganadería y agricultura del lugar; daños por 45 985 pesos. En San Gabriel, llovió durante cuatro días, desbordándose el río Jiquilpan que destruyó las labores de mescaleras, lienzos y fincas que estaban a las orillas. En Tonaya se perdió casi todo el ganado; las pérdidas se calcularon en 19 000 pesos. En Zapotitlán, el río Grande se salió de su cauce por cuatro días de lluvia, arrasó las tabernas o tlachicas inmediatas y se llevó muchas labores de maíz, reses y remudas; "el agua subió 24 metros".
DOJAL, 1890, 30 de octubre, 11 de noviembre
En Teocuitatlán, la lluvia comenzó el 20 de octubre y la noche del 21 se desbordó el río, causando "pérdidas muy considerables" por la destrucción de casas, puentes, labores y plantíos; la mañana del 22, el río de Citala también se desbordó, arrastrando las sementeras y causando enormes pérdidas.
AHJ, Fomento, F-18-890, Teo/1287, ff. 1-2
"Un violento temporal en todo el estado de Jalisco [...] En algunas poblaciones llueve más de 48 horas, teniendo que sufrir inundaciones."
Galván, 1951:366
"El arroyo que pasa por la población, seco durante casi todo el año, continuó causando inundaciones en los temporales de lluvias, ocurriendo una el 22 de octubre de 1890 cuando intenso temporal y fuertes avenidas de la sierra, hicieron se rebasara su cauce e inundara centro y barrios bajos, deteriorando gran número de hogares humildes."
Munguía, 1976:107

1890, 20 de octubre
700
Colima: laguna de Coyutlán, Manzanillo, río Amoles, río Armería, río Colima.
Inundación.
"Han quedado destruidos los puentes del ferrocarril sobre los ríos Amoles y Comala, y muy averiado el que está sobre el Colima. Innumerables kilómetros de vía destruidos por el desbordamiento del río Armería. El mar salió de su lecho en Manzanillo, lo mismo que la laguna en Coyutlán. Muchas pérdidas en las sementeras para ganados."
S, 1890, 28 de octubre
"Telegrama de Colima participa el desbordamiento de ríos y otras desgracias."
Noble y Lebrija, 1956:141

1890, 21 de octubre
701
Michoacán: Cojumutlán, Cotija, hacienda de la Guaracha, Jiquilpan, Morelia, río Jiquilpan, Sahuayo
Inundación.
El río Jiquilpan se desbordó, destruyendo las fincas cercanas al río y las sementeras "las más en fruto, fueron arrebatadas o cubiertas de escombros [...] las pérdidas ascienden en más de 9 000 pesos en lo relativo al municipio de Jiquilpan".
S, 1890, 11 de noviembre

1890, octubre
702
Jalisco: Atenguillo, Guamanguillo, Mascota
Lluvias abundantes.
La autoridad de Mascota informó que en octubre "la lluvia de fin de mes causó estragos considerables en las labores de maíz, así en esta cabecera como en las de Atenguillo y Guamanguillo".
DOJAL, 1891, 12 de marzo

1890, octubre
703
Nuevo León: Montemorelos
Escasez de granos.
El maíz ha escaseado y "el poco que hay se vende a razón de nueve pesos carga".
S, 1890, 4 de noviembre

1890, octubre
704
Nuevo León
Sequía.
La cosecha de piloncillo "disminuirá según noticias, en un 50 por ciento en el presente año, a consecuencia de la fuerte sequía".
S, 1890, 8 de noviembre

1890, 24 de noviembre
705
Durango: Cuencamé
Granizada.
Una granizada perforó los techos de algunas casas, hubo pérdidas en el ganado menor y porcino, así como en aves de corral, "las sementeras de maíz y frijol sufrieron mucho".
S, 1890, 17 de diciembre

1890, noviembre
706
Tabasco: Centro, Ixtacomitán
Inundación.
Las lluvias ocasionaron que la laguna denominada el Atascadero se desbordara; "formó un canal de 30 metros de ancho por cinco de profundidad, se perdieron 500 árboles de cacao".
S, 1892, 1 de enero

1890, 22 de diciembre
707
Jalisco: Guadalajara
Lluvias abundantes.
A causa de las lluvias, "los agricultores no han podido continuar sus trabajos en el campo, con perjuicio de sus siembras".
S, 1890, 24 de diciembre

1890-1894
708
Durango
Escasez de lluvias.
"De 1895 al presente [1898], periodo de tiempo en que no han escaseado las lluvias, siendo por el contrario abundantes, el ganado ha aumentado mucho; pero a ese pesar no reponen todavía los ganaderos las considerables pérdidas que les causó la sequía de 1890 a 1894. Por esto es que, aunque no falta ganado para el consumo y demás usos a que puede destinarse, guarda un precio muy alto, que antes jamás llegó a alcanzar."
Memoria, Dgo., 1898:26

1890-1896
709
Michoacán
Escasez de lluvias.
"Mayores fueron las pérdidas sufridas por la escasez de pastos en algunos años [desde 1890], pero especialmente en el actual [1896], pues el retardo de las lluvias ocasionó que murieran, por falta de buenos alimentos, centenares de animales de ganado vacuno en diversos distritos del estado."
Memoria, Mich., 1896:49-50

1891-1900

Personas observando los perjuicios de la inundación
Irapuato, Guanajuato, 1926
Fuente: Archivo Histórico del Agua

1891, 23 de enero
1
Chihuahua: Corralitos
Nevada.
"Fuertes nevadas en Corralitos, alcanzando la nieve una altura de 14 pulgadas."
Galván, 1951:367

1891, enero
2
Morelos: Ayala, Cuautla, hacienda Altlihuayan, hacienda de Cuahuixtla, hacienda Hospital, hacienda San Carlos
Helada.
Heladas "muy fuertes han caído en estos últimos días" y destruyeron los plantíos de chile, melón y sandía.
S, 1891, 5 de enero

1891, enero
3
Michoacán: Coahuayana
Lluvias abundantes.
El maíz, el algodón y el frijol se perdieron a consecuencia del "temporal de lluvias, pero los labradores con infatigable constancia y con muchos sacrificios sembraron de nuevo el algodón, que se espera producirá una regular cosecha".
POGEMO, 1891, 26 de febrero

1891, enero
4
Guerrero: Allende
Plaga.
"Muy fuertes daños en los algodonales por la langosta."
AP, v. 382

1891, enero
5
Guerrero: Abasolo
Epizootia.
"Ha aparecido esta epizootia [el mal rojo] teniendo que quemarse diariamente de 50 a 60 cerdos."
S, 1891, 15 de enero

1891, 21 de febrero
6
Yucatán: San Felipe
Huracán.
"Espantoso huracán en el puerto de San Felipe; estragos de consideración por mar y tierra."
Galván, 1951:368

1891, 28 de febrero
7
Baja California: Tijuana
Inundación.
Terribles inundaciones en Tijuana y otras poblaciones ocasionaron desgracias personales y pérdidas materiales.
Galván, 1951:368; Noble y Lebrija, 1956:142

1891, 10 de marzo
8
Distrito Federal
Nevada.
Nevó en la ciudad de México
S, 1894, 29 de marzo

1891, 15-21 de marzo
9
Querétaro: Arteaga
Nevada.
"A consecuencia del frío intenso, han muerto muchos bueyes, vacas y ganados menores; además las sementeras de trigo se perdieron."
S, 1891, 26 de marzo

1891, marzo
10
Michoacán
Escasez.
"Hace días tenemos aquí un pésimo temporal, con el cual se han perdido las labores de trigo en todo el estado, lo mismo que las de algodón. Se cree que el trigo tendrá un precio bastante alto por la pérdida habida y por la ninguna existencia. El algodón se ha perdido por completo."
BSAM, 1891, 24 de marzo

1891, marzo
11
Guerrero: San Marcos
Lluvias abundantes.
"Las desmotadoras están paralizadas por las fuertes pérdidas de los algodonales, debido a las fuertes lluvias."
AP, v. 700 y v. 382

1891, marzo
12
Estado de México: hacienda Alcibar, hacienda Canaleja, hacienda de Ayala, hacienda de San Bartolo, hacienda Zuchi
Nevada.
"De bastante consideración son las pérdidas que han sufrido los hacendados, pues a consecuencia del último temporal se han muerto más de 200 reses."
S, 1891, 23 de marzo
"A consecuencia de las últimas nevadas ha perecido gran cantidad de ganado vacuno."
S, 1891, 30 de marzo

1891, abril
13
Yucatán: hacienda Canto, hacienda Kalax, hacienda San Juan, hacienda Tecoch, Izamal
Plaga.
En las haciendas del partido de Izamal "se ha presentado, según dichos informes, una plaga de insectos destructores de henequén. Millares de matas amarillentas y secas denuncian el mal causado. Por desgracia, esa amarillez es la única muestra que denuncia la presencia de tan terrible insecto que roe el corazón de la preciosa planta".
POGEMO, 1891, 26 de abril

1891, abril
14
Nuevo León

Escasez de granos.
El maíz "ha escaseado mucho en Nuevo León, por lo que su precio es muy elevado".
S, 1891, 17 de abril

1891, 4 de mayo
15
Veracruz: Minatitlán
Granizada.
Una granizada con viento "ha causado numerosos estragos en las milpas".
S, 1891, 21 de mayo

1891, 4-8 de mayo
16
Chihuahua: Mejía, Romero
Lluvias abundantes.
"En el partido de Mejía, el río ha comenzado a salirse de cauce en algunos lugares. En el partido de Romero [el río] avanza hacia las propiedades, barranqueando y haciendo desaparecer las huertas y siembras."
S, 1891, 14 de mayo

1891, 20 de mayo
17
Guanajuato: Llano Grande, Misión, Santa Catarina, Victoria, Xichú
Inundación.
"Desastre.- El C. jefe político de San Luis de la Paz transcribe la siguiente comunicación que le remite el de igual clase de Victoria. El regidor de Xichú me dice lo siguiente. Tengo el honor de participar a ud. que ayer a las ocho de la noche se desató en esta población y los puntos de Misión y Llano Grande una tempestad muy fuerte que causó grande alarma a los vecinos por haberse introducido el agua dentro de las habitaciones, arrastrando las corrientes, tanto del agua que bajaba de los cerros como de los ríos que pasan por uno y otro lado del pueblo, ganado menor, reses, burros y destrozando platanares, cañaverales y árboles que había en los márgenes de los ríos, desde los puntos citados hasta las adjuntas de Santa Catarina, en una distancia como de tres leguas, dejando en los terrenos que no se llevó, solamente montones de piedras."
DOGTO, 1891, 31 de mayo

1891, 24 de mayo
18
Hidalgo: Tezontepec, Tula
Granizada.
Una granizada "destruyó por completo los árboles al grado de dejarlos desnudos, y respecto de los frutales quedaron hasta arrancados".
S, 1891, 10 de junio

1891, mayo
19
Puebla: San Juan de las Llaves
Helada.
Por las heladas, "los agricultores temen mucho por sus siembras".
S, 1891, 5 de mayo

1891, mayo
20
Hidalgo: Ixmiquilpan
Helada.
"Fuertes heladas han ocasionado la pérdida de siembras [...] y extensos plantíos de alfalfa, dando motivo al alza de precio en los cereales. Los árboles frutales [...] sufrieron también."
S, 1891, 13 de mayo
"Han caído en la ciudad de Ixmilquilpan, fuertes heladas, ocasionando la pérdida de siembras próximas a su desarrollo y de extensos plantíos de alfalfa, dando motivo al alza de precios en los cereales. Los árboles frutales, uno de los elementos que proporciona pingües ganancias a los cultivadores, sufrieron también, y se cree que la pérdida será total."
BSAM, 1891, 8 de mayo

1891, 6 de junio
21
Michoacán: Parangaricutiro, Uruapan
Lluvias abundantes.
Una manga de agua "destruyó 78 casas, algunos ecuaros de maíz y más de 25 árboles frutales [...] las pérdidas se calculan en más de 400 pesos".
S, 1891, 19, 23 de junio

1891, 11 de junio
22
Estado de México: hacienda de la Garza, Toluca
Inundación.
"Una tromba de agua cae en terrenos de la hacienda de la Garza y poblaciones inmediatas, ocasiona una inundación en Toluca."
Galván, 1951:370

1891, 13 o 14 de junio
23
San Luis Potosí: Mineral de Catorce
Inundación. Escasez de granos.
"Una tromba que descargó su furia sobre la cumbre de la sierra que forma la zona minera, y cuya consecuencia fue que los terrenos y arroyos crecieran de una manera atroz, arrollando en su curso fincas, personas y animales. En las negociaciones mineras [...] la que más ha sufrido fue la de Santa Ana, pues el agua llevándose parte de la pared que circunda la negociación, penetró en el patio donde se hallaban depositados todos los azogues de la mina."
S, 1891, 17 de junio
El 12 de junio la junta de beneficencia aprobó suscribirse con una cuota mensual por todo el tiempo que dure la escasez y carestía del maíz. La cantidad que mensualmente se reúna será empleada en maíz, garbanzo, arroz y cecina. (Mensualmente se reunieron cerca de 1 000 pesos.)
S, 1892, 24 de junio
"Una fuerte tempestad en el Mineral de Catorce ocasiona desgracias y pérdidas de consideración."
Noble y Lebrija, 1956:142

1891, 14 de junio
24
Oaxaca
Lluvias abundantes.

A causa de las lluvias, "Nicolás Sánchez [vendedor de flores] y José Ortega, han sufrido la pérdida de 400 macetas y sus camellones, que desde tiempo atrás habían cultivado".
S, 1891, 29 de junio

1891, 17 de junio
25
Zacatecas: hacienda Tecoloache
Lluvias abundantes.
Una tempestad ocasionó que la presa llamada El Diamante y la Presita, pertenecientes a la hacienda Tecoloache, se desbordaran.
S, 1891, 24 de junio

1891, 18 de junio
26
Estado de México: barrio de San Miguel, barrio de San Juan, barrio de Santiago, hacienda de Cartagena, Tultitlán; Michoacán: hacienda de Queréndaro
Lluvias abundantes.
La lluvia y el viento causaron, "el desbordamiento de una presa en la hacienda de Cartagena, [lo cual] ocasionó la pérdida casi por completo de todas labores del barrio de San Miguel y del de Santiago".
S, 1891, 30 de junio
"Las grandes avenidas de los ríos han inundado, por la hacienda de Queréndaro y otros puntos inmediatos, siembras de chile y originando a los propietarios pérdidas."
S, 1891, 4 de julio
"Las fuertes lluvias en México y Michoacán, causan desperfectos."
Noble y Lebrija, 1956:142

1891, junio-julio
27
Aguascalientes
Sequía. Escasez de granos.
"La sequía continúa [originando] los consiguientes males, de los cuales es actualmente el mayor, el alza considerable que han sufrido los precios de las semillas, la escasez aumenta con la fuerte exportación para los Estados Unidos."
S, 1891, 20 de julio
"Parece que las lluvias serán muy escasas en el presente año, por lo menos en la región norte de la mesa central."
S, 1891, 3 de agosto

1891, junio-julio
28
San Luis Potosí
Escasez de lluvias.
Debido a la falta de las lluvias, los agricultores "abrigan serios temores de que se pierdan las cosechas".
S, 1891, 20 de julio
"En materia de agricultura es de lamentarse la escasez de lluvia en este año, y habiendo comenzado a subir el precio de las semillas de primera necesidad, el gobierno se propone" dictar medidas que impidan el alza de los artículos.
DOSLP, 1891, 17 de septiembre

1891, junio-julio
29
Guanajuato: León, Piedra Gorda, Salamanca
Escasez de lluvias.
Por la falta de lluvias, en León, "los sembrados presentaban ya un aspecto lamentable". Se realizó "un triduo por la escasez del agua, a la imagen del Señor de Perdón".
S, 1891, 28 de julio
La temperatura "del mes próximo pasado fue muy reseca y con bastante calor, habiéndose perdido mucha parte de las sementeras de maíz".
DOGTO, 1891, 12 de agosto
En Salamanca, "escasez de lluvias. Las siembras de trigo fueron muy reducidas".
Padilla, 1980:111

1891, 4 de julio
30
Estado de México: Zinacantepec
Inundación.
Una tromba "causó graves perjuicios a la población, inundando gran parte de ella".
S, 1891, 8 de julio

1891, julio-diciembre
31
Veracruz
Inundación.
De julio a diciembre, "sólo han podido contarse aproximadamente, como 10 días de provecho al mes, y siendo el jornal de un hombre por estos pueblos de 37 centavos; resulta que los jornaleros solo han podido ganar en los referidos días útiles de cada mes, 3.75 pesos: por añadidura, el maíz bastante caro por haberse perdido en julio la mayor parte de las milpas".
S, 1891, 4 de diciembre
"Abundantes lluvias en Veracruz causan pérdidas y desgracias."
Noble y Lebrija, 1956:142

1891, julio
32
Chihuahua
Escasez de lluvias. Escasez de granos.
Las lluvias "se han retirado en las tres semanas que acaban de pasar [del 5 al 25 de julio], y los campos y sembrados están resintiéndose mucho por su falta".
S, 1891, 28 de julio
Petición de la junta de beneficencia al presidente de la República para la exención de derechos de internación al maíz y frijol "por ser alarmante la escasez producida por la falta de lluvias que originó la pérdida de cosechas en el presente año".
AGNM, Secretaría de Hacienda, 1891, sec. 8ª, s.c.

1891, julio
33
Hidalgo: Atotonilco
Lluvias abundantes.
"En Atotonilco [...] se ha hecho la siembra tres veces en lo que va de este año y otras tantas se ha perdido la semilla por la abundancia de lluvias."
S, 1891, 3 de agosto

1891, julio
34
Durango

Escasez de lluvias. Escasez de granos.
El maíz y el frijol "han subido de precio, el maíz vale 56 centavos el almud y el frijol un peso. La gente está alarmada por la escasez que nos amenaza para el año próximo venidero. A todas horas del día se oyen repiques en los templos de la ciudad, llamando a rogativas, triduos, etc., para que llueva."
S, 1891, 5 de agosto

1891, julio
35
Veracruz: Tlacotalpan
Inundación.
"Los ríos han seguido aumentando de volumen [...] el temporal ya ha cesado [...] en los pueblos ribereños las pérdidas en maizales y arrozales han sido completas."
S, 1891, 6 de agosto

1891, julio
36
Querétaro: Querétaro
Sequía.
"Después de muchas semanas de sequía el martes [4 de agosto], descendió sobre esta capital [Querétaro] una lluvia abundante."
S, 1891, 7, 14 de agosto
El maíz y el frijol subieron de precio en agosto de 1891, el primero a 6.50 pesos la carga y el frijol a siete y ocho pesos la fanega.
S, 1891, 3 de octubre

1891, julio
37
Sinaloa: Mazatlán, Rosario
Escasez de lluvias. Sequía.
En Rosario, "las cosechas de maíz y frijol del pasado verano se malograron a tal grado, que se calcula una pérdida de 80 por ciento. Esto y la extracción, harán elevar el precio de aquí a julio el doble de lo que actualmente vale".
S, 1892, 11 de junio
En Mazatlán, era costumbre "celebrar el día de santa Ana a la conclusión de las siembras y este año ni siquiera se habían comenzado en dicha fecha. Opinan algunos agricultores que si no llueve en ocho días, no habrá cosecha de grano, porque lo sembrado después del 5 de agosto nunca engrana bien y sólo sirve para pastura".
S, 1891, 13 de agosto
"Los casos de insolación se repiten con frecuencia durante [la primera semana de agosto], el termómetro llegó a marcar 94ºF [34ºC] a la sombra y 100 [37ºC] al sol. La sequía ha producido formidable mortandad de ganado y las pérdidas sufridas por los ganaderos con este motivo, son ya considerables."
S, 1891, 21, 24 de agosto

1891, julio
38
Jalisco: Saya
Escasez de lluvias.
La siembra de maíz "se ha perdido completamente por la falta de lluvias".
S, 1891, 13 de agosto

1891, julio-octubre
39
Sonora: Magdalena
Sequía.
Por la sequía, en Sonora hubo "gran mortandad de ganado". "Grandes cantidades de ganado vacuno se han aproximado a los alrededores de Magdalena en busca de agua y de pastos, y es tal el pésimo estado de las plantaciones que seguro no habrá los suficientes cereales para el consumo del estado."
S, 1891, 21 de agosto, 10 de noviembre

1891, 14 de agosto
40
Guerrero: Hidalgo, Huitzuco
Ciclón.
Un huracán "destruyó los techos de casas de palma en la negociación minera, tumbando el techo de ella y otras casas". Los sembrados se inundaron.
S, 1891, 14 de agosto

1891, 19 de agosto
41
Guanajuato: Pénjamo
Inundación.
"A consecuencia de una fuerte avenida del río que atraviesa la población de Pénjamo, se inundó ésta en gran parte, quedando sin hogar muchas familias."
S, 1891, 25 de agosto
Inundación en Pénjamo.
Galván, 1951:372; Noble y Lebrija, 1956:142

1891, 26 de agosto
42
Tlaxcala: Zacatelco
Inundación.
El gobernador de Tlaxcala informó que entre los accidentes que "hemos tenido que deplorar [se encuentra] uno ocasionado en una parte del distrito de Zacatelco, por una tormenta que allí se desató [...] Con este motivo el gobierno local acudió a la filantropía de nuestros pueblos para allegar algunos recursos que compensaran, aunque en pequeña parte, las desgracias sufridas".
Memoria, Tlax., 1893:90
"Fuerte temporal causa pérdidas y desgracias en Tlaxcala."
Noble y Lebrija, 1956:142

1891, agosto
43
Campeche: Ciudad del Carmen
Escasez de granos.
Por la escasez y carestía del maíz, el señor Moisés Urquiza "compró todo el maíz existente en la plaza y lo vendió a los pobres en 20 centavos almud. Después hizo traer de Nueva Orleans gran cantidad de maíz para aliviar la necesidad que había en el pueblo por la carestía de grano".
S, 1891, 17 de agosto

1891, 5 de septiembre
44
Jalisco: Teocuitatlán, Tuxcueca
Inundación.

Informe del jefe político de Sayula en el que mencionó una inundación en la municipalidad de Tuxcueca, que destruyó el camino carretero que unía esa población con Teocuitatlán, en un punto llamado La Cañada.
Memoria, Jal., 1893:45

1891, septiembre
45
Guerrero: Alpuyeca, barranca de Chilzihutla, Galeana, Ixcateopan, Zaragoza
Lluvias abundantes. Inundación.
En Alpuyeca e Ixcateopan, "da lástima contemplar los estragos causados en las huertas y campos de caña". En la barranca de Chilzihutla el agua "se llevó muchas reses y las siembras de maíz quedaron completamente arrasadas por la tormenta".
S, 1891, 6 de octubre
En Zaragoza, "arrasó más de 40 casas del pueblo y un número considerable de cerdos".
S, 1891, 21 de octubre
En Galeana el "26 del pasado, a las seis de la mañana, comenzó una fuerte lluvia que duró sin cesar hasta las 12 del día siguiente, hora en que los ríos se salieron de su madre. La exorbitación de las aguas que se esparcieron por los campos y terrenos de labor, causaron grandes pérdidas en las milpas y siembras de algodón, resultando muchas cercas destruidas y multitud de reses, bestias y asnos ahogados".
DOGTO, 1891, 29 de octubre

1891, septiembre
46
República Mexicana
Sequía.
Informe del cónsul de Estados Unidos radicado en Piedras Negras: "Debido a las grandes sequías, la cosecha de algodón en México desmerecerá mucho este año de lo que fue el pasado, y puede esperarse que se harán fuertes remesas de los Estados Unidos. La misma desastrosa causa, la sequía, ha hecho grandes perjuicios en el ramo de ganados. Se dice que el ganado vacuno y los puercos están muriendo en gran número. En México habrá escasez de carne y la diferencia debe cubrirse con ganado de los Estados Unidos, lo que ocasionará un notable aumento en la exportación de animales vivos a aquel país".
BSAM, 1891, 8 de octubre

1891, septiembre-octubre
47
Querétaro
Malas cosechas.
"En una gran extensión, los sembrados de maíz están completamente perdidos." En San Juan del Río las cosechas de maíz "se presentan muy malas".
S, 1891, 10 de octubre, 4 de noviembre

1891, 1 de octubre
48
Tabasco: San Juan Bautista
Inundación.
A causa de las lluvias "las cosechas de grano tales como el maíz, y el cacao están perdidas casi en su totalidad. El ganado vacuno casi diezmado".
S, 1891, 16 de octubre, 23 de noviembre
En Tabasco, abundantes y torrenciales lluvias ocasionaron la inundación de varias poblaciones.
Galván, 1951:372; Noble y Lebrija, 1956:142

1891, 8, 9, 12-17 de octubre
49
Guanajuato: Bajío, Huanímaro, Pénjamo, Piedra Gorda, Silao
Helada.
Las heladas que cayeron "en varios lugares del estado de Guanajuato, particularmente en el Bajío desde Silao hasta Pénjamo, donde comenzó a helar desde el día 9, perdiéndose todas las labores de maíz".
S, 1891, 19 de octubre; DOGTO, 1891, 13 de octubre
En Piedra Gorda "desde el mes próximo pasado a la fecha, ha habido fuertes heladas que han perjudicado a las sementeras y muy particularmente al frijol que se perdió por completo".
DOGTO, 1891, 12 de noviembre
En Huamínaro "hace ocho días hubo fuertes heladas en aquel partido del estado, lo que ocasionará sin duda la pérdida de la caña de Castilla".
DOGTO, 1891, 24 de noviembre

1891, 26 de octubre
50
Guerrero: Galeana, río de San Jerónimo, río de San Luis
Inundación.
Los ríos de San Luis y San Jerónimo se desbordaron sobre "campos y terrenos de labor", hubo pérdidas en las milpas y siembras de algodón así como en animales.
S, 1891, 26 de octubre

1891, octubre
51
Aguascalientes
Helada.
Las heladas "han durado más de tres días, y perjudicado notablemente las sementeras, de las que muchas se han perdido por completo [...] las semillas han subido de precio".
S, 1891, 15 de octubre

1891, octubre
52
Guanajuato: Guanajuato, León, Salamanca
Escasez de lluvias. Escasez de granos. Helada.
"A consecuencia de la falta de lluvias en el presente año, hay gran escasez de artículos de primera necesidad; el XV Congreso del Estado, en su decreto núm. 31 [31 de octubre de 1891], impone la cuota de 50 centavos por fanega a los que conduzcan maíz para fuera del estado, pues la escasez de lluvias es general", con el concepto de que tal exención sólo alcanzaba hasta la cantidad de 2 000 fanegas de dicha semilla. El decreto fue abolido el 18 de mayo de 1893.
Espinosa, 1917:101; AHCEG, Decretos del 14º Congreso de Guanajuato; POGEMO, 1892, 22 de diciembre
En Salamanca se "ha tenido en el presente año alguna pérdida por la falta de lluvias; pero se cosechará una tercera parte de los años ordinarios, y cubiertas las necesidades del año entrante se calcula que resultará regular existencia de maíz".
DOGTO, 1891, 10 de noviembre
El periódico *El Pueblo Católico* de León, dice: "El maíz y el

frijol, y en pos de estos otros artículos de primera necesidad se están vendiendo a precios relativamente altos, que muchos pobres se ven apurados para proveerse de lo indispensable para vivir. Nuestro gobierno deberá ya decretar la exención de todo impuesto al maíz y principalmente el frijol, cuyo artículo se vendió el domingo pasado a nueve pesos la fanega y probablemente se venderá a 12 pesos dentro de unos días. Las cosechas en el Bajío son bastante reducidas a consecuencia de las heladas".

BSAM, 1891, 31 de octubre

1891, octubre

53

Aguascalientes; Guanajuato; Querétaro; República Mexicana; San Luis Potosí

Escasez de lluvias. Helada.

"Grande alarma han causado en esta capital las noticias que en ella se han recibido de la pérdida de cosechas de maíz y de frijol ocasionada por las heladas extemporáneas ocurridas a mediados del mes que finaliza, y con este motivo el pesimismo comienza a hacer sus estragos, y a tal grado, que según se susurra, se piensa pedir a las cámaras decreten la exención de impuestos de importación de maíz que pueda introducirse de los Estados Unidos y con el cual se pueden satisfacer las necesidades de nuestra población, especialmente de la indígena, que es la que más sufrirá con la escasez y carestía de esa semilla. No podemos negar que el mal temporal de lluvias y las heladas tempranas enseguida, han causado serios estragos en las sementeras de maíz y frijol en varias haciendas de los estados de Querétaro, Guanajuato, San Luis Potosí y Aguascalientes, y que a consecuencia de esas pérdidas las semillas han alcanzado un precio extraordinario. La verdad es, que la idea de solicitar la entrada franca del maíz procedente de la república vecina nos parece que no sólo es prematura, sino que su realización causaría grandes males a los agricultores de nuestro país."

BSAM, 1891, 31 de octubre

1891, octubre

54

Tamaulipas

Sequía.

"A consecuencia de las continuadas sequías que anualmente se han sentido", Tamaulipas se ha empobrecido, pues esto ha ocasionado el abatimiento del comercio; pérdidas de ganado de entre 35 y 50 por ciento; cosechas insuficientes; carestía de artículos de primera necesidad; e incremento en los impuestos.

CPD, l. 16, c. 21, ff. 10369 y 13618

1891, octubre-noviembre

55

Tabasco: Paraíso

Sequía.

"Las siembras de maíz se perdieron en su mayor parte, por la sequía."

S, 1891, 23 de noviembre

1891, 7 de noviembre

56

Querétaro: villa del Pueblecito

Viento.

Por un huracán "fueron lanzados y sacados de raíz a gran altura multitud de árboles".

S, 1891, 20 de noviembre

1891, noviembre

57

Guanajuato: Jerécuaro, Piedra Gorda, Purísima del Rincón, Silao, Tarandácuaro

Escasez de lluvias. Plaga.

Los cereales "están siendo bastante escasos, por las mismas causas que han motivado su pérdida en la mayor parte de la República". En Jerécuaro la cosecha de frijol "quizás se perderá completamente; la siembra de trigo está siendo bastante perjudicada por la plaga de chochos".

S, 1891, 2 de diciembre; DOGTO, 1891, 24 de noviembre

En Silao "la riqueza pública del municipio en lo general está basada en la actualidad en la agricultura, principalmente en las siembras de maíz de las que no obstante la escasez de lluvias, se obtuvieron regulares cosechas, careciendo de razón legal el alza de precio que había sufrido la semilla, y el cual está bajando en virtud de la acertada disposición contenida en el decreto núm. 31 del actual congreso".

DOGTO, 1891, 10 de noviembre

En algunas haciendas del partido de Piedra Gorda han empezado a hacerse las siembras de trigo, siendo pocos los que este año han podido hacerlo debido a la escasez de agua.

DOGTO, 1891, 12 de noviembre

En el municipio de Tarandácuaro, "ha aparecido en cantidad considerable la plaga de chochos que están destruyendo los sembrados de haba y otras plantaciones. El chauistle está perjudicando en el mismo punto, los sembrados de trigo".

DOGTO, 1891, 26 de noviembre

1891, diciembre-enero

58

Guanajuato; República Mexicana; Zacatecas

Escasez de granos.

"En los últimos días de la semana ha subido un poco el precio [del maíz]. El gobierno, a pesar de sus esfuerzos no ha podido mantener el precio, pues no pudiendo arreglar oportunamente la libre introducción del maíz americano, ha estado [surtiendo] sus pósitos con las existencias del Bajío, y habiendo sido monopolizados éstos por los especuladores, el gobierno se ha obligado a comprar a precio más alto del que se había fijado."

S, 1892, 9 de enero

"La escasez de lluvias tan general, por desgracia, en toda la República durante el año que corre ya a su término, ha despertado alarmantes temores de que en época no muy remota los artículos de primera necesidad alcancen un precio tan subido, que ocasionen perturbaciones de consideración en la situación económica del país. Como es natural las clases menesterosas serán las que más sufran con este motivo, pues es bien sabido que nuestros trabajadores, los jornaleros principalmente, no cuentan con otra cosa para sobrevivir que el exiguo salario que reciben por ímprobo trabajo. [...] En Guanajuato no se perdió del todo la cosecha de maíz, y habiendo, por el contrario, distritos extensos como el de Pénjamo en que aquélla fue abundante, hay la circunstancia de que existen en el estado fuertes depósitos de aquella semilla en los almacenes de los hacendados. De uno solo, y no lejos de esta

capital, sabemos que tiene en su granero más de 20 000 fanegas y que esa existencia aumentará considerablemente con la cosecha actual."
DOGTO, 1891, 1 de noviembre

1891, diciembre
59
Guanajuato: Tarandácuaro
Epizootia.
Por el mal rojo, se vio afectado el ganado porcino.
S, 1891, 23 de diciembre; DOGTO, 1891, 17 de diciembre

1891, diciembre
60
Guanajuato: Jaral, Salvatierra
Plaga.
Los agricultores de Salvatierra sufrieron pérdidas en las siembras de trigo por la plaga de "chochos".
S, 1891, 14 de diciembre
"En varias fincas de campo de este partido [Salvatierra] han aparecido langostas de chochos que han destruido por primera y segunda vez los sembrados de trigo, ocasionando con esto grandes pérdidas a los agricultores. En la actualidad se hacen por tercera vez las siembras de ese cereal."
DOGTO, 1891, 8 de diciembre
"Sufrieron graves perjuicios los dueños de las sementeras de esta jurisdicción [Jaral] con la epidemia de chocho y gusano."
DOGTO, 1891, 13 de diciembre

1891
61
República Mexicana
Escasez de lluvia.
"La Sociedad Agrícola Mexicana manifestó que, con motivo de la falta de agua en las presas, las 'tapas' de trigo habían sido escasas, y añadió que [en febrero de 1892] empiezan a escasear los pastos, cuyo mal se hará sentir este año [1892] más con motivo de la seca."
S, 1892, 5 de febrero
"Escasez de lluvia todo el año. Malas cosechas, milpas raquíticas, muerte de ganado."
Padilla, 1980:111

1891
62
República Mexicana
Escasez de granos.
El Libre Examen fue un periódico que aplaudió a los legisladores que pensaron cómo remediar los males que "aquejan a nuestra República por la pérdida de las cosechas en algunos estados", por lo que no escasearía el maíz ni los especuladores "harán de las suyas". Los estadounidenses donaron maíz y trigo, debido a que en el oeste de Estados Unidos hubo una excelente cosecha; el gobierno mandó sin costo ni pago de derechos el maíz por medio de los ferrocarriles.
DOSLP, 1892, 31 de enero
"El senado remite al ejecutivo el decreto en que lo autoriza para permitir la libre importación de cereales y animales en pie, a fin de aliviar la situación de las clases menesterosas, con motivo del alza de precios en algunos mercados del país."
Galván, 1951:374

1891
63
Michoacán: Zinapécuaro
Escasez de lluvias. Carestía.
La escasez de lluvias afectó seriamente las cosechas del segundo ciclo agrícola y originó una aguda carestía en la producción cerealera; siembras como la de frijol se perdieron totalmente; el maíz llegó a seis pesos carga y el frijol a nueve.
Padilla, 1980:111; Sánchez, 1990:255

1891
64
Zacatecas: Zacatecas
Escasez de lluvias. Escasez de granos.
"La falta de lluvias ha hecho que sean mezquinas y casi nulas las cosechas de maíz; esto ha originado que algunos negociantes hayan puesto a dicho artículo un precio exagerado."
AGNM, Secretaría de Hacienda, 1891, sec. 8ª, cpta. 1, 2 ff., s.c.
Comentario del señor Duvalí en las sesiones del ayuntamiento de Zacatecas: "Es muy notoria la escasez que hay de maíz no sólo en la capital, sino casi en todo el estado, teniendo en la actualidad un precio de cuatro a cuatro y medio pesos por fanega, y que era subiendo más y más en virtud de haberse perdido casi por completo los últimos sembrados y como esto trae serios perjuicios, no sólo para la clase menesterosa por la dificultad de adquirir lo necesario para su subsistencia, sino también para todas las clases de la sociedad, porque con tal escasez se paralizan en mucho las operaciones que dan vida al comercio, a las artes, etc. Propongo, por tanto, que por cuenta del municipio se contrate un empréstito de 30 000 pesos, por ejemplo, para comprar esta semilla en los Estados Unidos, y traerlo a esta capital".
AHZ, Ayuntamiento, Actas de cabildo, 1891:83, 11 de noviembre

1891, noviembre-1892, febrero
65
Michoacán: Angangueo, Apatzingán, Coalcomán, Guarachita, Parácuaro
Carestía. Escasez de granos.
"En la ciudad de Apatzingán, los principales agricultores de aquel distrito, se reunieron en una junta para acordar la manera más conveniente de impedir que el maíz y otros productos de primera necesidad, sufran una alza que perjudique a la clase proletaria; se comprometieron no vender para fuera del distrito las semillas indicadas, a fin de que conserven en el comercio un precio moderado."
POGEMO, 1892, 21 de enero
Un año después se informaba desde Apatzingán que debido al "ensanche que últimamente se va dando a la agricultura y al deseo de prevenir nuevas escaseces, como la del año pasado [1892], se ampliaron las siembras de maíz de riego, y se están realizando ya las cosechas".
POGEMO, 1893, 7 de mayo
"La junta de agricultores y comerciantes del municipio de Angangueo, distrito de Zitácuaro, se ha dirigido a las negociaciones de Trojes y R. Sotomayor Hermanos, con el objeto de que éstos compren la cantidad de semillas que sea necesaria para el abastecimiento de dicho municipio, señalándole para su venta, en bien de la clase menesterosa, un precio módico; habiendo ofrecido los directores de las referidas negociacio-

nes recabar la autorización de sus principales, para obsequiar los deseos de la junta."
POGEMO, 1892, 24 de enero
En Guarachita la producción de frijol sólo será de 100 fanegas "a causa de haberse perdido las sementeras por la carencia de aguas en el año próximo pasado [1891]".
POGEMO, 1892, 7 de febrero
En Coalcomán "los artículos de primera necesidad que se producen en la municipalidad aumentaron de precio en los últimos meses del año próximo pasado [1891], en virtud de que el temporal de lluvias fue algo estéril".
POGEMO, 1892, 7 de febrero
En Parácuaro "las labores de maíz, frijol, caña de azúcar y añil, fallaron algo en el producto que se esperaba, bastando sin embargo para el consumo del distrito".
POGEMO, 1892, 11 de febrero

1891, diciembre-1892, junio
66
Jalisco: Guadalupe Ocotán; Nayarit: Tepic
Escasez de granos.
"El maíz no se consigue a ningún precio [...] en Tepic permanece a precio de tres pesos y pico la fanega y en los demás puntos más cercanos está sobre seis pesos la fanega."
AHJ, Gobernación, G-9-892, Con/3477, f. 1

1892, 1 de enero
67
Guanajuato: Huanímaro, Tarandacuao
Helada. Plaga.
"Desde el día 1º del corriente han sido muy fuertes las heladas, no ha dejado un día de haberlas; han sufrido mucho las huertas de sandía y otras, y se ha desarrollado la influenza."
S, 1892, 19 de enero
"Las fuertes heladas que han caído en estos días en Tarandacuao, destruyeron las plagas de chochos y otros animales que perjudicaban los plantíos y sembrados de aquel municipio."
DOGTO, 1892, 21 de enero

1892, 11-13 de enero
68
Estado de México: Toluca
Viento.
"Desde hace tres días sopla en esta ciudad un fuerte viento que amenaza derribar las humildes casas construidas en los suburbios."
DOEM, 1892, 13 de enero

1892, enero
69
Tamaulipas: Matamoros
Helada.
Las heladas "han perjudicado notablemente los plantíos de legumbres".
S, 1892, 22 de enero

1892, enero-febrero
70
Sonora: Torín
Escasez de lluvias. Escasez de granos.
Carta anónima dirigida al presidente Díaz, le comunica que por la falta de lluvias se ocasionó la pérdida de cosechas y que la escasez de semillas es absoluta. Se corre el peligro de que los colonos emigren en búsqueda de granos; esto lo podría impedir si autoriza la importación de granos de los Estados Unidos.
CPD, l. 17, c. 4, d. 1597

1892, enero-mayo
71
Jalisco: Encarnación de Díaz
Escasez de granos.
"Llamó la atención del gobierno nuestro colega *El Imparcial* a propósito del hecho de que en algunas poblaciones del estado de Jalisco comienza a experimentarse escasez de mantenimientos, a causa de que se permite sin restricción la salida de cereales." Se sugirió seguir el ejemplo de Guanajuato en cuanto a prohibir la exportación de granos mediante gravámenes excesivos.
DOJAL, 1892, 6 de enero
"En virtud del mal temporal del año próximo pasado, las cosechas de maíz y de frijol se perdieron considerablemente en Encarnación de Díaz, resintiéndose ahora las consecuencias de una manera lamentable. Desde octubre último, el precio del maíz tuvo una alza perjudicial para la clase menesterosa."
DOJAL, 1892, 3 de mayo

1892, 29 de febrero
72
Querétaro
Granizada.
"Impulsada por violentas ráfagas de viento, descargó sobre la ciudad de Querétaro una granizada que duró 10 minutos, depositando una capa considerable de granizos. La lluvia se prolongó cerca de una hora con bastante intensidad."
DOEM, 1892, 12 de marzo

1892, febrero-agosto
73
Guanajuato: Salvatierra
Escasez de granos.
Comunicación del jefe político de Salvatierra, fechada el 13 de agosto de 1892, transcribe un oficio del tesorero municipal en el que le contesta el escrito del párroco encargado del diezmatorio de Salvatierra, donde solicita se le exima del pago de 750 pesos. En su escrito, el párroco Aristeo Franco señala que desde febrero el anterior jefe político le redujo de 1 500 pesos a 750 el pago del impuesto por los granos y semillas que reúne el diezmo, más 187 pesos por contribución federal. Manifiesta que la mayoría de los fieles se han abstenido de ceder sus limosnas "creyendo que no serán empleadas en el objeto a que las destina su espontánea voluntad", que los labradores no pueden beneficiar a la iglesia por la pérdida de cosechas, y que la exorbitante contribución lo obligó a cerrar el expendio desde el 30 de junio, continuando con la venta de las semillas los señores Llamosa y Maldonado "en beneficio de los pobres".
AGEG, Gobierno, Secretaría de Gobierno, Municipios, c. 239, e. 11, ff. 25-28

1892, 2-5 de marzo
74
Estado de México: Toluca

Nevada.
"Desde hace cuatro días ha estado nevando en la mayor parte de las alturas que circundan el valle."
DOEM, 1892, 5 de marzo

1892, 2 y 7 de marzo
75
Distrito Federal
Nevada.
Nevó en la ciudad de México.
S, 1894, 29 de marzo

1892, 8 de marzo
76
Estado de México: Almoloya del Río, Tenango
Viento.
"El fuerte viento destruyó por completo el tejado del palacio municipal de Almoloya del Río, así como el alambre de la línea telefónica que le une a la cabecera."
DOEM, 1892, 19 de marzo

1892, 30 de marzo
77
Guerrero: Alcorzanca, Morelos
Granizada.
Una granizada causó "una mortandad de aves".
S, 1892, 8 de junio

1892, marzo
78
Estado de México: Toluca, Zinacantepec
Helada.
"Fuertes heladas han caído en el valle de Toluca."
DOEM, 1892, 12 de marzo

1892, marzo
79
Guanajuato: Abasolo, Jaral, Purísima del Rincón, Tarandacuao, Valle de Santiago
Helada. Granizada. Lluvias abundantes. Escasez de lluvias.
Por una helada, "pérdidas de bastante consideración las han sufrido los agricultores [...] pues las siembras de caña, trigo, frijol, sandía, melón y otras casi se han perdido".
S, 1892, 18 de marzo
"Durante la semana anterior hubo en esa población [Purísima del Rincón] algunos aguaceros y fuertes lluvias en las que cayó granizo, y después hubo heladas tan fuertes que la mayor parte de las sementeras se helaron por completo."
DOGTO, 1892, 15 de marzo
"La agricultura ha sufrido pérdidas lamentables, pues con motivo de las últimas heladas se malograron por completo las siembras de garbanzo y trigo, así como los huertos de chile, melón, sandía y pepino, que es uno de los ramos a que en la presente estación se dedica una gran parte de los habitantes del Distrito [Abasolo]."
DOGTO, 1892, 10 de abril
"Los sembrados de maíz que se hicieron en este municipio [Tarandacuao] con las lluvias que cayeron en febrero anterior, se perdieron en marzo por falta de agua que se esperaba hubiera."
DOGTO, 1891, 28 de abril

1892, marzo
80
Tlaxcala
Granizada.
Por una granizada, "hay que lamentar la pérdida de varios trigales y otras sementeras".
S, 1892, 6 de abril

1892, abril
81
Guanajuato: Abasolo
Helada.
Por las heladas a más de 60 000 pesos ascendieron las pérdidas en el trigo. "Con motivo de la escasez de frijol algunos que disponen de riego, han sembrado cantidades considerables de ese artículo, y casi todas las siembras perecieron. También se ha perdido mucha sandía."
S, 1892, 13 de junio
Por "las últimas heladas [...] se malograron por completo las siembras de garbanzo y trigo, así como las huertas de chile, melón, sandía y pepino".
S, 1892, 13 de abril

1892, abril
82
Michoacán: Pátzcuaro
Escasez de granos.
"Mucho estamos sufriendo [...] con la escasez de semillas y de recursos; las enfermedades desarrolladas por la influenza empeoran nuestra situación."
S, 1892, 10 de mayo

1892, abril
83
Zacatecas: Zacatecas
Sequía.
Carta del 22 de abril del agente general de fletes y pasajes de la Compañía Limitada del Ferrocarril Central Mexicano al señor Luis G. Córdova, jefe político de Zacatecas, en la que dice: "Comprendo perfectamente las dificultades por que atraviesa la ciudad de Zacatecas a consecuencia de la sequía producida por la falta de lluvias, y si bien esta compañía está en la mejor disposición para ayudar a esa ciudad en proveerse de agua de la manera que Ud. sirve indicar, me es muy doloroso tener que manifestarle que nosotros por nuestra parte estamos sufriendo las consecuencias de la falta de ese precioso líquido, al grado de vernos obligados, a muy nuestro pesar, a no poder obsequiar los humanitarios deseos de Ud., en este caso, pues apenas tenemos carros suficientes para poder surtir de agua a las necesidades de nuestro servicio".
AHZ, , Jefatura política, Correspondencia general, c. 41

1892, abril-junio
84
San Luis Potosí
Sequía.
"El agua, cada día más escasa en las fuentes públicas, en los pozos, la gente se muere de sed. Da tristeza ver los sembrados; y si Dios no lo remedia se perderán las cosechas de este año, como se perdieron las del pasado [...] la sequía no es general en el estado, pues en los partidos de oriente ha llovido."
S, 1892, 16 de mayo

1892, abril-junio
85
Coahuila: distrito del Centro, Matamoros de la Laguna, Parras de la Fuente, Viesca, villa de San Pedro
Escasez de lluvias.
"La situación aflictiva de la clase menesterosa, por la pérdida de las cosechas, con motivo de la falta de lluvia [...] motivó la creación de una junta de beneficencia con tres sucursales [...] Con la carencia de lluvias, se ha paralizado lo que podemos llamar movimiento agrícola."
DOEM, 1892, 15 de junio

1892, abril-julio
86
Veracruz: costa de Sotavento, Toloapa
Sequía. Escasez de granos.
"En tierra caliente poco ha llovido y las milpas se están perdiendo en su mayor parte."
S, 1892, 15 de julio
Los campos "se vieron en completo aniquilamiento por la fuerte sequía que se entabló en más de tres meses, sin que una sola gota hubiera humedecido su suelo, ocasionando por esto que las sementeras de todos los frutos estuvieran casi perdidas. A causa de esto los artículos de primera necesidad, después de tan escasos como han estado, alcanzaron precios fabulosos como el maíz, que llegó a valer de un peso a 10 reales el almud".
S, 1892, 16 de julio

1892, 2 de mayo
87
Oaxaca: Teposcolula
Lluvias abundantes.
Una manga de agua "causó la muerte de muchas cabezas de ganado y la destrucción de algunas siembras de trigo pelón, calculándose las pérdidas en 1 500 pesos".
S, 1892, 21 de mayo

1892, mayo
88
Carmen
Sequía.
"Es ya muy prolongada la sequía que aquí se experimenta."
S, 1892, 13 de junio

1892, mayo-junio
89
Jalisco: Guadalupe Ocotán
Escasez de lluvias. Escasez de granos.
El 25 de junio, el gobierno político de Guadalupe Ocotán informó que "no ha llovido y las pocas milpas que habían nacido se han secado por escasez de las aguas que ya hace más de un mes que no ha llovido en todos los pueblos".
AHJ, Gobernación, G-9-892, Con/3477, f. 1
El 10 de junio el Congreso de Jalisco gravó en dos pesos por fanega todo el maíz que saliera del estado, con lo cual se pensaba evitar la escasez de maíz.
POGEMO, 1892, 25 de diciembre

1892, mayo-junio
90
Estado de México
Escasez de granos.
"con motivo de la pérdida de las cosechas últimas el maíz ha subido en muchos puntos del estado a un precio bastante alto." El gobernador y la Lonja Agrícola Mercantil arreglaron importar de Estados Unidos 40 000 cargas de maíz para venderlas a precio de costo.
DOEM, 1892, 28 de mayo, 4 de junio

1892, 26 de junio
91
Oaxaca: Iatzechi, Zimatlán
Inundación.
"Se inundó el pueblo de Iatzechi, habiendo subido el agua entre las casas una vara y media, perdiéndose animales y las sementeras."
S, 1892, 7 de julio

1892, junio
92
República Mexicana
Sequía.
"Noticias de muchos puntos de la república, participando los perjuicios que en el ganado y las labores agrícolas, está produciendo la sequía; las cosechas de cereales se pierden por donde quiera."
Galván, 1951:377

1892, junio
93
Estado de México
Escasez de lluvias.
"Ya está muy avanzada la estación de las aguas y las lluvias han escaseado."
DOEM, 1892, 11 de junio

1892, junio
94
Chihuahua: Paso del Norte, Sierra Madre
Sequía.
En Paso del Norte: "En algunos puntos de la Sierra Madre reina el hambre con todos sus horrores a consecuencia de la prolongada sequía".
S, 1892, 28 de junio
"Está concluyéndose el maíz que se hizo venir hace poco, y se corre el peligro de que los pobres vuelvan a comprarlo caro."
DOEM, 1892, 11 de junio

1892, junio
95
San Luis Potosí: barrio de Tlaxcala, Cerritos, Ciudad del Maíz, Ciudad Valles, El Venado, Gallinas, Guadalcázar, Matehuala, Río Verde, Salinas, San Luis Potosí, Santa María del Río, Soledad de los Panchos, Tancahuitz, villa de Arriaga, villa de Iturbide, villa de Pasos.
Escasez de lluvias.
Las prefecturas políticas informaron telegráficamente sobre el estado de las siembras: en Ciudad Valles hubo falta de lluvias; en Santa María del Río, ligeras lluvias, la mayor parte de las siembras que se habían hecho se perdieron; en Tancahuitz, llovió en junio, pero las siembras de marzo se perdieron, la fanega de maíz subió a seis pesos, pero no escaseó; en Cerri-

tos, las aguas fueron escasas; en Salinas no había llovido; en Matehuala llovió desde el 21 de mayo; en El Venado las lluvias fueron parciales y escasas; en Ciudad del Maíz hubo falta de lluvias; en Río Verde las siembras de maíz de riego fueron abundantes.
DOSLP, 1892, 26 de junio
La sequía fue tan severa que los habitantes de diversos puntos del estado dejaron de pagar impuestos. Para solucionar esta situación, se resolvió que se estudiara el caso de cada agricultor y de acuerdo con ello se rebajara hasta 50 por ciento del impuesto a los que se encontraran en malas condiciones.
AHESLP, Secretaría General de Gobierno, 1892, octubre, l. 1, e. 7, 1 f.; octubre, l. 2, s.e., 5 ff. y noviembre, l. 1, s.e., 19 ff.

1892, junio
96
República Mexicana
Carestía. Escasez de granos.
Disposiciones dictadas por el presidente de la república, tendientes "a remediar en lo posible la difícil situación por que atraviesa el país con motivo de la carestía de maíz y otros artículos de primera necesidad".
DOEM, 1892, 25 de junio
"El gobierno ha solicitado de las compañías de ferrocarril de México que reduzcan sus fletes sobre el maíz que se traiga de los Estados Unidos para beneficio de los distritos, donde la gente está en peligro de sufrir por escasez de las cosechas."
DOEM, 1892, 29 de junio

1892, junio
97
Coahuila: Patos, Saltillo
Escasez de lluvias. Carestía.
"Ha estado subiendo el precio del maíz, al grado que se vende a 62 centavos el almud."
S, 1892, 28 de junio
Informe de la municipalidad de Patos sobre la absoluta falta de lluvias que ha impedido sembrar granos; los precios se han incrementado y la población se encuentra desesperada, alimentándose de pencas de maguey y de sotol cosido.
AGEC, Siglo XIX, sin clasificar

1892, junio
98
Guanajuato: Ciudad González, Dolores Hidalgo, Pozos, San Luis de la Paz, Yuriria
Escasez de granos. Escasez de lluvias.
"Debido a la escasez de pastos, aguas y lluvias, en algunos ranchos del municipio [Yuriria], se están muriendo muchas reses y ganado caballar, lanar y de pelo. Los precios de los efectos de primera necesidad son los mismos que se han hecho constar en noticias anteriores, es decir, altisímos."
DOGTO, 1892, 30 de junio
Comunicación del jefe político de San Luis de la Paz, fechada el 11 de junio, informa que en esta población hay bastante escasez de maíz, lo que ha incrementado el costo a 10 y 11 centavos el cuartillo. También comunica que el señor Manuel Vértiz tiene en existencia dicha semilla pero que la vende a "un precio subido" y bastante sucia.
AGEG, Gobierno, Secretaría de Gobierno, Municipios, c. 239, e. 14, f. 19

"La jefatura política del distrito de Ciudad Juárez, ayudada por los humanitarios vecinos de la ciudad y haciendas, por medio de suscripciones, se ha propuesto durante el tiempo de escasez de maíz, proporcionar alimento diariamente a la clase insolvente."
DOGTO, 1892, 17 de julio
El 3 de junio, el Congreso de Guanajuato decretó que quedaba exento de derechos municipales el maíz que expenda el regidor del ayuntamiento de Dolores Hidalgo a la clase menesterosa, a razón de 3.25 pesos fanega; con el concepto de tal exención, sólo alcanza hasta la cantidad de 2 000 fanegas de dicha semilla.
AHCEG, Decretos del 14º Congreso de Guanajuato

1892, junio
99
Michoacán: Purépero, Uruapan, Zamora
Escasez de granos.
Por la escasez de semillas, "varios vecinos de Uruapan, Michoacán pusieron a disposición del ayuntamiento de aquella localidad, la suma de 5 000 pesos para conjurar la crisis por la carestía de maíz y frijol. Los ayuntamientos de Purépero y Uruapan, han establecido por su cuenta unos expendios de maíz".
S, 1892, 24, 29 de junio

1892, junio-julio
100
Hidalgo: Mezquital, Pachuca, Tula
Escasez de granos.
La junta de beneficencia de Pachuca "tiene concertada la introducción de 100 000 cargas de maíz procedentes de los Estados Unidos del Norte y que serán vendidas al precio de costo, por menor".
S, 1892, 29 de junio
De la importación de maíz Tula recibió 5 000 cargas que se distribuyeron "en el pueblo del Mezquital que son los más necesitados".
S, 1892, 16 de julio

1892, junio-julio
101
Distrito Federal
Escasez de granos.
Debido a la escasez de semillas el ayuntamiento de la ciudad de México se suscribió con 6 000 pesos para la compra de cereales, los que se venderán al costo a las clases menesterosas de la capital, según lo disponga la junta de beneficencia.
AHCM, Actas de cabildo, 1892, 28 de junio; 5, 8, 12 de julio
"Uno de los actos que más favorablemente se ha comentado en la prensa nacional, es una junta reunida a iniciativa del Sr. general Cevallos, gobernador del Distrito Federal, en la que, los principales comerciantes en el ramo del pan, se comprometieron a no rebajar el peso ni aumentar el precio del alimento, durante tres meses, y a aumentar éste en un 10 por ciento de su tamaño por cada peso que baje el trigo, el que se cotiza en la actualidad a 12 y 13 pesos carga, según calidad, fuera de gastos. Desde mañana comenzará a expenderse en la capital, en diversas casillas diseminadas en toda la población, el maíz americano que se importó por la junta que con aquel objeto se reunió hace

poco. Veremos qué hacen los especuladores de la capital, al ver que de mejor calidad se vende el maíz *yankee* a un precio menor que el suyo."

DOGTO, 1891, 2 de agosto

1892, junio-julio

102

Nuevo León: Linares

Seca.

La sequía "continúa esterilizando los trabajos de los labradores. Hemos tenido en algunos pueblos fuertes aguaceros pero no han sido suficientes para levantar nuestra agricultura ya bastante decaída por la prolongación de una seca tan larga".

S, 1892, 24 de junio, 5 de septiembre

Dos años de sequía en Nuevo León ocasionaron que paulatinamente se consumieran las existencias de semillas, "al grado que en la época presente vale hoy el maíz nueve pesos carga y el frijol 24".

AGNM, Secretaría de Hacienda, 1892, sec. 8ª, s.c.

1892, junio-julio

103

Tamaulipas: Matamoros

Sequía. Escasez de granos.

Los estragos que causó la sequía en Nuevo León fueron superados por los de Tamaulipas.

S, 1892, 24 de junio, 5 de septiembre

A consecuencia de la prolongada sequía, en Matamoros se vivía una precaria situación y por ello se pidió "se exonere por determinado tiempo del pago de contribuciones al estado" y que se otorgara la libre importación de maíz.

AGNM, Secretaría de Hacienda, 1892, sec. 8ª, s.c.

"La carencia casi absoluta de cosechas que de algún tiempo a esta parte ha venido acentuándose a consecuencias de sequías más o menos notables [ocasionó] la carestía que hubo en el mes de septiembre último [1892]", razón por la que se importó de Estados Unidos "una cantidad suficiente de maíz para abastecer al pueblo a precios módicos".

Memoria, Tamps., 1893a:112-113 y 137

1892, junio-julio

104

Guanajuato; Querétaro

Sequía.

"Continúa la sequía pues sólo ha llovido cuatro o cinco días en el mes de junio, haciéndose sentir todas sus consecuencias hasta llegar el caso de tener que buscar agua a dos o tres leguas de distancia." En Querétaro el maíz se vendió a 11 pesos la carga; el que vendió el diezmo tuvo un precio menor de nueve pesos carga; el de la junta de beneficencia costó ocho pesos carga. "En los expendios particulares escasea casi totalmente ese grano."

S, 1892, 11, 24 de agosto, 1 de septiembre

1892, junio-julio

105

Guanajuato: San Luis de la Paz

Escasez de granos.

Comunicación del jefe político de San Luis de la Paz, fechada el 13 de julio, que transcribe un documento del ciudadano Antonio Huerta en el que, dada la escasez de frijol, maíz y ganado, la junta de caridad de esa población solicita la exención de derechos para introducir dichos productos por un total de 9 000 pesos los cuales se emplearán en el comedor público. Al margen del documento, el gobernador interino, José Bribiesca Saavedra, indica que respecto al frijol y al gando no se accede a su petición, pero sí en cuanto al maíz.

AGEG, Gobierno, Secretaría de Gobierno, Municipios, c. 239, e. 14, f. 20

1892, junio-julio

106

Michoacán: Angamacutiro, Coeneo, Huaniqueo, Puruándiro, Santa Ana Maya, Tacámbaro, Taretán, Uruapan, Zinapécuaro

Escasez de granos. Carestía. Heladas. Plaga.

"Se ha hecho una considerable remesa de cereal adquirido por el gobierno a varias poblaciones del estado, entre ellas Coeneo y Taretán, con el objeto de que la clase proletaria no sufra por la escasez de este artículo de primera necesidad."

POGEMO, 1892, 14 de julio

Del maíz que compró el gobierno del estado "a fin de conjurar la crisis de la carestía del cereal, con beneficio de la clase menesterosa, se han mandado regulares remesas a Santa Ana Maya, Zinapécuaro y Tacámbaro".

POGEMO, 1892, 24 de julio

En Puruándiro todos los granos produjeron regular cosecha, con excepción del frijol.

POGEMO, 1892, 4 de agosto

En el municipio de Huaniqueo hay escasez y carestía de granos.

POGEMO, 1892, 4 de agosto

En Angamacutiro el comercio se encuentra "abatido" debido a la carestía de cereales. "Ha sido escasa la cosecha de maíz, en el presente año, a consecuencia del hielo."

POGEMO, 1892, 4 de agosto

El periódico oficial de Michoacán comenta una noticia aparecida en *El Tiempo* sobre una carta de un vecino de Uruapan que comenta que: "el pulgón ha invadido los árboles de café, existe una tremenda carestía de cereales, y el perjuicio que está sufriendo el comercio por la alza de tarifas. Desde luego se conoce que el incógnito signatario de la carta, es un vecino animado de los mejores deseos, pero su fatalismo respecto a la situación que pinta, nos parece enteramente infundado. En primer lugar, la enfermedad de los cafetos no reviste la importancia y gravedad que se menciona. La carestía de maíz sí es un hecho, pero en general, y que se sufre no sólo allí, sino en toda la República, y notorio ha sido el empeño de los vecinos y ayuntamiento de Uruapan, obedeciendo el ejemplo e indicaciones del gobierno, para conjurar la crisis, habiéndose conseguido que si el precio del cereal no abarata, al menos, no vaya en aumento".

POGEMO, 1892, 4 de agosto

Los cafetales "están casi terminados a causa de una enfermedad que tanto a los cafetos como a los naranjos, limares y algunos otros árboles de muy pocos días los arruina por completo".

S, 1892, Jal. 30

1892, 2 de julio

107

Michoacán: Tancítaro

Viento.
Borrasca de vientos con fuertes aguaceros en Tancítaro arrancó los árboles de raíz y echó abajo los techos.
Galván, 1951:370; Noble y Lebrija, 1956:143

1892, 10 de julio
108
Jalisco: Tequila
Lluvias abundantes.
Informe de Tequila donde se mencionó que "una tromba de agua cayó en Magdalena, destruyendo el cementerio y varios plantíos de maíz y frijol".
Memoria, Jal., 1893:70

1892, 13-15 de julio
109
Michoacán: Apatzingán, Ario, Huetamo, Jiquilpan, Maravatío, Pátzcuaro, Puruándiro, Tacámbaro, Uruapan, Zamora, Zinapécuaro, Zitácuaro
Lluvias abundantes.
Noticias de lluvias fuertes, aguaceros, tempestades en Zinapécuaro, Maravatío, Ario, Zitácuaro, Huetamo, Tacámbaro, Pátzcuaro, Uruapan, Apatzingán, Jiquilpan, Zamora y Puruándiro.
POGEMO, 1892, 17 de julio

1892, 27 de julio
110
Oaxaca: Yautepec
Viento.
Un viento "huracanado arrancó algunos árboles".
S, 1892, 8 de agosto

1892, julio
111
Oaxaca
Lluvias abundantes.
"Parece que tendremos canícula de agua, según lo que llevamos visto: han caído algunos chubascos y hasta ha vuelto a tronar el cielo."
POGELSO, 1892, 27 de julio

1892, julio
112
Coahuila: Matamoros, Parras, Saltillo, Viesca
Escasez de lluvias. Escasez de granos.
Informe del 21 de julio del presidente de la junta de beneficencia, sobre la venta del maíz de Estados Unidos encargada por los señores Madero y compañía.
Oficio del presidente municipal de Matamoros sobre el desfalco que tiene el ayuntamiento, debido a que no se han pagado las contribuciones, ya que no se ha podido cultivar las tierras, "desde hace dos años", por la escasez de lluvias.
AGEC, Siglo XIX, c. 5, s.c.

1892, julio
113
Sonora: Ures
Escasez de lluvias.
"A partir del día 13 hasta ahora no habíamos tenido agua del cielo. Las siembras de maíz, por tal motivo están atrasadísimas, sin que hasta hoy se haya sembrado un grano en los temporales. La siembra en las tierras de riego es hasta el día de poca consideración, pues las pequeñas crecientes que han llegado por el río sólo han servido para azolvar los trabajos de zanjeo."
S, 1892, 2 de agosto

1892, julio-septiembre
114
Estado de México: Chalco
Carestía.
Decreto que previene que "durante el tiempo de la carestía de los cereales de primera necesidad, se permita su introducción a todas las poblaciones del estado, libres de derechos de consumo y municipales".
DOEM, 1892, 2 de julio
"El señor C.M. Barroso, ha arreglado con varios comerciantes la compra de una regular cantidad de maíz americano, para venderlo a bajo precio."
S, 1892, 30 de septiembre

1892, 2-3 de agosto
115
Nuevo León: hacienda Cerro Prieto
Lluvias abundantes.
"Las lluvias han sido torrenciales", el puente del ferrocarril fue destruido, la creciente en la hacienda de Cerro Prieto se llevó 100 o 150 fanegas de maíz cosechado, murieron reses y caballos.
S, 1892, 5 de septiembre

1892, 9 de agosto
116
Michoacán
Escasez de granos.
Iniciativa de ley (9 de agosto de 1892) del gobernador de Michoacán, Aristeo Mercado, con el fin de evitar la especulación y carestía de maíz entre la "clase menesterosa". La idea era eximir de varios impuestos a los productores de semillas para que las vendieran al menudeo entre la población.
POGEMO, 1892, 11 de agosto

1892, 14 de agosto
117
Michoacán: Morelia
Granizada.
"El domingo último, 14 de agosto, cayó sobre Morelia, acompañada de un viento huracanado, una tan fuerte granizada que casi no hubo vidrio, huerta y sembrado que no se salvará de salir perjudicado."
POGEMO, 1892, 21 de agosto

1892, 23 de agosto
118
Sonora: Sasabe
Huracán.
"Noticias de Sonora que comunican que en estos últimos días un fuerte huracán se desató sobre Sasabe y demás regiones."
Galván, 1951:379.

1892, agosto
119
Tamaulipas: Matamoros
Inundación.
Al noroeste de Matamoros el río Bravo se desbordó e inundó "algunos puntos de la ciudad".
S, 1892, 26 de agosto

1892, agosto
120
Sonora: Hermosillo, Magdalena
Escasez de granos.
El general Juan Hernández escribe el 2 de agosto al presidente Díaz pidiendo se aumente de 22 centavos por caballo a 28 para su mantenimiento, porque por la escasez de maíz este está muy caro, entre siete, 10 y 12 pesos. Comenta que en todo el valle de Hermosillo y Magdalena ha consumido todo el maíz que habrá. Hizo venir de San Blas y Manzanillo tres buques y algunos furgones de Kansas City. Tampoco se puede conseguir alfalfa, la última que se consiguió fue en Hermosillo, ocho toneladas, gracias a Ramón Corral. Finalmente, menciona que por las grandes distancias por las que vienen los forrajes les causan grandes gastos.
CPD, 1. 17, c. 25, d. 12251
Por la escasez de maíz se importaron "grandes cantidades de grano", procedente del estado de Kansas, E.E.U.U.
S, 1892, 28 de junio

1892, agosto
121
Puebla
Escasez de granos.
El secretario de Puebla, Pedro Hinojosa, en una carta fechada el 27 de agosto, comunica al presidente Díaz que la escasez de maíz aumenta. La sociedad de beneficencia creada por el gobierno vende a nueve pesos carga, mientras que los demás expendios a 12. La sociedad no tiene las cantidades suficientes para satisfacer las necesidades del pueblo, y en cuanto a la existencia de maíz en el estado, unos creen que hay como 1 000 cargas, mientras que otros consideran que hay mucho menos. En cuanto a las cosechas informa que se han perdido como la mitad.
CPD, 1. 17, c. 25, d. 12247-49
Días después, el 31 de agosto, el gobernador Agustín Mora informaba que "las lluvias escasean en el estado y corre la cosecha los consiguientes peligros por la falta de ellas, lo que con pena me tomo la libertad de comunicar".
CPD, 1. 17, c. 29, d. 14191-92

1892, agosto
122
Querétaro
Escasez de granos.
El gobernador Cosío escribe al general Díaz para comunicarle que se "encuentran" en una situación díficil. Menciona que está paralizado el comercio a causa de las pérdidas de las cosechas y el erario está escaso de recursos; en la ciudad tienen una "plétora de mendigos" provenientes de los estados vecinos y a quienes están auxiliando de la mejor manera posible; hay una fuerte escasez de maíz "y se está comprando del americano, pero tarda mucho en llegar, ha habido días en que se ha carecido de él. La Compañía industrial ha disminuido a la mitad su producción y algunas fábricas han dejado de trabajar ya". "Cosío espera una pronta recuperación con la poca cosecha que se pueda levantar en septiembre."
CPD, 1. 17, c. 24, d. 0011882

1892, agosto-septiembre
123
Michoacán: Morelia, Tacámbaro
Escasez de granos.
"Sigue el gobierno haciendo remisiones de maíz del comprado con fondos públicos a los distritos más comunicados donde escasea demasiado la semilla. Últimamente fue remitida regular cantidad de fanegas al distrito de Tacámbaro."
POGEMO, 1892, 21 de agosto
"El gobierno, sin embargo, de que en mucho se ha aliviado la situación de la clase desvalida, no ha cejado en su tarea de hacer que abarate más y más el valor de tan apreciado cereal [maíz]. Han sido distribuidos dos furgones en todo lo largo de la línea del ferrocarril nacional mexicano que atraviesa el territorio de Michoacán."
POGEMO, 1892, 8 septiembre
"El ferrocarril no ha traído maíz que en cantidad suficiente tiene el gobierno local en estaciones de Laredo a esta capital [Morelia]. Esto ocasionó tumultos anoche (porque los domingos no corre el tren y no trajo maíz) que aplacó el Sr. gobernador Mercado, quien personalmente salió a hablar con el pueblo. A las 11 de la noche y hoy desde madrugada está expendiéndose el que hizo traer de una hacienda [Huerta] inmediata, mientras que llegue el maíz americano."
POGEMO, 1892, 29 de septiembre
El gobernador Aristeo Mercado informa al presidente Díaz que el día 25 de septiembre, a consecuencia de la escasez de maíz, el pueblo en masa se agrupó en los expendios en actitud amenazante y pretendía se les vendiera; todo terminó de manera feliz cuando se trajo una carga de maíz. Lo mismo pasó en Tacámbaro.
CPD, 1. 13, c. 32, d. 15850-52

1892, 25-27 de septiembre
124
Puebla: Zacatlán
Lluvias abundantes. Helada. Escasez de granos.
Por las lluvias del 25 al 27 y las heladas anteriores, "el maíz se vio tan escaso, que hubo días en que no se encontraba ni un grano de maíz a ningún precio".
S, 1892, 7 de octubre

1892, 25-26 de septiembre
125
Veracruz: Orizaba, Tlacotalpan, Tuxtepec
Ciclón.
El ciclón tiró "más de 60 casas [en Tuxtepec], y en el campo muchísimas; todos los platanares, y gran número de árboles". En Orizaba destruyó siembras de maíz y arroz así como a los platanares, las semillas de tabaco fueron enterradas.
S, 1892, 12, 26 de octubre

1892, septiembre
126
Estado de México: Chalco

Carestía. Escasez de granos.
"Con motivo de la carestía de ese artículo que ya comienza a hacerse sentir en el distrito de Chalco, el Sr. jefe político ha arreglado con varios comerciantes la compra de una regular cantidad de maíz americano para venderlo a bajo precio, y el cual es esperado la semana entrante."
DOEM, 1892, 24 de septiembre

1892, septiembre
127
Distrito Federal
Escasez de granos.
"Los artículos de primera necesidad han alcanzado en estos días un precio tan alto, del que no había ejemplo. Los expendios de maíz de la beneficencia, no son suficientes para abastecer a la ciudad."
Galván, 1951:380

1892, septiembre
128
Guanajuato: San Diego de la Unión
Escasez de lluvias.
"A consecuencia de haberse retirado las lluvias, existe alguna alarma entre los vecinos, pues se teme sea completa la pérdida de las cosechas."
DOGTO, 1892, 13 de septiembre

1892, septiembre-diciembre
129
Michoacán: Parácuaro
Escasez de granos.
Gracias a las siembras de riego, la población de Parácuaro tendrá buenas cosechas, creyendo que no se repetirá la escasez que "se notó en el último cuatrimestre del año próximo pasado".
POGEMO, 1893, 29 de enero

1892, 28-29 de octubre
130
Guanajuato: hacienda de San José del Carmen, Iturbide, Purísima del Rincón, San Diego de la Unión, Salvatierra, Tarandácuaro
Helada.
En Tarandácuaro, San Diego de la Unión e Iturbide, las heladas causaron daño en las sementeras de maíz y frijol que se encontraban "tiernas".
S, 1892, 9 de noviembre; DOGTO, 1891, 3 de noviembre
En Purísima del Rincón "el ramo de la riqueza sigue bien, pues aunque en la última semana cayeron algunas heladas, éstas en nada han perjudicado las sementeras, antes favorecen las siembras de trigo que se están haciendo en abundancia".
DOGTO, 1892, 1 de noviembre
Comunicación del señor Francisco Llamosa al general Manuel González, fechada el 31 de octubre, que menciona, entre otras cosas, que "las heladas del viernes y sábado nos han arruinado por estos rumbos, pues nos han hecho grande perjuicio en las pocas milpas que habían podido lograrse".
AGEG, Gobierno, Secretaría de Gobierno, Municipios, c. 239, e. 11, ff. 39-40.

1892, 31 de octubre
131
Puebla: Huautla, Huehuetla, San Lorenzo, Santa Ana
Lluvias abundantes
"En estos días una tromba causa serios destrozos en la región que comprende el pueblo de Huautla, Huehuetla, Santa Ana y San Lorenzo, del estado de Puebla."
Noble y Lebrija, 1956:143

1892, octubre
132
Guanajuato: Ciudad González, Silao, Tarimoro, Victoria; Querétaro
Escasez de lluvias. Escasez de granos.
"Durante los días transcurridos del presente mes, han escaseado por completo las lluvias en este distrito [Tarimoro], y las sementeras han mermado considerablemente alejando toda posibilidad de levantar regulares cosechas; las milpas en lo general estaban espigando cuando les hizo falta el agua."
DOGTO, 1892, 18 de octubre
Comunicación del jefe político de Silao, fechada el 3 de octubre, recomendando al gobierno estatal que, con motivo de la carencia de maíz y para "aliviar en algo las penalidades de la clase proletaria", se sirva conceder el permiso solicitado por el señor Gregorio López Mendia para introducir libre de derechos 2 500 fanegas de maíz estadounidense, el cual será vendido al menudeo. El gobernador González concede la solicitud.
AGEG, Gobierno, Secretaría de Gobierno, Municipios, c. 239, e. 18, ff. 9-10
Comunicación del jefe político de Victoria, fechada el 19 de octubre, que informa que la junta de beneficencia de esa población introducirá un máximo de 600 fanegas de maíz, ya que no tiene muchos recursos y el precio en Querétaro es muy alto.
AGEG, Gobierno, Secretaría de Gobierno, Municipios, c. 239, e. 22, f. 5
La escasez de maíz ha disminuido en Ciudad González por las entradas del maíz estadounidense, siendo su precio 5.50 pesos la fanega. "No ha sido alterada la tranquilidad pública, siendo únicamente de llamar la atención el robo de una pequeña cantidad de maíz el día 15, semilla que se encontraba en unos furgones de la estación del ferrocarril nacional. Los autores de este delito fueron aprehendidos en el acto de cometerlo, y consignados al juez competente."
DOGTO, 1892, 20 de octubre

1892, octubre
133
Puebla
Carestía.
M. Martínez le escribe a Porfirio Díaz, comentándole que debido a la carestía de maíz, frijol y de otros productos de primera necesidad "han encontrado pretexto los ladrones rateros para alborotar y molestar a los vecinos honestos". Solicita permiso para consignar a los ladrones a Yucatán y darle tranquilidad a los pueblos poblanos.
CPD, l. 17, c. 32, d. 15857

1892, octubre
134
Querétaro: Querétaro

Escasez de granos.
El gobernador Cosío informa que debido a la escasez de maíz "ha venido una multitud de mendigos [a la ciudad de Querétaro] pero ya no es posible auxiliarlos", por lo que solicita el convento de capuchinas para atenderlos.
CPD, l. 17, c. 31, d. 15326
Se le informa al presidente Díaz que la situación de la agricultura no mejora y que la junta de beneficencia se queja amargamente de los ferrocarriles central e internacional, porque tardan demasiado en transportar el "maíz americano comprado por ella".
CPD, l. 17, c. 31, d. 15244-45

1892, 7-12 de noviembre
135
Guanajuato: Iturbide, Salvatierra, Tarimoro
Helada.
"Durante la semana que terminó del día 12 del actual, cayeron algunas heladas, habiéndose perdido las cosechas en varios puntos del distrito de Iturbide. Los días 10, 11 y 12 se ha sentido muy fuerte frío, en el distrito de Salvatierra han caído dos heladas funestas."
DOGTO, 1892, 20 de noviembre
"Durante los días transcurridos del presente mes han caído algunas heladas en el distrito de Tarimoro que han perjudicado notablemente las sementeras que tenían mucho maíz en elote, siendo éste el motivo para que la cosecha se considere totalmente perdida."
DOGTO, 1892, 20 de noviembre

1892, 14 de noviembre
136
Veracruz: Papantla, río Tecolutla
Lluvias abundantes.
El río Tecolutla se desbordó y causó pérdidas materiales a los habitantes.
S, 1892, 16 de noviembre

1892, noviembre
137
Durango
Escasez de granos.
En Durango "las últimas lluvias fueron de gran provecho para las sementeras, y se asegura que las próximas cosechas de maíz y frijol serán abundantes en el estado. [...] la situación difícil por que hemos pasado a causa de la escasez de semillas y de su alto precio en el mercado, está tocando a su fin y creemos que muy pronto desaparecerá completamente".
DOEM, 1892, 16 de noviembre

1892, noviembre
138
Oaxaca: Huajuapan, Mixteca
Escasez de granos. Helada.
La escasez de cereales que se sufre en los distritos de la Mixteca, en el estado de Oaxaca, hace que los "indios mixtecos" concurran a Huajuapan por maíz; los esfuerzos de las juntas de beneficencia han sido nulos. "La situación se arreglaría si con la llegada de los barcos de los Estados Unidos se trajeran las cargas de maíz necesario para atender el consumo."
CPD, l. 17, c. 35, d. 17239
Gregorio Chávez le escribe al presidente Díaz para comunicarle que la helada que cayó en noviembre afectó seriamente las cosechas en la Mixteca, provocando una mayor especulación, estando la población sumamente alarmada. Chávez tiene la esperanza de que con la apertura del ferrocarril se mejorará la situación, porque aumentará la competencia y esto ocasionará la baja de los precios.
CPD, l. 17, c. 34, d. 16868

1892, noviembre
139
Veracruz: Veracruz
Plaga.
"Los agricultores están luchando con la terrible 'rosquilla' que se está apoderando de las plantaciones [...] La aparición de la 'rosquilla' se atribuye a las inundaciones que trajo el ciclón de septiembre."
S, 1892, 5 de diciembre

1892
140
República Mexicana
Sequía.
Por la insuficiencia del plazo señalado hasta el 30 de septiembre de 1892 para la importación de maíz y frijol en la República, "por el tardío de las siembras y consiguiente retardo de las cosechas", se decretó que "desde el 1º de octubre al 30 de noviembre de 1892 continúa exentos de pago de derechos de importación el maíz en grano o harina [y] el frijol".
S, 1892, 10 de septiembre
"Sequía extraordinaria, temblores en el occidente y ciclones en el oriente. No hay cosecha, la población padece hambre. Se decreta la libre importación de maíz y frijol."
Padilla, 1980:111

1892
141
Coahuila: La Mariposa; Guanajuato: León; Hidalgo: Huejutla; Estado de México; San Luis Potosí; Sinaloa: Culiacán, Mazatlán; Oaxaca; Zacatecas: Pinos
Sequía.
"Mortandad de ganado, la cosecha de cereales se pierde y el pueblo sufre por falta de agua."
Padilla, 1980:111
Decreto mediante el cual se declaró libre de importación el maíz y el frijol extranjero que se introdujeran en la república durante el periodo comprendido entre el 1 de julio y el 30 de septiembre (se prorrogó hasta el 30 de noviembre). Asimismo se concedieron importantes franquicias a las juntas de beneficencia que se habían establecido o se establecieran para vender cereales a precio de costo.
Galván, 1951:377, 380; Sanders, 1970:49

1892
142
Michoacán: Morelia
Escasez de granos.
En Michoacán, "la producción del estado bastaría para su consumo, pero el deseo inmoderado de especulación que obli-

ga a ciertos productores y contratistas a acumular semilla y mantenerla en depósito con la esperanza de obtener más tarde ganancias mayores, ha determinado la escasez que comienza a notarse en esta capital y en otros pueblos".
AGNM, Secretaria de Hacienda, 1892, sec. 8ª, s.c.

1892
143
Guanajuato; Jalisco; Estado de México; Morelos; Puebla; Querétaro; San Luis Potosí; Sonora; Tlaxcala; Veracruz; Zacatecas
Escasez de granos.
Con motivo de la pérdida de cosechas de 1891, a esos estados se les autorizó la libre importación de cereales para cuyo transporte por ferrocarril solicitaron se les otorgara tarifa especial y para su venta al menudeo pidieron se les eximiera del medio por ciento de impuesto del timbre.
AGNM, Secretaría de Hacienda, 1892, sec. 8ª, s.c.
El gobernador de Tlaxcala informó que entre los accidentes que "hemos tenido que deplorar [se encuentra] la carestía del maíz y frijol que desde marzo de 1892 empezó a notarse [...] acentuándose fuertemente en el mes de mayo, [patentizándose] los horrores del hambre para nuestros pueblos". Aunque la carestía de cereales "inspiró algunos temores para la recaudación de los fondos públicos, ni en los meses en que la crisis agrícola fue extraordinaria, se interrumpió la exacta puntualidad, con que en el estado se solventan los créditos contra el Erario".
Memoria, Tlax., 1893:90 y 96

1892
144
Guanajuato: León
Escasez de lluvias. Escasez de granos.
"La pérdida de las cosechas por falta de lluvias produjo una alza de precios en los artículos de primera necesidad. El clero estableció comedores públicos en el centro de la ciudad; una junta de particulares solicitó al gobierno del estado permiso para importar maíz de los Estados Unidos, que fue exceptuado de contribuciones y puso expendios en todos los barrios de la población, realizándolo a seis pesos la fanega. El tesoro municipal escaseó al grado de que los guardianes del orden público duraban días sin recibir paga; los empleados eran pagados con vales que descontaban en el comercio hasta que ya no fueron aceptados, siendo liquidados los últimos hasta fines del año de 1895."
Lira, 1914:184

1892
145
Sonora: Álamos
Escasez de granos.
Con motivo de haberse perdido las cosechas, por la sequía de 1891, en el distrito de Álamos el maíz alcanzó un precio muy subido y sumamente gravoso para las clases pobres.
AGNM, Secretaría de Hacienda, 1892, sec. 8ª, s.c.

1892
146
Coahuila: Escobedo, Jame, Ramos Arizpe
Escasez de lluvias. Escasez de granos.
Los vecinos de las congregaciones de Escobedo y Jame solicitaron al gobernador ayuda para sobrevivir "a la miseria causada por la falta de lluvias".
AMS, Jefatura política, c. 13, e. 69, 3 ff.
El ayuntamiento solicitó al jefe político de Ramos Arizpe que informara al gobernador sobre la escasez de maíz en el municipio.
AMS, Jefatura política, c. 3, e. 3, 1 f.

1892-1895
147
Michoacán: Jiquilpan
Escasez de lluvias.
"Las lluvias [...] son abundantes y solamente de tres o cuatro años a esta parte han sido escasas, debido tal vez a causas físicas especiales de estos puntos o a la tala de los bosques, que ha traído en general en toda la República la escasez de lluvias."
Sánchez, 1990:43-44

1892-1896
148
Querétaro
Escasez de granos.
"La pérdida de las cosechas de 1892 a 1896 (con excepción de 1893) por los malos temporales, había encarecido los cereales y propiciado la especulación con éstos y, en general, se había entorpecido la marcha de todos los giros económicos de la entidad. Los motines en las trojes de las haciendas y en las bodegas de la ciudad, inevitables por el hambre de los pobladores, fueron controlados por la venta de maíz americano al costo y por la dotación de raciones entre 'los menesterosos'."
García, 1992:382

1893, enero
149
Sinaloa: Del Fuerte
Helada.
Las heladas perjudicaron los plantíos de caña de azúcar.
S, 1893, 17 de enero

1893, enero-julio
150
Chihuahua: Paso del Norte; Sonora
Escasez de lluvias.
Las lluvias de principios de enero fueron escasas, "y aunque se esperaba que las corrientes del río Bravo aumentaran de día en día, no ha sucedido así". Murió ganado y las cosechas se perdieron.
S, 1893, 27 de enero, 17 de abril, 2 de mayo
Sequía por escasez de lluvias. Muere el ganado. La cosecha de trigo se perdió y el pueblo sufrió por falta de agua.
Padilla, 1980:111; Espinosa, 1987:149

1893, 15 de marzo
151
República Mexicana
Escasez de granos.
"EL Sr. presidente tomando en consideración que ha subido nuevamente el precio de los cereales en varios puntos del país debido a su escasez, y en uso de las facultades que se le habían

concedido, ha tenido a bien decretar que desde el 15 del actual [marzo] quedan exentos de pago de los derechos de importación el maíz en grano y en harina y el frijol que introduzcan por las aduanas marítimas y fronterizas, en iguales términos y condiciones que los prescritos en el decreto del 18 de julio de 1892. Desde el mismo día 15 del corriente, volverán a regir las disposiciones del decreto antes citado, sobre juntas de beneficencia."
POGEMO, 1893, 16 de marzo

1893, 30-31 de marzo
152
Guanajuato: San Diego de la Unión
Helada.
"En los días 30 y 31, heló en varios puntos del distrito de San Diego de la Unión, ocasionándose algunos perjuicios en las sementeras de chile y de trigo."
DOGTO, 1893, 9 de abril

1893, marzo
153
Distrito Federal
Sequía.
Sequía por retraso de lluvias. Decreto que permitió la libre importación de maíz y frijol.
Padilla, 1980:111; Espinosa, 1987:149

1893, abril
154
Oaxaca
Carestía.
El maíz subió de precio, "al grado de valer 3.50 pesos la carga".

1893, abril
155
Guerrero; Puebla: San Juan de los Llanos
Epizootia.
El ganado porcino fue atacado por el mal rojo.
S, 1893, 20 de abril

1893, 4 de junio
156
Michoacán: Itzumatlan
Inundación.
Una manga de agua en el mineral San José Gracia produjo una avenida que penetró a las casas; el agua subió vara y media, los puentes fueron destruidos; la corriente arrastró troncos de árbol, piedras grandes y muebles.
S, 1893, 10 de junio

1893, 26 de junio
157
San Luis Potosí: barrio de San Sebastián
Inundación.
Varios vecinos de San Sebastián pidieron se les indemnizara por las pérdidas que sufrieron con la inundación.
AHSLP, Actas de cabildo, 1892-1893, ff. 49v, 51v

1893, junio
158
Distrito Federal: Villa de Guadalupe
Inundación.
Por las lluvias se inundaron los potreros.
S, 1893, 14 de junio

1893, julio-agosto
159
Michoacán: Tarandácuaro
Inundación.
La abundancia de lluvias está perjudicando las sementeras.
S, 1893, 18 de agosto
"En Tarandácuaro cae una manga de agua, causando perjuicios en las siembras."
Noble y Lebrija, 1956:143

1893, 10, 19 de julio
160
Querétaro: hacienda de Carretas, San Juan del Río
Inundación.
Una avenida del río arrancó árboles de cuajo, arrasó con magueyes y algunos animales; las huertas fueron afectadas. En la hacienda de Carretas, "varios solares de alfalfa y establos de ordeña eran también invadidos por las aguas".
S, 1893, 17, 28 de julio

1893, 22 de julio
161
Distrito Federal: Azcapotzalco, río de Armas
Lluvias abundantes.
A causa del agua el río de Armas se desbordó y arrancó árboles de raíz.
S, 1893, 22 de julio

1893, 24 de julio
162
Distrito Federal: hacienda de Enmedio, hacienda de la Escalera, río de los Remedios
Inundación.
El río de los Remedios se desbordó y ocasionó la inundación de las haciendas de Enmedio y de la Escalera.
S, 1893, 26 de julio

1893, 25 de julio
163
Veracruz: Cosamaloapan, costa de Sotavento, río Chapam, río Papaloapan, río San Juan, Yogopi
Inundación.
Las milpas que se localizaban en las márgenes de los ríos Papaloapan y San Juan se perdieron.
S, 1893, 27 de julio
En el cantón de Cosamaloapan, se desbordó el río Chapam, lo que causó perjuicios en las siembras de maíz y tabaco. En la colonia Yogopi se perdió todo el maíz sembrado y 40 pacas de tabaco, 200 arrobas de frijol, seis quintales de café y más de 400 zontles de maíz; se perdieron siete casas y cuatro galeras. La pérdida se calculó en 10 000 pesos.
S, 1893, 25 de agosto

1893, julio
164
Oaxaca: Mixquitlahuaca, rancho de Coculco, Trujapan
Granizada.

Una granizada causó en Trujapan la muerte de ganado mayor y pérdidas en las siembras de labor.
S, 1893, 19 de julio

1893, julio
165
Guerrero: Cualac
Ciclón.
En el pueblo de Cualac, sopló un ciclón que arrancó "de raíz hasta los árboles más corpulentos".
S, 1893, 3 de agosto

1893, julio
166
Sonora: Arizpe
Inundación.
Las lluvias "causaron una creciente, que arrastró a su paso multitud de sementeras, inundando extensos terrenos".
S, 1893, 4 de septiembre

1893, julio
167
Oaxaca: Juchitán
Lluvias abundantes.
Por las lluvias, se perdieron las cosechas de Juchitán.
S, 1893, 5 de septiembre

1893, 24 de agosto
168
Michoacán: Pátzcuaro
Granizada.
Entre las dos y las tres de la tarde, cayó una granizada que causó perjuicios en las sementeras.
S, 1893, 30 de agosto

1893, agosto
169
Tamaulipas: Ciudad Victoria
Escasez de granos.
El maíz "está escaseando mucho".
S, 1893, 11 de agosto

1893, agosto-septiembre
170
Nayarit: San Blas
Epizootia.
"Se ha notado una epidemia en los pavos y demás aves de corral, que concluyó con las crías."
S, 1893, 15 de diciembre

1893, 15 de septiembre
171
Nayarit: El Ciruelo, El Pozuelo, hacienda Navarrete, Huaristemba, La Florida, Santa, Tepic, Zauta
Lluvias abundantes.
Dos mangas de agua, una en la hacienda de Navarrete en donde fueron destruidas varias casas. En Huaristemba causó pérdidas humanas y materiales, sólo quedaron seis casas. Las pérdidas en las sementeras fueron considerables.
S, 1893, 13 de octubre, 4 de noviembre

1893, septiembre
172
Distrito Federal; Estado de México
Inundación.
En el valle de México, "últimamente se desprendió una tormenta, con carácter de tromba que arrancó árboles, mató animales y arrastró madera".
S, 1893, 27 de septiembre

1893, septiembre
173
Sinaloa
Escasez de lluvias.
Los labradores "están viendo mermar los productos de sus siembras. Si una benéfica lluvia no viene oportunamente a remediarlo gran parte de las sementeras no dará el fruto que se esperaba". La cosecha de maíz se perdió y la de maíz fue "regular".
S, 1893, 9 de octubre, 9 de noviembre

1893, 6 de octubre
174
Michoacán: Zinapécuaro
Lluvias abundantes.
Las lluvias provocaron una avenida que derribó casas, arrastró puentes y troncos de árbol.
S, 1893, 14 de octubre

1893, octubre
175
Oaxaca: hacienda de la Venta, Juchitán, Santa Inés Yasechi, río Atoyac, Unión Hidalgo
Inundación.
Por el crecimiento del Atoyac se inundó el pueblo de Santa Inés Yasechi; la pérdida se calculó en más de 1 000 pesos. En Juchitán se inundó el pueblo de Unión Hidalgo y la hacienda de la Venta.
S, 1893, 14 de octubre

1893, noviembre
176
Guerrero: Ixcateopan, Tecuapa, Zaragoza
Inundación.
Desde Ixcateopan hasta la villa de Zaragoza las siembras de maíz y caña y los árboles frutales se vieron afectados por las lluvias.
S, 1893, 8 de noviembre

1893, 4 de diciembre
177
Veracruz
Viento.
El pailebot *Jamapa* "vino a encallarse a la gran playa que se ha formado entre el baluarte de Santiago y el muelle fiscal".
S, 1893, 9 de diciembre

1893, 5-12 de diciembre
178
Veracruz: Jalapa
Lluvias abundantes.

En Jalapa "las cosechas de maíz y frijol se perdieron en un 50 por ciento de lo que se esperaba, a causa de la abundancia de lluvias habidas por aquel rumbo".
RA, 1893, 15 de diciembre

1893, diciembre
179
San Luis Potosí: villa de Zaragoza
Helada.
A causa de las heladas se perdieron las cosechas.
S, 1893, 11 de diciembre

1893
180
Tamaulipas: Mier
Sequía.
"La sequía repetida durante notable periodo de años, ha nulificado casi la agricultura, dejando convertidos en tristes yermos los que antes eran prados feraces y agotado los recursos pecuniarios de los propietarios de fincas rústicas."
Memoria, Tamps., 1894b:121-122

1893
181
República Mexicana
Sequía.
"La crisis agrícola del año de 1893 puede llamarse una crisis agrícola y por consiguiente notable para el ganado por la sequía determinada y la inclemencia atmosférica que formara época en nuestra historia agrícola. Al fallar los forrajes se venden a vil precio un número considerable de animales que no se pueden mantener [...] Puesto que la agricultura bien aplicada y bien organizada nos indica todo procedimiento en el campo, la sequía del año de 1893 nos hará temerlo todo el tiempo y en consecuencia prevengámonos para ella, hagamos, pues, diferentes cambios en nuestras praderas, donde tenemos sorgo, maíz, etc. [...] pongamos otra clase de cultivos de los que podamos sacar, en su oportunidad, forraje necesario y rico. El forraje que se guarda para el invierno y para cualquier sequía del año, es un recurso para tener nutridos a nuestros animales y salvarlos de las crisis atmosféricas."
RA, 1897, 1 de mayo

1893
182
Guanajuato
Escasez de granos.
"En los momentos en que me encargué del gobierno del estado de Guanajuato, se encontraba éste, y especialmente esta ciudad, en condiciones lamentables. El hambre, producida por los malos años agrícolas, y la peste paseaban por todas partes sus exterminadoras legiones, y en Guanajuato, aun se hacían sentir los horrores del tifo."
Memoria, Gto., 1895:VIII

1893
183
Oaxaca
Inundación.
Éste "fue un año de inundaciones y las cosechas se perdieron totalmente".
DH, 1896, 4 de septiembre

1894, enero-julio
184
Durango
Escasez de lluvias.
"No llovió en todo el año. Mortandad de animales; siembras perdidas, en muchos lugares no se ha sembrado."
Padilla, 1980:111

1894, enero-julio
185
Nuevo León: Cerralvo
Escasez.
"Campos áridos; hay hambre entre la población."
Padilla, 1980:112

1894, enero-julio
186
San Luis Potosí: Catorce
Sequía.
"Se está haciendo sentir una sequía insoportable."
S, 1894, 23 de junio
"Se presume que afectará el rendimiento de las cosechas si no se inicia pronto el temporal. Aumento en los artículos de primera necesidad."
Padilla, 1980:112

1894, 27 de marzo
187
Distrito Federal: Ajusco
Nevada.
Nevó en los lomeríos cercanos al Ajusco.
S, 1894, 29 de marzo

1894, marzo
188
Veracruz: Amatlán, San Juan Evangelista
Escasez de granos.
"Escasea el maíz en San Juan Evangelista, donde vale el zontle tres pesos."
S, 1894, 5 de marzo

1894, marzo
189
Hidalgo: Pachuca
Viento.
El viento "causó desperfectos en muchas casas y derribó corpulentos árboles".
S, 1894, 3 de abril

1894, marzo
190
Veracruz: Orizaba
Viento.
"Qué violentos serían sus efectos en el golfo, cuando en el valle de México [se han resentido]."
S, 1894, 3 de abril

1894, marzo
191
Coahuila: Múzquiz
Seca.
Se comunicó al presidente municipal que a causa de la "fuerte seca, han muerto varias reses".
AMMuz, c. 23, l. 14, e. 29, 30

1894, 16 de abril
192
Oaxaca: Jalatlaco
Lluvias abundantes.
"EL río Jalatlaco salió de su cauce y arrasó con terrenos de sembradura."
S, 1894, 27 de abril

1894, abril
193
Coahuila
Escasez de lluvias.
"Las fuertes humedades en los pueblos de la frontera[...] harán disminuir también el mal estado de salubridad, nacido de la escasez de vegetación por la falta de lluvias."
S, 1895, 2 de mayo

1894, 23 de junio
194
Jalisco: Bolaños
Granizada.
Durante un cuarto de hora en la tarde de ese día, cayó una granizada que destruyó los faroles del alumbrado público, las láminas de la hacienda de beneficio de Tepec, así como las arboledas, campiñas y árboles frutales; dañó seriamente las azoteas de toda la población y ocasionó la muerte de muchos animales, como aves y becerros recién nacidos que pastaban en el campo. Algunos granizos pesaban media libra.
AHJ, Fomento, F-18-894, Bolaños, s.c., ff. 1-2

1894, junio-julio
195
Guerrero: Chilpancingo
Escasez de lluvias.
Por la falta de lluvias "se temía que el resultado de las siembras fuera malísimo".
S, 1894, 6 de agosto

1894, junio-agosto
196
Sinaloa: Culiacán, Mescala, Mezcale
Plaga.
"Después de haber destruido las siembras pequeñas en Culiacán , la langosta", invadió Mescala. En el pueblo de Mezcale la langosta del "chapule" destruyó las siembras "pequeñas".
S, 1894, 24 de agosto, 3 de octubre

1894, 5 de julio
197
Sonora: Querabodi
Huracán.
El viento derribó postes del telégrafo y techos del tanque de agua y arrancó de raíz varios árboles.
S, 1894, 20 de julio

1894, 6-25 de julio
198
Zacatecas: Jerez, Piedra Gorda, Sombrerete, Tlaltenango
Lluvias abundantes.
El 23, en Piedra Gorda, una manga de agua ocasionó la caída de casas y la pérdida de varios animales y muebles. El 25, en Sombrerete y Jerez, el agua destruyó huertas y sembrados y provocó pérdidas de ganado. En Tlaltenango ha llovido desde el día 6 sin cesar, causando algunos trastornos en las siembras.
S, 1894, 30 de julio

1894, 31 de julio
199
Jalisco: Colotlán
Inundación.
Telegrama que informa que el río se salió de su cauce, inundando parte de la población.
AHJ, Fomento, F-18-894, Colotlán, s.c., f. 1

1894, 5 de agosto
200
Guerrero: Allende, San Luis Acatlán
Viento.
"En San Luis Acatlán un fuerte viento arrasa los platanares; dura 20 minutos y destruye las casas."
Noble y Lebrija, 1956:144

1894, agosto
201
Sonora: Guaymas, San Juan Guaymas
Plaga.
"Todo el trayecto de Guaymas a San Juan de Guaymas está cubierto de langosta."
S, 1894, 29 de agosto

1894, agosto
202
Colima
Escasez de lluvias.
Por falta de lluvia, "varias siembras se están perdiendo y muriéndose mucho ganado por falta de pastos".
S, 1894, 4 de septiembre

1894, agosto
203
Yucatán
Escasez de granos.
Por la escasez de maíz, la legislatura de Yucatán solicitó la exención de derechos de aduana hasta diciembre de ese año.
S, 1894, 5 de septiembre

1894, 3 de septiembre
204
Distrito Federal: Alameda, Coyoacán, Ixtacalco, Mixcoac, San Ángel, Santa Anita, Zócalo
Granizada.
"Por el rumbo de los Ángeles se hundieron los techos de jacales", murieron aves de corral. En Santa Anita e Ixtacalco el granizo destruyó algunas siembras; en San Ángel, Mixcoac y Coyoacán se vieron afectados los árboles frutales.
S, 1894, 6 de septiembre

1894, septiembre
205
Veracruz: Córdoba
Plaga.
Los cafetales se vieron afectados por "una plaga de parásitos que destruyen los troncos y se comen los frutos".
S, 1894, 25 de septiembre

1894, octubre
206
Tamaulipas
Lluvias abundantes.
Las crecientes del río Bravo causaron pérdidas en las sementeras.
S, 1894, 16 de octubre

1894, octubre
207
Chihuahua
Plaga.
"La langosta ha devastado completamente las sementeras de frijol."
S, 1894, 20 de octubre

1894, noviembre
208
Distrito Federal: hacienda de Santa Margarita, hacienda del Saucito
Plaga.
"En la hacienda del Saucito devoró la langosta como 12 fanegas de frijol, y en la de Santa Margarita algo más de 40."
S, 1894, 26 de octubre

1894
209
Coahuila: Múzquiz
Seca.
Carta de Jesús Peña en que solicita una reducción del pago catastral, debido a la "fuerte seca" que se ha sentido, quedándole solamente 50 reses.
AMMuz, c. 23, l. 14, e. 29

1894
210
Durango; Nuevo León; San Luis Potosí
Sequía.
"Sequía en Durango, Nuevo León, San Luis Potosí [...] Carestía en los alimentos básicos."
Espinosa, 1987:149

1894
211
República Mexicana
Carestía.
"Carestía de alimentos básicos."
Espinosa, 1987:149

1894, septiembre-1895, marzo
212
Veracruz: Choutla, Huasteca veracruzana
Sequía.
"Se pierden las cosechas de maíz, la gente vaga por las calles pidiendo comida. La tierra endurecida no permite más siembras."
Padilla, 1980:112

1894, abril-1896, septiembre
213
Puebla: Huauchinango, valle de Tehuacán, Izúcar de Matamoros, Acatlán
Sequía. Helada.
"Las cosechas de maíz se han perdido a causa de la sequía."
S, 1895, 16 de septiembre
"Otra de las principales producciones agrícolas en este distrito [Izúcar] es el maíz; pero sus rendimientos no han sido muy abundantes debido a la falta de lluvias."
Memoria, Pue., 1896:97
A principios de 1894, "se prevén muy malas cosechas, escasez de cereales; descontento de la población". Durante 1895, "nada de lluvias y heladas tempranas; pérdida de las cosechas de temporal; el maíz vale siete pesos carga".
Padilla, 1980:112
"Sequía en [...] Puebla y centro del país. Carestía en los alimentos básicos."
Espinosa, 1987:149 y 159

1895, 1-31 de enero
214
Tamaulipas: Matamoros
Nevada.
"Noticias recibidas de Tamaulipas dicen que en el puerto de Matamoros y otras poblaciones del estado, las fuertes nevadas que han caído en el mes han causado grandes estragos."
Galván, 1951:404

1895, enero-julio
215
Guanajuato: León
Escasez de lluvias. Plaga.
"En una correspondencia de León, se lee lo siguiente: 'Por acá, hasta ahora, parece que el temporal no será bueno; las lluvias no se han generalizado y son escasas. En una que otra hacienda se ha podido sembrar maíz en tierras delgadas, y muy poco en tierras negras o de cuerpo. Las siembras llamadas de polvo, o sea en tierra seca para esperar las lluvias, se están perdiendo, porque la semilla se la comen ciertos insectos. Habrá que resembrar'."
RA, 1895, 1 de julio

1895, 17 de febrero
216
San Luis Potosí: Río Verde, Tancanhuitz, Xilitla
Helada.
Por una helada los cafetales se perdieron.
DH, 1897, 28 de febrero
"Se han perdido casi en su totalidad las cosechas de café, y se teme que haya sucedido lo mismo con los sembrados tiernos de esa planta."
S, 1895, 1, 15 de marzo

1895, febrero
217
Nayarit: Santiagosto
Helada.
Por las heladas, "se teme que se perjudiquen los plantíos de algodón".
S, 1895, 20 de febrero

1895, febrero
218
Hidalgo: Huejutla, Tenango de Doria
Nevada.
Las nevadas causaron la muerte de peces, aves y ganado; pérdida de semillas. Los artículos de primera necesidad subieron de precio, entre ellos el maíz; "la carga de este cereal, que hasta el primer día que nevó se conseguía a cinco pesos, hoy no vale menos de 12".
S, 1895, 28 de febrero

1895, febrero
219
Nuevo León: Doctor Arroyo
Nevada.
La nieve subió "tres cuartas, sepultando miles de cabezas de ganado menor".
S, 1895, 4 de marzo

1895, febrero o marzo
220
Tamaulipas: Horchapan
Helada.
Las heladas causaron la muerte de ganado y daños en las sementeras. En Horchapan la pérdida se calculó en 20 000 pesos.
S, 1895, 11 de marzo, 6 de abril

1895, 27 de marzo
221
Distrito Federal; Hidalgo; Estado de México; Puebla; Tlaxcala
Granizada.
El granizo causó estragos en los magueyes y en los sembrados de cereales.
S, 1895, 29 de marzo

1895, marzo
222
Yucatán: Mérida
Escasez de granos.
El maíz "escasea por Mérida, Yucatán".
S, 1895, 28 de marzo

1895, marzo
223
Guerrero
Carestía.
En Guerrero "los artículos de primera necesidad" subieron de precio.
S, 1895, 29 de marzo

1895, marzo
224
Estado de México: Toluca
Nevada.
Por la nevada, "han perecido muchos animales".
S, 1895, 30 de marzo

1895, marzo-agosto
225
Guanajuato: León
Escasez de lluvias.
"Lluvias escasas. Malas cosechas. Las siembras de trigo serán reducidas porque las presas y bordos no están llenos."
Padilla, 1980:112

1895, marzo-agosto
226
Tamaulipas: Ciudad Victoria, Matamoros, San Fernando
Escasez de lluvias.
En San Fernando y Matamoros, "la falta absoluta de agua está siendo causa de una terrible mortandad de ganados" y de la pérdida de cosechas.
S, 1895, 7, 18 de junio, 10 de julio
"Falta de lluvias. Falta el agua en las norias hasta para el gasto familiar."
Padilla, 1980:112

1895, marzo-septiembre
227
Aguascalientes; Guanajuato; Puebla; Tamaulipas; Veracruz; Zacatecas
Escasez de lluvias.
"La falta de lluvias ha hecho que se sequen la mayor parte de los manantiales de donde la población se surtía."
S, 1895, 13 de septiembre
"Lluvias insuficientes. Se obtuvo la tercera parte de la cosecha."
Padilla, 1980:112
"Sequía en Aguascalientes, Zacatecas, Guanajuato, Tamaulipas, Puebla y Veracruz."
Espinosa, 1987:159

1895, marzo-septiembre
228
Hidalgo: Tulancingo
Escasez de lluvias.
"Falta de lluvias. Pérdida de las cosechas. Transportan a otra región el ganado. En las fincas de riego disminuirá la producción."
Padilla, 1980:112

1895, abril
229
Baja California: Tijuana
Inundación.
Una inundación de dos millas de ancho causó pérdidas materiales. "La lluvia se llevó un monumento de mármol de 25 toneladas."
S, 1895, 27 de abril

1895, 26 de mayo
230
Nuevo León: Rayones
Lluvias abundantes.
"El río que pasa por la orilla de la villa de Rayones [se des-

bordó], los perjuicios causados a las sementeras fueron considerables."
S, 1895, 27 de junio

1895, mayo-junio
231
Chiapas: Tuxtla Gutiérrez
Sequía. Carestía.
"Terrible es la sequía que se está experimentando en el estado de Chiapas. En Tuxtla Gutiérrez está vendiéndose el almud de maíz a 100 centavos y las tortillas a dos por seis centavos."
S, 1895, 16 de mayo, 18 de junio

1895, 22 de junio
232
Jalisco: Guadalajara, Tuxcueca
Inundación. Epizootia.
En la madrugada, una tempestad causó "la inundación de más de la mitad del pueblo [...] subiendo el agua casi una vara de altura [...] las pérdidas producidas tanto en deterioro de fincas como en destrucción de cereales estrojados que se mojaron y de otros efectos puede estimarse de 3 000 a 4 000 pesos".
AHJ, Fomento, F-18-895, Tux/1289, ff. 1-2
En varios puntos, "se han dado casos de carácter colérico en el ganado de la cerda".
S, 1895, 10 de julio, 2 de agosto

1895, junio
233
Sonora: Hermosillo
Escasez de lluvias.
"El calor es insoportable [en Hermosillo], y las lluvias no se acuerdan de refrescar aquellas comarcas."
S, 1895, 4 de julio

1895, junio-agosto
234
Puebla: Chiautla, Jolalpan, Mite, ranchería del Salado
Epizootia.
"En la ranchería del Salado [...] apareció en el ganado vacuno y caballar una enfermedad conocida con el nombre del 'mal de piojo' y dicha enfermedad amenazaba acabar con los ganados porque era de carácter contagioso."
Memoria, Pue., 1896:71 y 229-230

1895, junio o julio
235
Chihuahua: hacienda de Esmeralda, hacienda Río del Parral
Granizada.
"Ha caído una terrible granizada que destruyó completamente los trigos y causó graves males a los algodones y viñedos."
S, 1895, 5 de julio

1895, 4 de julio
236
Hidalgo: Pachuca
Inundación.
"Inundaciones en Pachuca con las consiguientes pérdidas."
Sanders, 1970:49

1895, 6 de julio
237
Distrito Federal: Villa de Guadalupe; Estado de México: Tlalnepantla
Inundación.
Torrenciales aguaceros causaron el desbordamiento de los ríos, ocasionando inundación en los pueblos y terrenos, especialmente en Tlalnepantla y Villa de Guadalupe.
Galván, 1951:408; Sanders, 1970:50

1895, 21 de agosto
238
Hidalgo: Pachuca
Inundación.
Al medio día un fuerte aguacero ocasionó una inundación.
Galván, 1951:409; Sanders, 1970:21

1895, agosto-septiembre
239
Jalisco: Guadalajara
Sequía.
A causa de la sequía el maíz subió de precio.
S, 1895, 13 de septiembre

1895, agosto-noviembre
240
Michoacán: Aguililla, Arango, Carrizal, Coeneo, Cuitzeo, Jiquilpan, Sahuayo, Tepalcatepec
Escasez de lluvias. Carestía. Lluvias abundantes.
En Jiquilpan, "aunque al principio iban bastante bien las sementeras a consecuencia de un temporal bien medido, después faltaron en el tiempo que se necesitaban, circunstancia que vino a determinar en dichas sementeras un desfavorable cambio, y lo mismo, habrá carencia en el año próximo [1896]". Informe de septiembre de 1895.
POGEMO, 1896, 23 de enero
En Sahuayo se sembraron 350 fanegas de maíz y 90 de frijol, "cuyas sementeras por la falta de lluvias ofrecen muy escaso rendimiento". Informe de septiembre de 1895.
POGEMO, 1896, 23 de enero
En Arango se espera una mala cosecha de maíz, trigo, frijol, haba y cebada a causa de la falta de lluvias. Informe de noviembre de 1895.
POGEMO, 1896, 26 de enero
En Coeneo, "la generalidad de las cosechas de maíz prometen esperanza de que sean buenas si el agua no les falta y en caso contrario serán malas, pues ya se hace sentir la escasez." Informe de noviembre de 1895.
POGEMO, 1896, 26 de enero
En Cuitzeo "las cosechas de maíz se esperan regulares y malas de frijol a causa del mal temporal". Informe de octubre de 1895.
POGEMO, 1896, 2 de febrero
"Lo muy limitado que anualmente se hacen las siembras en este municipio [Carrizal], lo estéril que fueron las aguas durante su estación y lo muy fuerte de una lluvia que hubo en el mes de noviembre, hicieron que muchas labores se perdieran en su mayor parte y esto hace esperar escasez de maíz."
POGEMO, 1896, 5 de enero
En Aguililla, "debido al largo verano que ocurrió cuando las sementeras de maíz necesitaban de las lluvias, así como la abundancia de éstas cuando ya no eran necesarias, ocasionó

la pérdida de las labores, hasta el grado de calcularse la producción en una tercera parte, estimándose la cosecha total en 15 000 fanegas".
POGEMO, 1896, 16 de enero
En Tepalcatepec las cosechas de maíz fueron de poco rendimiento "debido a la escasez de lluvias".
POGEMO, 16 de enero

1895, agosto-noviembre
241
Guerrero: Mina; Michoacán
Escasez de lluvias.
Por la falta de lluvias, "las siembras de maíz y frijol se están perdiendo en Mina".
S, 1895, 19 de septiembre
"En 1895 los cultivos de maíz en varias regiones del estado [de Michoacán] se vieron afectados nuevamente por la falta de lluvias, lo que ocasionó la pérdida de la mayoría de las cosechas, produciéndose una nueva alza de precios."
Sánchez, 1990:257

1895, 2-3 de septiembre
242
Coahuila; Nuevo León; Tamaulipas: Abasolo, Bagdad, Matamoros, Presas, Reynosa, San Fernando, San Miguel, Santa Teresa
Ciclón.
"Fuerte temporal azotó la parte norte de la república, causando perjuicios de consideración en Coahuila, Nuevo León y Tamaulipas."
Noble y Lebrija, 1856:144
"Horrible ciclón en Tamaulipas, habitaciones destruidas en su totalidad."
S, 1895, 4 de septiembre, 5 de octubre
Abasolo desapareció, "quedando en pie sólo ocho casas. Las pérdidas habidas en animales y cereales son muy grandes".
S, 1895, 6 de septiembre

1895, 8 de septiembre
243
Chiapas: Comitán
Plaga.
"Bandada de langostas en Comitán, ocupando unas tres leguas de extensión."
Noble y Lebrija, 1956:144

1895, septiembre
244
Nuevo León: Camargo, Monterrey
Plaga.
"Mala será la cosecha de algodón que se levanta este año en el distrito de Camargo, pues la viruela primero y después el gusano y el chapulín perjudicaron los plantíos a tal grado, que los cosecheros creen no sacar los gastos erogados en la siembra y cultivo de los plantíos."
RA, 1895, 1 de octubre

1895, septiembre
245
Veracruz
Lluvias abundantes.
"Con motivo de los últimos aguaceros, y a consecuencia de la poca entrada a Veracruz, de mercancías, como frijol, maíz y manteca, ha subido allí el precio de estos artículos."
S, 1895, 20 de septiembre

1895, 1 de octubre
246
Baja California: La Paz; Colima: Manzanillo; Nayarit: San Blas; Sinaloa: Altata, Brecha, Buenavista, Colibrí de Portales, Mazatlán, Mocorito, San José de Gracia, Santa María, Topolobampo; Sonora
Ciclón.
En Baja California, "se exceptúa del pago de contribuciones predial y de profesiones", por cuatro meses. El maíz y el café subieron de precio.
S, 1895, 17, 26 de octubre, 21 de noviembre
En Sinaloa, "se destruyó el puerto de cabotaje el Mangle y Topolobampo". La mayor parte de las siembras se perdieron. Hubo pérdidas en los cañaverales.
S, 1895, 6, 7, 21 de noviembre
"En Sonora se está viendo la gran pérdida ocasionada por el ciclón de octubre pasado, tanto que la producción de agua en este año será en 40 por ciento menos que el año anterior."
DH, 1896, 5 de abril
"La Junta Central de Socorros de La Paz, ha comenzado a hacer el reparto de fondos a las víctimas del ciclón de octubre pasado. Hasta hoy la suma total de lo repartido asciende a 10 266 pesos distribuidos entre 248 familias."
DH, 1896, 30 de abril
Fuerte huracán en la costa del Pacífico causa perjuicios incalculables, sobre todo en Baja California, donde fue más sensible la pérdida de vidas e intereses.
Galván, 1951:410

1895, octubre
247
Sinaloa
Inundación.
El río Tamazula creció.
DH, 1896, 13 de octubre

1895, octubre-noviembre
248
Tamaulipas
Sequía.
"Varias poblaciones de Tamaulipas sufren de sequía."
S, 1895, 15 de noviembre

1895, 15 de noviembre
249
Michoacán: Tacámbaro
Granizada.
En la madrugada cayó en Tacámbaro una fuerte granizada acompañada de viento huracanado y descargas eléctricas, ocasionando grandes destrozos en casas, cafetales, frutales y demás plantaciones.
S, 1895, 22 de noviembre; Galván, 1951:411; Noble y Lebrija, 1956:144

1895, 25-27 de diciembre
250
Sonora: río Mayo
Inundación.

El río Mayo creció, "inundando pueblos, plantíos de tabaco, sementeras, etc. Mucho sufrieron sus laboriosos habitantes de los cuales son bastantes los que han quedado en la miseria".
DH, 1896, 12 de enero

1895, diciembre
251
Sonora: Hermosillo
Helada.
Las heladas "causaron algunos daños a los naranjos de Hermosillo y aunque éstos no fueron de mucha consideración siempre, influirá algo para que merme la próxima cosecha de aquellos frutales".
DH, 1896, 23 de enero

1895, diciembre
252
Coahuila: Múzquiz
Plaga.
La plaga del "picudo" atacó la siembra de algodón por lo que se dispuso que se evitara la siembra de la semilla producida en Múzquiz y Río Grande; para quien no respetara estas medidas se dispuso una multa de 100 pesos.
AMMuz, c. 35, l. 14, e. 17

1895, diciembre
253
Coahuila: villa de Abasolo
Inundación.
"Disposiciones para auxiliar a los habitantes de la Villa de Abasolo, afectados por una inundación."
AMS, Presidencia municipal, c. 138, L. 16, e. 1, 39 ff.
En el mes de octubre se presentó una lista de particulares y corporaciones que dieron donativos para las víctimas de la inundación de Abasolo; la cantidad era hasta ese mes de 482 pesos.
AMMuz, c. 61, l. 96, e. 10

1895
254
San Luis Potosí
Sequía.
Los agricultores "solicitaron la libre introducción en el estado, de 200 000 fanegas de maíz americano. Se funda la petición en la prolongada sequía que ha [originado la pérdida de] las cosechas".
DH, 1896, 28 de enero

1895-1897
255
Aguascalientes
Escasez de granos.
"La pérdida repetida de las cosechas en los años de 1895 y 1896 determinó desde luego una alza considerable en el precio de las semillas, en el estado y en otros de la República, poniendo al gobierno en la necesidad de organizar una junta especial de beneficencia, que se encargara de procurar por cuantos medios estuvieran a su alcance, que el precio del maíz no se elevara más allá de lo que fuera forzoso atendida su escasez, con perjuicio de las clases menesterosas, expuestas más que ninguna otra a sufrir las consecuencias siempre terribles de la carestía de semillas."
Memoria, Ags., 1899: XIII-XIV

1896, enero
256
Hidalgo: Real del Monte
Inundación.
"La compañía de Real del Monte, ha sufrido grandes pérdidas con motivo de la inundación [...] los trabajos de la de San Rafael, han tenido que suspenderse por encontrarse la mina llena de agua."
DH, 1896, 10 de enero
"El agua continúa subiendo notándose un aumento de 50 a 60 centímetros sobre todo en la 'Camelia'. En 'San Rafael' [...] hasta la fecha se han perdido 18 campos, quedando en consecuencia, muchas familias en la miseria. Se calcula que en éstos hay en Pachuca de siete a 9 000 hombres sin trabajo."
DH, 1896, 21 de enero

1896, enero
257
Tamaulipas: Ciudad Victoria
Helada.
Por heladas se han perdido las cosechas y "el maíz tiene un precio excesivo".
DH, 1900, 13 de enero

1896, enero
258
Veracruz: Tuxpan
Carestía.
"Es sumamente alarmante la carestía de maíz [...] habiendo adquirido ese cereal un precio elevadísimo."
DH, 1896, 28 de enero

1896, enero-mayo
259
Guanajuato: León; Michoacán
Escasez de lluvias. Plaga.
"Falta de lluvias. En junio empieza a llover. Se afecta el rendimiento de las cosechas, plagas."
Padilla, 1980:112

1896, enero-junio
260
Michoacán
Escasez de lluvias. Plaga.
"De los informes detallados que se han pedido a cada uno de los distritos sobre el estado de las cosechas y el resultado probable de ellas, resulta que: Respecto a las 76 municipalidades del estado, las siembras fueron poco satisfactorias por la escasez de lluvias y los gusanos que en algunos lugares aparecieron, como consecuencia de ella; pero de julio para acá [septiembre] se mejoró la estación pluvial y cambió favorablemente el estado de las sementeras. Puede decirse en términos generales que de los 76 municipios, tendrán buenas cosechas 34, regulares 24 y malas 18."
POGEMO, 1896, 1 de octubre

1896, 13 febrero
261
Zacatecas
Nevada.
En la noche de ese día, cayó una gran nevada que duró algunas horas.
Galván, 1951:412; Noble y Lebrija, 1956:144

1896, febrero
262
Sonora: Guaymas
Helada.
"Algunas de las siembras de garbanzo sufrieron muchas pérdidas a consecuencia de las últimas heladas [...] esto ha originado [que] haya subido de precio por la poca existencia."
DH, 1896, 25 de febrero, 3 de abril

1896, febrero-junio
263
Michoacán: Ario, Chilchota, El Carrizal, rancho de Toscano
Epizootia.
En dicho rancho, el ganado vacuno fue atacado por "el mal conocido vulgarmente con el nombre de *derrienga*, porque el síntoma principal con que aparecía era la incapacidad de la res para usar los cuartos posteriores, llegando después a completa inmovilidad hasta que sobrevenía la muerte". El consejo dispuso aislar a los animales enfermos, prohibió el consumo de la carne de los animales muertos y ordenó la cremación de los cadáveres. En junio, se tomaron "precauciones análogas [...] para evitar el desarrollo de la pústula maligna conocida vulgarmente con el nombre de *clavo*, que apareció en la municipalidad de Chilchota".
Memoria, Mich., 1896:48-49

1896, marzo-junio
264
Chihuahua: Ciudad Juárez, río Bravo, río Conchos
Sequía.
"En casi todas las comarcas agrícolas no pueden sembrarse los cereales de primera necesidad, debido a la misma falta de lluvias; [...] en muchos otros puntos se sienten los efectos de la sequía. Las siembras de maíz están perdidas, porque como no se hicieron a su debido tiempo por falta de agua en la acequia, ya aunque viniese algún recurso de este elemento, sería muy tarde para las siembras [...] jamás se había visto que el río [Bravo] se secara en mayo", lo mismo que el Conchos.
DH, 1896, 5, 16 de junio, 2 de julio
"No llueve y el río se secó."
Padilla, 1980:112

1896, abril-junio
265
Tamaulipas: Matamoros
Sequía. Escasez de granos.
"Continúa agobiando a los agricultores [...] la escasez de lluvias, siendo ésta causa de que haya alcanzado un precio considerable el maíz." En Matamoros y el resto de Tamaulipas, "una rigurosa sequía ha malogrado las siembras tempranas y está haciendo infructuosas las tardías".
DH, 1896, 8 de abril, 12 de mayo

1896, mayo
266
Yucatán
Escasez de lluvias.
"En la mayor parte de [el norte de Yucatán], sufren todavía escasez total de agua." Se rebajó 50 por ciento en el derecho del maíz que se introdujo a Campeche y Yucatán.
DH, 1896, 28 de mayo, 2 de septiembre

1896, 1 de junio
267
Nayarit: Tepic
Inundación.
Una fuerte tempestad ocasionó una inundación, cuyas consecuencias fueron fatales; la ciudad quedó destruida en tres cuartas partes.
Galván, 1951:414; Noble y Lebrija, 1956:144

1896, 5 de junio
268
Veracruz: colonia Manuel González, Huatusco
Huracán.
El granizo perjudicó los cafetales, la pérdida total se calculó en 4 775 pesos.
Galván, 1951:415

1896, 11 de junio
269
Jalisco: San Pedro
Lluvias abundantes.
Por la tarde, "descargó en esta población una tempestad huracanada que casi inundó una parte del cuartel segundo, ocasionando el derrumbamiento de varias casas y algunas muertes".
AHJ, Fomento, F-18-896, San Pedro/1290, ff. 1-2
"Se desató una terrible tempestad, ocasionando el granizo la pérdida de árboles y sembrados."
DH, 1896, 18 de junio

1896, junio
270
San Luis Potosí: Santa María del Río; Tlaxcala: Apizaco, Calpulalpan, Tlaxco
Escasez de lluvias.
Por "falta de lluvia no hay agua para el regadío. Pérdida de dos terceras partes de las cosechas de temporal".
Padilla, 1980:113

1896, junio
271
Jalisco: Ahualulco
Escasez de lluvias
"A consecuencia de la sequía que reina [...] ha aparecido una especie de viruela."
DH, 1896, 6 de junio
"Son ya desastrosos los efectos que está causando la escasez de agua en la extensa región del sur, del estado de Jalisco."
DH, 1896, 6 de agosto

1896, junio
272
Michoacán: Coacolman

Epizootia.
"Muchos cerdos están muriendo a consecuencia [del mal rojo]."
DH, 1896, 3 de julio

1896, junio
273
Nuevo León: Monterrey
Escasez de lluvias.
"A consecuencia de la falta de lluvias se han encarecido notablemente los artículos de primera necesidad."
DH, 1896, 10 de julio

1896, junio
274
Guerrero: Apozahualco
Escasez de lluvias. Plaga.
"Apozahualco.- Perdióse el arroz por las plagas y la falta de agua pluvial."
AP, v. 700

1896, junio
275
Coahuila
Escasez de lluvias.
"Nada ha llovido; la escasez de aguas es absoluta y las siembras casi todas se han perdido."
DH, 1896, 16 de julio

1896, junio-julio
276
Tamaulipas: Laredo
Escasez de lluvias.
Con dirección a las poblaciones del interior de la República "han pasado por Laredo varios trenes cargados de maíz para aliviar las necesidades de los pueblos en que se han perdido las cosechas" por la sequía, la cual "ha hecho perecer en algunas regiones al ganado por la falta de pastos y agua".
DH, 1896, 29 de julio, 4, 7 de agosto
"Noticias recibidas de varios puntos de la república participan la mortandad del ganado en muchas haciendas por falta de lluvias."
Noble y Lebrija, 1956:144

1896, junio-septiembre
277
San Luis Potosí
Escasez de lluvias.
Se pidió al estado la rebaja de contribuciones. "Los causantes no pueden pagar por la pérdida de las cosechas, la muerte de ganado, la emigración de una parte de la población del estado y la polarización del comercio."
DH, 1896, 4 de diciembre
"Falta absoluta de lluvias. Inmigración a la capital del estado en busca de trabajo."
Padilla, 1980:113

1896, junio-octubre
278
Oaxaca: Tehuantepec
Escasez de lluvias.
Por falta de lluvias, "las cosechas de cereales y los forrajes, están completamente perdidos". (Al sur de Tehuantepec sí llueve.)
DH, 1896, 4 de septiembre, 13 de noviembre

1896, julio
279
Guerrero: Aldama, Galeana
Plaga.
"Fortísima plaga de gusanos destruye los cultivos."
AP, v. 382

1896, julio
280
Michoacán: Jungapeo, Tuxpan
Plaga.
Una plaga de gusanos que llegan a medir hasta dos pulgadas "consumen cuanto pueden: pastos, sementeras y ramas de árboles [...] los ganados han sido trasladados a otros lugares. Se calcula que la plaga abarca una extensión como de 30 millas".
DH, 1896, 5 de agosto

1896, julio
281
Tabasco
Escasez de lluvias. Lluvias abundantes.
"Las cosechas de maíz y frijol se perdieron en parte por falta de lluvias, posteriormente a causa de las grandes crecientes."
DH, 1896, 5 de septiembre

1896, agosto
282
Texcacuesco
Plaga.
El presidente municipal de Texcacuesco informó que "los agricultores han perdido como 6 000 pesos por la plaga de gusanos que ha aparecido".
DH, 1896, 2 de diciembre

1896, agosto
283
Veracruz
Sequía.
"Como la sequía fue muy prolongada se resintieron muchos plantíos de vainilla."
DH, 1896, 8 de septiembre

1896, agosto
284
Campeche: Hecelchacán
Plaga.
"Apareció la langosta en Hecelchacán y cercanías de Campeche."
DH, 1896, 1 de octubre

1896, agosto
285
Guerrero: Acatlán, Atexquilapam, Coapam, Chico, Las Vigas, Naolinco, Tatatilla, Tepetitlan, Tonayan, Xalapa, Zaragoza
Escasez de lluvias. Plaga.
En Zaragoza se secaron algunas milpas por la escasez de agua;

en varias poblaciones las cosechas no serán buenas "por falta de lluvias y porque las siembras han sido atacadas por un gusano. Al sur de Chico y Xalapa se ha dejado sentir una prolongada sequía razón por la cual las siembras se han perdido".
DH, 1896, 17 de octubre

1896, 9 de septiembre
286
Sonora: Altar
Inundación.
"El río que cruza la población [de Altar] se desbordó de su cauce, arrastrando el voraz elemento la mayor parte de las sementeras [de maíz y frijol] situadas en ambas márgenes."
DH, 1896, 23 de septiembre

1896, 17-20 de septiembre
287
Jalisco: Zihuatlán; Sinaloa: Altata, Cosolalá, Culiacán, Elota, Mocorito, San Ignacio
Ciclón.
El río Humaya creció, "las sementeras fueron totalmente destruidas [...] las pérdidas se calculan en medio millón de pesos".
DH, 1896, 13, 15 de octubre
En Zihuatlán, "son considerables las pérdidas de las labores de maíz y sembrados de algodón".
DH, 1896, 13 de noviembre
Desde el 17 se desató un recio temporal; Culiacán, Altata, Cosolalá y San Ignacio se inundaron completamente, sufriendo inmensos perjuicios las sementeras. Elota casi fue destruida, pues el agua subió cinco metros sobre el nivel de la plaza.
Galván, 1951:419

1896, 18 de septiembre
288
Puebla: villa de Libres
Inundación.
Una manga de agua "destruyó 28 varas del acueducto que surte de agua potable a la población. La corriente se llevó cerdos, aves de corral, ropa y algunos muebles".
DH, 1896, 23 de septiembre
Para evitar perjuicios como los ocasionados por la inundación, se construyeron varias estacadas, para impedir que en la estación de aguas se desbordaran sobre la población las impetuosas avenidas.
Memoria, Pue., 1899:21-22

1896, 18-19 de septiembre
289
Durango: Guasimillas, Tamazula, Tominil, Topia
Inundación.
En Guasimillas y Tominil, hubo grandes pérdidas por la abundante lluvia que cayó durante 48 horas consecutivas. La corriente arrastró huertas, sementeras y semovientes y destruyó una hacienda minera de beneficio; más de la mitad de las familias perdieron sus hogares. El monto de las pérdidas se calculó en más de 200 000 pesos. Se nombró una junta de caridad y la cantidad colectada por ésta se remitió a Topia, donde se hizo la distribución correspondiente.
Memoria, Dgo., 1898:15-16
Desde el 17 se desató un recio temporal; en algunas poblaciones del estado de Durango, también ocurrieron inundaciones.
Galván, 1951:419

1896, 19 de septiembre
290
Durango: Mineral de San José, municipalidad de Victoria, partido de Santiago Papasquiaro, San Andrés de la Sierra
Inundación.
Debido a una manga de agua, hubo una inundación que derribó "muchos edificios, puentes y árboles [...] Son de mucha consideración los daños causados por las lluvias en este mineral [...] derribó calzadas, destruyó techos de tubería y echó abajo un puente". Las pérdidas se calcularon en aproximadamente 40 000 pesos.
DH, 1896, 24 de septiembre, 11 de octubre
"La negociación minera de San Andrés, fue la principal perjudicada, calculándose la pérdida que sufrió en 150 000 pesos, más o menos."
Memoria, Dgo., 1898:16

1896, septiembre
291
Hidalgo: Ixmiquilpan
Lluvias abundantes.
El río de Ixmiquilpan se desbordó y destruyó las huertas.
DH, 1896, 2 de octubre

1896, septiembre
292
Hidalgo: Huejutla
Sequía. Plaga.
"Como consecuencia de la prolongada sequía, por una parte, y de los estragos que en las pocas siembras de riego causara la langosta, la miseria ha hecho su aparición."
DH, 1896, 3 de octubre

1896, septiembre
293
Veracruz: Huatusco
Escasez de lluvias.
"Huatusco ha tenido que sufrir y continúa sufriendo por la falta de lluvias."
DH, 1896, 8 de octubre

1896, 13 de octubre
294
Nayarit: Tepic
Lluvias abundantes.
En Santa Cruz un temporal destruyó 29 casas, "las labores de maíz y huertas de plátano fueron igualmente perdidas".
DH, 1896, 1, 5 de noviembre

1896, 30 de octubre
295
Michoacán: Cherán
Granizada.
"Cayó en Cherán, perteneciente al distrito de Uruapan, una fuerte granizada que causó muchas pérdidas, entre ellas la muerte de una regular cantidad de ganado lanar. Muchos de los granizos eran de 30 gramos."
POGEMO, 1896, 5 de noviembre

1896, octubre
296
Hidalgo: Jacala
Carestía.
"Corre el maíz a 13 pesos y el frijol a 20."
DH, 1896, 13 de octubre

1896, octubre
297
Jalisco: hacienda San Antonio, Lagos de Moreno, Mihuatlán, San Luis Amatlán
Ciclón.
En Mihuatlán, el río que pasaba por la hacienda de San Antonio creció de tal manera, que tenía 16 varas de profundidad, destruyó palenques de mezcal, tierra cultivable y arrancó de raíz árboles corpulentos.
DH, 1896, 24 de noviembre, 5 de diciembre

1896, octubre
298
Oaxaca: Tehuantepec
Ciclón.
"En la noche de este día, se desató un terrible ciclón en varias poblaciones de Oaxaca, causando varios desperfectos [...] las pérdidas registradas fueron de consideración, principalmente en Tehuantepec, pues se calculó que pasaban de 1 000 las hectáreas de terreno inundado."
Galván, 1951:420

1896, noviembre
299
Coahuila: Piedras Negras, Porfirio Díaz
Plaga.
Por causa del "picudo" se perdieron las mejores labores de Zaragoza, Morelos y Allende.
DH, 1896, 13 de noviembre

1896, noviembre
300
Michoacán: Puruarán, Tacámbaro
Epizootia.
"Se ha desarrollado en el ganado de cerda la epizootia del mal rojo."
DH, 1896, 4 de noviembre

1896, 24 de diciembre
301
San Luis Potosí
Helada.
Las recias heladas de estos días causaron una espantosa mortandad entre las aves de corral.
Galván, 1951:422; Noble y Lebrija, 1956:144

1896, diciembre
302
Yucatán: Motul
Plaga.
"La langosta ha aparecido en Motul, actualmente hace estragos en 'San Nicolás'."
DH, 1896, 11 de diciembre

1896, diciembre
303
Tamaulipas: Matamoros
Nevada.
"Se murieron bastantes semovientes, las siembras se perdieron por completo en los cantones [de Matamoros]."
DH, 1896, 13 de diciembre

1896, diciembre
304
Tamaulipas: Ciudad Victoria
Escasez.
"Hay una notable escasez de azúcar a tal grado que a peso de oro es muy difícil conseguirla."
DH, 1896, 30 de diciembre

1896
305
Chihuahua; Michoacán; San Luis Potosí; Tlaxcala
Sequía.
"Sequía en Chihuahua, Michoacán, Tlaxcala y San Luis Potosí."
Espinosa, 1987:150

1896
306
Oaxaca
Escasez de granos.
Durante este año, la clase pobre "sufrió con la escasez de granos, escasez que se combatió con la introducción de maíz de los Estados Unidos y de algunos puntos del país".
Memoria, Oax., 1897:39

1896, octubre-1897, marzo
307
Sonora: Hermosillo, río Mayo
Escasez de lluvias. Helada.
"La cosecha de frijol ha sido bastante mala, actualmente dicho cereal en Hermosillo está a 10 pesos fanega. La de maíz tampoco fue muy abundante; su precio de plaza es de tres pesos."
DH, 1897, 31 de enero
"Fuertes heladas y carencia de lluvias. Todos los cosecheros del río Mayo se arruinaron."
Padilla, 1980:113

1896, noviembre-1897, mayo
308
Veracruz: Chacaltianguis
Epizootia.
"No ha cesado de hacer víctimas la enfermedad que ha estado atacando a los puercos desde hace casi medio año."
DH, 1897, 13 de mayo

1897, 15-30 de enero
309
Coahuila: Saltillo; Nuevo León: Monterrey; Tamaulipas: Laredo
Nevada.
Copiosas nevadas en el norte causan graves perjuicios.
Galván, 1951:423; Noble y Lebrija, 1956:145

1897, enero
310
Tamaulipas: Matamoros
Helada.
"Por efecto de las mismas heladas ha muerto una gran cantidad de ganado."
DH, 1897, 6, 7 de febrero

1897, febrero
311
Nuevo León: Monterrey
Escasez de granos.
"El maíz está muy escaso en la plaza, vendiéndose a 6.15 pesos los 138 kilos."
DH, 1897, 17, 19 de febrero

1897, febrero
312
Sinaloa: El Platanar, Guadalupe, hacienda la Tasajera, hacienda Vieja, hacienda el Potrerillo, hacienda Saucito
Ciclón.
"Las pérdidas causadas en Guadalupe, por el ciclón se calculan en más de 70 000 pesos y sólo se ha recibido la pequeña suma de 200 pesos que no es suficiente para las familias perjudicadas."
DH, 1897, 6 de marzo

1897, 8-9 de abril
313
Sonora: Hermosillo
Plaga.
La langosta destruyó las siembras de trigo, frijol y garbanzo.
DH, 1897, 15 de abril

1897, 16 de abril
314
San Luis Potosí: Guadalcázar
Granizada.
"Los huertos terminaron al furor del granizo, viniendo a dar abajo todas las frutas nacientes de los árboles."
DH, 1897, 22 de abril

1897, abril
315
Sonora: Altar
Helada.
Las heladas "han sido de fatales consecuencias para las siembras de trigo".
DH, 1897, 18 de abril

1897, abril
316
Veracruz: Córdoba
Sequía.
"Los pozos se secan y los ríos apenas llevan agua."
DH, 1897, 21 de abril

1897, 12 de mayo-24 de junio
317
Estado de México: San Pedro Xalostoc, Santa Clara Coatitla, Tlalnepantla
Inundación.
Listas de los donativos enviados para auxiliar a "las víctimas de la manga de agua" que inundó los pueblos de San Pedro Xalostoc y Santa Clara Coatitla del distrito de Tlalnepantla.
AHEM, Hacienda Pública, 1897, v. 28, e. 32, 33 ff.

1897, 2 de junio
318
Morelos: Cuernavaca
Lluvias abundantes.
A causa de un fuerte aguacero más de 50 casas fueron destruidas.
DH, 1897, 8 de junio

1897, 25 de junio
319
San Luis Potosí: Callejones, Carrizal, El Pueblito, Santa María del Río
Lluvias abundantes.
En Santa María del Río causó perjuicios a los propietarios del Pueblito y Carrizal del cuartel de Guanajuatito, y sacó de raíz muchas plantas frutales. En el Carrizal destruyó las milpas y se llevó animales de pelo y lana. En los Callejones se llevó los sembrados.
DH, 1897, 3 de julio

1897, junio
320
Campeche
Epizootia.
"Ha aparecido el terrible lobado, diezmando de una manera alarmante al ganado vacuno, caballar y porcino."
DH, 1897, 11 de junio

1897, 23 de julio
321
Michoacán: Pátzcuaro
Inundación.
El río Huan se desbordó y destruyó todas las sementeras, en el rancho de San José "arrasó varios bueyes y mulas que se ahogaron".
DH, 1897, 30 de julio

1897, julio
322
Nuevo León: Monterrey
Escasez de lluvias.
"En Monterrey y en un radio como de 20 leguas [no ha llovido y por eso] ha vuelto el maíz a la alza."
DH, 1897, 11 de julio

1897, julio
323
Sonora: Babispe, Bacerac, Guachinera, Moctezuma
Escasez de granos.
"La cosecha de trigo fue malísima y la miseria comienza a hacer sus estragos."
DH, 1897, 14 de julio

1897, julio
324
Nayarit: Tepic

Lluvias abundantes.
Por las lluvias los caminos "se ponen intransitables".
DH, 1897, 17 de julio

1897, julio-agosto
325
Jalisco: Colotlán
Plaga.
El jefe político de Colotlán informó la aparición de "una plaga de un gusano de naturaleza desconocida que está ocasionando grandes perjuicios a las sementeras por su abundancia y el único medio de extirparlos es matarlos a mano, pues no han encontrado otro los labradores, ignorándose el origen y causa del desarrollo de dicha plaga".
AHJ, Fomento, F-2-897, Con/1018, 2 ff.

1897, 2 de agosto
326
Estado de México: Chalco
Inundación.
"Se derrumbaron algunos jacales y las labores quedaron anegadas por completo."
DH, 1897, 6 de agosto

1897, 23 de agosto
327
Durango: hacienda de Santa Bárbara, municipio de El Rodeo, partido de San Juan del Río
Inundación.
"Cayó una tromba en la hacienda de Santa Bárbara, municipio del Rodeo, partido de San Juan del Río, que causó algunos perjuicios a las sementeras del municipio."
Memoria, Dgo., 1898:16

1897, agosto
328
Jalisco: La Barca
Escasez de lluvias.
El jefe político de La Barca informó que en esa ciudad "se espera una regular cosecha, dependiendo de las lluvias que últimamente han escaseado en algunos puntos".
AHJ, Fomento, F-2-897 Jal/1042, f. 14

1897, agosto
329
Jalisco: Arandas, La Barca
Lluvias abundantes.
El jefe político del cantón de La Barca informó que en Arandas "las sementeras presentan el mejor aspecto y hay esperanza de levantar una cosecha regular [pues] con motivo de la suma abundancia de lluvias, se perdieron fracciones de labor".
AHJ, Fomento, F-2-897, Jal/1042, f. 14v

1897, agosto
330
Zacatecas: mina El Porvenir
Inundación .
La mina El Porvenir se inundó, hubo 11 ahogados.
DH, 1897, 15 agosto

1897, agosto
331
Tamaulipas: Matamoros
Lluvias abundantes.
"Las avenidas del caudaloso Bravo han causado graves perjuicios a las sementeras [...] perdiéndose considerables cantidades de frijol y algodón."
DH, 1897, 9 de septiembre

1897, agosto
332
Coahuila
Lluvias abundantes.
"Con la gran cantidad de agua que trae el Nazas, están inundadas las labores y los ranchos"; las labores de algodón, maíz y frijol se perdieron. Las pérdidas se calcularon en cuatro millones de pesos.
DH, 1897, 10 de septiembre

1897, 28 de agosto-2 de septiembre
333
Baja California; Sonora: río Yaqui; Sinaloa; golfo de California
Huracán.
Un fuerte huracán sopló en el golfo de California y la costa mexicana. Cerca de la desembocadura del río Yaqui se inundó toda la región.
Galván, 1951:427-428; Noble y Lebrija, 1956:145

1897, 15 de septiembre
334
Guanajuato: Acámbaro
Inundación.
"Las abundantes lluvias de estos días, causan notables perjuicios en varias poblaciones de la república. En Acámbaro son más serios los perjuicios, pues la población toda es inundada."
Galván, 1951:428

1897, septiembre
335
Hidalgo: Actopan, Apam, Cardonal, Huichapan, Ixmiquilpan, Metztitlán, Tizayuca, Zimapán
Escasez de lluvias.
En Actopan, "no se pudo cultivar la cantidad que debiera haberse cultivado, por no haber llovido en tiempo oportuno". En Apam, "a consecuencia de la falta de lluvias están en delicado estado labores, pues las lluvias no han sido uniformes". En Ixmiquilpan, "no se hicieron ningunas siembras [de temporal] por haber venido tarde las lluvias". En el Cardonal, el estado de las siembras "es malísimo por la escasez de agua". En Metztitlán, la cosecha de frijol en junio "fue de una tercera parte [por la falta de agua] enfermándose con la seca". En Molango, las siembras de frijol y chipotle fueron nulas por la abundancia de lluvias. En Tizayuca, las siembras "se encuentran en muy mal estado y casi en su totalidad perdidas".
DH, 1897, 9 de septiembre

1897
336
Chihuahua: San Buenaventura, Villa Ahumada
Inundación.
"El estado ha tenido que lamentar algunas desgracias como

las inundaciones que sufrieron Villa Ahumada y San Buenaventura, principalmente la primera de esas poblaciones cuyas casas en su mayor parte fueron destruidas por la fuerza de las aguas torrenciales."
Memoria, Chih., 1900:99-100

1897, noviembre
337
Guanajuato: León
Sequía.
"Se están secando los veneros de agua potable. El 'Ojo de Agua', que era el principal manantial que surtía a la población, carece ya del precioso líquido."
DH, 1897, 19 de noviembre

1897
338
Nuevo León: Lampazos; Sonora: Bacerac, Bavispe
Sequía.
Sequía en Nuevo León y Sonora. Absoluta falta de lluvias. Malas cosechas de trigo.
Padilla, 1980:113; Espinosa, 1987:150

1897
339
Coahuila: Viesca
Plaga.
"El año último [1897] se desarrolló la funesta plaga del 'picudo' en los plantíos de algodón."
DH, 1898, 27 de mayo

1898, febrero-julio
340
Jalisco: Autlán
Escasez de lluvias.
"Falta de lluvias. Mortandad del ganado. No se han hecho siembras. Aumento de precios en el maíz y el frijol."
Padilla, 1980:113

1898, abril-mayo
341
Tamaulipas
Sequía.
"La mayor parte de las cosechas amenazan perderse por la gran sequía que hay en el estado."
DH, 1898, 4 de junio
"Falta de lluvias. Se pierden la mayor parte de las cosechas tempranas, que buscaban aprovechar las lluvias de febrero y marzo."
Padilla, 1980:113

1898, mayo
342
Coahuila: Viesca
Plaga.
"Ha vuelto a aparecer [la plaga del 'picudo']."
DH, 1898, 27 de mayo

1898, mayo
343
Sonora
Granizada.
La granizada "no dejó de perjudicar a las sementeras de trigo".
DH, 1898, 4 de junio

1898, mayo
344
Jalisco: Atemajac
Epizootia.
En Atemajac, "se ha estado expendiendo carne de res, muerto de pústula maligna [piojo], lo cual ha dado por resultado que dos o tres personas hayan muerto, contagiadas por la referida enfermedad".
DH, 1898, 7 de junio

1898, mayo
345
Chihuahua
Sequía.
"En la mayor parte del estado, 'se experimentan' sus consecuencias en la muerte del ganado."
DH, 1898, 10 de junio

1898, mayo
346
San Luis Potosí: Río Verde
Escasez de lluvias.
El agua escaseó hasta para las necesidades más indispensables; no "se encontraba ese líquido sino a distancia de 12 kilómetros, siendo por lo mismo muy cara y penosa su conducción". Por tal motivo aumentó la emigración.
DH, 1898, 12 de junio

1898, junio
347
Guanajuato: León, Romita, Silao
Escasez de lluvias.
Las siembras de mayo resintieron la falta de lluvias en junio.
DH, 1898, 12 de agosto

1898, junio
348
Veracruz: Medellín, Río Blanco, río Jamapa
Inundación.
"Los ríos Jamapa y Blanco se han desbordado." Medellín quedó inundado.
DH, 1898, 28 de junio

1898, julio
349
Coahuila
Sequía.
"La sequía ha sido aterradora en el estado."
DH, 1898, 12 de agosto

1898, julio
350
Durango: Indé
Granizada.
Una granizada causó la pérdida de las sementeras y los frutales y afectó a los ganados.
DH, 1898, 17 de agosto

1898, 20 de agosto
351
Oaxaca: Copala
Granizada.
Una terrible granizada provocó que los habitantes huyeran espantados y se refugiaran en la iglesia.
Noble y Lebrija, 1956:145

1898, agosto
352
Distrito Federal: río del Consulado
Inundación.
El río Consulado se desbordó e inundó las huertas.
DH, 1898, 9 de agosto

1898, agosto
353
Estado de México: Magdalena, Texcoco
Inundación.
Por una tromba el agua subió un metro de altura, "destruyendo sembrados y derribando muchas casas".
DH, 1898, 21 de agosto

1898, agosto
354
Jalisco
Lluvias abundantes.
Las lluvias "han caído con abundancia extraordinaria al grado que de seguir así, las pérdidas serán seguras, calculándose a la fecha, la próxima cosecha disminuirá en cerca de 25 por ciento".
DH, 1898, 27 de agosto

1898, 2 de septiembre
355
Morelos: río Chalena, Tetecala
Inundación.
El río Chalena se desbordó, las siembras fueron arrasadas, la pérdida de los agricultores se calcula en 50 000 pesos.
DH, 1898, 9 de septiembre
Inundación ocasionada por el desborde del río; las sementeras fueron arrasadas por completo.
Galván, 1951:436; Noble y Lebrija, 1956:145

1898, 25-26 de septiembre
356
Veracruz: Catemaco, San Andrés Tuxtla
Lluvias abundantes.
A causa de las lluvias, "todos los semilleros [de tabaco] se han perdido".
DH, 1898, 18 de octubre

1898, septiembre
357
Tamaulipas: río Pánuco, Tampico
Inundación.
"El Pánuco salió de madre arrasando caseríos y destruyendo plantas."
DH, 1898, 22 de septiembre

1898, octubre
358
Oaxaca: Tehuantepec; Veracruz: Ozuluama, Sotepan, Tepancan, Tuxtlas
Lluvias abundantes.
En Tepancan se derrumbó un cerro y sepultó tres ranchos y tres galeras. En Sotepan, por el derrumbe de otro cerro, tres reses y 13 ranchos fueron sepultados. En Tehuantepec se resintió en Soyata y Laurel; en este último el agua subió 1.35 metros y arrastró dos galeras "para beneficiar tabaco y ganado". Las pérdidas se calcularon en 200 000 pesos aproximadamente.
DH, 1898, 2 de octubre

1898, noviembre
359
Hidalgo: Apam
Lluvias abundantes.
Por las lluvias "muchas son las labores que se han inundado y las haciendas de pulque han sufrido muy regulares pérdidas".
S, 1898, 10 de noviembre

1898, 10 de diciembre
360
Campeche: río Hampoli
Inundación.
Tres inundaciones se registraron: "El río Hampoli aumentó extraordinariamente su caudal cubriendo más de un metro de altura [...] las pérdidas de ganado han sido de consideración".
DH, 1898, 22 de diciembre
"Noticias de Campeche comunican que a consecuencia de grandes inundaciones, ha habido alarma entre sus habitantes teniendo que lamentarse algunas desgracias."
Galván, 1951:438

1898
361
Jalisco; San Luis Potosí; Tamaulipas
Sequía.
"Sequía en Tamaulipas, San Luis Potosí y Jalisco."
Espinosa, 1987:150

1898
362
San Luis Potosí: Matehuala
Escasez de lluvias.
"Falta de lluvias. Se mezcla agua cenagosa de la acequia con una poca buena y se vende a 25 o 30 centavos el barril. Aparecen casos de colerina y otras enfermedades del estómago."
Padilla, 1980:113

1898
363
Veracruz: Tlacotalpan
Escasez de lluvias.
La cosecha de tabaco "no producirá sino una cuarta parte de la que era de esperarse, siendo en los Tuxtlas donde se obtendrá menor rendimiento, pues sembrador hay que ha perdido totalmente la cosecha, debido a la escasez de las aguas".
DA, 1899, 14 de febrero

1898-1899
364
Tamaulipas: Ciudad Guerrero, Nuevo Laredo
Sequía.
"Es tan fuerte la sequía en toda la región limítrofe al río Bravo, que ya los ganados se están acabando y si en un mes más no llueve, los lecheros se irán con sus cabras, porque se acabará el nopal que es el alimento actual."
DH, 1899, 3 de febrero
"La sequía tiene alarmados a los ganaderos, pues la mortandad de animales es tanta, que necesitan pagar gente para que les quite los cueros en putrefacción."
DH, 1899, 30 de marzo
"Los criadores de ganados mayor y menor, se desesperan viendo desaparecer lo que constituye sus bienes [...] y los agricultores que todo lo esperan de las cosechas, no han sembrado aún ni una mata de maíz [...] Si la sequía se prolonga, vendrá la ruina sobre varios pueblos."
DH, 1899, 14 de abril, 2 de mayo

1898-1899
365
San Luis Potosí
Escasez de lluvias.
"El [ramo] de agricultura, que desde tiempo inmemorial viene luchando en la zona templada con la escasez de aguas pluviales, sus productos no compensan los gastos erogados [...] Las pérdidas de las cosechas se repiten con frecuencia, debidas a las prolongadas sequías que ordinariamente alcanzan a cinco años, y muchas ocasiones llegan hasta a siete años consecutivos."
Memoria, SLP, 1899:35

1898-1899
366
San Luis Potosí: Cerritos, Ciudad del Maíz, Guadalcázar, Hidalgo, Río Verde, San Luis Potosí, Tamazunchale, Tancahuitz, Valles
Escasez de granos.
"En el partido de la capital, en el del sur, en los del norte y en los de Cerritos y Guadalcázar, del oriente del estado, las cosechas de cereales han sido insignificantes, [...] resintiendo los propietarios graves perjuicios y careciendo de trabajo los jornaleros avecindados en las fincas. En los partidos de Rioverde, Ciudad del Maíz, Hidalgo, Valles, Tancahuitz y Tamazunchale, la industria agrícola progresa notablemente, debido a la buena calidad de los terrenos, a las corrientes de agua que los fertilizan y a lo lluvioso de aquella región."
Memoria, SLP, 1899:36

1899, 26 de enero
367
Veracruz: Orizaba, Río Blanco
Huracán.
"Un fuerte huracán que se desata en la noche de este día, destruye el teatro y el mercado de Río Blanco, cantón de Orizaba."
Galván, 1951:439

1899, enero-abril
368
Coahuila: Saltillo
Sequía. Lluvias abundantes.
"Después de cuatro meses de sequía, se han desatado fuertes lluvias durante tres días acompañadas de descargas eléctricas."
DH, 1899, 14 de abril

1899, 11-14 de febrero
369
Sonora: Guaymas, Magdalena, Nogales
Nevada. Helada.
En Magdalena y Nogales cayó una nevada el día 11. El 14, en Guaymas, una helada causó daños a las siembras de garbanzos.
DH, 1899, 17 de febrero

1899, 11-12 de febrero
370
San Luis Potosí
Nevada.
Por la nevada "la caña que quedaba por moler, está del todo perdida [...] en el ganado bovino hubo la mortandad consiguiente".
DH, 1899, 21 de febrero

1899, 11-13 de febrero
371
Veracruz: Amatlán, Altotonga, Castillo de Teayo, costa de Barlovento, Chicontepec, Chinampa, Jalacingo, Mizantla, Papantla, Tamiahua, Tancoco, Tantoyuca, Temapache, Tepetzintla, Tlapacoyan, Tuxpan, Tuxtla
Nevada. Helada.
Por las heladas, se perdieron las siembras de café, maíz, hule, tabaco y vainilla. La pérdida se calculó en ocho millones.
DH, 1899, 18, 22, 24 de febrero, 7 de marzo
"Por haber caído nieve con bastante abundancia, se han destruido completamente cafetos y vainillales."
DOVER, 1899, 28 de febrero
En varios municipios "se perdieron las siembras de maíz, frijol, pastos para ganado, platanares, caña de azúcar y tabaco, de esta planta se perdieron solamente en Tuxpan unas 60 hectáreas; la vainilla se perdió totalmente".
DH, 1899, 17 de mayo
"En la costa de Barlovento cae una formidable nevada, causando muchísimos perjuicios. La nieve invade una zona que comprende varios cantones de Veracruz, llegando a invadir igualmente una extensa región de la sierra de Puebla."
Galván, 1951:440
Por la pérdida de los platanares "se ha formado un sindicato americano con objeto de acaparar todas las existencias de plátano de Morelos y Guerrero [...] para después venderlo al precio que les parezca más conveniente".
DH, 1899, 23 de mayo

1899, 12 de febrero
372
Puebla: Huauchinango, San Andrés Chalchicomula, San Martín Texmelucan, Tesiutlán
Helada.
Por las heladas, en San Martín Texmelucan se perdió parte de las siembras de trigo; las plantaciones de chile se perdieron en San Andrés Chalchicomula, la cosecha se redujo a la tercera parte. Las pérdidas se calcularon en 650 000 pesos.
DH, 1899, 21, 23 de abril, 25 de junio

1899, 12 de febrero
373
Campeche; Tabasco; Yucatán: Chelen, Progreso
Viento.
"El norte arrojó en la playa 14 canoas; en Progreso desbarató el pailebot nacional [...] el pailebot *Avelina* se fue a pique, perdiéndose completamente. Se han perdido también cuatro canoas de la Agencia Mercantil." Las pérdidas se calcularon en 15 000 pesos.
DH, 1899, 18, 24 de febrero, 21 de marzo

1899, 14 de marzo
374
Guanajuato: Degollado, León; Jalisco: Arandas, Jalos, Tepatitlán
Escasez de granos.
Escasez de maíz en León, Degollado, Arandas, Jalos y Tepatitlán. "En pocos días ha subido más de 12 centavos el hectolitro."
DH, 1899, 14 de marzo

1899, marzo
375
Chiapas: mina de Santa Fe
Lluvias abundantes.
Una manga de agua destruyó edificios y maquinaria de la mina de Santa Fe, 35 personas quedaron enterradas, sólo se encontraron 15. Las pérdidas de la mina se calcularon en 80 000 pesos aproximadamente.
DA, 1899, 10 de marzo

1899, marzo
376
Nayarit: Compostela, Ixtapa
Escasez de granos.
"Las cosechas de arroz fueron escasas, el ganado vacuno escasea y faltan pastos."
DH, 1899, 16 de marzo

1899, marzo
377
Oaxaca: Huajuapan de León
Epizootia.
Por la epizootia, "la mortandad de animales es tan grande que puede calcularse de 14 000 a 16 000 el número de cabezas que se pierden anualmente".
DH, 1899, 6 de abril

1899, marzo-julio
378
Chiapas
Escasez de lluvias.
"Las lluvias han sido escasas e irregulares, y muchas sementeras están casi perdidas o muy atrasadas. El maíz sembrado algo temprano, ha nacido con mucha irregularidad, habiéndose visto la mayor parte de los agricultores obligados a hacer resiembras."
DH, 1899, 2 de agosto
"Lluvias escasas e irregulares. Disminución de la producción."
Padilla, 1980:113

1899, abril
379
Nuevo León: Sabinas Hidalgo
Sequía.
El 14 de abril hubo una procesión para pedir que lloviera, "ese pueblo [Sabinas Hidalgo] está con una sequía y miseria espantosa".
DH, 1899, 23 de abril

1899, 6 de mayo
380
Hidalgo: Alfajayucan
Granizada.
Por una granizada, "se asegura que perecieron muchas cabezas de ganado y algunos pastorcillos".
DH, 1899, 20 de mayo

1899, 10-11 de mayo
381
Coahuila: Sabinas
Viento.
En Mineral de Hondo el viento "destruyó todas las habitaciones de los mineros y la mayor parte de las fincas [...] también fue destruido el tanque o depósito de agua, y 10 carros cargados de carbón". Hubo varios lesionados así como víctimas.
DH, 1899, 15 de mayo

1899, mayo
382
Oaxaca: Teposcolula
Escasez de lluvias. Helada.
"Las pocas milpas de la siembra llamada de Cajete, comienzan a secarse por la escasez de lluvias y por las heladas que cayeron en el mes a que esta noticia se refiere."
POGELSO, 1899, 17 de mayo

1899, mayo
383
San Luis Potosí: Morales
Escasez de lluvias.
"Falta de agua. La Compañía Metalúrgica Mexicana dice que si no llueve se verá obligada a suspender trabajos."
Padilla, 1980:113

1899, 15 de junio
384
Veracruz: hacienda de Corral Nuevo, Tlacotalpan
Ciclón.
"El ciclón destruyó varias casas, trojes, bodegas y extensas sementeras en un radio considerable."
DH, 1899, 23 de junio
"En la hacienda de Corral Nuevo, sopla a las cuatro de la tarde un viento huracanado que destruye innumerables casas, trojes, bodegas y extensas sementeras en un radio considerable."
Galván, 1951:442

1899, junio
385
Distrito Federal: Guadalupe; Tlaxcala: Apizaco

Granizada.
Entre las estaciones de Guadalupe y Apizaco cayó una granizada y se perdieron cabezas de ganado; "éste es un mal precedente para los sembradores que están esperando un buen año".
DH, 1899, 13 de junio

1899, junio
386
Oaxaca; Veracruz: Tlapacoyan
Lluvias abundantes.
Por la lluvias "muchos tabacales se han perdido completamente, subiendo mucho con ese motivo, el precio del tabaco".
DH, 1899, 21 de junio

1899, junio
387
Campeche; Yucatán: Sotuta
Epizootia.
El lobado, enfermedad del ganado vacuno y caballar, "está haciendo estragos en el partido de Sotuta y en Campeche".
DH, 1899, 21 de junio

1899, junio
388
Estado de México: Cuautitlán
Lluvias abundantes.
A causa de las lluvias "los ríos han crecido desbordándose algunos, como el Cuautitlán, inundando algunos terrenos de sembrados".
DH, 1899, 23 de junio

1899, junio-1900, agosto
389
Chihuahua: Ciudad Juárez, distrito de Bravos
Escasez de lluvias.
"En el Paso y en Ciudad Juárez, los agricultores de ambas márgenes, perdieron sus cosechas de trigo, y están orillados a perder las de maíz."
DH, 1899, 16 de junio
"La escasez de aguas y la falta de lluvias hicieron que en algunas regiones agrícolas las cosechas se perdieran o que no fueran abundantes como era de desearse, aunque no al grado de que hubiera sido necesario, como en otras épocas, ocurrir a los mercados de otros estados, porque los productos recogidos permitieron cubrir las atenciones del consumo."
Memoria, Chih., 1900:18
"Aunque aislados no han dejado de darse algunos casos de tifo y de otras enfermedades infecciosas a consecuencia de las malas condiciones atmosféricas y de las descomposiciones del agua potable, por la falta de lluvias."
Memoria, Chih., 1900:120
"La agricultura y la ganadería se han resentido mucho por la falta de lluvias, particularmente en los pueblos del distrito de Bravos, situados a la margen derecha del río Bravo, porque las aguas de éste que constituyen el elemento principal para la agricultura escasearon considerablemente y, como era natural, las cosechas se perdieron arrastrando a muchas familias a la desgracia."
Memoria, Chih., 1900:127

1899, julio-agosto
390
Puebla: Tehuacán
Escasez de lluvias.
"La falta de lluvias ha dado margen a que las sementeras de maíz y de cebada vayan muy mal."
DH, 1899, 25 de agosto

1899, 19 de agosto
391
Jalisco: Arandas
Inundación.
"Se desbordó el río Colorado, inundando todo el barrio oriente del pueblo de Arandas."
DH, 1899, 25 de agosto

1899, 24 de agosto
392
Jalisco: Juanacatlán
Lluvias abundantes.
"En la tarde de este día se desata una furiosa tempestad, produciendo males de trascendencia tanto en los campos como en el poblado."
Galván, 1951:444

1899, agosto
393
Durango
Escasez de lluvias.
"Han caído en esta ciudad contados aguaceros, por ese motivo los artículos de primera necesidad" han subido de precio.
DH, 1899, 18 de agosto

1899, agosto
394
Sinaloa: Mazatlán
Plaga.
La langosta, "enemigo terrible de las sementeras; ha sido causa de que este año se pierdan muchas cosechas".
DH, 1899, 18 de agosto

1899, agosto
395
Veracruz: costa de Sotavento
Escasez de lluvias.
"Han escaseado las lluvias de manera alarmante, al grado de temerse que la navegación se haga difícil como en tiempo de secas."
DH, 1899, 6 de septiembre

1899, 1 de septiembre
396
Puebla: Acaxtlahuaca
Granizada.
Por una granizada "la mortandad de ganado vacuno y de jumentos fue considerable, las sementeras de maíz quedaron destruidas del todo, lo mismo que las huertas".
DH, 1899, 9 de septiembre

1899, septiembre
397
Oaxaca: Teotitlán
Escasez de lluvias.
"Las siembras de maíz se encuentran en general bajo condiciones malas en virtud de que las aguas han sido bastante

escasas, y se cree que la mayor parte de estas siembras se pierden, como ha sucedido en algunos de los pueblos del mismo; motivo por lo que el precio que guarda este cereal en toda la ribera del río Tonto es de 37 centavos por cada cinco litros."
POGELSO, 1899, 6 de septiembre

1899, septiembre
398
Puebla: Tepeaca
Lluvias abundantes.
"En el distrito de Tepeaca cayó una manga de agua tan fuerte, que causó daño a las sementeras."
DH, 1899, 23 de septiembre

1899, octubre
399
Coahuila: San Pedro de la Colonia
Escasez de lluvias.
"En el presente año hubo pocos plantíos de algodón, y además faltaron por completo las avenidas del río Nazas, quedando por consiguiente sin regarse todas las labores para el año próximo."
DH, 1899, 28 de octubre

1899, diciembre
400
Veracruz: Teocelo
Epizootia.
La epizootia causó pérdidas de consideración en el ganado bovino.
DH, 1899, 16 de diciembre

1899, diciembre
401
Distrito Federal
Epizootia.
"En estos últimos días numerosos casos de pulmonía fulminante" en el ganado mular ocasionaron gran mortandad.
DH, 1899, 23 de diciembre

1899
402
San Luis Potosí; Chiapas
Sequía.
"Sequía en San Luis Potosí y Chiapas."
Espinosa, 1987:150-151

1900, 7 de enero
403
Coahuila: Saltillo
Granizada.
Por una granizada, "las siembras y el ganado sufrieron notables perjuicios".
DH, 1900, 12 de enero

1900, marzo
404
Oaxaca: Huajuapan de León
Escasez de lluvias. Helada.
Por falta de riego las cosechas de anís en ese año fueron escasas, además "las sementeras que se hallaban en flor, se han perjudicado notablemente con las heladas".
DH, 1900, 31 de marzo

1900, marzo-septiembre
405
Hidalgo; Querétaro; San Luis Potosí
Escasez de lluvias.
"Falta de lluvias en la temporada. No se sembró y lo poco que se sembró se perdió."
Padilla, 1980:113

1900, 5 de abril
406
Chihuahua: Ciudad Juárez
Nevada.
Una nevada "alcanzó a cubrir el piso con una capa de 10 centímetros de espesor".
DH, 1900, 18 de abril

1900, 20 de abril
407
Yucatán: Chelón
Huracán.
"El viento huracanado sorprendió mar adentro, a infinidad de botes de pescadores y cerca de los muelles a los vapores, buques de vela y pequeñas embarcaciones que han corrido gran peligro [se] registraron pérdidas considerables." En Chelón, siete pescadores se ahogaron.
DH, 1900, 22 de abril
"Un fuerte huracán que sopla en las costas de Yucatán causa grandes averías en varias poblaciones del estado."
Galván, 1951:449

1900, abril
408
Yucatán
Lluvias abundantes.
Por la abundancia de lluvias "se tiene que lamentar la pérdida completa de las cosechas de sal que se esperaban buenas este año".
DH, 1900, 23 de abril

1900, 15 de mayo
409
Tamaulipas: Laredo
Ciclón.
Un ciclón "ocasionó en ambos Laredos pérdidas de consideración. En esta ciudad derrumbó unos 15 jacales".
DH, 1900, 25 de mayo

1900, mayo
410
Hidalgo: Apam, Atotonilco el Grande
Escasez de lluvias.
Por falta de lluvias, "en todas las haciendas de los llanos de Apam, se han perdido absolutamente todas las cosechas. La mortandad de ganado es considerable y si no llueve siquiera para que crezcan los pastos y para que haya potable en las fincas rústicas, la emigración de aquellas comarcas es inevitable". (El 28 de junio empezó a llover.)
DH, 1900, 21 de junio

1900, junio
411
Coahuila: Cuatrociénegas, Monclova
Granizada.
Una granizada "destruyó todos los sembrados de las haciendas".
DH, 1900, 3 de julio

1900, 28 de junio
412
Hidalgo: Atotonilco el Grande
Lluvias abundantes.
Un aguacero acompañado de viento "arrancó el techo de lámina de zinc de unos lavaderos públicos, techo que medía 72 metros cuadrados [...] el caudal de un arroyo [creció y] causó la muerte de dos jóvenes".
DH, 1900, 4 de julio

1900, junio
413
Estado de México
Epizootia.
"Ha aparecido últimamente entre el ganado el mal rojo."
DH, 1900, 4 de julio

1900, 4 de julio
414
Coahuila: villa de Ocampo
Lluvias abundantes.
Un fuerte temporal "convirtió en ríos las calles, derrumbando varios edificios".
DH, 1900, 4 de julio

1900, 15 de julio
415
Estado de México: Dos Ríos
Granizada.
"Se desató una fuerte granizada que causó serios destrozos en las sementeras y mató a gran cantidad de aves de corral."
DH, 1900, 19 de julio

1900, julio
416
Veracruz: Medellín
Lluvias abundantes.
"A consecuencia de los incesantes y copiosos aguaceros [...] el pueblo de Medellín se encuentra inundado."
DH, 1900, 1 de agosto

1900, septiembre
417
Nayarit: Acaponeta, Tepic
Inundación.
"Se desbordó el río de Acaponeta, inundando la parte baja de la ciudad. 51 casas se derrumbaron."
DH, 1900, 19 de septiembre

1900, septiembre
418
Sinaloa: Mazatlán
Ciclón.
Por un ciclón, "los postes quedaron arrancados de cuajo, algunas casuchas se cayeron y hubo trastornos en las sementeras".
DH, 1900, 22 de septiembre

1900, 4 de octubre
419
Distrito Federal; Estado de México: Atizapán
Helada.
"Los campesinos que por el tren de San Ángel llegaron a México, decían que había caído una fuerte helada en Atizapán."
DH, 1900, 6 de octubre

1900, 16 de octubre
420
Chihuahua: Guadalupe, Juárez
Lluvias abundantes.
A causa de un aguacero en la colonia Guadalupe, distrito de Juárez, "el agua subió más de un metro en algunas casas, por lo que los habitantes tuvieron que refugiarse en las lomas vecinas para no ser arrollados por la corriente, ocasionando el derrumbe de muchas casas".
DH, 1900, 25 de octubre

1900, octubre
421
Sinaloa: Mazatlán, Rosario
Carestía.
"Los artículos de primera necesidad están sumamente caros [el maíz] se está vendiendo a 38 pesos, costando el litro 13 centavos. En Mazatlán vale a 25 pesos carga, estando el litro a 10 centavos."
DH, 1900, 9 de octubre

1900, octubre
422
República Mexicana
Plaga.
En los plantíos de algodón "ha aparecido un animal como gorgojo, [solamente] en el interior, a una sola persona, esa plaga ha destruido cerca de 400 000 matas".
DH, 1900, 6 de noviembre

1900
423
Hidalgo; Querétaro; San Luis Potosí
Sequía.
"Sequía en Querétaro, San Luis Potosí e Hidalgo."
Espinosa, 1987:151

Fuentes

Fuentes bibliográficas

AGUILAR SANTILLÁN, RAFAEL

1890 *Bibliografía meteorológica mexicana que comprende las publicaciones de meteorología física del globo y climatología hechas hasta fines de 1889,* Imprenta del Gobierno Federal, México.

BÁRCENA, MARIANO

1896 "La meteorología y el campesinado", conferencia leída en la Exposición de Coyoacán por el director del Observatorio Meteorológico Central de México, Tip. de la Secretaría de Fomento, México.

BLÁZQUEZ DOMÍNGUEZ, CARMEN, COMP.

1986 *Estado de Veracruz. Informes de sus gobernadores 1826-1986,* 9 t., Gobierno del Estado de Veracruz, Talleres Gráficos de la Nación, Xalapa.

BUSTAMANTE, MIGUEL E.

1982 "Cronología epidemiológica mexicana, en el siglo XIX", en Enrique Florescano y Elsa Malvido (comps.), *Ensayos sobre la historia de las epidemias en México,* t. II, IMSS, Colección Salud y Seguridad Social, México, Serie Historia, pp. 417-424.

CASTILLO NEGRETE, FRANCISCO

1859 "Geografía y estadística de la Baja California", en *Boletín de la Sociedad Mexicana de Geografía y Estadística,* t. VII, 1a. época, pp. 338-359.

CUEVAS ARÁMBURU, MARIO, COMP.

1989 *Sonora, textos de su historia,* 3 vols, Gobierno del Estado de Sonora, Instituto de Investigaciones Dr. José María Luis Mora.

DUBLÁN, MANUEL Y JOSÉ MARÍA LOZANO

1876-1883 *Legislación Mexicana o Colección de las disposiciones legislativas expedidas desde la Independencia a la República,* 42 vols. en 51 tomos, Imp. del Comercio, México.

EFÉMERIDES

s.d. *Efémerides de los sucesos notables ocurridos en la República desde el 1 de julio de 1860 al 30 de junio de 1861,* s.p.i.

ESPINOSA, CRISPÍN

1917 *Efemérides guanajuatenses, o sean nuevos datos para contribuir a la formación de la historia de la ciudad de Guanajuato, recopilados por*

Crispín Espinosa. Aumentada con datos no menos interesantes de la época que abarca, y adicionada con los acontecimientos del periodo transcurrido desde la muerte del Sr. Espinosa hasta nuestros días, Imprenta de El Comercio, Guanajuato.

ESPINOSA CORTÉS, LUZ MARÍA, FABIOLA RUEDA ARRONIZ Y ROSA MARÍA ANDRADE
1987 *Cronología de hambrunas en México 40,000 a.c.-1985 d.c.,* Instituto Nacional de la Nutrición, México, serie "Historia del hambre en México", anexo 2.

FAGES, EDUARDO
1854 "Noticias estadísticas del Departamento de Tuxpan, Veracruz", en *Boletín de la Sociedad Mexicana de Geografía y Estadística,* t. IV, 1a. época, pp. 187-205.

FLORESCANO, ENRIQUE, COORD.
1980 *Análisis histórico de las sequías en México*, SARH, Comisión del Plan Nacional Hidráulico, México.

GALVÁN RIVERA, MARIANO
1951 *Colección de las efemérides publicadas en el calendario más antiguo hasta el 30 de junio de 1924,* Murguía, México.

GARCÍA MORALES SOLEDAD Y JOSÉ VELASCO TORO
1991 *Memorias e informes de jefes políticos y autoridades del Régimen Porfirista 1877-1911,* t. I., Universidad Veracruzana, Instituto Veracruzano de la Cultura, Veracruz.

GARCÍA UGARTE, MARTA EUGENIA
1992 *Hacendados y rancheros queretanos (1780-1920),* Consejo Nacional para la Cultura y las Artes, México.

GONZÁLEZ NAVARRO, MOISÉS
1983 *Cinco crisis mexicanas,* El Colegio de México, México, Jornadas, núm. 99.

HARRIS H. CHARLES
1990 *El imperio de la familia Sánchez Navarro, 1765-1867,* tr. Carlos E. Guajardo Elizondo, Sociedad Monclovense de Historia, Monterrey, México.

LIQUIDANO, LORENZO, MANUEL DE LA BARRERA Y M.M. DEL TORO
1859 "Noticia estadística del Distrito de Acapulco de Taberes perteneciente al estado de Guerrero", en *Boletín de la Sociedad Mexicana de Geografía y Estadística,* t. VIII, 1a. época, pp. 407-428.

LIRA, ANDRÉS
1983 *Comunidades indígenas frente a la ciudad de México. Tenochtitlán y Tlatelolco, sus pueblos y barrios 1812-1919,* El Colegio de México-El Colegio de Michoacán-CONACYT, México.

LIRA, SÓSTENES
1914 *Efemérides de la ciudad de León. Colección de datos y documentos para la historia de la misma población, recopilados por J. Sóstenes Lira,* 2ª ed., Imprenta de J.M. Rivera, León.

LÓPEZ COTILLA, MANUEL
1843 *Noticias Geográficas y Estadísticas del Departamento de Jalisco, reunidas y coordinadas de orden del Gobierno del mismo, por la Junta de Seguridad Pública,* Imp. del Gobierno, Guadalajara.

MARMOLEJO, LUCIO
1967-1973 *Efémerides guanajuatenses o datos para formar la historia de la ciudad de Guanajuato. Obra escrita con presencia de los más auténticos e interesantes documentos, por el presbítero Lucio Marmolejo*, 4 t., Universidad de Guanajuato, Guanajuato.

MARTÍNEZ GRACIDA, MANUEL
1883 *Colección de Cuadros Sinópticos de los pueblos, haciendas y ranchos del Estado libre y Soberano de Oaxaca. Anexo núm. 50 a la Memoria administrativa presentada al H. Congreso del mismo el 17 de setiembre de 1883*, 2 vols., Imprenta del Estado a cargo de I. Candiani, Oaxaca.
1898 *Cuadro sinóptico, geográfico y estadístico del Estado libre y Soberano de Oaxaca. Escrito por Manuel Martínez Gracida*, manuscrito, s.p.i., 1898.

MEMORIA
1825 *Memoria que el secretario interino del gobierno presentó al Congreso Constitucional del Estado Libre Federado de Zacatecas*, s.p.i., Guadalajara,
1827 *Memoria en que el gobierno del Estado Libre de los Zacatecas da cuenta de los ramos de su administración al Congreso del mismo Estado*, s.p.i., Zacatecas.
1828 *Memoria del estado actual en que se hallan los ramos de la administración pública de las Chiapas que en cumplimiento de la obligación 4ª del artículo 57 de la Constitución del Estado presentó y leyó el oficial encargado de la Secretaría del Supremo Gobierno en las segundas sesiones de la 2ª H. Legislatura Constitucional el día 6 de febrero de 1828*, Imprenta de la Sociedad, Capital de Chiapas.
1829 *Memoria con que el gobierno del Estado Libre de San Luis Potosí dio cuenta a la segunda legislatura constitucional del mismo en el primer periodo de sesiones ordinarias, el 7 de febrero de 1829*, Imprenta del Estado en Palacio a cargo del ciudadano Ladislao Vildosola, San Luis Potosí.
1829 *Memoria en que el gobierno del Estado Libre de los Zacatecas da cuenta de los ramos de su administración al Congreso del mismo Estado*, Imp. del gobierno, Zacatecas.
1831 *Memoria que el Excmo. Sr. D. José Segundo Carvajal leyó el día 21 de septiembre de 1831 en el seno de la soberana convención, al hacer dimisión del cargo de jefe superior de Yucatán*, Imprenta de Lorenzo Segui, Mérida.
1831 *Memoria en que el gobierno del Estado Libre de los Zacatecas da cuenta de los ramos de su administración al Congreso del mismo Estado*, s.p.i., Zacatecas.
1831 *Memoria en que el gobernador del Estado de Nuevo León da cuenta al H. Congreso del mismo en 1831 de todos los ramos que han sido a su cargo en 1830*, Imprenta del Gobierno dirigida por el C. Sisto González, s.l.
1832 *Memoria en que el gobernador del Estado de Nuevo León da cuenta al H. Congreso del mismo en 1832 de todos los ramos que han sido a su cargo en 1831*, Imprenta del Supremo Gobierno del Estado a cargo de Antonio González Dávila, Monterrey.
1832 *Exposición que el tercer gobernador del estado de Oaxaca hizo en cumplimiento del artículo 83 de la constitución particular del mismo a la 4ª Legislatura Constitucional al abrir sus segundas sesiones ordinarias el 2 de julio de 1832*, Imprenta del Supremo Gobierno del Estado dirigida por Antonio Valdés y Moya, Oaxaca.
1832 *Memoria en que el gobernador del Estado Libre de Coahuila y Texas da cuenta de los ramos de su administración al congreso del mismo estado, conforme al art. 85 de la Constitución. Leída en sesión pública el 2 de enero de 1832*, Leona Vicario, Imprenta del Gobierno a cargo de Antonio González Dávila.

1833 *Memoria en que el gobierno del Estado Libre de los Zacatecas da cuenta de los ramos de su administración al Congreso del mismo Estado,* Imp. del gobierno, Zacatecas.

1833 *Memoria sobre la administración pública del Estado de Chihuahua leída al H. congreso cuarto constitucional por el secretario del despacho el día 3 de julio de 1833,* impreso por J. Melchor de la Garza en la Oficina del Estado, Chihuahua.

1849 *Memoria de las secretarías de Relaciones y Guerra, Justicia, Negocios Eclesiásticos e Instrucción Pública del Estado de México, leída a la H. Legislatura en las sesiones de los días 1 y 2 de mayo de 1849, por el secretario de esos ramos, Lic. Pascual González Fuentes,* Imprenta de Juan Quijano, Toluca.

1849 *Memoria que sobre el estado que guarda en Nuevo León la administración pública en sus diversos ramos, presenta al H. Congreso el Gobierno del Estado en 24 de marzo de 1849,* Imprenta del Gobierno a cargo de F. Molina, s.l.

1850 *Memoria política y estadística de la prefectura de Cuernavaca, presentada al superior gobierno del estado libre y soberano de México por el Lic. Alejandro Villaseñor,* Imprenta de Ignacio Cumplido, México.

1850 *Memoria con que el encargado de la Secretaría del Supremo Gobierno del Estado Libre de Zacatecas dio cuenta al H. Congreso,* Imprenta del Gobierno.

1851 *Memoria presentada al H. Congreso por el gobierno de Nuevo León sobre el estado que guardan los negocios públicos, leída por el secretario del despacho en la sesión ordinaria del día 27 de febrero de 1851,* Imprenta del Gobierno a cargo de F. Molina, Monterrey.

1851 *Memoria con que el encargado de la Secretaría del Supremo Gobierno del Estado Libre de Zacatecas dio cuenta al H. Congreso del mismo,* Imprenta del Gobierno dirigida por Aniceto Villagrana, Zacatecas.

1852 *Memoria que el Excmo. Sr. vice-gobernador del Estado de Coahuila en ejercicio del Supremo poder ejecutivo presentó al H. Congreso en 2 de enero de 1852,* Imprenta del Supremo Gobierno dirigida por Macedonio García y Ramos, Saltillo.

1852 *Noticia de la situación que guarda la administración pública del Estado de Zacatecas con el encargado de la secretaría del Despacho del Supremo Gobierno da cuenta al H. Congreso en cumplimiento de lo prevenido en el artículo 34 de la Constitución del mismo estado, el día 3 de noviembre de 1852,* s.p.i.

1852 *Memoria de la secretaría de Relaciones y Guerra del Gobierno del Estado de México, leída por el C. Secretario del ramo Lic. Isidro A. Montiel, en los días 29, 30 y 31 de marzo de 1852,* Tipografía de Juan Quijano, Toluca.

1852 *Discurso pronunciado por el Excmo. Sr. Gobernador del Estado de Jalisco D. Joaquín Angulo, el 1º de febrero de 1852, en el acto de abrir sus primeras sesiones la H. Legislatura,* Imprenta del Gobierno a cargo de J. Santos Orozco, Guadalajara.

1857 *Memoria presentada por el gobernador del Estado de Jalisco al H. Congreso Constituyente del mismo,* Tipografía del Gobierno a cargo de Ignacio G. Cortés, Guadalajara.

1869 *Memoria leída ante la legislatura de Michoacán en la sesión del día 30 de julio de 1869 por el secretario del gobierno del Estado, Lic. Francisco W. González,* Imprenta de Ortiz, Morelia.

1869 *Memoria que el gobernador del Estado de Coahuila de Zaragoza presentó al Congreso el 2 de enero de 1869,* Imprenta del Gobierno a cargo de M.M. Pepi, Saltillo.

1869 *Memoria con que el gobernador del Estado de Coahuila de Zaragoza da cuenta al H. Congreso del estado que guardan los ramos de la administración pública,* Imprenta del Gobierno a cargo de Florencio F. Ozuna, Saltillo.

1870 *Memoria del estado de la administración pública, leída en la legislatura de Sonora en la sesión del día 14 de noviembre de 1870,* Imprenta del Gobierno a cargo de Adolfo Félix Díaz, Ures.

1873 *Memoria leída por el C. Gobernador del Estado libre y soberano de Guanajuato, general Florencio Antillón, en la solemne instalación del quinto Congreso Constitucional, verificada el 15 de septiembre de 1873,* Imprenta de Ignacio Escalante, México.

1874 *Memoria que el gobierno del Estado de Nuevo León presentó al Soberano Congreso del mismo y que fue leída por el secretario del despacho en la sesión del día 24 de septiembre de 1874, sobre el estado de los ramos de la administración pública,* Imprenta del Progreso, Monterrey.

1874 *Memoria presentada por el C. Francisco García, gobernador del Estado de Zacatecas al Congreso del mismo sobre los actos de su administración en los años de 1829 a 1834,* s.p.i., Zacatecas.

1879 *Memoria presentada a la H. Legislatura del Estado de México, por el C. Gobernador Constitucionnal general Juan N. Mirafuentes, correspondiente al segundo año [1878] de su administración,* Imprenta del Instituto Literario dirigida por Pedro Martínez, Toluca.

1880 *Cuarta memoria presentada por el poder ejecutivo del Estado de Oaxaca al Legislativo del mismo en cumplimiento del artículo 61, fracción X de la Constitución particular, sobre los ramos de la administración pública,* Imprenta del Estado en el ExObispado dirigida por I. Candiani, Oaxaca de Juárez.

1881 *Memoria presentada a la XXI Legislatura del Estado libre y soberano de Nuevo León por el gobernador constitucional, ciudadano Lic. Viviano L. Villareal, el 16 de setiembre de 1881,* Imprenta del Gobierno en Palacio a cargo de Viviano Flores, Monterrey.

1883 *Memoria presentada por el ciudadano Lic. Genaro Garza García, gobernador constitucional del Estado Libre y Soberano de Nuevo León, informando a la XXII Legislatura sobre la situación que guarda cada uno de los ramos de la administración pública,* Imprenta del Gobierno a cargo de Viviano Flores, Monterrey.

1884 *Memoria leída por el C. Gobernador del Estado libre y Soberano de Yucatán, general Octavio Rosado, en la solemne instalación de la décima legislatura constitucional, verificada el 1º de enero de 1884,* Imprenta de Echánove y López, Mérida.

1885 *Memoria que presentó el C. General de División Luis Mier y Terán, gobernador constitucional del Estado de Oaxaca al H. Congreso del mismo, el 17 de setiembre de 1885 en cumplimiento a lo prevenido en la fracción X del artículo 61 de la Constitución política del Estado,* Imprenta del Estado en la Escuela de Artes y Oficios a cargo de I. Candiani, Oaxaca.

1885 *Memoria presentada por el ciudadano Lic. Canuto García, gobernador Constitucional del Estado libre y soberano de Nuevo León a la XXIII H. Legislatura del mismo, sobre la situación que guarda cada uno de los ramos de la administración pública,* Imprenta del Gobierno a cargo de Viviano Flores, Monterrey.

1886 *Memoria presentada al IX Congreso Constitucional del Estado de Guerrero por el gobernador del mismo, general Francisco O. Arce, en cumplimiento de la fracción IV del artículo 40 de la constitución,* Imprenta del Gobierno del Estado, Chilpancingo.

1887 *Memoria presentada al H. Congreso por el gobernador del estado de Guerrero en la apertura de sus sesiones ordinarias verificadas el 1º de marzo de 1887. Contestación del presidente del mismo H. Congreso,* Tipografía del Gobierno en Palacio dirigida por Higinio Zapata, Chilpancingo.

1887 *Memoria presentada al H. Congreso por el gobernador del Estado de Guerrero en la apertura de sus sesiones ordinarias verificada el 1º de marzo de 1887. Contestación del presidente del mismo H. Congre-*

so, Tipografía del Gobierno en Palacio dirigida por Higinio Zapata, Chilpancingo.

1889 *Memoria de la administración pública del estado de Chiapas,* s.p.i., San Cristóbal Las Casas.

1889 *Memoria sobre los diversos ramos de la administración pública, leída por el secretario del despacho, Lic. Francisco Pérez Gil, ante la diputación permanente del Congreso del Estado de Michoacán de Ocampo, en las sesiones de los días 12, 13 y 14 de septiembre de 1889,* Litografía de Artes, Morelia.

1889 *Memoria presentada por el ejecutivo del Estado a la XII Legislatura constitucional del estado de Jalisco en la sesión del 2 de febrero de 1889,* Imp. del Gobierno, Guadalajara.

1890 *Memoria presentada por el ejecutivo del Estado a la XII Legislatura constitucional del estado de Jalisco en la sesión del 2 de febrero de 1890,* Tip. del Gobierno a cargo de J.G. Montenegro, Guadalajara.

1890 *Memoria presentada al XI Congreso Constitucional por el C. General Francisco O. Arce, gobernador del Estado de Guerrero, en cumplimiento de la fracción IV del artículo 40 de la Constitución,* Imprenta del Gobierno del Estado, Chilpancingo.

1891 *Memoria que el ciudadano general Bernardo Reyes, gobernador constitucional del Estado de Nuevo León presenta a la XXVI Legislatura del mismo en la solemne apertura de su primer periodo de sesiones ordinarias,* Tipografía del gobierno en Palacio, Monterrey.

1893 *Memoria que manifiesta el movimiento de los diversos ramos de la administración pública del Estado de Tlaxcala, presentada a la H. Legislatura del mismo, por el gobernador constitucional coronel Próspero Cahuantzi, el 2 de abril de 1893, en cumplimiento de lo prescrito en la fracción XXIV del artículo 58 de la constitución política local,* Imprenta del Gobierno dirigida por Joaquín D. Calderón, Tlaxcala.

1893 *Memoria presentada a la H. Legislatura del Estado Libre y Soberano de Jalisco por el C. Gobernador Constitucional sustituto C. Francisco Santa Cruz en 2 de febrero de 1893,* Oficina Tipográfica del Gobierno, Guadalajara.

1893 *Memorias administrativas del Estado de Tamaulipas correspondientes a los años de 1891 y 1892, presentadas a la H. Legislatura por el ciudadano gobernador Ing. Alejandro Prieto,* Imprenta del Gobierno del Estado en Palacio, Ciudad Victoria.

1893 *Mensaje pronunciado por el Sr. Gobernador del Estado, Ing. Alejandro Prieto en la clausura del último periodo de sesiones del H. XVI Congreso el 31 de diciembre de 1893,* Imprenta del Gobierno dirigida por Víctor Pérez Ortiz, Ciudad Victoria.

1894 *Mensaje pronunciado por el Sr. Gobernador del Estado de Tamaulipas, Ing. Alejandro Prieto en la apertura del primer periodo de sesiones del H. XVII Congreso, el día 2 de abril de 1894. Contestación del Sr. Luis Ramírez,* Imprenta del Gobierno del Estado dirigida por Víctor Pérez Ortiz, Ciudad Victoria.

1894 *Memoria administrativa del Estado de Tamaulipas correspondiente al año de 1893, presentada a la H. Legislatura por el C. gobernador Ing. Alejandro Prieto,* Imprenta del Gobierno del Estado en Palacio dirigida por Víctor Pérez Ortiz, Ciudad Victoria.

1895 *Memoria sobre la administración pública del Estado de Guanajuato presentada al Congreso del mismo por el C. gobernador constitucional Lic. Joaquín Obregón González el 1º de abril de 1895,* Imprenta del Estado, Guanajuato.

1896 *Memoria instructiva y documentada que el jefe del departamento ejecutivo del Estado de Puebla presenta al XV Congreso constitucional,* Imprenta de la Escuela de Artes y Oficios del Estado, Puebla.

1896 *Memoria sobre la administración del Estado de Michoacán de Ocampo. Gobierno del C. Aristeo Mercado. Segundo Bienio, septiembre 16 de 1894 a septiembre 16 de 1896,* Litografía de la Escuela de Artes, Morelia.

1897 *Memoria administrativa que el C. general Martín González, gobernador constitucional del Estado de Oaxaca, presenta al XIX Congreso del mismo, en cumplimiento de lo prevenido en el artículo 61 fracción X de la Constitución local, el 17 de septiembre de 1897,* Imprenta del Estado a cargo de José M. Pereira, Oaxaca.

1898 *Memoria presentada al H. Congreso del Estado de Durango por el gobierno del mismo sobre los actos de la administración pública durante el periodo del 16 de sptiembre de 1896 al 16 de septiembre de 1898,* Imprenta de la Mariposa, Durango.

1899 *Memoria instructiva y documentada que el jefe del Departamento Ejecutivo del Estado presentada al XV Congreso constitucional,* Imprenta de la Escuela de Artes y Oficios del Estado, Puebla.

1899 *Memoria presentada al H. Congreso del Estado de San Luis Potosí por el gobernador constitucional Ing. Blas Escontria, relativa a los actos administrativos correspondientes al periodo de agosto de 1898 a igual mes de 1899,* Tipografía de la Escuela Industrial Militar, San Luis Potosí.

1900 *Memoria de la administración pública del Estado de Chihuahua presentada a la legislatura del mismo el 4 de octubre de 1900 por el gobernador constitucional, C. coronel Miguel Ahumada,* Oficina Tipográfica del Gobierno dirigida por Alberto Sánchez, Chihuahua.

MEMORIAS

1987 *Memorias de los ministros del interior y del exterior. La primera república federal 1823-1835,* Secretaría de Gobernación, México.

MOLINA HÜBBE, RICARDO

1941 *Las hambres de Yucatán,* Orientaciones, México.

MUNGUÍA CÁRDENAS, FRANCISCO

1976 *Panorama histórico de Sayula capital de la antigua Provincia de Avalos,* Departamento de Bellas Artes del Gobierno de Jalisco, Guadalajara.

NOBLE, GONTRAN Y LEBRIJA MANUEL

1956 "La sequía en México y su previsión", en *Boletín de la Sociedad Mexicana de Geografía y Estadística,* vol. 1 (2 vols.).

NOTICIA

1852 *Noticia de la situación que guarda la administración pública del estado de Zacatecas con que el encargado de la Secretaría del despacho del supremo gobierno da cuenta al H. Congreso,* s.p.i.

OROZCO Y BERRA, MANUEL

1881 *Apuntes para la historia de la geografía en México,* Imprenta de Díaz de León, México.

ORTEGA, MANUEL

1858 "La Langosta", en *Boletín de la Sociedad Mexicana de Geografía y Estadística,* t. VI, 1a. época, pp. 148-152.

PADILLA RÍOS, GUILLERMO Y LUIS RODRÍGUEZ VIQUEIRA

1980 "Las sequías en la época moderna (1822-1910)", en Florescano (coord.), *Análisis histórico,* pp. 31-45 y 103-122.

PÉREZ MELÉNDEZ, MARÍA DE LA LUZ

1995 *La crisis agrícola de 1891-1893,* tesis de licenciatura en etnohistoria, ENAH, México.

RAMÍREZ, JOSÉ FERNANDO

1857 "Noticias estadísticas e históricas de Durango", en *Boletín de la Sociedad Mexicana de Geografía y Estadística,* t. V, 1a. época, pp. 6-114.

RETTA DÍAZ, JOSÉ RAYMUNDO
1989 *Efemérides nuevoleonesas,* Archivo General del Estado de Nuevo León, Monterrey, Cuadernos del Archivo, núm. 41.

ROMERO FRIZZI MARÍA DE LOS ÁNGELES, COMP.
1990 *Lecturas históricas del estado de Oaxaca,* INAH, México.

RUZ, HUMBERTO MARIO, COORD.
1994 *Tabasco en Chiapas. Documentos para la historia tabasqueña en el Archivo Diocesano de San Cristóbal de las Casas,* UNAM, México.

SÁNCHEZ, OSWALDO Y ALFONSO ZARAGOZA
1989 *El río fiera, bramaba,* Archivo General del Estado de Nuevo León, Monterrey, Cuadernos del Archivo núm. 35.

SANDERS, WILLIAM *ET AL.*
1970 *The Teotihuacan Valley Project: The Natural Environment, Contemporary Occupation and 16th Century Population of The Valley,* University Park, Pensilvania, Occasional Papers in Anthropology, Department of Anthropology, The Pennsylvania State University (Apéndice A: "Major Meteorological Events in the History of the basin of Mexico").

STEPHENS, JOHN
1988 *En busca de los mayas. Viajes a Yucatán,* 2 t., Dante, Yucatán.

TARACENA, ÁNGEL
1941 *Efemérides Oaxaqueñas,* s.p.i., Oaxaca.

TRENS, MANUEL
1957 *México de antaño,* Talleres Gráficos de la Nación, México.

TUTINO, JOHN
1990 "Cambio social agrario y rebelión campesina en el México decimonónico: el caso de Chalco", en Friedrich Katz (comp.), *Revuelta, rebelión y revolución*, Era, México, pp. 94-134.

VELASCO, JOSÉ FRANCISCO
1860 "Noticias estadísticas del Estado de Sonora acompañadas de ligeras reflexiones", en *Boletín de la Sociedad Mexicana de Geografía y Estadística,* t. VIII, 1a. época, pp. 282-303.

Fuentes hemerográficas

BSAM	*Boletín de la Sociedad Agrícola Mexicana*
C	*El Cultivador*
DA	*Diario de Avisos*
DC	*El Defensor de la Constitución. Periódico Oficial del Estado de Zacatecas*
DH	*Diario del Hogar*
DOEM	*Diario Oficial del Estado de México*
DOFED	*Diario Oficial de la Federación*
DOGTO	*Diario Oficial de Guanajuato*
DOJAL	*Diario Oficial de Jalisco*
DONAY	*Diario Oficial del Territorio de Tepic*
DONL	*Diario Oficial de Nuevo León* (diversos nombres)
DOPUE	*Diario Oficial de Puebla*
DOQRO	*Diario Oficial de Querétaro*
DOSLP	*Diario Oficial de San Luis Potosí* (diversos nombres)
DOVER	*Diario Oficial de Veracruz*
JP	*Juan Panadero*
MR	*Monitor Republicano*
O	*El Ómnibus*
P	*La Patria*
POGELSO	*Periódico Oficial del Gobierno Libre y Soberano de Oaxaca*
POGEMO	*Periódico Oficial del Gobierno del Estado de Michoacán de Ocampo*
PV	*El Pájaro Verde*
RA	*Revista Agrícola*
S	*El Siglo Diez y Nueve*
V	*La Victoria. Periódico Oficial del Estado de Oaxaca*

Fuentes de archivo

ACENL	Archivo del Congreso del Estado de Nuevo León
AGEC	Archivo General del Estado de Coahuila
AGEG	Archivo General del Estado de Guanajuato
AGENL	Archivo General del Estado de Nuevo León
AGEPEO	Archivo Histórico del Estado de Oaxaca
AGMG	Archivo General Municipal de Guadalajara
AGNM	Archivo General de la Nación de México
AHCEG	Archivo Histórico del Congreso del Estado de Guanajuato
AHCM	Archivo Histórico de la Ciudad de México
AHCMor	Archivo Histórico del Obispado de Michoacán "Manuel Castañeda Ramírez" (Casa de Morelos), Michoacán
AHDSC	Archivo Histórico Diocesano de San Cristóbal de las Casas
AHEM	Archivo Histórico del Estado de México
AHESLP	Archivo Histórico del Estado de San Luis Potosí
AHINAH	Archivo Histórico del Instituto Nacional de Antropología e Historia
AHJ	Archivo Histórico de Jalisco
AHMT	Archivo Histórico Municipal de Toluca
AHPEM	Archivo Histórico del Poder Ejecutivo de Michoacán
AHZ	Archivo Histórico de Zacatecas
AMMuz	Archivo Municipal de Múzquiz
AMS	Archivo Municipal de Saltillo

AP	Archivo Paucic
BCEM	Biblioteca "José María Luis Mora" del Poder Ejecutivo del Estado de México
BNM	Biblioteca Nacional de México
BPEJ	Biblioteca Pública del Estado de Jalisco
CPD	Colección Porfirio Díaz (Archivo Histórico de la Universidad Iberoamericana)

Índices

Índice temático (por entidades)

Índice toponímico

Este libro se terminó de imprimir y encuadernar
en el mes de marzo de 2004
en Impresora y Encuadernadora Progreso, S. A. (IEPSA),
calzada de San Lorenzo, 244; 09830 México D. F.

Se tiraron 2 000 ejemplares

Revisión y corrección:
Alejandro Cárdenas Ramírez

Formación: *Homero Buenrostro Trujillo,*
con tipos Adobe Garamond de 12:14, 11:13 y 10:12 puntos de pica

Preparación del material gráfico:
Gabriel Salazar Enciso

Cuidaron la edición *Alejandro Cárdenas Ramírez*
y *Manola Rius* (CIESAS) y *Axel Retif* (FCE)

Coordinación editorial:
María del Carmen Farías

VIRGINIA GARCÍA ACOSTA
JUAN MANUEL PÉREZ ZEVALLOS
AMÉRICA MOLINA DEL VILLAR

Desastres agrícolas en México

TOMO I

El estudio de los desastres desde una perspectiva histórica constituye un tema relativamente nuevo en México. En algunas instituciones, como el Centro de Investigaciones y Estudios Superiores en Antropología Social (CIESAS), este interés se desarrolló a partir de los sismos que estremecieron al país en septiembre de 1985. La enorme riqueza tanto en calidad como en cantidad de la información obtenida sobre la historia sísmica mexicana abrió nuevos caminos que invitaron a estudiar los temblores como fenómenos sociales. Los resultados de estas investigaciones aparecieron publicados por el Fondo de Cultura Económica, el CIESAS y la Universidad Nacional Autónoma de México, en los dos tomos titulados *Los sismos en la historia de México.*

De lo anterior se derivó el interés por incursionar en un campo más general, al que ahora denominamos "estudios históricos sobre desastres". En él se incluyen los relacionados tanto con temblores como con otros fenómenos naturales o amenazas cuya presencia, vinculada a sociedades vulnerables, da lugar y ha dado lugar históricamente a procesos que hemos caracterizado como desastres.

Este primer tomo reúne la información de más de tres mil fichas que forman el catálogo, y ofrece un estudio introductorio que resume los logros de la historiografía mexicana o mexicanista en esta materia, así como las perspectivas y los enfoques teóricos que han orientado los estudios sociales sobre desastres.

SECCIÓN DE OBRAS DE CIENCIA Y TECNOLOGÍA
coedición del Centro de Investigaciones y Estudios Superiores
en Antropología Social
y el Fondo de Cultura Económica

México, 2003

ISBN 968-16-7088-4

VIRGINIA GARCÍA ACOSTA
GERARDO SUÁREZ REYNOSO

Los sismos en la historia de México

TOMO I

Investigar la historia de los sismos en México es aventurarse tanto en la memoria colectiva de éstos como en sus formas de registro, cuando las prefiguraciones sobrenaturales primaban sobre el saber científico. Así, se procura abordar dos aspectos fundamentales de una misma historia social: el recuento de los desastres y su medición, lo que permite asomarse a la situación cultural de una época, percibiendo sus rasgos económicos, políticos, idiosincrásicos e intelectuales, haciendo hincapié en las técnicas y explicaciones utilizadas para precisar y comprender los fenómenos telúricos.

Aunque retoma el espíritu de esfuerzos previos, como las *Efemérides sísmicas mexicanas* que Manuel Orozco y Berra publicó en 1887, el presente estudio tiene un carácter sistemático e interdisciplinario. Sus autores principales, la antropóloga e historiadora Virginia García Acosta y el geofísico Gerardo Suárez Reynoso, del Centro de Investigaciones y Estudios Superiores en Antropología Social y de la Universidad Nacional Autónoma de México, respectivamente, han realizado una recopilación cronológica de los fenómenos sísmicos y le han agregado, para facilitar su comprensión, un estudio introductorio. Para ello, se han basado en fuentes originales, como son las cartas, periódicos, documentos oficiales, libros y relatos de viajeros, que están depositados en diversas bibliotecas y archivos de México y el exterior. En su esfuerzo por hacer accesible al lector la forma en que los mexicanos de otras épocas percibieron los temblores, citan los textos directamente, logrando así transmitir no sólo datos sísmicos, como la fecha, el momento y la duración, sino también ciertos modos de pensar.

Ediciones Científicas Universitarias
coedición de la Universidad Nacional Autónoma de México,
el Centro de Investigaciones y Estudios Superiores en Antropología Social
y el Fondo de Cultura Económica

México, 1996

ISBN 968-16-4874-9

VIRGINIA GARCÍA ACOSTA

Los sismos en la historia de México

TOMO II

"Desde la antigüedad más remota —escribe Virginia García Acosta— los sismos fueron atribuidos a esfuerzos, tensiones o rupturas en el interior de la tierra. Los relatos acerca del origen de tales acontecimientos podrán parecer fantasiosos desde una perspectiva actual, pero no debemos olvidar que la ciencia occidental moderna es uno de los tantos sistemas ideológicos para explicar la realidad"; y precisamente para explicarla, en este segundo tomo de *Los sismos en la historia de México* continúa la feliz aventura de explorar la memoria colectiva de la sociedad que los ha padecido, sus formas de registrarlos y de explicarlos.

El estudio de los desastres en la historia, los testimonios y su medición permanecen como los puntos nodales de la investigación que el lector tiene en sus manos. Desde una perspectiva social y a través de tres ensayos y dos estudios de caso, se analiza ahora la información original y de primera mano que se dio a conocer en el primer tomo de *Los sismos en la historia de México.*

El lector se informará sobre los sismos estudiados, además de que disfrutará las narraciones como si estuviera en el preciso instante de su ocurrencia. Formará parte de las procesiones, hará su propio exvoto agradeciendo haber salvado la vida o colaborará para la reconstrucción de la casa del tendero que quedó muy dañada.

Este segundo se mantiene la indispensable y original colaboración multidisciplinaria, particularmente a través del prefacio escrito por un sismólogo, Cinna Lomnitz, del Instituto de Geofísica de la UNAM.

EDICIONES CIENTÍFICAS UNIVERSITARIAS
coedición de la Universidad Nacional Autónoma de México,
el Centro de Investigaciones y Estudios Superiores en Antropología Social
y el Fondo de Cultura Económica

México, 2001

ISBN 968-16-6411-6